优秀技术实训教程

Photoshop 图像处理实训教程

迪一工作室　编著

北京希望电子出版社
Beijing Hope Electronic Press
www.bhp.com.cn

内 容 简 介

本书是一本以功能划分单元的Photoshop实训教程。依据Photoshop在不同行业应用的共同点，将抠图、调色、修图（图像修饰、修补）、绘图等重点技能独立出来组成单元，配以大量实例，帮助读者顺利达到职业要求。

全书共分13章。第1章是软件基础；第2章至第12章分别介绍了区域选择、抠图、图层基础、图层高级应用、路径、绘图与着色、图像颜色调整、文本应用、通道、图像修复、滤镜等单元技能；第13章则是综合案例，安排了7个案例，全面检验Photoshop功能的综合应用。在这13章中，依据各行业对Photoshop的应用要求，对重点功能如抠图、调色、修图等花费了大量笔墨进行讲解、透析，列举了众多典型范例，而其他如基础操作、文本、滤镜等章节则相对简略。

本书适合Photoshop初学者使用，尤其适合职业目标和工作任务明确的初学者使用。

本书配套光盘包含书中部分实例的源文件、素材以及部分案例视频。

需要本书或技术支持的读者，请与北京清河6号信箱（邮编：100085）发行部联系，电话：010-62978181（总机）转发行部，010-82702675（邮购），传真：010-82702698。

图书在版编目（CIP）数据

Photoshop图像处理实训教程 / 迪一工作室编著. —北京：科学出版社，2010.2

ISBN 978-7-03-026429-9

Ⅰ. ①P… Ⅱ. ①迪… Ⅲ. ①图形软件，Photoshop CS4—教材 Ⅳ. ①TP391.41

中国版本图书馆CIP数据核字（2010）第009910号

责任编辑：范二朋　　/责任校对：王　燕

责任印刷：密　东　　/封面设计：盛春宇

科学出版社 出版

北京东黄城根北街16号

邮政编码：100717

http://www.sciencep.com

北京市密东印刷有限公司印刷

科学出版社发行　各地新华书店经销

*

2010年2月第　1　版　　开本：787mm×1092mm 1/16

2010年2月第1次印刷　　印张：28.25（彩插10页）

印数：1—3 000　　字数：633千字

定价：49.00元（配1张DVD）

①

②

③

④

⑤

⑥

①阳光灿烂的日子
②疯狂的办公室
③制作房地产广告
④制作饮料宣传单
⑤梅花印象
⑥人眼错觉图例

①

②

③

④

⑤

①调出浪漫的秋天色调
②原图
③使用设置灰场按钮调整图像偏色
④时尚杂志内页(香水篇)
⑤仙女的法术

①

②

③

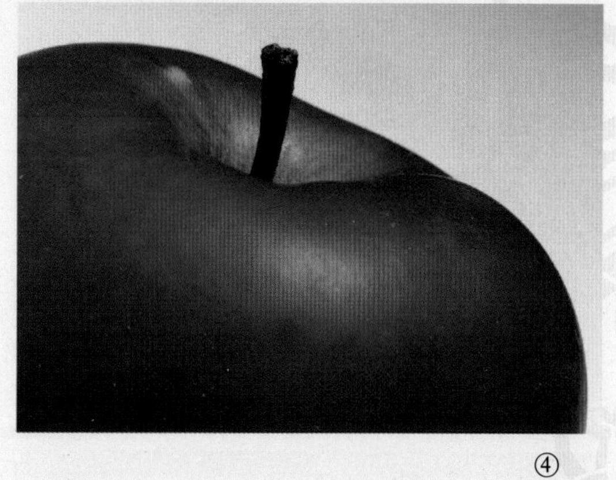

④

⑤

⑥

①路径
②路径文字效果
③原图
④去除斑点效果
⑤原文字
⑥变形效果

①

②

③

④

⑤

⑥

①原图
②绘画效果
③原图
④替换背景效果
⑤羽毛
⑥抠出效果

①

②

③

④

⑤

⑥

①原图
②背景橡皮擦工具抠图效果
③透明物体原图像
④抠取效果
⑤婚纱原图
⑥通道抠取婚纱效果

①

②

③

④

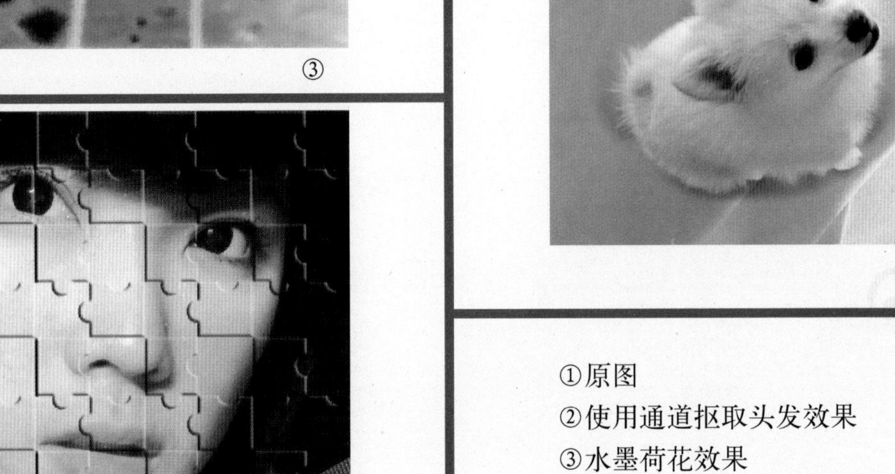

⑤

⑥

①原图

②使用通道抠取头发效果

③水墨荷花效果

④原图

⑤使用图层混合模式抠取毛发效果

⑥拼贴出来的美丽

①

②

③

④

⑤

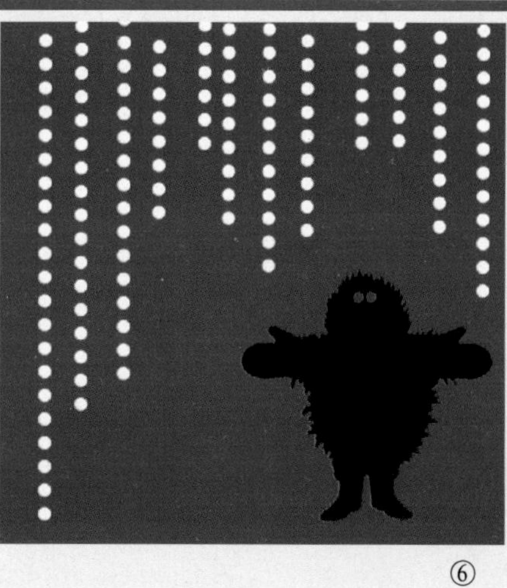

⑥

⑦

①书籍封面
②音乐壁纸
③导弹发射原图
④仿制图章复制导弹后效果
⑤绘制软线
⑥绘制虚线
⑦绘制硬线

①

②

③

美满婚庆礼仪

认真|诚信
周到|圆满

美满婚庆
祝新人幸福美满！

预订全套婚礼在2880元以上
赠送拱门1个/礼炮6门
预订全套婚礼在3880元以上
赠送拱门1个/礼炮10门
预订全套婚礼在5880元以上
赠送拱门1个/礼炮12门/摄像车一辆
预订全套婚礼在9880元以上
赠送拱门2个/礼炮18门/摄像车一辆/奥迪A6一辆

喜事电话：5129999　5129999　地址：西南河路十字路口88号88888

④

①背景墙
②化妆品海报
③浪漫星空
④婚庆DM单

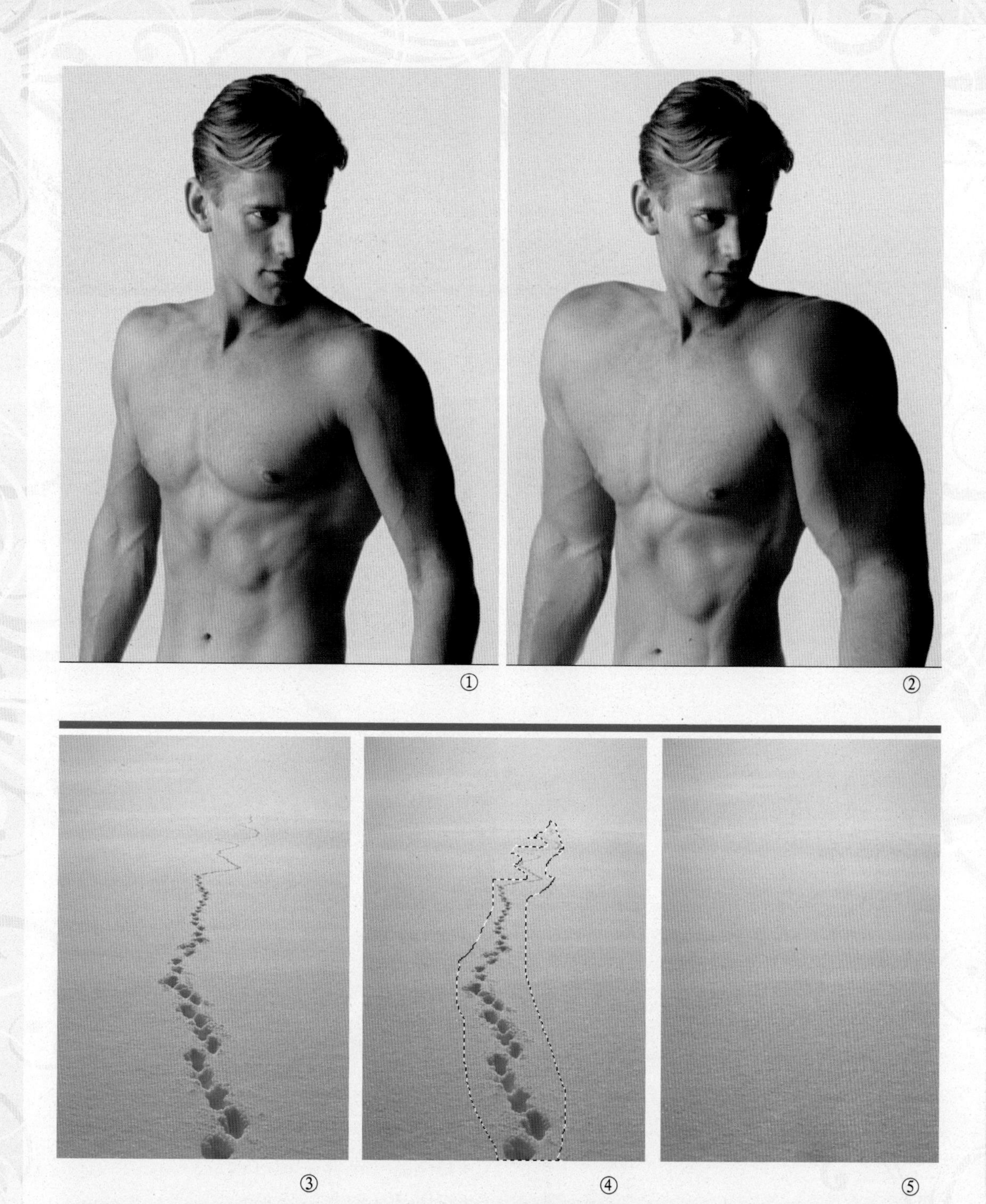

①原图

②使用液化滤镜效果

③原图

④修补工具建立选区

⑤修补工具去除脚印效果

作品欣赏

①

②

③

④

①CG作品（作者：Soa Lee）
②CG作品（作者：画龙）
③视觉创意作品1（BUND设计）
④视觉创意作品2（BUND设计）

前　言

Photoshop是一个应用非常广泛的软件，掌握它不但是一门工作技能，而且代表了一种生活态度。这种态度就是改变自己、追求更美！环顾我们的周围，你会发现从孩童到老人，从学生到职场人士，大家对Photoshop都兴致高昂。以致有人说“只要是个人就不能不会两下Photoshop”。

不同目的的人，对Photoshop的需要不同；不同应用的人，对Photoshop认知也不同。因此，尽管有如此多的人在用Photoshop，网上开设的论坛也很多，但对一个刚接触Photoshop的初学者来说，要学会Photoshop还是比较难。

本书采用了类似单元操作的概念进行分章编写，把Photoshop的主要功能与行业应用结合考虑，突出实际处理能力，满足职场工作的实际需要。相比而言，本书突出的地方如下。

1. 将“选择”分为“区域选择”和“抠图”两章。“选择”（又称为“抠图”）这项功能，使用普遍，也非常重要，直接影响设计作品的质量。本书将“选择”的相关知识分割成两章，一章讲选区概念、用于选择的工具，另一章讲抠图的具体操作。

2. 将“图层”分成“基础”和“高级”两章。Photoshop的核心“图层”对一般人（用Photoshop自娱自乐）来说只要会新建、复制、删除、添加图层效果等常见操作即可，但从事设计的人员就不能仅如此，还必须懂得蒙版、图层混合模式、智能对象等功能，因此书中将图层也分成了两个单元进行阐述。

3. 掐短了“滤镜”。“滤镜”很妖娆，它具有诱惑力，尤其是对于非专业出身的人，这种不用画笔仅靠应用几个滤镜就可以制作出某种艳丽的“特效”的功能很有吸引力。但就真正的设计而言，特效使用非常少。因此，我们没有按“滤镜”菜单的长长的、庞大无比的命令来写，而仅仅是简略地介绍了常用的几个滤镜命令。没有了妖娆，但绝对实用！

4. 拉长了“调色”。色彩调整是本书最长的一章！图像色彩调整是Photoshop中常用的一项功能。色彩调整也最是“似是而非”的一项能力，每个人都有一把自己的色彩尺子，什么样的“好看”什么样的不“好看”。因此，绝大多数的书只是向读者介绍命令参数。但是对真正做印品设计的人、真正搞数码艺术的人，色彩并不是“好看”那么简单。本书对色彩调整，不仅介绍了常用的命令，还介绍了专业调色的方法和原理。

鉴于本书具有上述的特点，因此如果你是一位职业目标明确的初学者，那么不妨仔细看看本书；如果你是一名Photoshop爱好者，只要你喜欢这样的行文风格，本书可以作为参考；如果你仅仅是想学用Photoshop处理照片，那这本书的内容就太多了。

由于作者水平有限，如有不当，欢迎批评指正。我们的邮箱是：yt_diyi2008@126.com。

编者

目　录

Photoshop 第1章 基础篇

学习目标

了解Photoshop的历史，掌握Photoshop的基本操作。

学习重点

了解Photoshop中的专业术语
掌握Photoshop的基本操作
了解Photoshop中的常用格式及其特点

Photoshop是由美国Adobe公司开发的一款优秀的图形图像处理软件，在图形图像飞速发展的今天，Photoshop以其强大的功能、友好的界面和易操控性将其他同类软件远远甩在身后，成为目前专业图像处理领域人员不可缺少的软件。本章主要了解Photoshop的应用领域和基本操作。

1.1 Photoshop简介

Photoshop是Adobe公司推出的跨越PC和MAC两大平台首屈一指的大型图像处理软件，它功能强大，操作界面友好，得到了广大第三方软件开发厂家的支持，也赢得了众多用户的青睐。

Adobe Photoshop最初的程序是由密歇根州大学的研究生Thomas创建，后经其兄弟以及Adobe公司程序员的努力，使Adobe Photoshop产生了巨大的转变，一举成为优秀的平面设计编辑软件。它的诞生掀起了图像出版业的革命，目前Adobe Photoshop的最新版本为CS4。Adobe产品每一次的升级总会有令人惊喜的重大革新，不但功能越来越强大，而且处理领域也越来越宽广，并逐渐建立了其图像处理的霸主地位。

Photoshop支持众多的图像格式，对图像的常见操作和变换做到了非常精细的程度，使得任何一款同类软件都无法望其项背，它拥有异常丰富的滤镜插件，熟练使用后就能让您体会到“只有想不到，没有做不到”的境界。

1.2 Photoshop的应用领域

作为现今最强大的图像处理软件之一，在众多领域都有Photoshop的身影。

1. 平面设计

平面设计是Photoshop应用最为广泛的领域，无论是图书封面，还是大街上看到的招贴、海报，这些具有丰富图像的平面印刷品，基本上都需要Photoshop软件对图像进行处理。图1-1所示的是使用Photoshop制作的房地产广告招贴。

图1-1　平面设计范例(来源：红动中国 作者：姚飞麟)

2. 修复照片

Photoshop具有强大的图像修饰功能。利用这些功能，可以快速修复一张破损的老照片，也可以修复人脸上的斑点等缺陷，如图1-2所示。

图1-2　修复照片(来源：eNet学院俱乐部 作者：林栖者)

3. 广告摄影

广告摄影对视觉要求非常严格，其最终成品往往要经过Photoshop的修改才能得到满意的效果。

4. 影像创意

创意是广告的灵魂和生命，只有创意好的广告才能令人瞩目和接受。同时创意给商品增加了光彩，使商品更具吸引力，让人记忆犹新！也可以使用幽默的手段使图像发生戏剧性的变化，如图1-3所示。

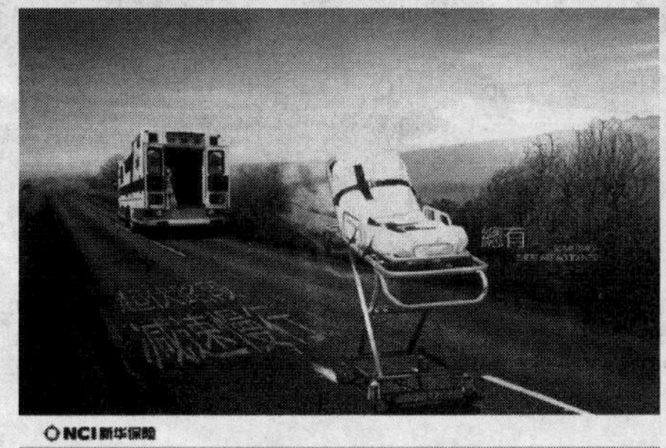

图1-3　影像创意(来源：红动中国 作者：吴军毅)

5. 艺术文字

当文字遇到Photoshop，就已经注定不再普通。利用Photoshop可以使文字发生各种各样的变化，为图像增添效果，如图1-4所示。

图1-4　艺术文字(来源：PS联盟 作者：Sener 中国教程网 作者：飘零的枫叶)

6. 网页制作

网络的普及是促使更多人需要学习Photoshop的一个重要原因。因为在制作网页时，Photoshop是必不可少的网页图像处理软件。图1-5所示的两张精美网页中的大量元素都是使用Photoshop处理的。

图1-5　网页制作(作者：温捷)

7. 建筑效果图的后期修饰

制作建筑效果图中包含许多三维场景，场景中的人物、配景以及颜色常常需要在Photoshop中增加并调整。图1-6所示的是使用Photoshop处理的建筑场景。

图1-6　建筑后期处理(来源：全球广告人图霸百科素材库)

8. 绘画

由于Photoshop具有良好的绘画与调色功能，许多插画设计制作者往往使用铅笔绘制草稿，然后用Photoshop填色的方法来绘制插画。除此之外，近些年来非常流行的像素画也多为设计师使用Photoshop创作的作品。如图1-7所示的是使用Photoshop绘制的CG作品。

图1-7　CG作品(作者：韩国Soa Lee及国内插画师"画龙")

9. 绘制或处理三维贴图

在三维软件中，即使能够制作出精良的模型，如果无法为模型应用逼真的贴图，也无法得到较好的渲染效果。实际上，在制作材质时，除了要依靠软件本身具有的材质功能外，利用Photoshop制作在三维软件中无法得到的材质也非常重要。

10. 视觉创意

视觉创意与设计是设计艺术的一个分支，此类设计通常没有非常明显的商业目的，但由于它为广大设计爱好者提供了广阔的设计空间，因此越来越多的设计爱好者开始学习Photoshop，并进行具有个人特色与风格的视觉创意。如图1-8所示的是使用Photoshop创作的视觉创意作品。

图1-8　视觉创意作品(BUND设计)

11. 界面设计

界面设计是一个新兴的领域，已经受到越来越多的软件企业及开发者的重视，虽然暂时还未成为一种全新的职业，但相信不久一定会出现专业的界面设计师职业。当前绝大多数界面设计者使用的都是Photoshop。

1.3 Photoshop CS4的新功能

1. 内容感知型缩放

也可称为智能变换，它通过对图像中的内容进行自动判断来决定如何缩放图像。如图1-9所示的是使用内容感知型缩放推拉图像的效果。

图1-9 使用内容感知型缩放的推拉图像效果

2. 新增的调整面板

“调整”面板中罗列了菜单中调整图层的大多数命令，并且使用该面板中的命令调整图层，可以非破坏性地编辑图像，方便了用户。在面板中列出了一些常用的调整方案供调用。用户也可以将自己的方案保存在其中。新增的图层“调整”面板如图1-10所示。

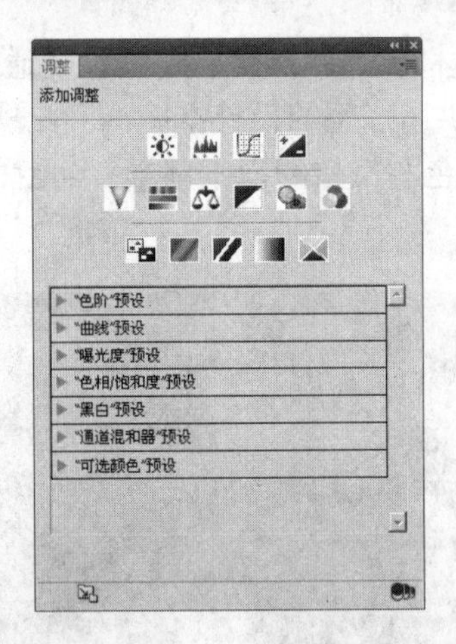

图1-10 “调整”面板

3. 新增蒙版面板

使用“蒙版”面板可以快速地创建和编辑蒙版。该面板提供了编辑蒙版需要的所有工具，使用它们可以创建基于像素和矢量的可编辑蒙版，并能调整蒙版密度和羽化属性。它与“调整”面板一样，并不是什么新功能，而是针对用户日常的使用习惯做出的友好界面，将蒙版的一些操作按钮化了。“蒙版”面板如图1-11所示。

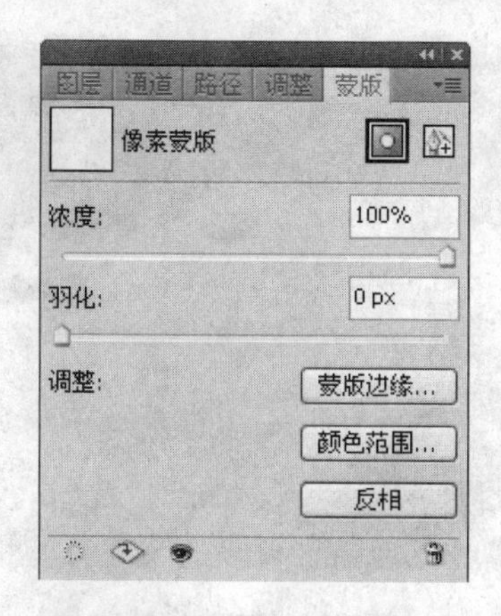

图1-11 “蒙版”面板

4.自然饱和度调整命令

“自然饱和度”调整命令和“色相/饱和度”命令类似，可以使图片更加鲜艳或暗淡，相对来说自然饱和度效果会更加细腻，能智能地处理图像中不够饱和的部分和忽略足够饱和的颜色。图1-12所示的是调整“自然饱和度”与“饱和度”的效果对比。

图1-12 调整“自然饱和度”与“饱和度”的效果对比

5. 高级复合

使用增强的图层复合功能可以更加精确地复合图层，并使用球面对齐创建360度全景图。图1-13所示的是使用Photoshop拼合的宽视野图像。

图1-13 拼合的宽视野图像

6. 视图旋转

现在只需单击“旋转视图工具”即可按任意角度实现无扭曲地旋转查看图像，绘图过程中无需再转动脑袋，如图1-14所示。

图1-14 视图旋转

7. OpenGL图形加速

在“首选项”设置的“性能”中，可以找到“启动OpenGL绘图”选项。OpenGL绘图功能提供了使用显卡的GPU加速图像显示功能，当计算机的显卡支持此功能时，并在设置内打开OpenGL绘图项目时，即可使用此功能。

8. 创新的3D绘图与合成

Photoshop CS3已经可以方便地导入常用三维软件生成的3D对象。而在CS4中，Photoshop本身也可以生成基本的三维形状，包括易拉罐、酒瓶、帽子以及常用的一些基本形状。用户不但可以使用材质进行贴图，还可以直接使用画笔和图章在三维对象上绘画以及与时间轴配合完成三维动画等，进一步推进了2D和3D的完美结合，如图1-15所示。

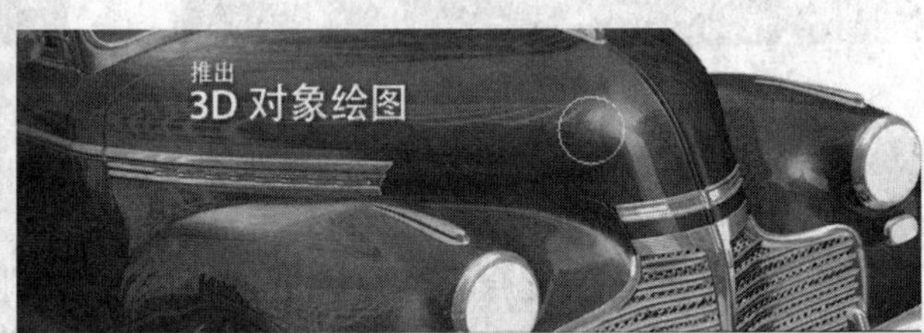

图1-15 更强大的3D功能

1.4 Photoshop中的专业术语

1.4.1 像素

1. 像素的概念

像素其实是从英文单词Pixel翻译来的。把位图图像放大的时候，就可以看到有无数个带有颜色的小方格，这些方格就是像素。像素是构成图像的基本单位，它作为一种尺寸单位只存在于电脑中，现实生活中没有此单位。

2. 改变像素大小

像素大小是可以变化的，更改像素的大小不仅影响图像的显示而且影响图像的打印品质，通过选择菜单栏“图像”→“图像大小”命令更改图像的分辨率即可更改像素的大小。

1.4.2　分辨率

分辨率是与图像相关的一个重要概念，它是衡量图像细节表现力的重要参数，不仅用于图像，数码相机、扫描仪和鼠标中也有分辨率的概念。

1. 图像分辨率

图像的分辨率是指每单位长度（英寸）所包含点（像素）的多少，单位为点/英寸（dpi）。图像分辨率决定图像的质量，也影响图像文件的大小。网络上的图像基本都是72dpi，而需要打印输出的图像一般为300dpi。

2. 显示器分辨率

显示器的分辨率表示显示器上每单位长度能够显示的像素或点的数量，其分辨率由显示屏幕的大小和具体设置的参数决定。

3. 打印机分辨率

打印机分辨率指打印机每英寸所击打的油墨点数，即油墨点数/英寸。

4. 数码相机分辨率

数码相机的分辨率决定所拍摄的图像清晰度，以及所能打印出来的图像大小。分辨率越大所拍摄的图像文件大小越大，清晰度也越高。

1.4.3　矢量图像和位图图像

计算机中的图像类型分为两大类：矢量图像和位图图像（点阵图像），两种图像各有其优缺点。

1. 矢量图像

最简单的理解，就是一种放大后不会降低图像品质的图像类型，它由一系列线和填充色组成并根据图像的几何特性描绘图像，如图1-16所示。

图1-16　矢量图放大

优点：与分辨率无关，可以缩放到任意尺寸而不会降低清晰度和光滑度，容易修改。

缺点：很难制作色彩丰富或者色彩多变的图像，而且制作出来的图像也不会很逼真。

2. 位图图像

由许多像素点构成，位图图像就是用像素表现出来的图像。当放大位图时可以看见一个个的像素方块，如图1-17所示。

图1-17　位图图像放大后的效果

优点：位图图像能够很好地表现阴影及颜色的细微变化，所以位图图像广泛应用在照片或者数字绘画中。

缺点：进行大倍数的放大或者低于创建时的分辨率来打印的时候，就会丢失一些细节，而且会呈现锯齿状的边缘。

1.4.4　色相、饱和度、明度

色相、饱和度和明度是色彩的三大属性。就如点、线、面是构成视觉空间的基本元素一样。

1. 色相

色相是指色彩的颜色，如红色、黄色、绿色，对图像色相的调整就是对图像色彩的调整。图1-18所示的是图像色相的变化。

图1-18　色相的变化

2．饱和度

图像色彩的饱和度也就是颜色纯度。降低饱和度会使图像变得灰蒙蒙的；增加饱和度则会使图像变得鲜艳、刺眼。图1-19所示的是图像饱和度的变化。

图1-19　饱和度的变化

3. 明度

明度就是指图像像素的明亮程度，明度为0时图像变为黑色，明度最高时则会变为白色。图1-20所示的是更改图像明度的效果。

图1-20　调整图像的明亮程度

1.4.5　亮度和对比度

1. 亮度

亮度是指颜色的明暗程度。

2. 对比度

对比度指的是颜色的相对明暗程度。通常用黑色到白色的百分比表示，对比度越大，两种颜色之间的差值就越大。

1.4.6　色阶和色调

1. 色阶

色阶是指各种色彩模式下图像像素的明暗度，8位通道图像的亮度范围为0~255，一共包括256种色阶。色阶是表示图像亮度强弱的指数，色阶可以影响图像的色彩丰满度和精细度。

色阶是一种灰度级，和颜色无关，最亮灰度级为白色，最暗的灰度级为黑色。通过查看直方图中的色阶可以直观地了解图像的明暗分布。

2．色调

色调是指色彩外观的基本倾向。在明度、纯度、色相这三个要素中，某种因素起主导作用，可以称之为某种色调。

以色相划分，有红色调、蓝色调；以纯度划分，有鲜色调、浊色调、清色调；把明度与纯度结合后，有淡色调、浅色调、中间调、深色调、暗色调等；颜色最饱和时即纯度最高的色叫纯色，属鲜亮色调。纯色中加白色后，出现亮调、浅色调和淡色调；加黑会出现深色调和暗色调。

1.4.7 常用文件格式

图像的文件格式决定了文件中所能保存的信息类型，以及与哪种软件关联，可以被哪种软件编辑。各种文件格式各有其优缺点，应该根据图像的用途决定保存为何种格式。

在Photoshop中经常使用的格式有以下几种。

1．PSD格式

PSD格式可以保存图层、颜色模式和通道等信息，它是Photoshop的默认保存图像格式。

该格式的通用性很差，除了Photoshop外其他的程序很少支持它，此外PSD是唯一支持全部颜色模式的。由于PSD格式包含的信息比较多，因此该格式保存的图像文件比较大。

2．JPEG格式

JPEG是一种压缩率很高的格式，它支持CMYK、RGB和灰度等颜色信息，是目前网络上最常用的图像格式。JPEG也是一种有损压缩格式，与GIF格式不同的是它保留RGB通道中的所有颜色信息，但会有选择地扔掉一些数据以压缩图像，压缩级别越高品质越低。

3．GIF格式

GIF格式仅支持256种颜色，文件较小，被广泛用于网页文档中，它可以保留图像中的透明度及动态信息。

4．PNG格式

可以保存24位的真彩色图像，并且支持透明背景，消除锯齿边缘，可以在不失真的情况下保存压缩图像，属于无损压缩，所以其文件体积较大。

5．BMP格式

BMP（Bitmap位图），它是Windows显示图片的基本格式，其文件扩展名为.BMP。在Windows下，任何格式的图片文件（包括视频播放）都要转化为位图才能显示出来，各种格式的图片文件也都是在位图格式的基础上采用不同的压缩算法生成的。BMP格式支持RGB、索引颜色、灰度、位图等颜色模式。

6．PDF格式

PDF格式由Adobe公司推出，是一种灵活、跨平台、跨应用程序的文件格式。目前已经被批准为ISO国际标准，成为全世界各种标准组织用来进行安全可靠的电子文档分发和交换的文档格式。

7. EPS格式

EPS是Encapsulated PostScript的缩写，是跨平台的标准格式，主要用于矢量图像和光栅图像的存储，并且可以保存其他一些类型信息，例如多色调曲线、Alpha通道、分色、剪切路径、挂网信息和色调曲线等，因此EPS格式常用于印刷或打印输出。Photoshop中的多个EPS格式选项可以实现印刷打印的综合控制，在某些情况下甚至优于TIFF格式。

8. TIFF格式

TIFF格式是一种通用的位图图像格式，几乎所有的绘画、图像编辑及页面排版应用格式都支持它，TIFF以任何颜色深度存储单个光栅图像，被认为是印刷行业中受到支持最广的图形文件格式。它支持可选压缩，不适用于在Web浏览器中查看。其文件最大可达4GB，在Photoshop中支持大型文档格式，在Photoshop中的TIFF图像文件的位深可达到32位/通道。

1.5 Photoshop的工作界面

1.5.1 初识界面

Photoshop CS4的界面较以前版本有较大改动，它使用灰色的视图控制工具栏覆盖了传统的Windows的标题栏，工具箱默认成条状依附在界面左侧，如图1-21所示。

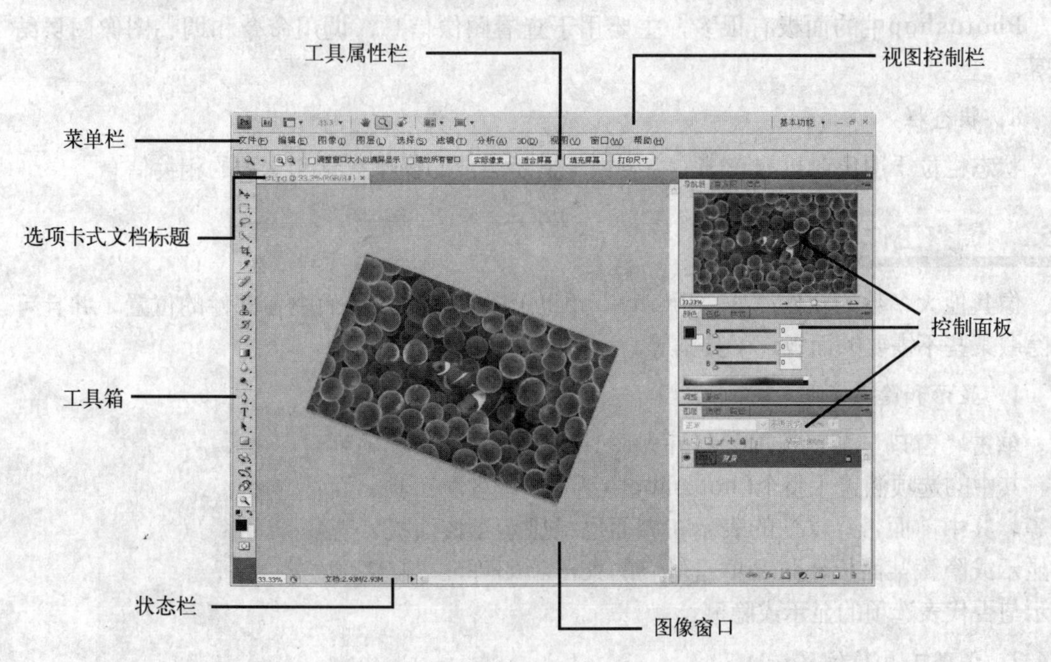

图1-21 Photoshop CS4的界面

Photoshop界面中各部分功能划分如下所述。

1. 视图控制栏

视图控制栏是Photoshop CS4中新增加的部分，该部分的功能主要是控制当前图像窗口的显示。

2．菜单栏

菜单栏共有11个菜单选项，使用这些菜单项可以实现Photoshop中的绝大部分功能。

3．工具箱

工具箱在历次的版本升级中被不断地丰富和细化，有了现在的四大类上百种工具。工具箱上右下角带有小三角符号的工具的下面还隐藏有其他工具，在该工具上长按鼠标左键或单击右键可以显示其下方的工具。使用时只要单击该工具即可使用。

4．工具属性栏

工具属性栏是专门针对工具所设置的参数区。在工具箱中选择一种工具，属性栏会随之变化。

5．图像窗口

图像窗口是编辑操作图像的地方，打开的图像会显示在这里。图1-21所示的是打开的一幅小丑鱼的图像。

6．选项卡式文档标题

在Photoshop CS4中每打开一幅图像其标题都会以选项卡形式显示在图像窗口的顶部，该标题中显示文档名称、缩放比例、颜色模式及通道位数等文档信息。

7．控制面板

Photoshop中的面板有很多，主要用于查看图像信息，调用命令和调整图像图层结构等。

8．状态栏

状态栏位于图像窗口的底部，主要用于显示当前的操作提示和文档的相关信息。

1.5.2 调整工作界面

像其他大多数的软件一样，Photoshop也可以自由更改界面中各部件的位置，并且可以隐藏某些不需要的面板、工具条等。

1．显示和隐藏面板

单击“窗口”菜单选项，打开如图1-22所示的菜单选项列表，其中的选项涵盖了整个Photoshop中所提供的各种工具、面板等。其中前面带“√”的表示在界面已经显示了该面板。想要显示或隐藏某面板，只要单击对应的菜单项即可，“√”的显示与否代表选项的显示或隐藏。

2．调整工具箱位置

单击工具箱顶部的“双三角箭头”按钮可以将工具箱变成传统的样式，如图1-23所示。在顶部的黑条处拖动鼠标可以移动工具箱的位置，这与Photoshop的其他面板移动操作相同。

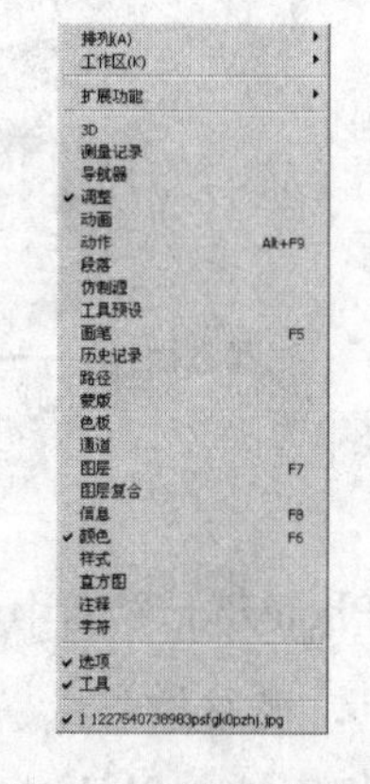

图1-22 “窗口”菜单

3．收缩和展开面板组

单击控制面板顶部的“双三角箭头”按钮可以收缩和展开面板，图1-24所示的是将全部面板折叠的效果。将面板折叠可以大大增加图像操作区的大小，如果想要使用某面板，只要单击其缩略图标即可，如图1-25所示。

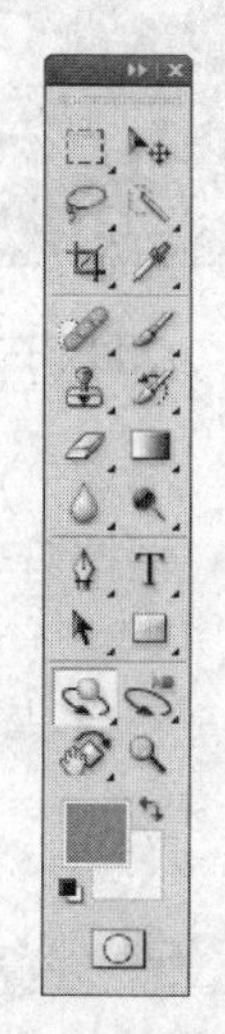

图1-23 改变工具箱

图1-24 折叠面板

图1-25 弹出面板

4．面板与面板组的拖放

按住面板组顶部的黑条可以拖动面板组位置，与Office软件相同的是将面板移动到界面的边界处时可以看到边界弹出带有蓝光线条的黑边，此时松手即可使面板组紧贴在此边界上，如图1-26所示。

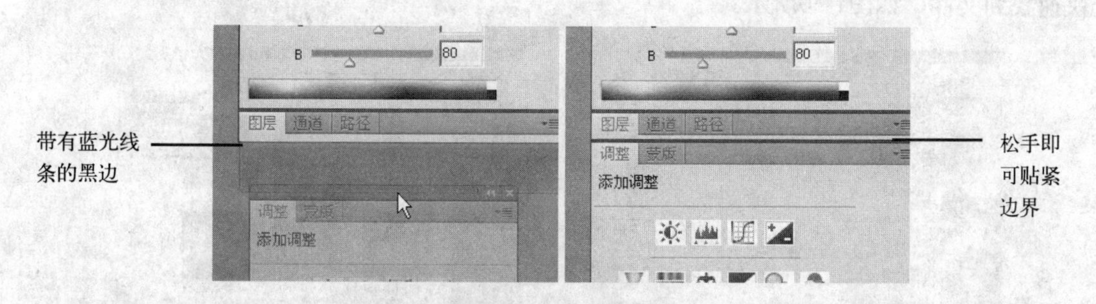

图1-26 移动面板位置

要单独调整面板的位置和所属面板组，可以在该面板的标签处拖动鼠标，即可将面板移出当前面板组，在拖动至目标面板组时会显示出蓝光边框，表示放下后的位置，松手即可放入该面板组中，如图1-27所示。

5．使用预设工作区

执行“窗口”→“工作区”命令，弹出如图1-28所示的子菜单。在该子菜单中有Photoshop为各种工作制作的预设工作界面，单击选择即可更改界面。

图1-27 拖动面板至目标面板组

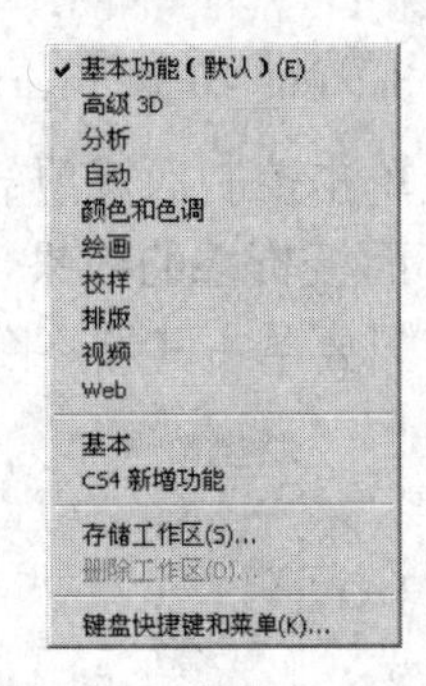

图1-28 工作区子菜单

1.6 Photoshop中的基本操作

1.6.1 文件的操作

1．打开与关闭文件

在Photoshop中打开文件有以下几种方法。

（1）执行“文件”→“打开”命令，或者按快捷键Ctrl+O。

（2）在图像窗口空白处双击，弹出如图1-29所示的“打开”对话框。

从该对话框中的查找范围可以选择文件位置，在下方的预览视窗中可以选择要打开的文件，双击即可打开，也可以直接在文件名称中输入需要打开的文件名称或类型，然后单击打开按钮即可打开文件。单击窗口右侧的查看按钮可以选择一种需要的查看方式，以便快速找到文件，如图1-30所示。

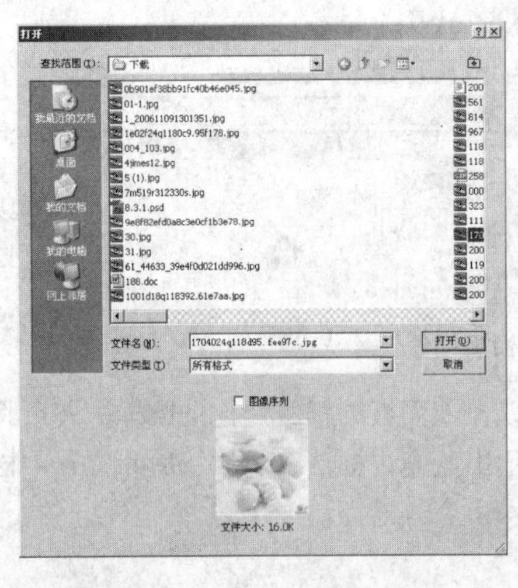

图1-29 “打开”对话框

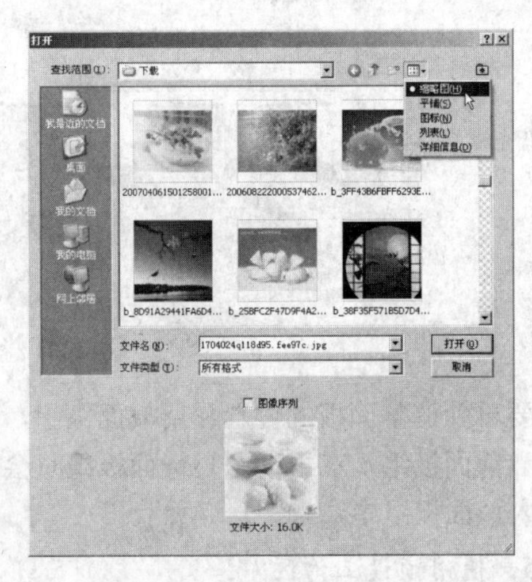

图1-30 更改查看方式

技巧：如果要打开多个文件，可以按住Shift键或Ctrl键选中多个文件然后单击“打开”按钮。

（3）执行“文件”→“打开最近的文件”命令，此方法可以快速打开最近编辑过的文档。

在Photoshop中关闭文件只要单击选项卡上的“关闭”按钮☒即可，也可以按快捷键Ctrl+W。如果此文档编辑过但没有保存的话，Photoshop会弹出如图1-31所示的对话框询问是否保存。单击“是”按钮可以保存当前编辑内容，单击“否”按钮不保存。单击“取消”按钮则放弃当前的关闭操作。

2．新建文档

执行“文件”→“新建”命令，或者按快捷键Ctrl+N打开如图1-32所示的“新建”对话框，在该窗口中可以设置要新建的文档名称，以及文档大小、分辨率、颜色模式等信息。设置完毕后单击“确定”按钮即可创建新文档。

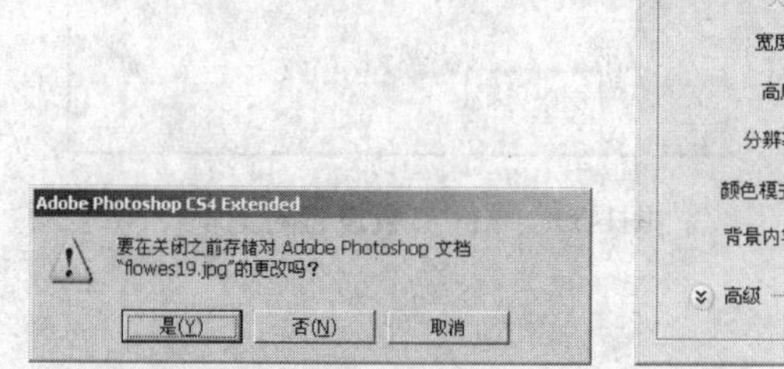

图1-31　提示对话框

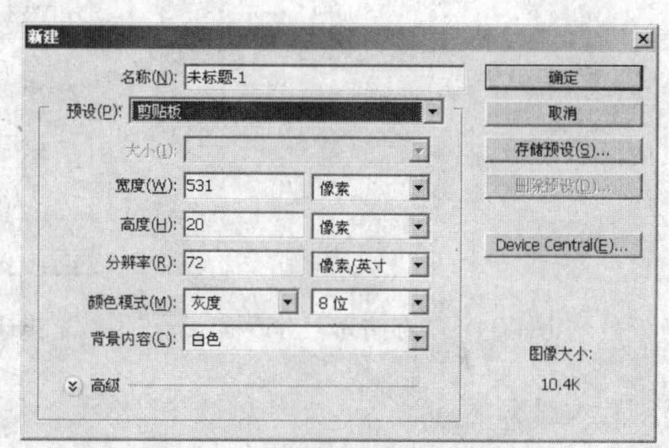

图1-32　“新建”对话框

3．存储文档

执行“文件”→“存储”命令，或者按快捷键Ctrl+S打开如图1-33所示的“存储为”对话框。输入保存的文件名，选择文件的存放位置和保存格式，单击“确定”按钮即可保存当前的文件。

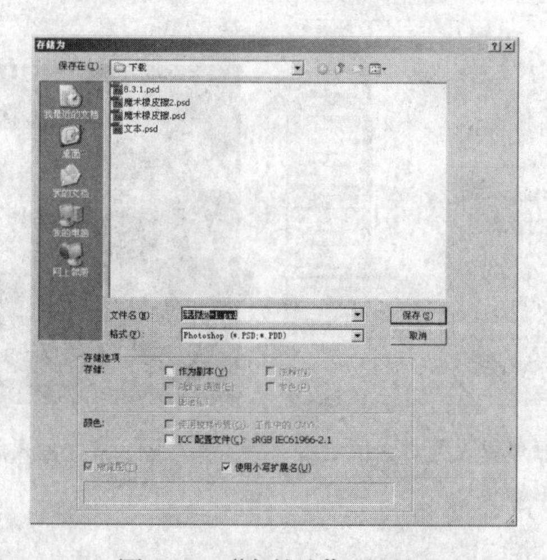

图1-33　“存储为”对话框

> 提示：如果存储的文档中有通道、路径和专色等信息时可以通过存储选项设定需要存储的内容。

4．“存储为”命令

使用“存储为”命令可以将已经存储过的图像另存为其他格式，或其他路径。执行“文件”→“存储为”命令，或者按快捷键Ctrl+Alt+S，打开如图1-34所示的对话框，在格式下拉列表中选择一种需要保存的格式，譬如JPEG格式，单击“保存”按钮会弹出相应的设置对话框，如图1-35所示。

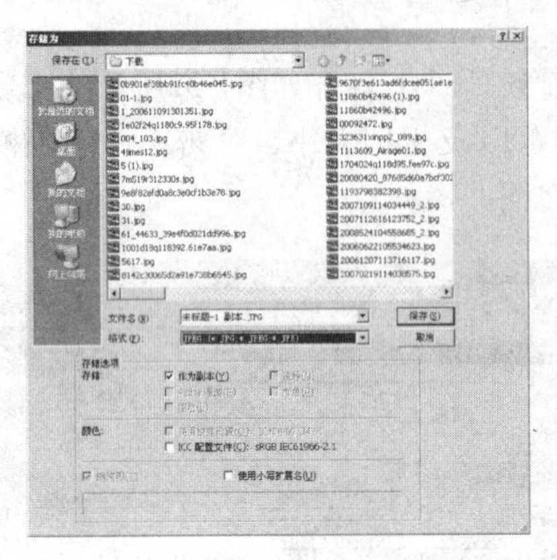

图1-34 “存储为”对话框

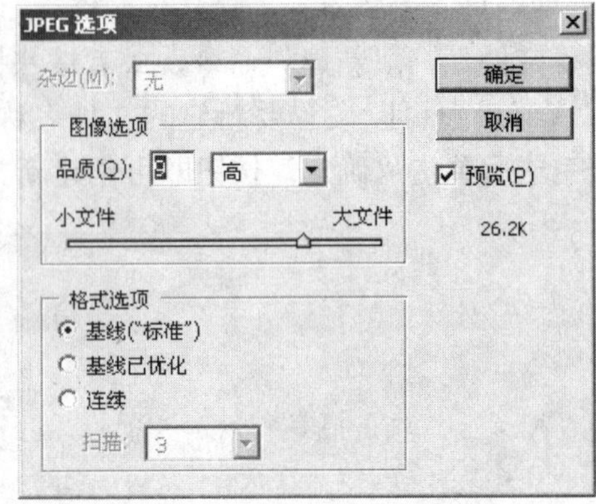

图1-35 格式参数设置对话框

5．置入图像

在图像编辑过程中如果需要将其他的图像格式文件添加到当前文档，可以使用“置入”功能。执行“文件”→“置入”命令，打开如图1-36所示的“置入”对话框。选择需要置入的文件后单击“置入”按钮，会把选择的文件置入到当前编辑文档中，如图1-37所示。被置入的文档以“×”状矩形框包裹，此时可以调整置入文档的大小，按下Enter键确定置入。

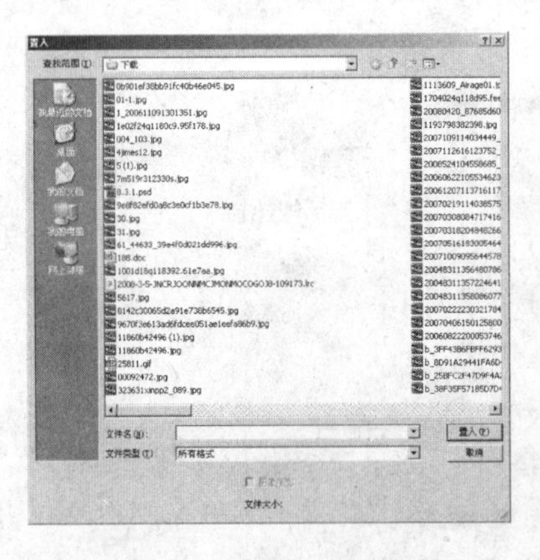

图1-36 “置入”对话框

图1-37 置入后的图像

6．导入和导出文件

执行“文件”→“导入”命令可以将一些特殊的文件导入到Photoshop中编辑，例如注释、变量数据组等；也可以直接从一些设备获取编辑文档，例如从扫描仪和数码相机获取图像等。执行“文件”→“导出”命令可以将编辑的内容导出成其他设备或程序使用的文件，例如将视频导出到播放设备中，将路径导出到Illustrator中。

7．存储为Web所用格式

执行“文件”→“存储为Web和设备所用格式”命令，可以直接把各种格式的图像优化成Web常用的GIF、JPG等格式，Web格式的图像特点是文件小，打开速度快。转换为Web格式后会降低图像质量。如图1-38所示的是转换为Web格式的对话框。

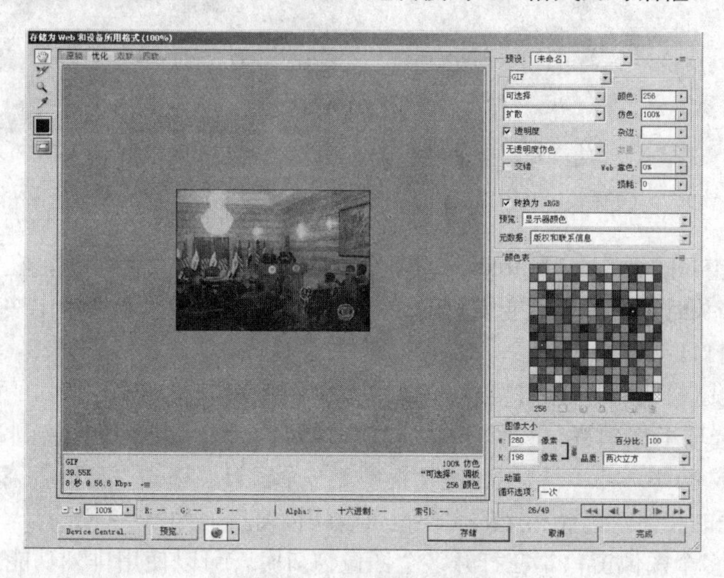

图1-38　Web格式对话框

1.6.2　图像窗口的排列

1．在新窗口中观察图像

在处理图像时经常需要将正在编辑的效果与原图像对比，执行“窗口”→“排列”→“为××新建窗口”命令，可以新建该图像的另一窗口，如图1-39所示。接着在原图像窗口中对图像进行编辑，即可在新建窗口中观察效果。

图1-39　在新窗口中查看图像

2．更改图像窗口的排列

（1）移动图像窗口。在Photoshop CS4中图像默认是以选项卡形式显示的，想要将其浮动显示在界面中，并随时移动，可以使用鼠标拖动选项卡标题向下移动，如图1-40所示。或者执行“窗口”→“排列”→“在窗口中浮动”命令。此外要改变选项卡的顺序，或将浮动的窗口放回选项卡标题位置，使用鼠标拖动窗口标题即可。

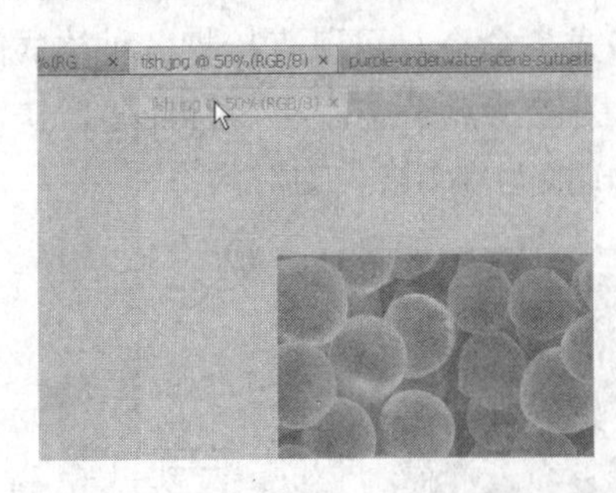
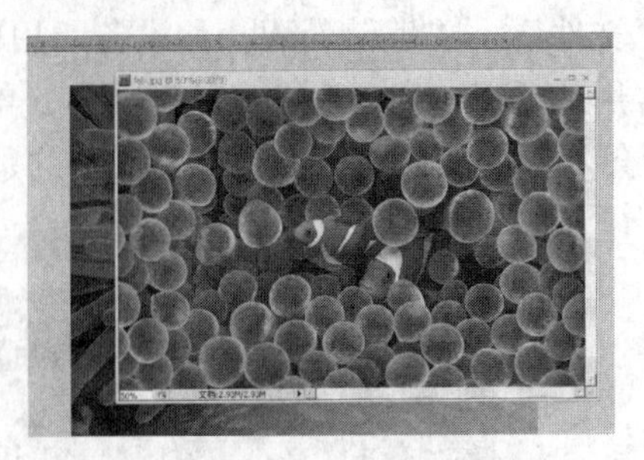

图1-40　移动窗口

（2）改变窗口的大小。Photoshop的图像窗口调整与Windows相同，在窗口的四周当鼠标变成控制箭头时可以拖动改变窗口的大小。单击最大化按钮和最小化按钮可以最大化和最小化显示窗口。

（3）切换图像窗口。当需要在打开的多个图像窗口之间切换时，可以使用鼠标单击该图像的选项卡标题栏，或按下Ctrl+Tab或者Ctrl+F6组合键切换到下个窗口，按Ctrl+Shift+Tab或者Ctrl+Shift+F6组合键切换到上一个窗口。选择“窗口”菜单命令，在其下端列出了打开的文件，选择相应的文件也可以切换窗口，如图1-41所示。

（4）排列多个图像窗口。在打开多个图像窗口时，可以使用排列功能方便图像的查看。“排列文档”按钮位于Photoshop CS4顶部的视图控制栏中，为新增内容。单击该按钮，弹出如图1-42所示的菜单。

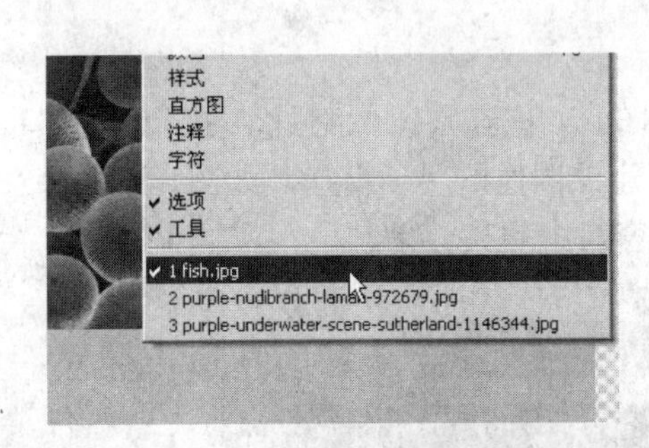

图1-41　“窗口”菜单下的文件选项

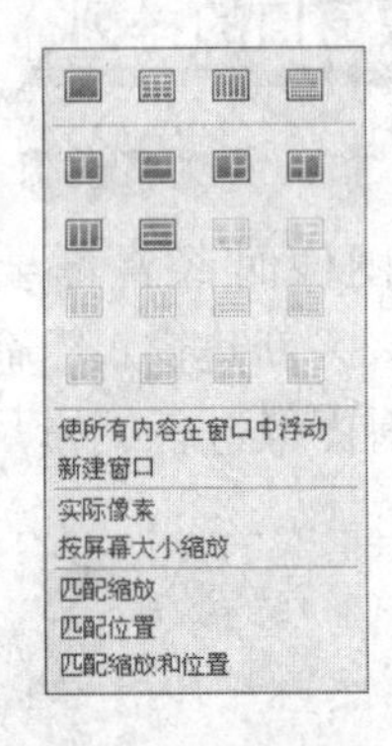

图1-42　排列文档菜单

该菜单集中了所有有关窗口视图控制的功能，单击窗格排列按钮，即可将窗口按需要排列，如图1-43所示。

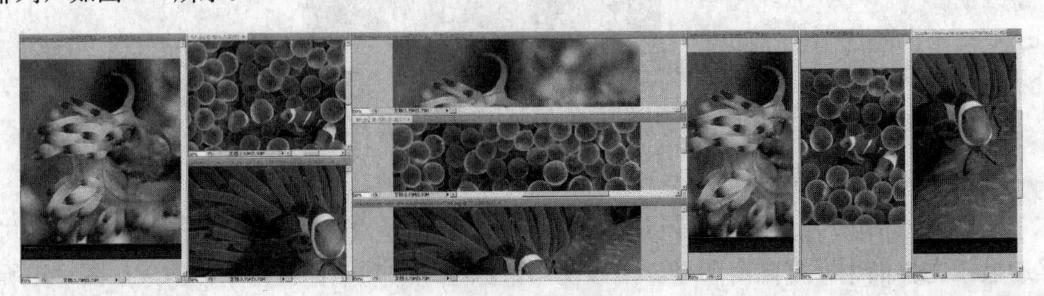

图1-43　更改窗口排列

1.6.3 图像的缩放

1．缩放图像

在编辑图像时往往需要放大图像进行细节的编辑，或缩小图像查看整体效果。缩放图像主要有以下几种方法：

（1）使用缩放工具。单击工具箱上的“缩放工具”，或者按下Z键，鼠标变成“+”状的放大镜，然后单击图像即可按照一定比例放大图像，按住Alt键鼠标变成“-”号状，此时单击可以缩小当前图像，放大和缩小图像的效果如图1-44所示。

技巧：双击“缩放工具”，可以将当前图像以100%比例显示。

图1-44 放大和缩小当前窗口图像

（2）使用Alt键+鼠标滚轮。在按下Alt键的同时向前滚动和向后滚动鼠标滚轮，可以实现图像的缩放。向前滚动放大，向后滚动缩小。

（3）使用导航器和状态栏精确缩放图像。除了使用缩放工具外，还可以使用导航器更改图像的缩放。“导航器”面板位于工作界面右侧，如图1-45所示（如果没有显示可以从“窗口”菜单命令中选择将其显示出来）。

图1-45 “导航器”面板

在“导航器”面板中有一个红色的矩形框，框内的内容就是当前图像窗口显示的内容，通过调整导航器下面的滑块，或直接输入缩放比例可以快速准确地更改当前图像的显示比例。

使用状态栏缩放，只需要在左下角输入需要缩放的比例即可缩放图像。

（4）使用快捷键缩放图像。按快捷键Ctrl++可以放大图像，按快捷键Ctrl+–则缩小图像，按快捷键Ctrl+0键可以将图像充满整个窗口。

2．放大或缩小局部图像

使用“缩放工具”在图像中拖动出矩形选区，可以将图像选区中的内容放大到整个窗口显示，如图1-46所示。

图1-46　将图像局部放大到整个窗口

3．同时放大或缩小多个图像

在对比多幅图像的效果时，经常需要同时实现多幅图像的缩放，以观察效果，此时可以单击“排列文档”按钮，在其下拉列表中选择“匹配缩放”选项，然后使用“缩放工具”按住Shift键在任意一副图像上单击即可放大所有打开的图像，按住Alt键单击可缩小所有打开图像如图1-47所示。

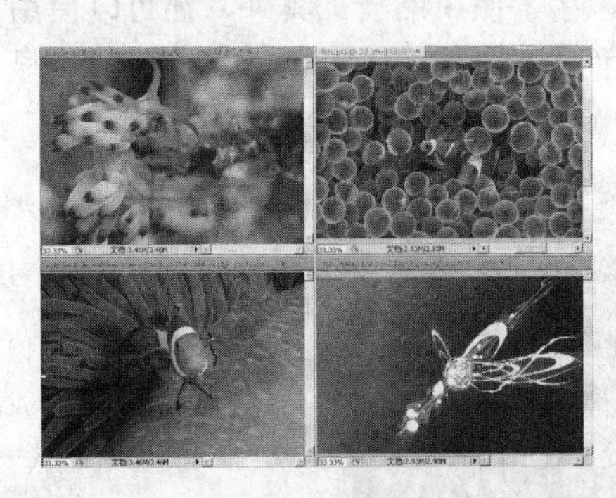
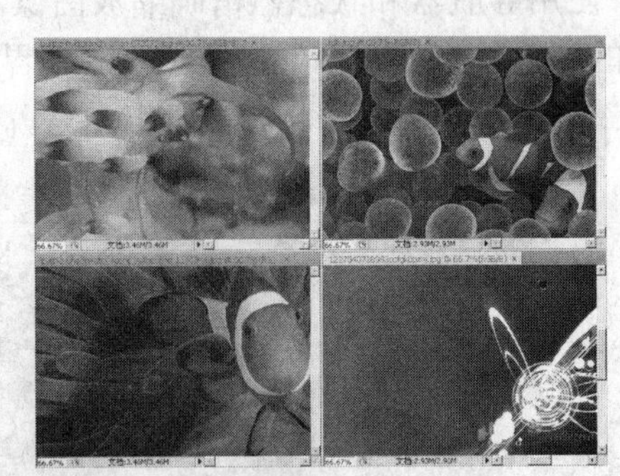

图1-47　同时缩放多幅图像

4．移动窗口中的图像

在对大型图像进行编辑或处理图像细节时，图像往往被放大多倍，使当前窗口内无法完整显示图像。此时可以使用“抓手工具”，在图像窗口中按住左键拖动即可移动图像，其效果如图1-48所示。

技巧：在使用工具箱中的绝大部分工具时都可以按下空格键暂时切换到“抓手工具”，调整好图像位置后松开空格键回到原工具继续进行编辑。

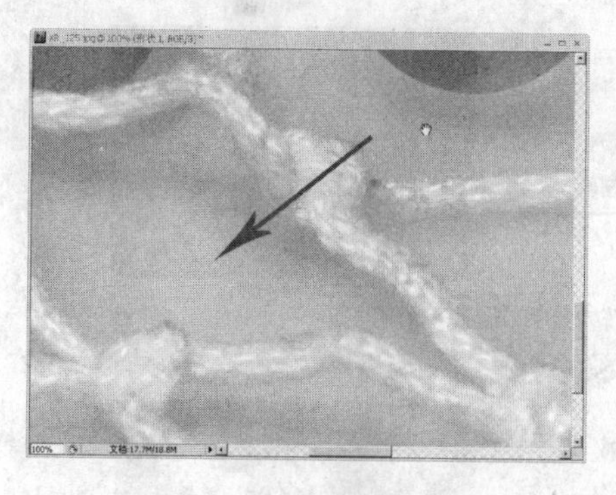
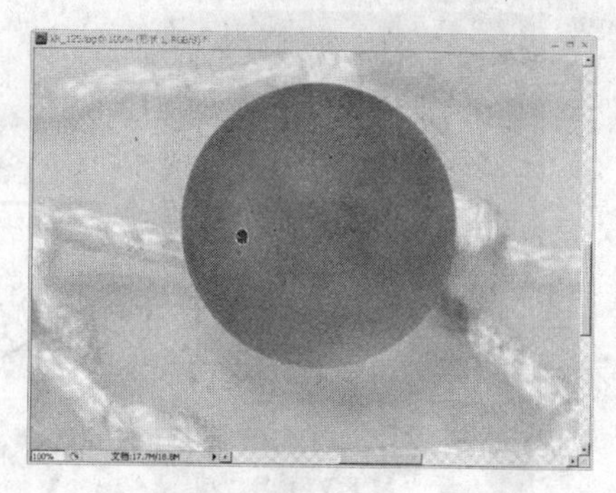

图1-48　使用“抓手工具”移动图像

也可使用“导航器”面板改变图像在窗口中的显示。这种方法更加直观，用鼠标拖动导航器内的矩形框即可改变窗口图像显示，如图1-49所示。

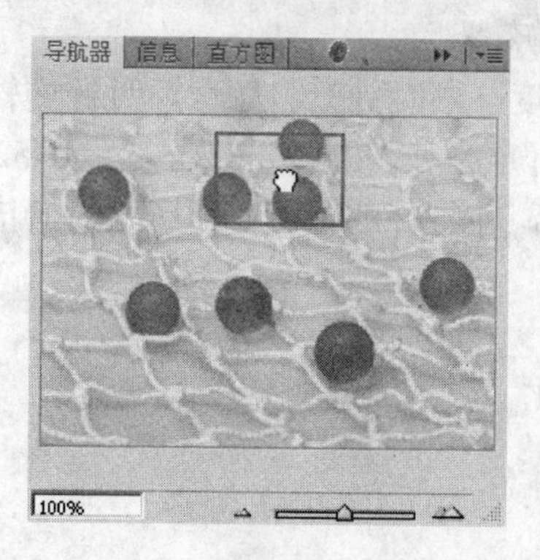

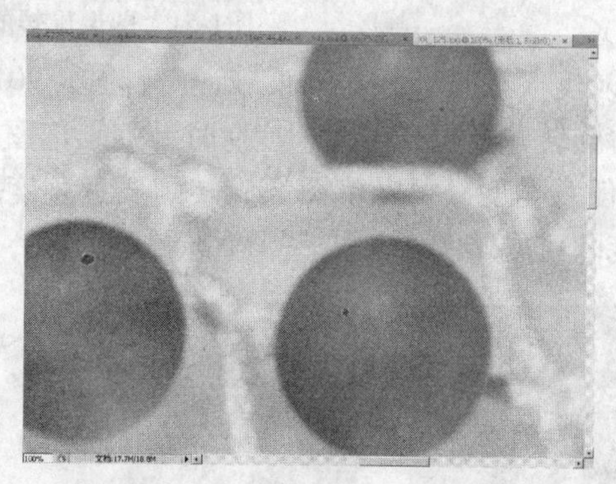

图1-49　使用导航器移动图像

5．旋转图像

在图像编辑过程中经常需要旋转图像，因为图像在不同的角度下产生的效果是不同的，执行“图像”→“图像旋转”命令中的子菜单，可以使用多种方式旋转图像。如图1-50所示。

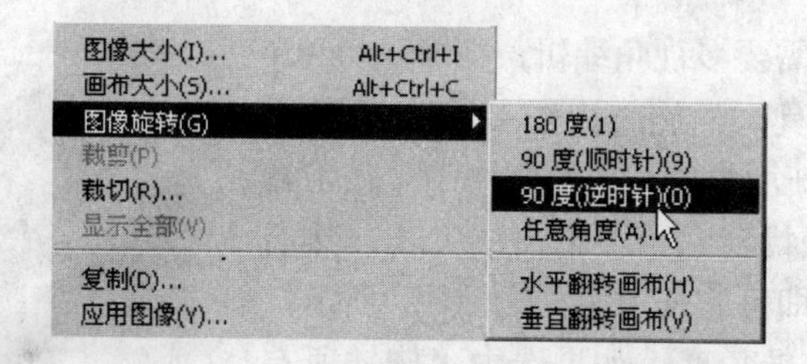

图1-50　“图像旋转”命令子菜单

各个菜单命令的作用如下。

（1）180度。将图像旋转180度，也就是将图像上下调换。

（2）垂直和水平翻转画布。水平翻转画布可以将图像左边的像素移动到右边，右边的移动至左边，垂直翻转画布则是将像素上下对调。翻转图像效果如图1-51所示。

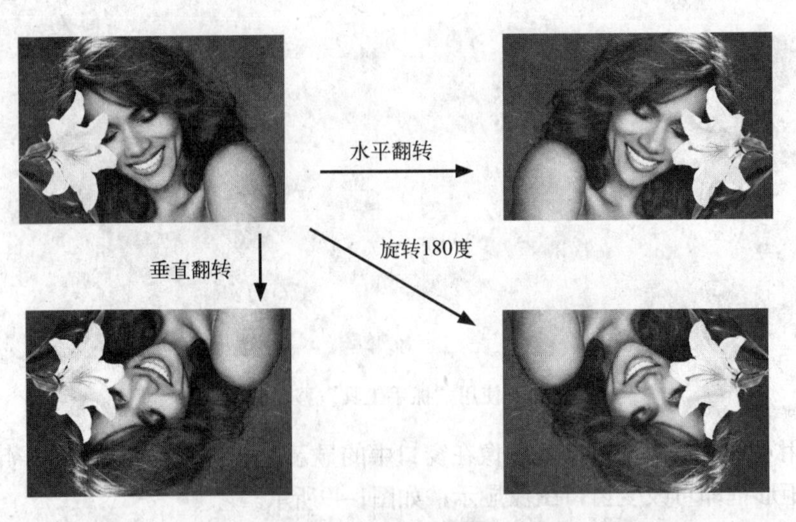

图1-51　图像旋转的效果

（3）90度（顺时针）与90度（逆时针）。90度（顺时针）将图像顺时针旋转90度，也就是向右旋转并竖起来。而90度逆时针则是把图像向左旋转并竖起来。如图1-52所示。

（4）任意角度。可以将图像旋转到任意角度，在打开的如图1-53所示的对话框中输入旋转角度即可旋转图像。

图1-52　顺时针与逆时针旋转90度的效果

旋转画布
角度(A): 45
度(顺时针)(C)
度(逆时针)(W)
确定
取消

图1-53　“旋转画布”对话框

6．旋转画布

在编辑图像时经常需要多视角编辑，在Photoshop CS4中新增加了一种工具，“旋转视图工具”，它位于Photoshop最顶部新增加的视图控制栏中（在工具栏的抓手工具处也可以找到它）。单击该工具，然后在图像窗口中按下鼠标即可旋转图像，如图1-54所示。在其属性栏可以设置旋转角度，如果选中“旋转所有窗口”复选框则可以同时旋转多个窗口。单击“复位视图”按钮可以将当前画布复位。

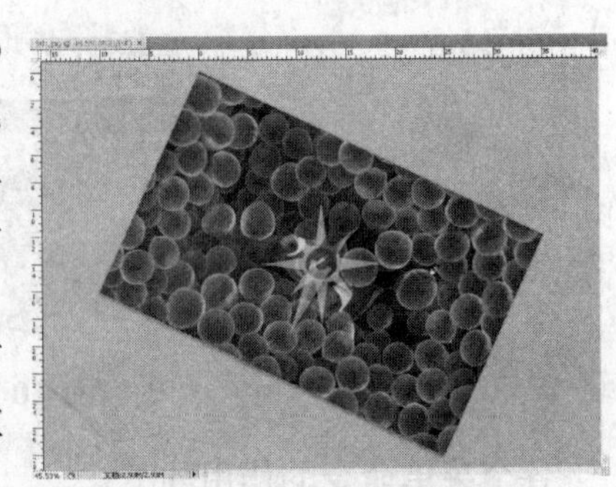

图1-54　旋转画布

1.6.4　图像尺寸和分辨率

1．调整图像尺寸和分辨率

图像的大小和分辨率设定直接影响图像打印的质量。在新建文件时可以设置尺寸和分辨率。如果要更改已有文件的分辨率和尺寸，可以执行“图像”→“图像大小”命令，或者按快捷键Ctrl+Alt+I，在打开的“图像大小”对话框中更改即可，如图1-55所示。

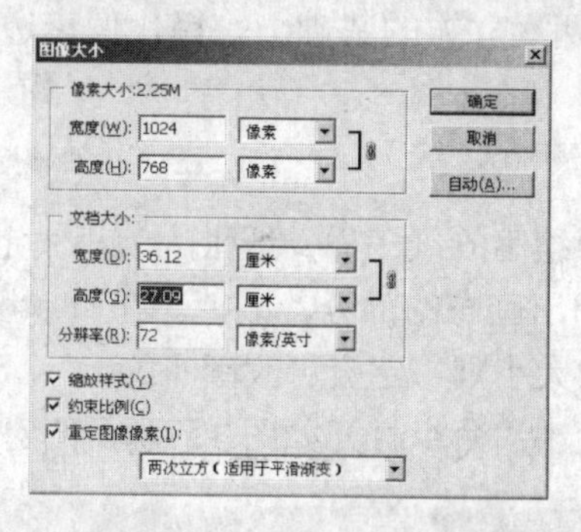

图1-55 “图像大小”对话框

对话框中的各参数功能如下。

（1）“像素大小”选项组。显示的是当前图像的宽度和高度，它决定了图像的屏幕尺寸。

（2）“文档大小”选项组。显示的是图像的打印尺寸和分辨率。

（3）“缩放样式”复选框。选中该复选框，在缩放图像时，将图像中应用的样式也一并按比例缩放。

（4）“约束比例”复选框。选择此项，则在修改图像的高度和宽度中的任意一个数值时，Photoshop将会按比例更改另一数值，以保证图像正常的显示比例，使图像不变形。如图1-56所示的是按比例缩放与不按比例缩放的效果。

图1-56 按比例缩放与不按比例缩放效果对比

（5）“重定图像像素”复选框。通过重定像素的方法可以在增加图像尺寸的同时保持图像的分辨率，使放大尺寸的图像不至于出现打印模糊的情况。如果撤销该选项则放大图像尺寸会降低图像打印的分辨率，降低打印质量。

“重定图像像素”复选框下面的下拉列表中有以下5种重定像素的计算方法。

① 邻近。一种速度快但精确度低的图像像素模拟方法，适用于需要保留硬边缘的图像，如像素图的缩放，使用该方法会使图像产生锯齿状效果。

② 两次线性。两次线性是通过平均周围像素颜色值来添加像素的方法，用于中等品质的图像运算，速度较快。

③ 两次立方。分析周围像素值作为依据，可以使图像的边缘得到最平滑的色调层

次，但速度较慢。

④ 两次立方较平滑。在两次立方的基础上，平滑像素边缘适用于放大图像。

⑤ 两次立方较锐利。在两次立方的基础上，锐化像素边缘保留图像细节，适用于图像的缩小。

2. 更改画布大小

画布就像我们现实生活中绘画的纸一样，纸张的大小决定能够绘制出多大的图像，如果缩小纸张，意味着将图像超出画布的部分裁减掉。在Photoshop中更改画布大小不一定会更改图像大小，而更改图像大小则一定会更改画布的大小。

执行"图像"→"画布大小"命令打开如图1-57所示的对话框。

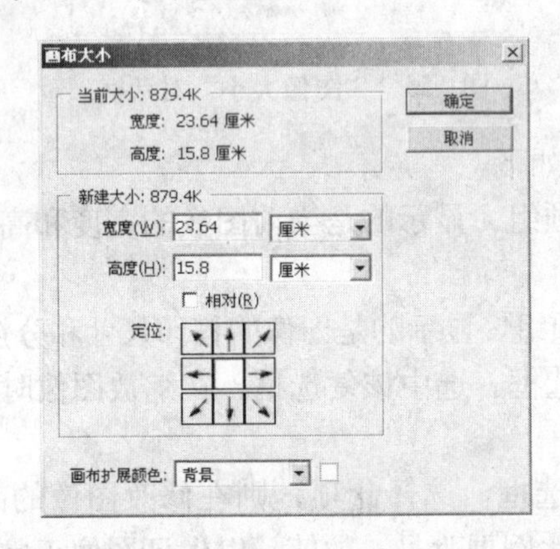

图1-57 "画布大小"对话框

（1）"当前大小"选项组显示的是图像当前的大小、高度和宽度。

（2）"新建大小"选项组中的数值则是用来更改当前画布的大小的，在数值框内输入要更改的尺寸即可。

（3）选中"相对"复选框后其上面数值框内的值变成0，此时再输入数值则是相对于原画布大小增加和减少图像画布的大小，例如在宽度值中输入10，则是相对于原画布宽度值上增加10。

（4）在"定位"中可以设置增加画布后图像放在画布上的位置和减少画布后裁切图像的位置。如图1-58所示的是增加画布，并使画布定位于右上角，图1-59所示的是减少画布从右上角剪裁图像。

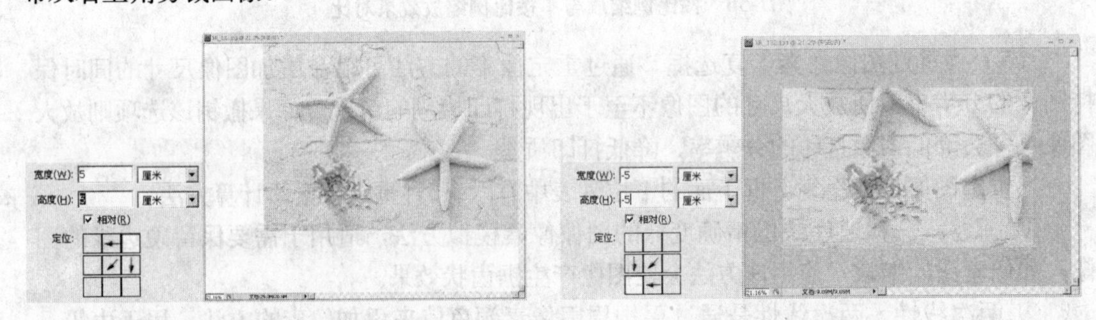

图1-58 增加画布　　图1-59 减少画布

（5）在"画布扩展颜色"下拉列表中可以设定新增加的画布部分的颜色。

1.6.5　裁切图像

1．使用裁剪工具裁剪图像

对于图像中不想要的部分，可以使用“裁剪工具”将其剪去。首先打开一幅图像，然后选择“裁剪工具”，在图像中拖动鼠标将要保留的部分框起来，如图1-60所示。然后按下Enter键，或单击工具属性栏上的“提交”按钮，即可完成图像的剪裁，如图1-61所示。

图1-60　使用“裁剪工具”框选保留部分　　　图1-61　裁剪效果

“裁剪工具”所绘制的选框，可以被旋转和缩放，把鼠标放置在选框四个边和角上，可以缩放和旋转选框的大小，如图1-62所示。具体操作可以参考选择篇中的“变换选区”。

图1-62　旋转裁剪框

2．使用裁剪菜单命令

使用选择工具创建选区，然后使用“图像”菜单中的“裁剪”命令也可以对图像进行裁剪。首先单击工具箱中的“矩形选框工具”，在图像中拖动创建一个选区，然后执行“图像”→“裁剪”命令，完成图像的裁剪，接着按快捷键Ctrl+D取消选区即可。

3．使用裁切命令

Photoshop中还有一种方法，可以将图像周围同一种颜色的像素剪裁掉，效果如图1-63所示。

执行“图像”→“裁切”命令，打开如图1-64所示的“裁切”对话框，在“基于”选项组中可以设置基于哪一部分的像素颜色裁切图像，在“裁切掉”选项组中可以设置图像哪些边上的像素需要裁切。

图1-63　裁切效果

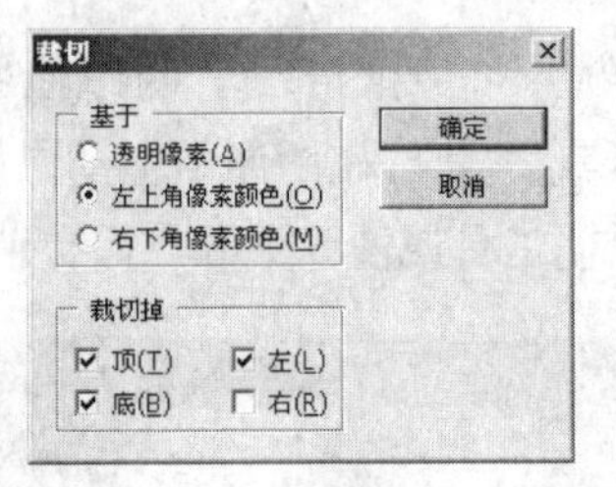

图1-64　"裁切"对话框

1.6.6　变换图像

"变换"命令是Photoshop中一个使用率极高的命令，它可以变换对象的大小、形状、位置等。变换命令可以变换整个图像或图像的局部，还可以应用于多个图层、路径、蒙版、Alpha通道等，几乎所有出现在图像窗口中的对象都可以用变换命令修改。要将"变换"命令与"变换选区"命令区别开来，"变换选区"命令请参考本书第2章"区域选择篇"。

打开一幅图像，执行"编辑"→"变换"命令，在子菜单中提供了多种变换图像的选项，如图1-65所示。

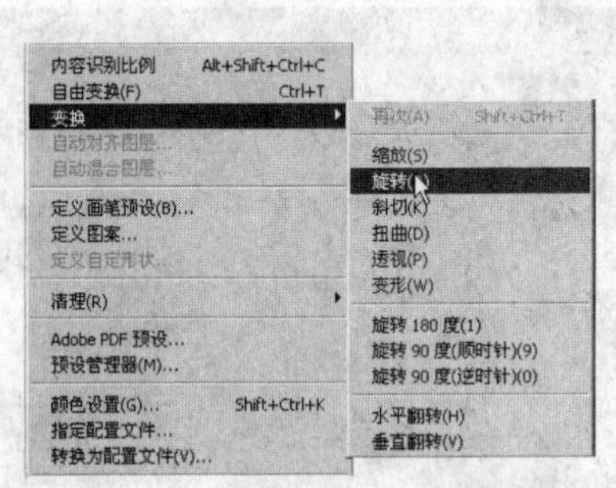

图1-65　"变换"命令子菜单

1. 缩放

使用"缩放"命令可以改变对象的尺寸和宽高比例，按住Shift键可以保持等比例缩放图像，按住Alt键可以以对象中心为缩放点进行缩放，如图1-66所示。

图1-66　缩放图像

2．旋转

使用“旋转”命令可以旋转对象内容，它与前面所讲的旋转画布命令不同，这里旋转的是图像而不是画布。按住Shift键可以15度角为增量旋转图像。如图1-67所示的是旋转图像的效果。

3．斜切

“斜切”命令可以使图像产生倾斜效果。在斜切操作中按住Alt键可以实现对角（边）同时反向斜切，按住Shift+Alt组合键可以实现与同侧顶角对称斜切。斜切效果如图1-68所示。

图1-67　旋转图像

图1-68　斜切效果

4．扭曲

使用“扭曲”命令可以产生斜角俯视或仰视的图像效果，扭曲过程中按住Alt键实现对称扭曲。按住Shift键可限制扭曲方向，这时效果同斜切。扭曲图像效果如图1-69所示。

图1-69　扭曲图像

5．透视

“透视”命令可以使图像产生延长景深或拉近景深的效果，如图1-70所示。

图1-70　透视效果

6．变形

“变形”命令可以把图像任意地揉搓，使图像起伏不定或弯曲。这一特性经常被用于使图像附着于物体，如图1-71所示。

图1-71　图像附着于物体

1.6.7　撤销操作

撤销操作是在各种软件中使用率最多的功能，Photoshop中也不例外，对当前操作不满意时，可以使用撤销命令后退到上一步的图像状态。

1．使用菜单命令

Photoshop的撤销命令位于编辑菜单中，共包括三项，如图1-72所示。

（1）还原（操作名称）。该项的作用是还原最近的一步操作，快捷键为Ctrl+Z。使用一次该命令后，命令会变成“重做（操作名称）”意思是把刚刚撤销的一步重做回来。

（2）后退一步。撤销最近的一次操作，返回到操作前状态。快捷键为Ctrl+Alt+Z。

（3）前进一步。把刚刚撤销的步骤重新做一次，返回到撤销前状态，快捷键为Shift+Ctrl+Z。

2．使用历史记录面板

“历史记录”面板位于操作界面的右侧，如图1-73所示。

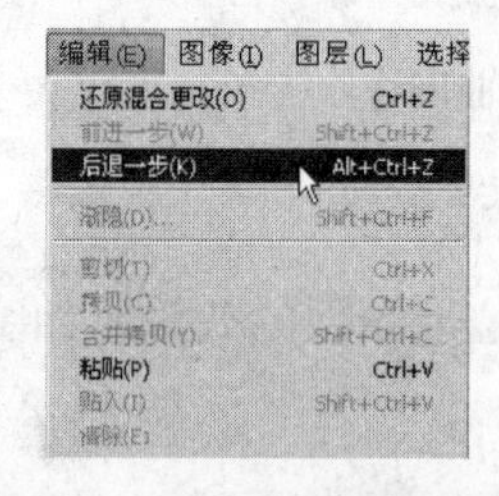

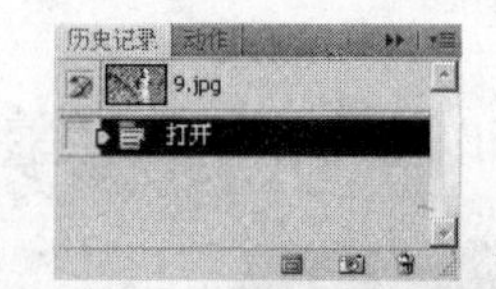

图1-72　撤销和恢复操作　　图1-73　“历史记录”面板

“历史记录”面板中记录了用户对于图像所执行过的操作，默认情况下记录最近的25次操作。使用“历史记录”面板可以直接后退或前进多次操作，只要在要撤销的操作记录上单击即可撤销到该步骤，如图1-74所示。

> 提示：历史记录中的记录次数可以在“编辑”→“首选项”→“性能”参数选项中修改。

图1-74 单击记录撤销到该步骤

单击“历史记录”面板下方的“从当前状态创建新文档”按钮，可以把当前状态下的图像复制到另一个新建的文档中进行编辑，如图1-75所示。

图1-75 从当前状态创建新文档

单击“创建新快照”按钮，可以把图像的当前状态记录下来，被记录下来的快照放置在“历史记录”面板的顶部，如图1-76所示。

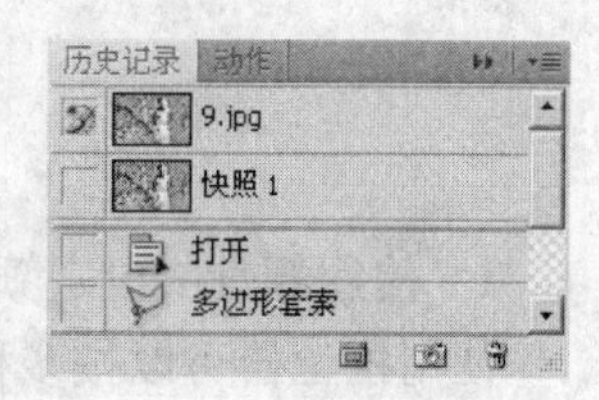

图1-76 创建快照

快照建立后，使用撤销命令不会撤销快照，单击快照记录层，即可将图像切换到快照保存时的状态。单击“删除当前状态”按钮，可以删除当前记录层，位于当前记录层之下的所有操作也将被删除，图像将恢复到被删除记录之前的样子。

1.6.8 图像前景色和背景色

在使用Photoshop编辑或绘制图像的过程中，经常对图像填充颜色，Photoshop中的颜色填充和编辑大多数依靠前景色和背景色来实现。更改图像的前景色和背景色则涉及到图像颜色的选取。下面将分别对其进行讲解。

1．前景色和背景色

Photoshop中前景色和背景色主要用来绘图、填充和描边选区，此外也常被用来自动填充擦除或涂抹的区域。一些滤镜也经常使用到前景色和背景色。图像的前景色和背景色位于工具箱中的下半部分，如图1-77所示。

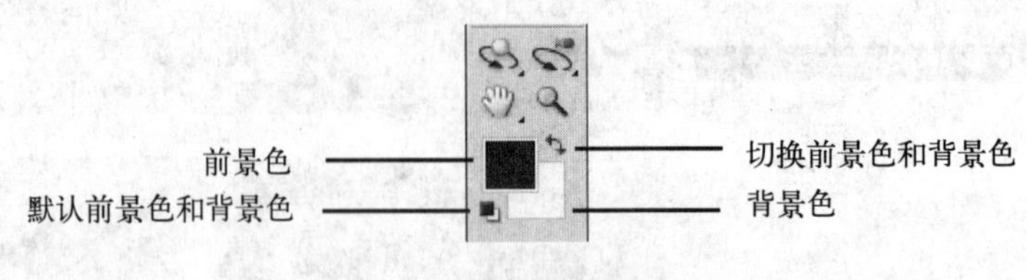

图1-77　前景色和背景色

（1）更改前景色和背景色。单击工具箱中的前景色色块，在打开的拾色器中选取一种颜色，单击“确定”按钮即可更改前景色。更改背景色的操作与此相同。

（2）还原默认前景色和背景色。单击“默认前景色背景色”按钮或按D键可以把前景色和背景色还原为黑色和白色。

（3）切换前景色和背景色。单击“切换前景色和背景色”按钮，或按X键可以将前景色与背景色调换。

2．使用拾色器选取颜色

Photoshop中的颜色大多都是通过拾色器及色板选取的。单击工具箱中的前景色或背景色色块可以打开如图1-78所示的拾色器，使用该拾色器可以选择需要的颜色。

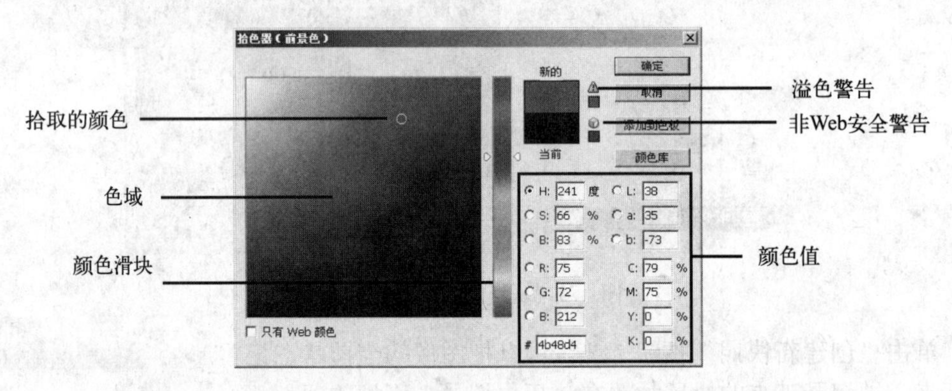

图1-78　拾色器

1）使用颜色值设定颜色

使用拾色器可以按多种颜色模式数值设定颜色，只要在右侧的颜色值框内输入指定的颜色模式的数值，即可完成颜色的设置。例如我们需要选择RGB模式的纯红色，则在RGB数值框的R中输入255，G和B中输入0。

在数值框的底部有一个“#”文本框，该文本显示当前颜色的16进制数值，例如，000000是黑色，ffffff是白色，ff0000是红色，可以通过在其中输入一个十六进制值来更改当前选取颜色。

2）移动拾色圈拾取颜色

通过拖动颜色滑块和移动色域框中的拾色圈可以选取自己需要的颜色，当前被选取的颜色将显示在拾色器中“新的”色块中。

3）改变色域拾取框的显示

在颜色值区域中，HSB、RGB、Lab三种颜色模式前面分别有3个单选框，默认情况选择的是HSB的H值，表示当前色域与颜色滑块按照色相的方式显示，更改该选项可以改变左侧的色域和颜色滑块的显示方式。

4）查看溢色警告

如果在拾色器的溢色警告处显示“溢色警告”图标则表示当前所选颜色超过了打印颜色范围，单击警告图标或者其下方的色块，可以把所选颜色切换为打印色域（CMYK）中与之最相近的一种颜色。

5）查看非Web安全警告

如果拾色器的非Web安全警告处显示了图标，表示当前颜色超出了Web颜色的范围，单击下方的色块可以切换到与之最接近的Web颜色。如果选中左下角的只有Web颜色复选框，可以将当前可以选取的颜色限制在Web色域范围（适用于网页显示的216种安全颜色）内。

3．使用颜色库

单击拾色器右边的“颜色库”按钮可以切换到“颜色库”对话框，如图1-79所示，使用“颜色库”对话框可以选择专色。

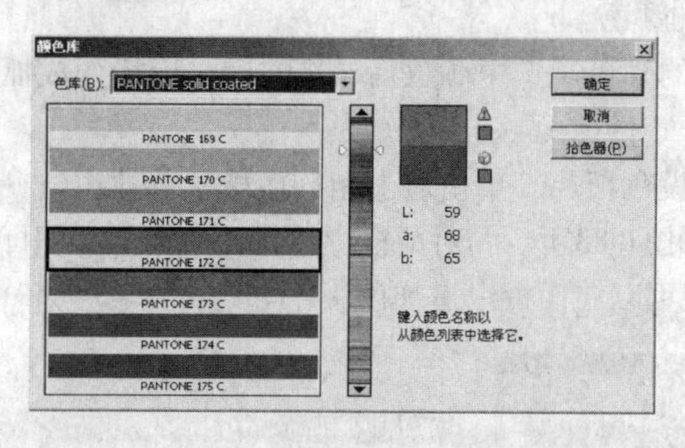

图1-79　“颜色库”对话框

单击“色库”下拉列表可以选择一种颜色型号，然后通过拖动右侧的颜色滑块选择颜色范围，并在左侧的窗口中选择需要的颜色。单击“拾色器”按钮即可切换回到拾色器中。

4．使用颜色面板

“颜色”面板如图1-80所示，“颜色”面板中显示当前前景色或背景色的颜色值，拖动“颜色”面板中的滑块，可以编辑前景色或背景色。也可以使用底部的色谱来选取前景色和背景色。

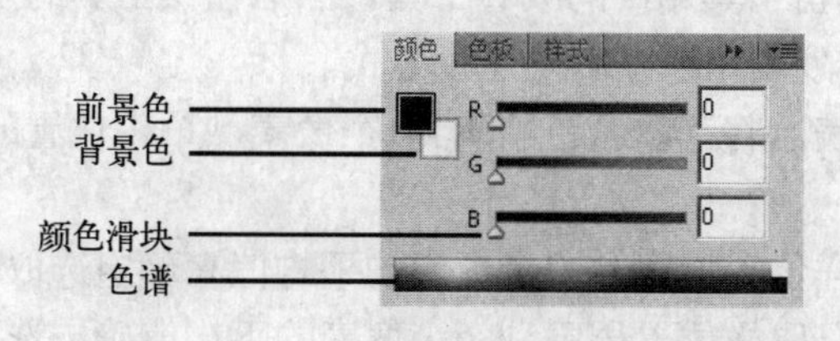

图1-80　“颜色”面板

在“颜色”面板菜单中可以选择当前颜色和色谱的颜色模式，如图1-81所示。切换模式后，相应的颜色滑块也会改变。

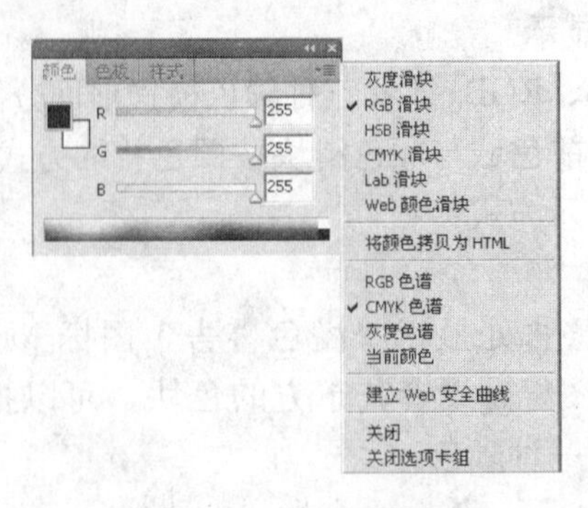

图1-81 “颜色”面板菜单

在“颜色”面板中，单击前景色或背景色色块，可以打开“拾色器”对话框选择颜色。

5．使用色板面板

在“色板”面板中存储了经常使用的颜色，可以直接单击选取使用。用户也可以将经常使用的颜色存储在色板中，以方便日后使用。按下F6键显示色板，再次按下F6则隐藏“色板”面板。“色板”面板如图1-82所示。

（1）向色板中添加颜色。单击右下角的“从前景色创建色块”按钮，或当鼠标变成时单击，都可以添加颜色。

（2）删除色板中的颜色。选中颜色后按下左键，鼠标变成抓手状，然后拖曳到“删除”按钮上即可。

（3）使用其他预设色板库。单击右上角的面板菜单按钮，在弹出的菜单中选择一种色板预设。在弹出的如图1-83所示的对话框中单击“确定”按钮即可替换当前色板中的色块，单击“追加”按钮可以向面板中追加色块。

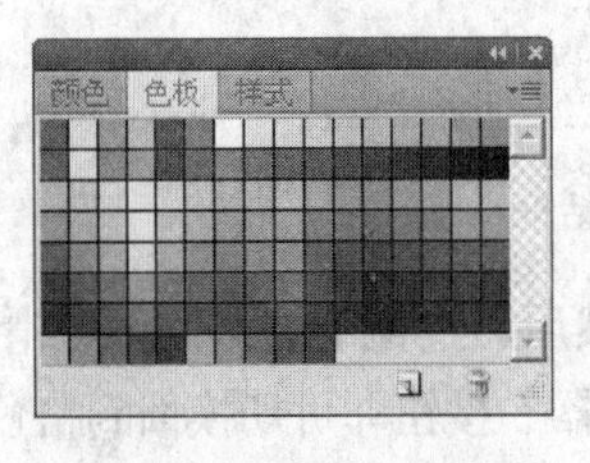

图1-82 “色板”面板

图1-83 提示对话框

6．使用吸管工具

使用“吸管工具”可以从当前图像、色板、拾色器等地方采样，采样颜色可以用于制定新的前景色或背景色。单击工具箱中的吸管工具，然后在该工具的属性栏中设置具体的参数。在“取样大小”下拉列表中包括以下三种方式。

（1）取样点：使用该选项表示将选取颜色精确到1个像素，单击位置的像素颜色即为选区的颜色。

（2）3×3平均：表示以取样位置周围3×3个像素的平均值来确定选取的颜色。

（3）5×5平均：此项表示以取样位置周围5×5个像素的平均值确定选取颜色。

单击取样后前景色将被改变，如果按住Alt键单击取样，则将改变背景色。在取样时可以通过“信息”面板查看当前鼠标指针处的颜色值。

1.7 优化工作环境

在打开Photoshop进行工作前，首先应优化工作环境，这样可以提高工作效率。并且在操作过程中通过辅助工具可以大大提高操作精度。

1.7.1 设置系统参数

Photoshop的系统参数全部集中在“编辑”菜单中的“首选项”中，单击选择任何子菜单都可以打开如图1-84所示的“首选项”对话框。也可以使用常规选项的快捷键Ctrl+K打开该界面。下面将对一些主要参数进行讲解。

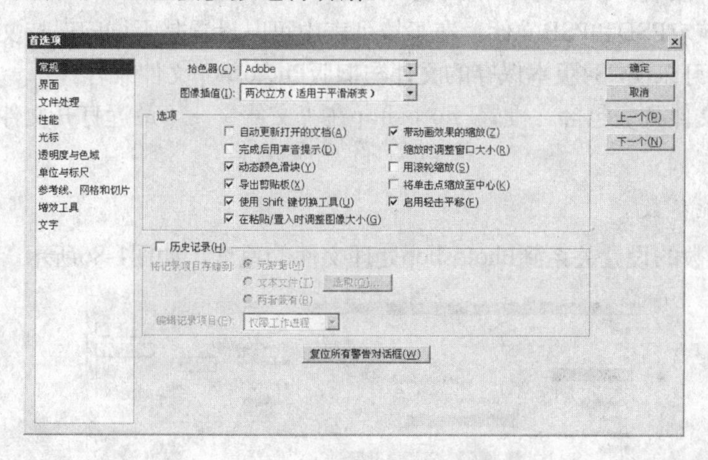

图1-84 “首选项”对话框

1．设置常规参数

在“常规”参数设置中可以设置Photoshop在操作文件时命令的打开方式、执行方式等。各主要参数如下所述。

（1）拾色器。选择在使用拾色器时打开的是Adobe的拾色器还是Windows拾色器，默认为Adobe拾色器。

（2）自动更新打开的文档。如果选中该项，则Photoshop会自动在界面中更新已经打开的并被其他软件编辑保存过的图像，此方法可以使多个软件编辑同一图像。

（3）导出剪贴板。该选项可以将在Photoshop中剪切的内容直接粘贴到其他可以编辑该内容的软件中。

（4）历史记录。默认情况下Photoshop在保存文件时是不保存历史记录的，选中该项后可以设置将历史记录保存。

2．设置文件处理参数

“文件处理”参数主要设置文件的打开预设、保存预设等。其参数如图1-85所示，各主要参数如下所述。

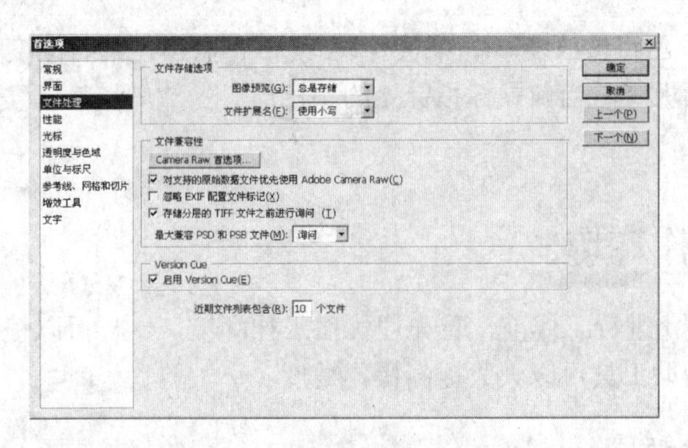

图1-85 “文件处理”参数

（1）图像预览。设置保存文件时是否保存文件的缩览图，以使Windows可以使用缩略图方式查看文件。

（2）文件扩展名。设置文件保存的扩展名的大小写。

（3）最大兼容PSD和PSB文件。在下拉列表中可以设置是否询问保持文件兼容性，保存文件兼容性则可以使CS4版本保存的文件与旧版Photoshop文件兼容。

（4）近期文件列表包含。设置Photoshop在“文件”→“最近打开文件”中列表菜单的文件数目。

3．设置性能参数

“性能”参数的设置关系到Photoshop处理文件的速度，如图1-86所示。

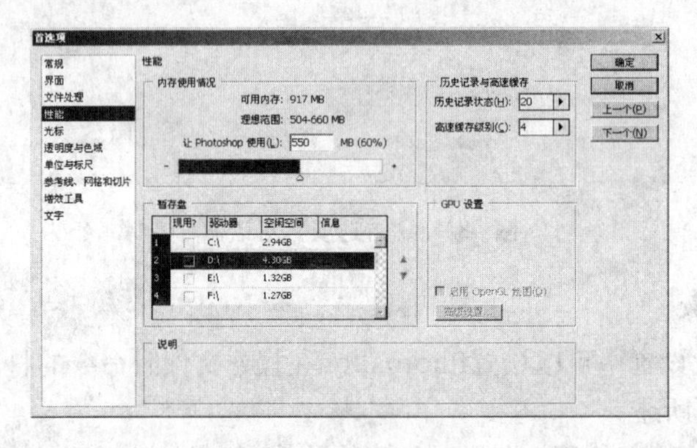

图1-86 “性能”参数

（1）内存使用情况。Photoshop运行时需要占用很大的内存，此项一般设置为可用内存的50%～75%，内存分配越大处理速度越快。

（2）设置暂存盘。Photoshop在打开一幅图像处理时，需要文件大小2～3倍的暂存磁盘，例如打开一个5MB的文件则需要10MB～15MB的磁盘缓存。建议把暂存盘设在系统盘之外的其他盘里，避免Photoshop与Windows争夺资源。

（3）历史记录状态。设置Photoshop保存多少步操作的历史记录，设置次数越多，占用内存越大。

（4）高速缓存级别。设置范围1～8之间，数值越大，Photoshop的画面显示速度和重绘速度越快，但占用系统资源也会更大。

（5）启用OpenGL加速。这是Photoshop CS4的最新功能，只有显卡支持OpenGL2.0该选项才会被点亮。启用后可以大大提高图像打开、缩放等操作的速率及视觉。如果不支持该选项则Photoshop CS4中的部分功能将不可用。

4．设置光标参数

在“光标”设置中可以设置Photoshop各种工具在使用时光标的形状，如图1-87所示。该设置可以影响工具箱中的大多数工具。

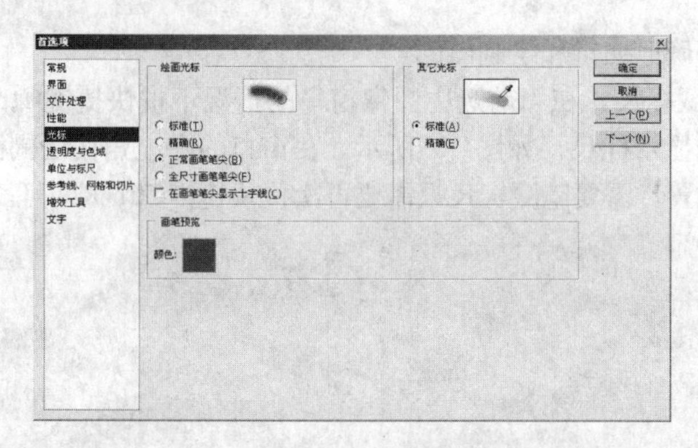

图1-87 “光标”设置

（1）绘画光标。设置该项可以影响所有绘图工具（例如：画笔、橡皮、仿制图章等）的光标显示方式。

（2）其他光标。设置除绘图工具以外的工具如吸管工具的光标显示方式。

5．设置透明度与色域

在“透明度与色域”设置中可以设置图像中的透明区域显示的颜色，以及色域警告显示颜色等。“透明度与色域”设置参数区域如图1-88所示。

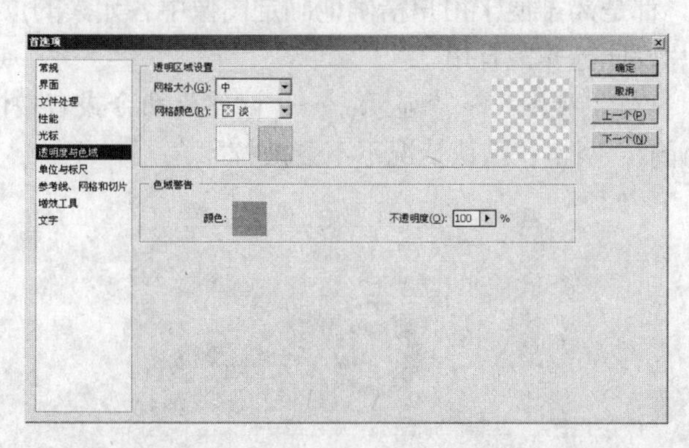

图1-88 透明区域与色域

（1）透明区域设置。用于设置透明区域的网格大小和网格的颜色。

（2）色域警告。当图像中有溢色像素时使用此处设定的颜色显示。

6．设置单位与标尺

在“单位与标尺”中可以设置Photoshop中的标尺刻度单位、文字大小单位以及预设文档分辨率、屏幕显示分辨率等。

7．设置参考线、网格、切片

在该项中主要设置当前的参考线网格和切片的颜色及线形，使它们在界面中更好地显示并辅助工作。

1.7.2 使用辅助工具

1．使用标尺

使用标尺可以精确地编辑和绘制图像。

（1）显示和隐藏标尺。在当前选中图像窗口的情况下按快捷键Ctrl+R，或执行“视图”→“标尺”命令显示标尺，如图1-89所示。在窗口的左上角按住鼠标左键向右下角拖动可以改变标尺的位置。需要隐藏标尺只需要再次按快捷键Ctrl+R即可。

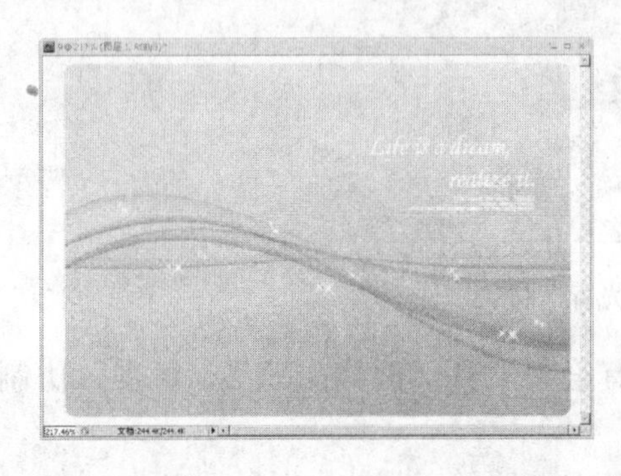

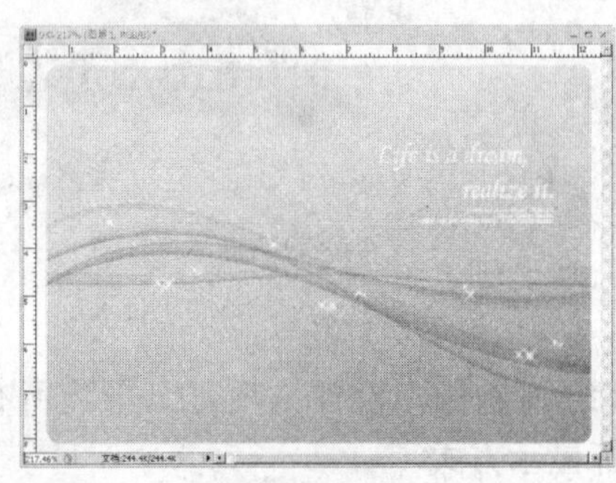

图1-89 使用标尺

（2）更改标尺单位。如果要更改标尺单位，可以在标尺上单击右键更改。

2．使用网格

网格同标尺一样，都是为了便于用户精确地确定图像中各元素的位置，网格对于精确设计，比如标志、名片设计等非常有用。

（1）显示网格。执行“视图”→“显示”→“网格”命令或者按快捷键Ctrl+‘即可显示网格，如图1-90所示。网格在默认情况下不会被打印。

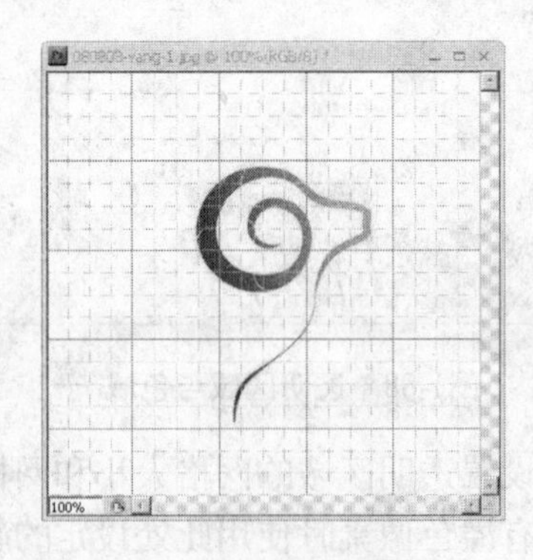

图1-90 显示网格

（2）隐藏网格。隐藏网格与显示网格操作相同，再次按快捷键Ctrl+‘即可隐藏网格。

（3）对齐到网格。执行“视图”→“对齐到”→“网格”命令，可以使移动中的对象自动对齐最近的网格，并且在建立选区时选区会自动贴齐网格。

> 提示：网格的刻度单位等可以从“编辑”菜单下“首选项”中更改。

3．使用参考线

参考线也是一种精确制图辅助工具，在Photoshop中很常用。使用它可以对齐图像中的元素，以及精确调整对象位置等。

（1）建立参考线。执行“视图”→“新建参考线”命令，打开“新建参考线”对话框，如图1-91所示。在“取向”选项组中设置“水平”或是“垂直”，然后输入“位置值”，单击“确定”按钮即可建立参考线。

也可以直接在标尺上按下鼠标左键拖动出参考线，如图1-92所示。在拖动参考线时按住Shift键可以强制距离拖动，按住Alt键则更改参考线方向。

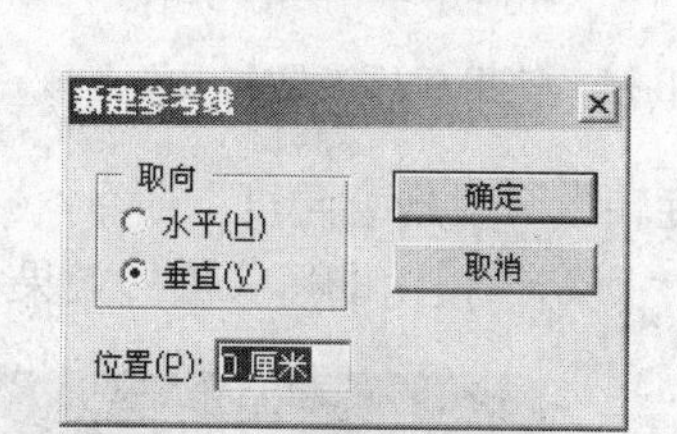

图1-91　“新建参考线”对话框　　图1-92　从标尺处拖出参考线

（2）移动参考线。选择“移动工具”放在参考线上，鼠标变成⇕状时，按住左键即可移动参考线。

（3）对齐参考线。执行“视图”→“对齐到”→“参考线”命令，即可将移动中的对象自动对齐到参考线，并且在建立选区时选区边界也会自动贴齐最近的参考线。

（4）锁定参考线。执行“视图”→“锁定参考线”命令，或按快捷键Alt+Ctrl+；可以锁定参考线，再次执行相同操作可以解除锁定。参考线被锁定后将不可移动。

（5）清除参考线。执行“视图”→“清除参考线”命令，可以清除图像中所有的参考线。也可以通过单独拖动某一根参考线至标尺上来清除单根参考线。

4．显示和隐藏额外内容

额外内容指图像文件之外的所有不需要打印的内容，如选区、参考线、文本边界框、注释等。在编辑图像过程中这些内容经常影响查看图像效果，可以将它们暂时隐藏。隐藏方法如下。

（1）隐藏全部额外内容。执行“视图”→“显示额外内容”命令，或者按下快捷键Ctrl+H，即可隐藏所有额外内容。再次执行相同操作后可以显示全部额外内容。

（2）单独隐藏一项额外内容。执行“视图”→“显示”菜单项，在子菜单中选择一项需要隐藏的内容，也就是取消前面“√”标记。

1.8 课堂范例——修正及裁切倾斜图像

（1）打开素材。打开本书光盘\素材\第一章\倾斜照片.jpg，如图1-93所示。

（2）使用标尺工具。选择工具箱中的“标尺工具”在图像的水平线上画一条直线，如图1-94所示。

图1-93 素材图像

图1-94 使用标尺工具在图像上画一条直线

（3）旋转画布。执行“图像”→“图像旋转”→“任意角度”命令，打开“旋转画布”对话框，其角度已经由标尺工具定位好，单击“确定”按钮即可。旋转效果如图1-95示。

图1-95 旋转画布

（4）裁剪图像。使用工具中的“裁剪工具”沿需要裁减的地方拖动鼠标，然后按回车键确认，效果如图1-96所示。

图1-96 剪裁图像

（5）修正图像。使用工具箱中的“仿制图章工具”将图像中的像素复制到黑色区域。关于图章工具的使用可以参照本书第11章的图像修复内容。完成后效果如图1-97所示。

图1-97　修补工具修补黑色部分像素

1.9 课堂练习

1. 单项选择题

（1）以下（　　）不属于Photoshop CS4的新增功能。

A. 内容感知型缩放　B. 自然饱和度的调节　C. OpenGL加速　D. 智能对象

（2）Photoshop的默认文件格式是（　　）。

A. PDF格式　B. JPEG格式　C. BM格式　D. PSD格式

（3）色阶的范围是（　　）。

A. 0～256　B. 0～255　C. 0～265　D. 0～266

（4）Photoshop不可以编辑以下（　　）格式。

A. PDF　B. BMP　C. JPEG　D. AI

（5）Photoshop术语中的色相指（　　）

A. 色彩的颜色　B. 色彩的浓度　C. 色彩的明亮度　D. 彩色图像

（6）使用“图像”→“图像大小”命令可以调整图像的大小及分辨率，其快捷键是（　　）。

A. Ctrl+Alt+I　B. Ctrl+Alt+C　C. Shift+I　D. Ctrl+Shift+T

（7）恢复默认与切换图像前景色与背景色的快捷键是（　　）。

A. D→X　B. S→A　C. D→C　D. C→D

2. 问答题

（1）Photoshop的新增功能有哪些？

（2）Photoshop都支持哪些格式？各种格式都有什么特点？

（3）如何优化Photoshop的操作界面？

（4）矢量图与位图的区别是什么？

读书笔记

Photoshop 第2章 区域选择篇

学习目标

通过本章内容的学习，了解选区的实质，并能熟练利用选框工具、套索工具、路径工具等建立选区。

学习重点

选区的运算
选区的应用

在前面基础篇中讲解了Photoshop的基本操作，如图像的移动、变换、对齐等。大家可能会发现都是针对整个图像操作的，那如果只想改变图像的一部分形状或颜色，怎么办呢？选区是解决这一问题的关键。如同大型舞蹈编排，导演如果需要一部分人更换动作方向或服装，那首先就要指定这部分人。Photoshop亦是如此，利用选区指定一个区域，后面的操作就自然被限定在特定区域或图像上。

2.1 认识选区

1．选区的概念

选区是封闭的区域，可以是任何形状，但一定是封闭的。不存在开放的选区。

选区一旦建立，大部分的操作就只针对选区范围内的图像。如果要针对全图操作，必须先取消选区。

2．选区的相关要素

1）选择线

在Photoshop中建立选区后，会产生一条封闭的动态的虚线，我们称之为蚂蚁线。蚂蚁线封闭的区域即为选择区域。

2）选区的不透明度

同样是虚线框内的范围，却可能有不同的选择不透明度，这里的选择不透明度也可以理解为选择的强度。选区储存于Alpha通道中，选区在通道中是以灰度表示的，如图2-1所示。未选区域以黑色（K100%）表示。白色（K0%）代表了选区的“饱和”状态，这时选区不透明度为100%；而黑色代表了选区的“完全未选”状态，这时选区不透明度为0。介于白黑之间的灰色，就是从选区的“饱和”到“完全未选”的过渡。这就是选区的不透明度，它将影响我们对选区内颜色的修改以及填充的强度。

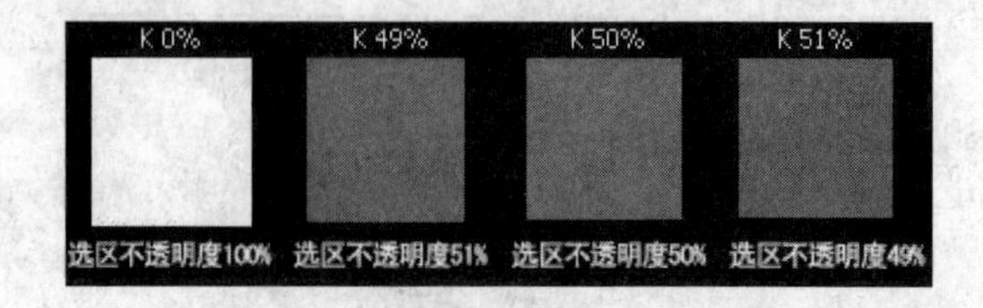

图2-1　选区在通道中以灰度表示

注意：低于K50%的选区蚂蚁线将不可见，但选区仍然存在。

3．选择区域与蒙版区域

简单地说选择区域是把需要编辑的部分选中，使操作只针对当前的选择区域，而蒙版区域是把不需要编辑的地方遮住将其保护起来，二者之间可以快速转换。

4．获取选区的方式

Photoshop中的选区大部分是靠选取工具来产生的。选取工具共8个，集中在工具栏上部。规则选区工具为："矩形选框工具"、"椭圆选框工具"、"单行选框工具"、"单列选框工具"，不规则选区工具为："套索工具"、"多边形套索工具"、"磁性套索工具"、"魔棒工具"。此外还有通过色彩范围建立选区，通过通道建立选区，通过路径转换为选区等。在下面我们会一一详细介绍。

2.2 通过形状建立选区

2.2.1 绘制矩形选区

单击工具栏上的"矩形选框工具"（快捷键M）在画布上拖动鼠标即可绘制出矩形选区，如图2-2所示。如果要绘制出正方形选区，按住Shift键拖动即可。

图2-2 矩形选区

2.2.2 绘制圆形和椭圆形选区

单击工具箱上的"椭圆选框工具"，在画布上拖动鼠标即可绘制出椭圆选区，如果要绘制圆形选区，按住Shift键拖动即可，如图2-3所示。

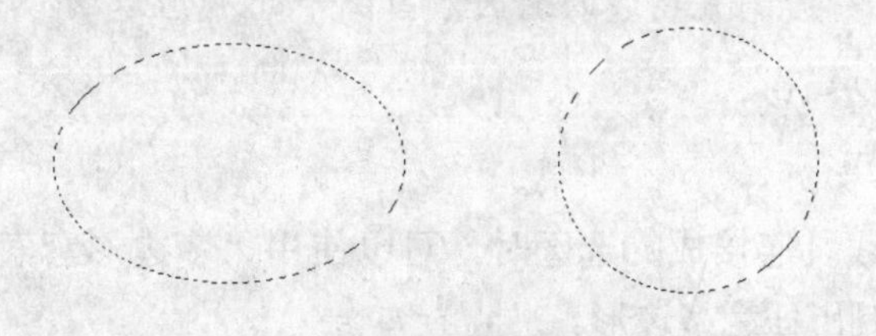

图2-3 椭圆形和圆形选区

2.2.3 绘制线性选区

线性选区是一个像素位宽的单列或单行选区，选择“单行选框工具” 或“单列选框工具” ，在画布上单击即可，如图2-4所示。

图2-4 线性选区

2.2.4 建立自由形状选区

前面讲述的都是规则形状的选区，接下来讲解自由形状的选区。首先用到的是套索工具，套索工具是Photoshop中最灵活的基本工具之一，它分为套索、多边形套索和磁性套索三种。

1．套索工具

“套索工具” 的使用很简单，按住鼠标左键沿物体边缘拖动绘制，松开鼠标后所绘制的区域就会被选择，如图2-5所示（光盘\素材\第二章\玻璃球.jpg）。

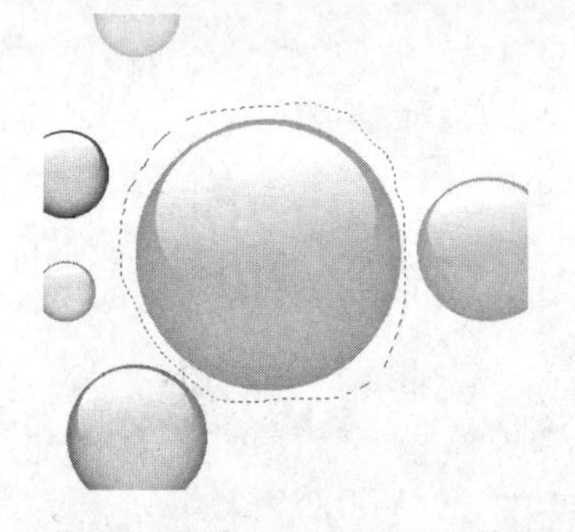

图2-5 “套索工具”选择

技巧：在绘制过程中有可能需要添加一些直线选区，这时可以按住Alt键转换成“多边形套索工具” 绘制直线边的选区，当松开Alt键后返回“套索工具” ，继续拖动绘制选区。

2．多边形套索工具

当需要创建由直线段连接成的选区时，可以使用“多边形套索工具” ，“多边形套索工具” 可以绘制出任意多边形。

使用方法：在需要选择的对象上单击确定起点，然后在对象边缘依次单击，连点成线。当起点与终点重合时，鼠标变成 ，单击鼠标，选区建立，如图2-6所示（光盘\素材\

第二章\五角星.jpg）。

图2-6　多边形套索工具

技巧：绘制过程中可以按Delete键撤销上一个节点，如果要添加任意曲线可以按住Alt键转换为套索工具，可以拖动绘制选区。

3．磁性套索工具

“磁性套索工具”适用于快速选择与背景对比强烈，边缘比较复杂的对象，如图2-7所示选区（光盘\素材\第二章\冰山.jpg）。

图2-7　复杂边缘选取

使用方法：单击工具箱中的“磁性套索工具”，在将要开始选取的地方单击确定起点，然后沿冰山边缘移动，可以看到一条曲线正在沿着冰山的边缘建立，创建出的线自动对齐山体边缘，如图2-8所示。绘制过程中可以按Delete键删除上一个节点。回到起点单击鼠标完成封闭，选区建立。

图2-8　“磁性套索工具”选择山体

4．路径转换为选区

路径转换为选区是Photoshop中常用的选取方法，转换为选区的路径通常是使用钢笔工具或形状工具等绘制的矢量路径。路径的特点是可以绘制出光滑优美的线条并可以根据需要对线条进行调整，如图2-9所示。关于路径的绘制我们将会在第6章讲述。在已有路径的情况下单击“路径”面板中的“将路径作为选区载入”按钮 即可得到选区，如图2-10所示。

图2-9　路径线条　　　　图 2-10　路径转换为选区

2.2.5　工具属性

在单击工具箱中的工具后，属性栏即会显示工具的相关属性，其中不少属性是各选取工具共有的，各工具属性关系如表2-1所示。

表2–1　工具属性从属关系

属性	工具
选区加减运算	所有选择工具
羽化	所有选择工具
样式	矩形选框工具、椭圆选框工具
消除锯齿	椭圆选框工具、套索工具、多边形套索工具和磁性套索工具
宽度，边对比度，频率	磁性套索工具

1．选区加减

选区加减是所有选择工具共有的属性，如图2-11所示。

（1）“新选区”按钮 。在此按钮状态下，会创建新的选区，原选区将取消，如图2-12所示。

图2-11　选区加减　　　　图2-12　新选区

（2）“添加到选区”按钮 。在此按钮的状态下可添加选区（快捷键Shift），使添加的选区与原选区合并成一个选区，如图2-13所示。

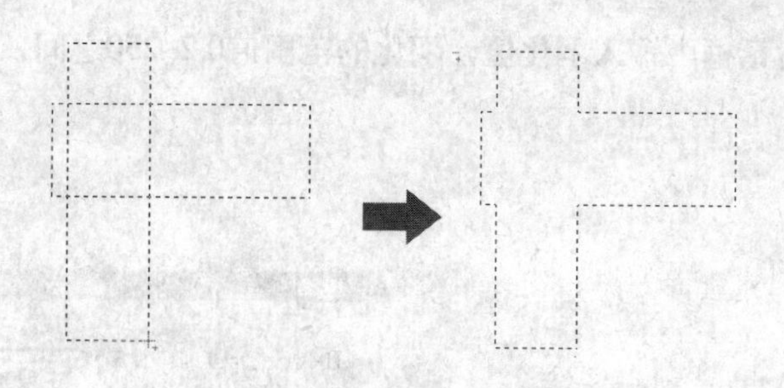

图2-13　添加到选区

（3）“从选区减去”按钮。在此按钮的状态下将从原选区减去与新选区相交的部分（快捷键Alt），如图2-14所示。

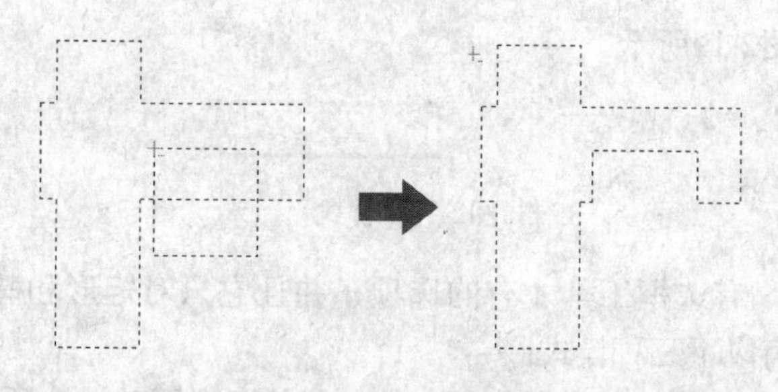

图2-14　从选区减去

（4）“与选区交叉”按钮。在此按钮的状态下会在新选区与原选区相交的地方生成新选区，不相交部分将被去掉（组合键Shift+Alt），图2-15所示。

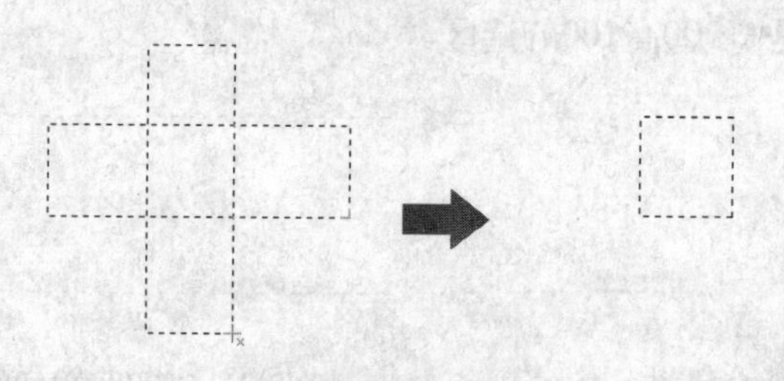

图2-15　与选区相交

2．羽化

在前面讲述的选区工具其属性栏上基本都有“羽化”参数，如图2-16所示。这是一个非常常用的功能，它的作用就是使选区边缘产生柔和的渐变透明效果。

图2-16　羽化

使用方法有两种：

（1）单击选取工具后先在属性栏设置羽化值，然后绘制选区，可以看到选区边缘有羽化效果，如图2-17所示。

（2）先绘制选区，然后选择“选择”→“修改”→“羽化”命令，或者按快捷键

Shift+F6，在弹出的对话框中输入羽化值，羽化的范围值0.2~250之间，如图2-18所示。

图2-17　选区羽化效果　　　　图2-18　“羽化选区”对话框

3．样式

“样式”属性如图2-19所示。

图2-19　样式

“样式”属性是只有选框工具才有的选项，并且它只对矩形和椭圆选框工具有效。“样式”下拉列表中有以下三种模式：

（1）正常。在正常模式下使用鼠标可以绘制出任意选区，该选项为默认选项。

（2）固定比例。可以直接在右边文本框中输入比例，约束绘制的选区，例如高宽比1:5所绘制的选区如图2-20所示。

（3）固定大小。选择此项，所绘制的选区大小由输入的宽度和高度数值决定，不再受拖动影响。图2-21所示是宽300高100的选区。

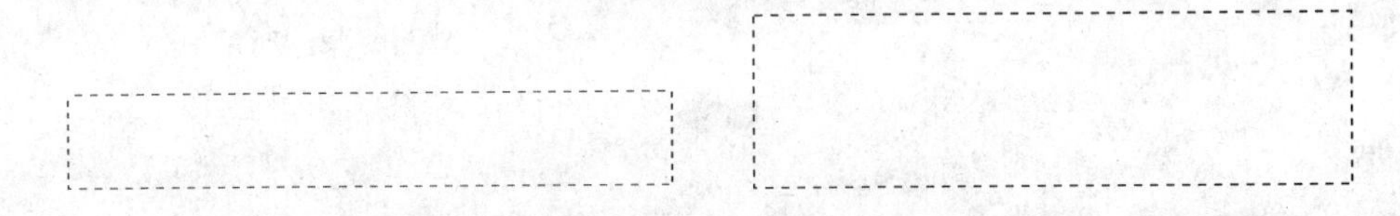

图2-20　高宽1:5　　　　图2-21　宽300高100的选区

> 提示：初学者可能遇到不能按自己意愿随意拖动出选区的问题，这时就要注意看看属性栏“样式”选项是否为“正常”。

4．消除锯齿

“消除锯齿”是椭圆选框工具和套索工具共有的，默认情况下为选中，如图2-22所示。

图2-22　消除锯齿

在Photoshop中选区是以像素为单位创建的，所以选择的像素边缘会形成锯齿。“消除锯齿”选项可以使选区边缘变得平滑，删除或添加图像时边缘不会出现明显锯齿，如图2-23所示。

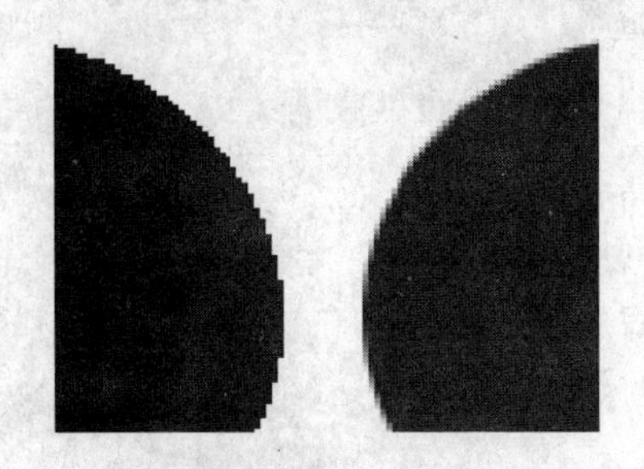

图2-23　消除锯齿

> 注意：使用“消除锯齿”会使得选区内像素被删除时沿边缘留下残影，所以应按照实际情况确定是否选择。

5．宽度、边对比度、频率

宽度、边对比度、频率都是“磁性套索工具”所独有的，如图2-24所示。

羽化: 0 px　☑ 消除锯齿　宽度: 10 px　边对比度: 10%　频率: 57

图2-24　宽度、边对比度、频率

（1）宽度：设置“磁性套索工具”检测边缘的宽度，数值在1～40之间，数值越小选取的越精确，数值越大越易使误差的范围也加大，很容易错误选取，如图2-25所示。宽度一般设置为5～10是比较好的。

图2-25　宽度数值过大造成的误差

> 注意：宽度这个值会随着图像显示比例的不同而有所改变，建议将图像放在100%的显示比例上，可通过执行“视图”→“实际像素”或快捷键Ctrl+Alt+0直接设为100%。

（2）边对比度：设置选取时边缘的对比反差，数值范围为1%～100%，数值越大选取范围越精确。

（3）频率：指选取时的节点生成频率，数值范围为0～100，数值越大生成的节点越多。

2.2.6　课堂实例1——羽化选区制作花中人

本节将使用羽化效果制作一个简单的选区实例，以展示羽化选区的作用。

（1）打开素材。打开光盘\素材\第二章\菊花.jpg和菊花仙子.jpg图像，如图2-26所示。

图2-26　素材图像

（2）羽化选区。使用“椭圆选框工具”在“菊花仙子.jpg”上绘制椭圆形选区，选中上半身（有未选中的地方可按Shift键加选），然后按快捷键Ctrl+Alt+D执行羽化，羽化半径15像素。如图2-27所示。

图2-27　选中上半身后执行羽化

（3）羽化效果。按下键盘上的V键，切换到“移动工具”，将光标移动到选区上可以看到“移动工具”变成，然后按住鼠标左键拖动选区内图像到已打开的“菊花.jpg”上并调整位置，如图2-28所示。可以看到移动的图像与背景融合到了一起，边缘的羽化起到了像素的过渡作用。

图2-28　融合后的图像

2.2.7　通过形状绘制选区技巧及要点

技巧1：学会使用快捷键快速绘制选区，绘制时按住Shift是与选区相加，按住Alt键是与选区相减，Shift+Alt组合键是与选区相交。

技巧2：绘制矩形和椭圆的时候按住Shift键可强制比例1:1，绘制出正方形或圆形，按住Alt键以鼠标单击点为中心绘制矩形或椭圆。绘制过程中快捷键必须按住。

从以上技巧中可以看出Shift和Alt键都具有双重作用：

在没有选区的情况下，Alt键的作用是从中心点出发；在已有选区的情况下，Alt键的作用是切换到减去方式，此时若松开Alt键并再次按下将会切换到从中心点出发（前提是鼠标左键保持按下）。

在没有选区的情况下，Shift键的作用是保持长宽比；在已有选区的情况下，Shift键作用是切换到添加方式，若松开Shift键并再次按下切换到保持长宽比（前提是鼠标左键保持按下）。

从中心点出发和保持长宽比，必须全程按住快捷键；而切换到添加或减去方式，只需要在鼠标按下前按下快捷键，鼠标按下后即可松开。

下面通过绘制两个圆形选区来练习快捷键使用。首先按住Shift键不放，绘制圆形，如图2-29所示。然后再次按住Shift键绘制圆，此时Shift键的作用是与选区相加，所以绘制的是椭圆不是圆形（请不要释放鼠标），如图2-30所示。接下来松开Shift键，再次按下，此时Shift键的作用为锁定长宽比，此时绘制的第二个圆便是圆形，如图2-31所示。

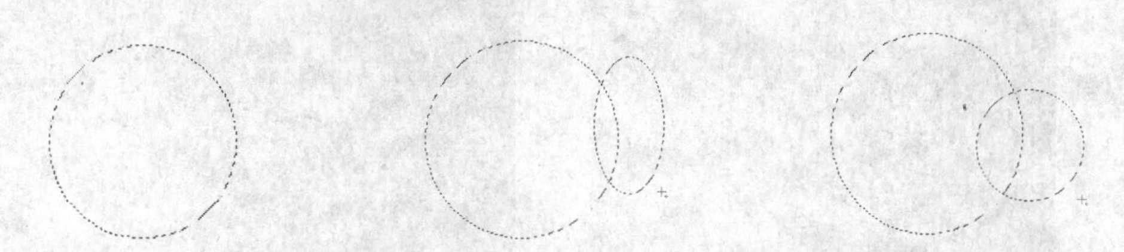

图2-29　保持按Shift键　　图2-30　按Shift键并拖动鼠标　　图2-31　松开Shift键后再次按下不放

整个过程共按了三次Shift键，第一次和第三次都是为了锁定长宽比，因此要全程按住。第二次是切换选区运算方式，在鼠标按下后即可松开。

熟练地使用选区工具是提高工作效率的重要保证，大家一定要重视并多加练习。

2.3　通过颜色建立选区

2.3.1　使用魔棒工具建立选区

Photoshop中的选择方法，从性质上来说分为两类，一类是前面一直在学习的形状选取，第二类就是现在将要接触的通过颜色选取，例如“魔棒工具”，它可以选择图像中颜色一致的区域。请看图2-32，我们将要选择图中的黑色部分。

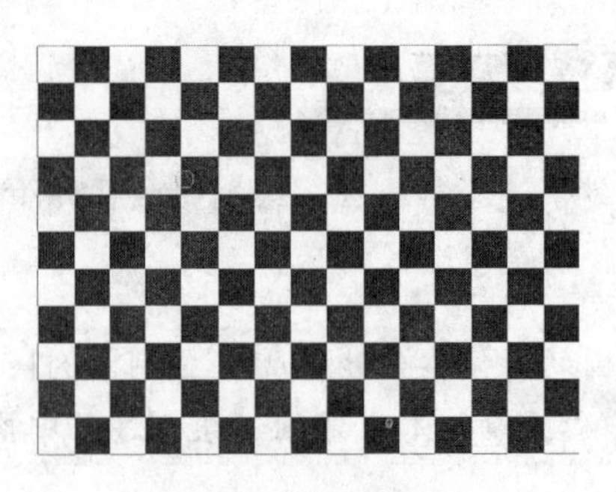

图2-32　选择黑色

如果用前面的选择方法，显然很难完成，使用“魔棒工具”，并且取消属性栏的“连续”复选项的勾选，在图像黑色的方格内单击，会看到所有的黑色方格都被选中，这就是“魔棒工具”的效果，利用颜色的差别来创建选区。

“魔棒工具”的工具属性栏如图2-33所示。

图2-33　魔棒属性栏

（1）容差：确定选取像素的相似点差异，数值在0～255之间。容差影响色彩的包容度。容差越大，色彩包容度越大，选中的部分也会越多。容差越小选取的颜色范围越小。如图2-34和图2-35分别是使用容差值32和80选取同一颜色所创建的选区。

图2-34　容差为32时选区

图2-35　容差为80时选区

（2）消除锯齿：这个选项与椭圆形选区中的消除锯齿相同，使得到的选区边缘平滑，同时删除选区像素后边缘会留下残影。

（3）连续：选中此复选框，在图像上单击只能选中颜色相似并且连续的像素，取消该选项将选中图像中所有符合要求的像素。如图2-36和图2-37所示。

图2-36　取消连续　　　　图2-37　选中连续

（4）对所有图层取样：选中此复选框后"魔棒工具"可以跨越图层将所有可见图层中符合要求的颜色全部选中，取消该选项将仅从当前图层选择图像。如图2-38所示，图中正方形、圆和三角形分别位于不同图层，在勾选"对所有图层取样"并取消勾选"连续"选项后魔棒工具一次性将三个对象全部选中。

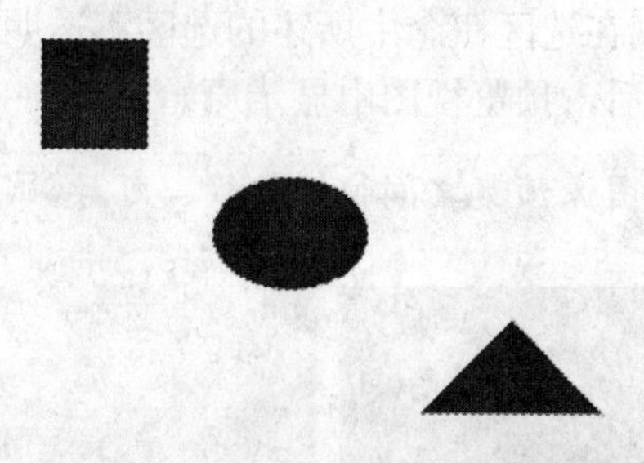

图2-38　跨图层全部选中

提示：以上所讲的8种选择工具（4种选框工具、3种套索工具、1种魔棒工具）都可用来移动选区。移动选区我们在本章2.4.1中讲解。

2.3.2　使用色彩范围建立选区

"色彩范围"命令可在复杂的环境中快速选取颜色，"色彩范围"是图像中指定的颜色或颜色子集的集合，它是利用选取颜色的相同或相近的像素点来获得选区，这点与"魔棒工具"非常类似。执行"选择"→"色彩范围"命令，打开"色彩范围"对话框，如图2-39所示。

（1）选择：该下拉列表中列出了11种颜色范围：取样颜色、红色、黄色、绿色、青色、蓝色、洋红、高光、中间调、阴影、溢色，如图2-40所示。

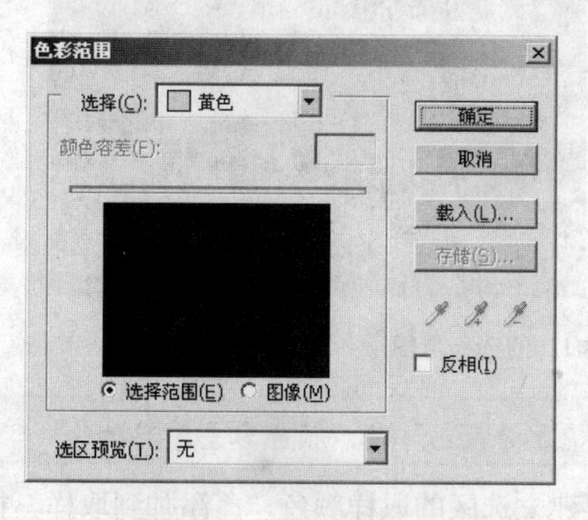

图2-39　"色彩范围"对话框

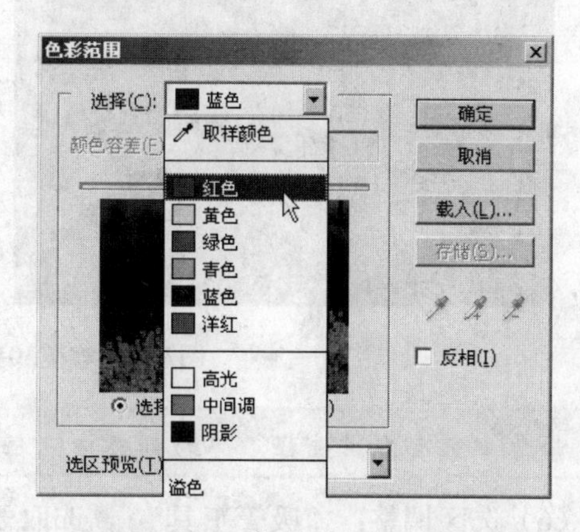

图2-40　"选择"下拉列表

（2）选区预览：设置在图像窗口中预览选区的方式，在"选区预览"下拉列表中选取一个选项：灰度、黑色杂边、白色杂边、快速蒙版，即可看到相应的预览效果。

无：表示不在图像窗口中预览。

灰度：表示采用黑、白、灰进行选区预览。

黑色杂边：用黑色表示未选区域，用吸取的色彩表示选择区域。

白色杂边：用白色表示未选区域，用吸取的颜色表示选择区域。

快速蒙版：使用当前的快速蒙版设置显示选区。

（3）选择范围：选中“选择范围”项，则使用K0%～K100%的灰度颜色显示图像。白色区域（K0%）为完全选择，黑色区域（K100%）为完全未选择，而灰色区域则表示选择了部分的像素。这便是我们在选区概念中所述的选区不透明度。

（4）图像：选中该选项后，预览视图中显示原始图像。

> 技巧：要在选择范围和图像预览之间快速切换，可按Ctrl键，如图2-41所示。

图2-41　按下Ctrl键切换的效果

（5）颜色容差：通过拖动滑块或输入数值来调整选定颜色的范围，设置值的高低会增大或减少选择的色彩范围，如图2-42所示为容差30和120的区别。

图2-42　容差30和120的选择范围

> 注意：只有在“选择”下拉列表中选择“取样颜色”时，颜色容差才有效。

（6）选区调整：“吸管工具”选取要建立选区的取样颜色，“添加到取样”按钮可以将鼠标单击的颜色类型添加到取样颜色中，“从取样中减去”按钮可以把鼠标在图像上单击的颜色从选取颜色中减去。

> 提示：如果看到“选中的像素不超过50%”信息，则选区边界将不可见。

（7）复位选区：按住Alt键，“取消”按钮自动切换成“复位”按钮。

2.4　选区常见操作

2.4.1　移动、取消、反选选区

1. 移动选区

在创建选区后将鼠标放在选区内，鼠标变成 时按住左键即可移动选区，如图2-43所示。

注意：移动选区时当前工具一定是8种区域选择工具之一，其余工具都不能移动选区。若使用“移动工具”，移动的是选区内的像素，而不仅是选区，如图2-44所示。

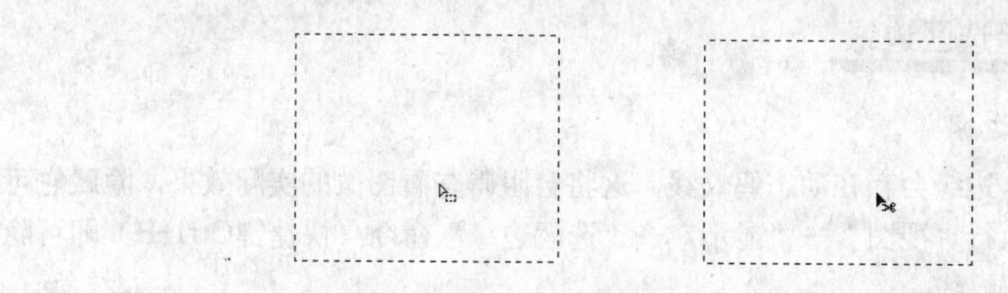

图2-43　移动选区　　　　图2-44　移动选区内的像素

技巧：使用键盘的光标键可以精确移动选区，每次移动一个相素的距离，按住Shift键一次移动10像素。按住Ctrl键则会转换成移动工具移动选区内的像素。

2. 取消选区

执行“选择”→“取消选择”命令（快捷键Ctrl+D）可以取消当前的选区。想要重新选择，只要执行“选择”→“重新选择”命令（快捷键Ctrl+Shift+D）就可以重新选择最近编辑的选区。

3. 反选选区

反选选区Photoshop中常用的一种选择方式，执行“选择”→“反向”命令（快捷键Shift+Ctrl+I）即可反选选区。下面通过实例讲解反选选区的具体使用。打开光盘\素材\第二章\玫瑰.jpg，图像如图2-45所示，我们要选择其中的玫瑰花朵。

图2-45　玫瑰.jpg

分析：图像中的花朵用索套工具可以选中但很繁琐，“魔棒工具”面对色彩斑斓的花朵也无能为力，但图片的背景为白色，我们可以先选中白色，然后执行反选便可选中图中的玫瑰。

完成步骤：使用“魔棒工具”单击背景白色，将背景全部选中，按快捷键Shift+Ctrl+I将选区反选，可以看到玫瑰花朵被选中，如图2-46所示。

图2-46　反选选取玫瑰花朵

2.4.2　隐藏或显示选区边缘

1．隐藏或选区边缘

在选区建立后，边缘会存在动态蚂蚁线，这将会阻碍查看图像的实际效果，隐藏它可以使图像更直观。执行“视图”→“显示”→“选区边缘”命令（快捷键Ctrl+H）即可隐藏当前选区的动态蚂蚁线。

2．显示选区边缘

再次执行上述操作，即可显示当前选区轮廓。

2.4.3　变换选区与变换选区中的图像

1．变换选区

执行“选择”→“变换选区”命令，选区边缘会出现一个矩形框，其上有8个控制点和一个中心点，通过这些控制点和中心点可以对选区进行各种操作。

（1）移动选区。当鼠标处于选区定界框之内时，鼠标成▸，按住左键可以移动选区，如图2-47所示。

（2）缩放选区。当鼠标移到定界框边缘变成↘、↗、↔、↕时按住左键进行拖动即可改变选区的大小，如图2-48所示。按住Alt以中心点为基准缩放，按住Shift将按比例缩放。

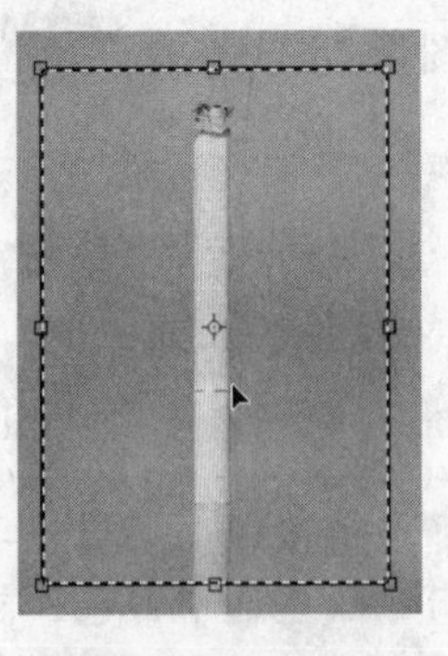

图2-47　移动选区

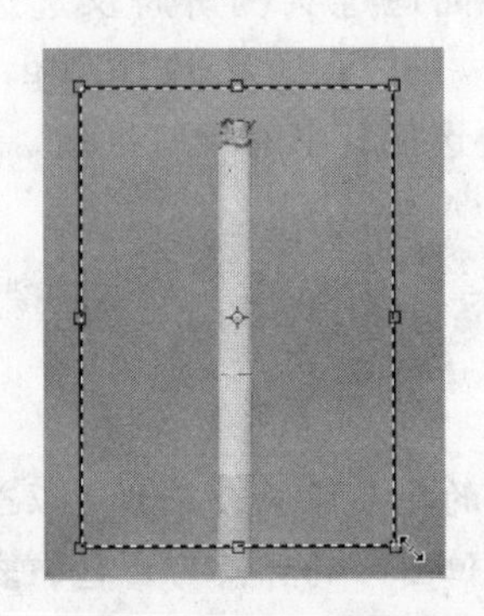

图2-48　缩放选区

（3）旋转选区。当鼠标在定界框外变成 形状时按住左键顺时针或逆时针方向拖动可以对选区进行旋转。按住Shift键强制以15度为增量旋转选区。如图2-49所示。

（4）斜切。在鼠标右键菜单中选择此选项鼠标变成 ，此时可以在水平和垂直方向倾斜选区，如图2-50所示。

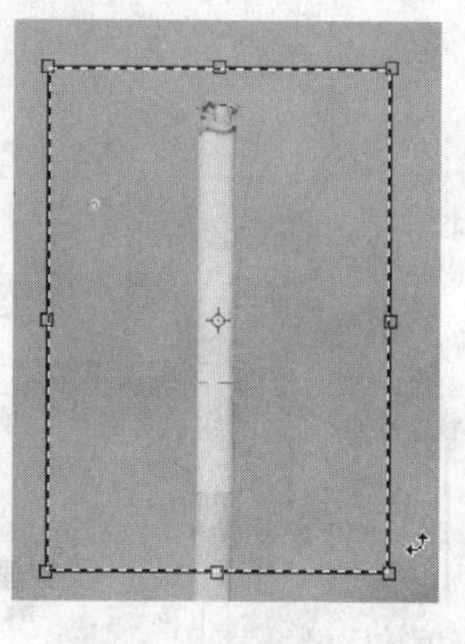

图2-49　旋转选区

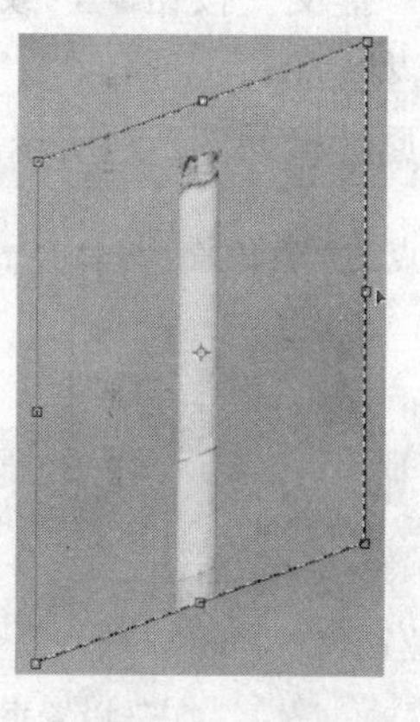

图2-50　斜切

（5）扭曲。在右键菜单中选择此项，当鼠标变成 形状时，则可任意拉伸边角点以调整选区的形状，如图2-51所示。

（6）透视。在右键菜单中选择此菜单此项，则可产生透视效果，如图2-52所示。

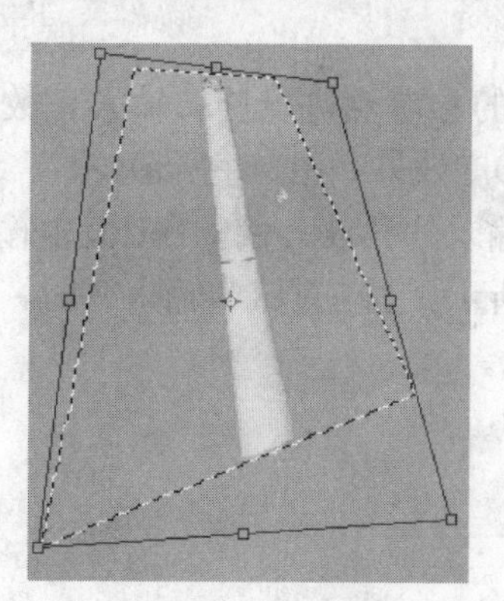

图2-51　扭曲变形

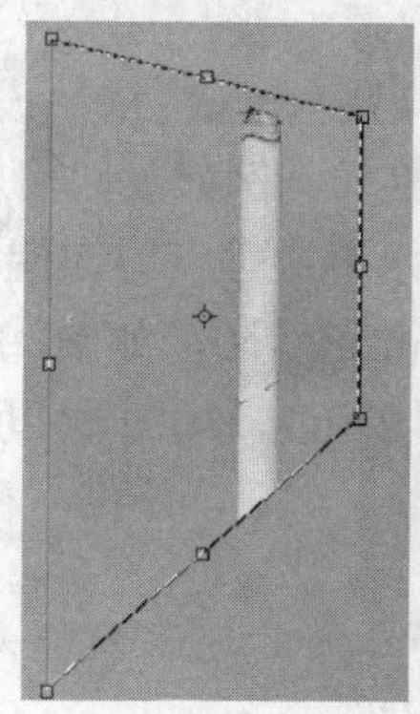

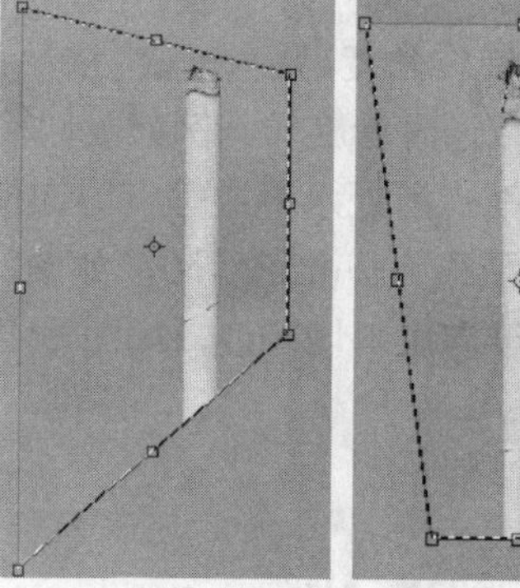

图2-52　透视

（7）旋转180度。使用此选项可以使选区旋转180度，但在变换选区时一般不使用，主要用于变换选区内图像。

（8）旋转90度顺时针。选择此菜单项可以将选区顺时针旋转90度。

（9）变形。选择此项，选区网格化显示，可以任意拖曳变形，相当于使选区变成一块布，可以任意搓揉，如图2-53所示。

（10）水平与垂直翻转。使用此菜单项可以执行水平或垂直翻转。

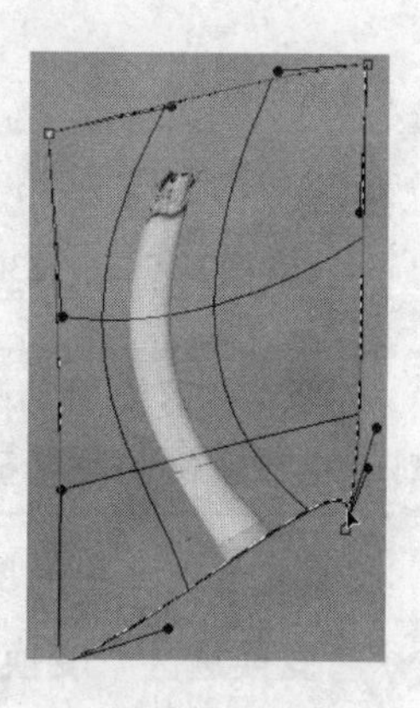

图2-53　变形

技巧：在变换过程中，按住Ctrl键单击拖动角点可实现扭曲，按住Alt键可实现以参考点为中心缩放，按住Shift键是强制比例。另外三个快捷键都可结合使用，大家一定要多多练习。

单击工具栏上的“提交”按钮✔，或者按回车键即可完成选区的变换，取消变换则按Esc键或单击“取消”按钮⊘。

“变换选区”的属性栏如图2-54所示。

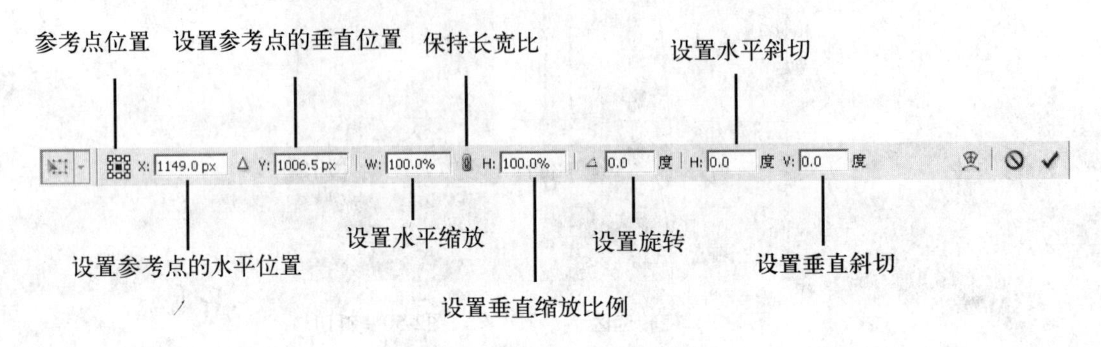

图2-54 “变换选区”的属性栏

参考点位置：设置图片旋转或缩放时的基准点，后面的XY值是手动输入参考点位置。

缩放：设置W、H值可用于不对称缩放，当“保持长宽比”按钮按下后将按比例缩放。

旋转：输入旋转角度后，选区将依照设置的参考点进行旋转输入正数可以顺时针旋转，输入负数可以逆时针旋转。例如我们输入30度效果如图2-55所示。

斜切：依基准点所处水平或垂直方向偏移输入的角度。例如在H值中输入30选区将会以参考点所处水平线为基准斜切30，如图2-56所示；当在V值中输入30时，选区以参考点所处垂直线为基准向上斜切30度，如图2-57所示。

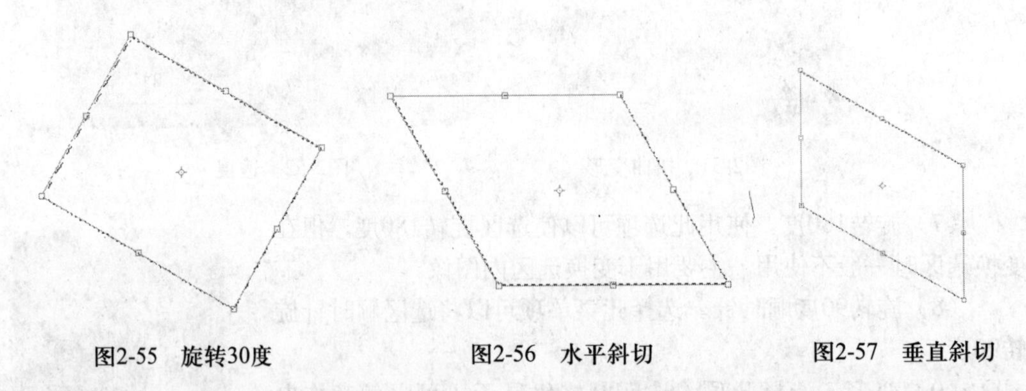

图2-55 旋转30度　　图2-56 水平斜切　　图2-57 垂直斜切

提示：不使用属性栏而手动变换选区时，具体变换数值在“信息”面板中可以看到，非常方便手动精确调节。

2. 变换选区中的图像

“变换选区”变换的只是选区，它对选区内部的图像毫无作用，而要变换选区内的图像，则使用“编辑”→“变换”命令（快捷键Ctrl+T），如图2-58所示。从图中可以看到它与“变换选区”菜单命令几乎相同，其操作也完全与“变换选区”命令相同，这里就不再赘述。

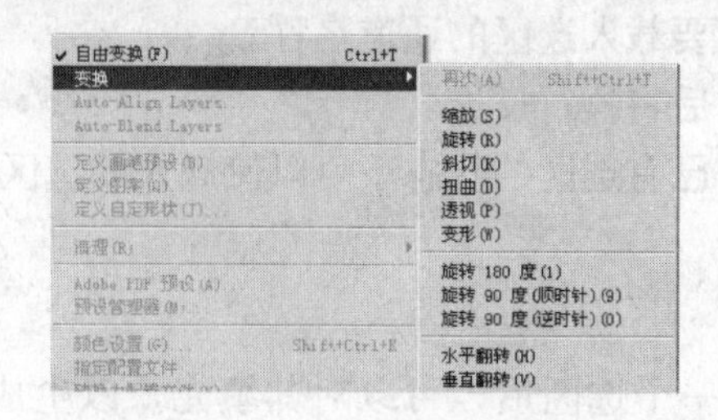

图2-58　“变换”子菜单

2.4.4　存储和载入选区

制作的精细选区往往来之不易，“存储选区”命令则可将绘制好的选择区域存储起来。在已有选区的状态下，执行“选择”→“存储选区”命令或右击选区，在弹出的右键菜单中选择“存储选区”，打开“存储选区”对话框，如图2-59所示。在设置完成参数后单击“确定”按钮即可存储选区。

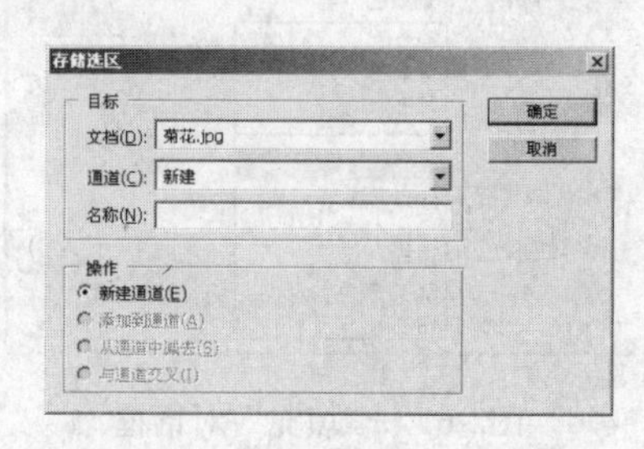

图2-59　“存储选区”对话框

对话框中的各参数含义如下。

（1）文档：设置保存选区的文件，默认情况下是当前文件。

（2）通道：为保存的选区选取通道，默认状态下会新建一个通道来保存。

（3）名称：输入要保存的名字，不输入则会以Alpha1，Alpha2……来命名，为了以后载入选区方便查找，命名要贴切准确。

（4）操作：此选项组中默认为“新建通道”，其他3项只有在“通道”列表框中选择Alpha通道时才会生效。

它们的作用与选区运算相同，这里可以把通道理解成选区。

当需要载入选区时执行“选择”→“载入选区”命令，对话框如图2-60所示。

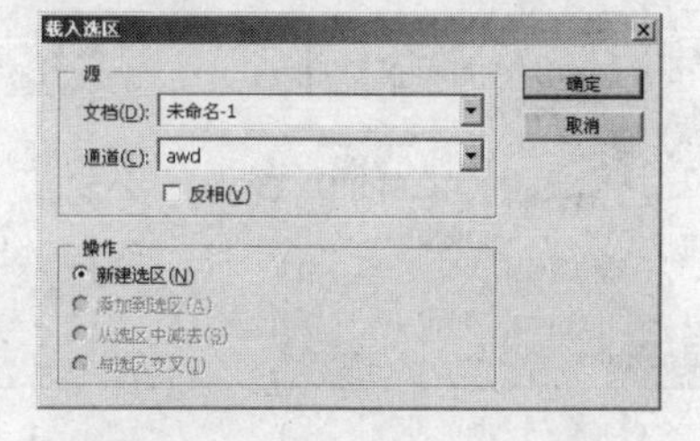

图2-60　“载入选区”对话框

对话框中各选项含义如下。

（1）文档：要载入的选区所在文件名称。

（2）通道：选择包含要载入选区的通道名称。

（3）反相：载入选区后将执行反选。

（4）操作：在图像中已有选区的状态下可以使载入的选区与已有选区进行运算。

2.4.5 填充选区

使用选区工具绘制好一个选区后，可以对其填充，以生成平面设计作品所需要的图像，可以填充单色也可以填充图案。执行“编辑”→“填充”命令（快捷键Shift+F5）打开“填充”对话框，然后可以在“使用”下拉列表内选择要填充的内容，如图2-61所示。还可以在“混合”选项组中设置混合模式和不透明度，当选区中有透明区域时可以选择“保留透明区域”选项，填充时将忽略透明区域（该选项只有在选区中有透明区域时才有效）。

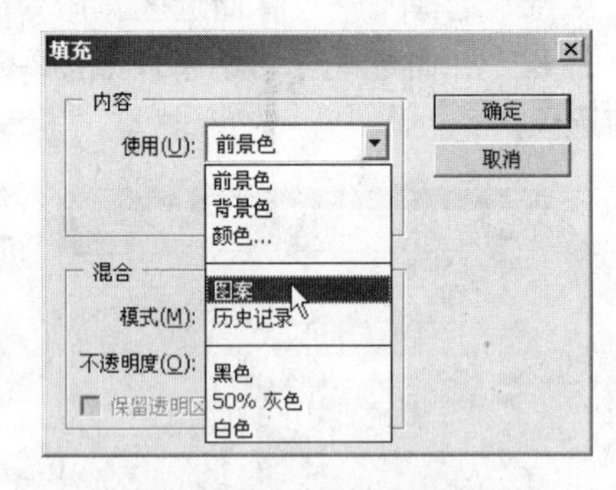

图2-61 “填充”对话框

技巧：填充前景色可以使用快捷键Alt+Delete，填充背景色可使用快捷键Ctrl+Delete。

2.4.6 描边选区

描边也可以理解成是一种填充，只是它填充的是选区的轮廓。执行“编辑”→“描边”命令，打开“描边”对话框，如图2-62所示。

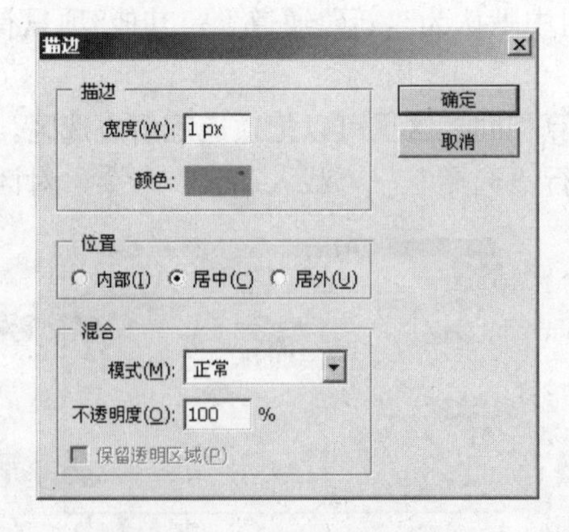

图2-62 “描边”对话框

（1）宽度：设置描边的宽度，默认为1像素。

（2）颜色：通过拾色器选取将要描边的颜色。

（3）位置：描边的像素相对于动态蚂蚁线的位置，有内部、居中和居外三个选项。

（4）混合：设置描边的混合模式和不透明度。

2.4.7 将选区定义为填充图案

在Photoshop中经常使用图案填充制作图像的背景，Photoshop自带了大量的填充图案，但往往不能满足需要，我们可以自定义填充图案用以填充。使用矩形选框工具把需要定义为图案的图像选中，选择“编辑”→“定义图案”命令，弹出定义图案对话框如图2-63所示，输入名称单击“确定”按钮即可定义为图案。

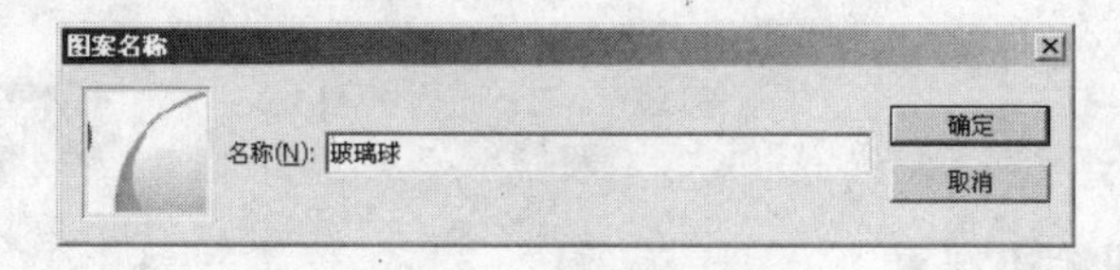

图2-63 定义图案

2.5 修改选区

2.5.1 扩展和收缩选区

扩展选区可执行“选择”→“修改”→“扩展”命令，打开“扩展选区”对话框如图2-64所示。

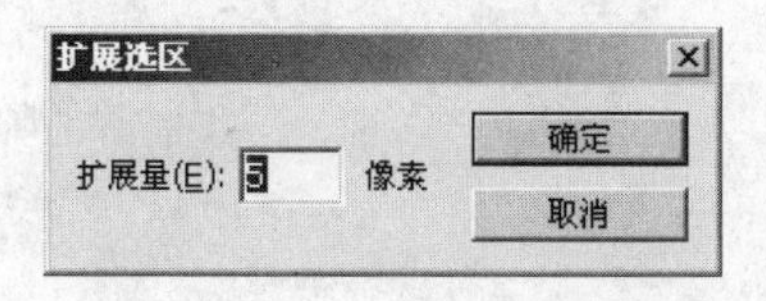

图2-64 “扩展选区”对话框

输入数值即可在原选区的基础上扩大选区，如图2-65所示。执行“选择”→“修改”→“收缩”命令则可执行缩小选区操作，如图2-66所示。

图2-65 扩展选区

图2-66 收缩选区

扩展和收缩选区可以用于从选区中去掉被选择对象的杂边，或对选择对象边缘做细微的调整以及做一些特殊效果等。

2.5.2 边界选区

边界选区可以把现有选区的边界变成选区，执行“选择”→“修改”→“边界”命令，弹出“边界选区”对话框，如图2-67所示。

边界选区的宽度值范围在1~200之间，输入数值，单击“确定”按钮后，选区边界将向内外同时扩展形成选区，如图2-68所示。

图2-67 “边界选区”对话框 图2-68 原选区和边界选区

2.5.3 平滑选区

平滑选区可以使棱角分明的选区变得平滑，通常用在多边形选区上，执行“选择”→“修改”→“平滑”命令，弹出“平滑选区”对话框，如图2-69所示，输入需要平滑的半径值，单击“确定”按钮，效果如图2-70所示。

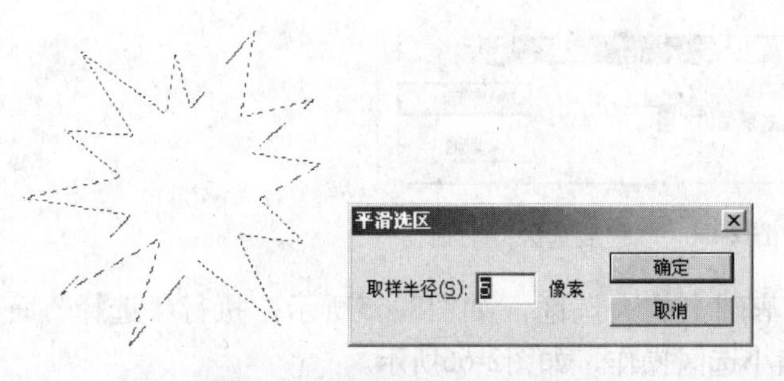

图2-69 “平滑选区”对话框

图2-70 平滑选区的效果

2.5.4 扩大选取和选取相似

“扩大选取”和“选取相似”都是基于颜色扩展选区，可以把与选区颜色相似的部分选中。

下面通过简单的“扩大选取”和“选取相似”操作来直观了解二者的使用和区别。

操作步骤：

（1）创建如图2-71所示图形，首先选中其中一个正方形的中心部分。

（2）执行“选择”→“扩大选取”命令后可以看到扩展的范围仅限于与其颜色连续的正方形，如图2-72所示。

（3）执行“选择”→“选取相似”命令，这时图像上所有红色的部分都被选中，如图2-73所示。

图2-71　选中中心部分　　图2-72　扩大选取　　图2-73　选取相似

由此可以看出“扩大选取”与“选取相似”都与“魔棒工具”的功能相似，其中“扩大选取”类似于“魔棒工具”属性中的勾选“连续”，只选择与当前选区相连的部分。而“选取相似”则是将整个图像中所有相似与当前选区颜色的区域全部被选中。

2.6　课堂实例2——阳光灿烂的日子

下面我们应用本章所学的选区功能为图像添加光线照射效果并更换气球的颜色。通过本案例学会灵活运用选区来添加效果和调整色彩。效果如图2-74所示。

图2-74　最终效果

操作步骤：

（1）打开素材。打开光盘\素材\第二章\背景.jpg、人物.jpg和气球.jpg，如图2-75所示。

图2-75　素材图片

（2）抠取主体。选择“人物.jpg”图片，按快捷键Ctrl+J复制背景图层得到“图层1”，选择背景图层按Ctrl+Delete键填充背景色白色。然后选择“图层1”，单击工具箱中的“魔棒工具”选取背景蓝天颜色，如图2-76所示。执行“选择”→“修改”→“扩展”命令弹出“扩展选区”对话框，扩展量为2像素。按快捷键Shift+F6（羽化命令），设置羽化半径为2像素。按Delete键删除背景颜色，按快捷键Ctrl+D取消选区，如图2-77所示。用同样方法将气球抠出，如图2-78所示。

图2-76　魔棒选取背景

图2-77　抠出人物

图2-78　抠出气球

（3）主体添加。单击工具箱中的“移动工具”，将抠出的人物和气球移动到“背景.jpg”图片上，调整到合适的位置，如图2-79所示。

图2-79　添加主体效果

（4）更换气球颜色。选择气球所在图层，单击工具箱中的“磁性套索工具”，沿着其中一个气球外轮廓进行框选，如图2-80所示。单击“图层”面板下方的“创建新的填充或调整”按钮，选择“色相/饱和度”，在弹出的“调整”面板上进行设置，选取自己喜欢的颜色即可。另一个气球的颜色也依此法调整。最终效果如图2-81所示。

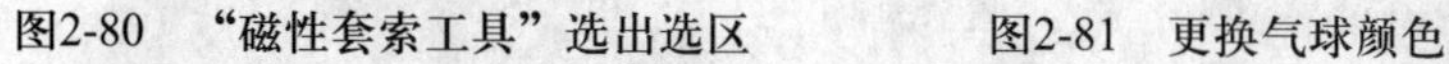

图2-80 “磁性套索工具”选出选区　　图2-81 更换气球颜色

（5）绘制矩形条。新建图层，单击工具箱中的“矩形选框工具”，在工具属性栏选择“添加到选区”按钮，绘制粗细不等的竖条矩形选区，按Ctrl+Delete键将矩形填充背景色白色，如图2-82所示。

（6）添加杂色。执行“滤镜”→“杂色”→“添加杂色”命令，在弹出的“添加杂色”对话框中进行设置，如图2-83所示。添加杂色的效果如图2-84所示。

图2-82 绘制矩形竖条

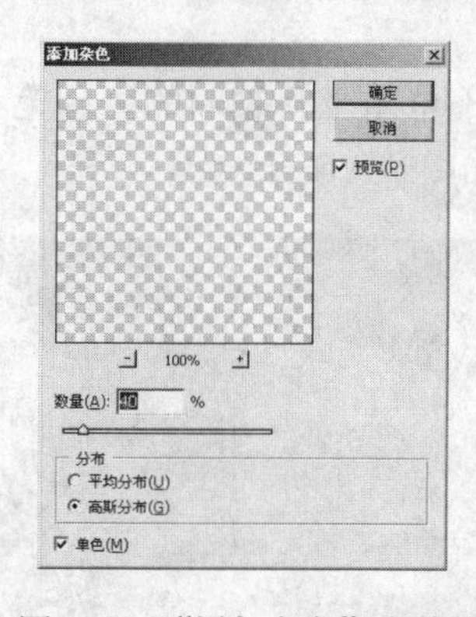

图2-83 “添加杂色”参数值

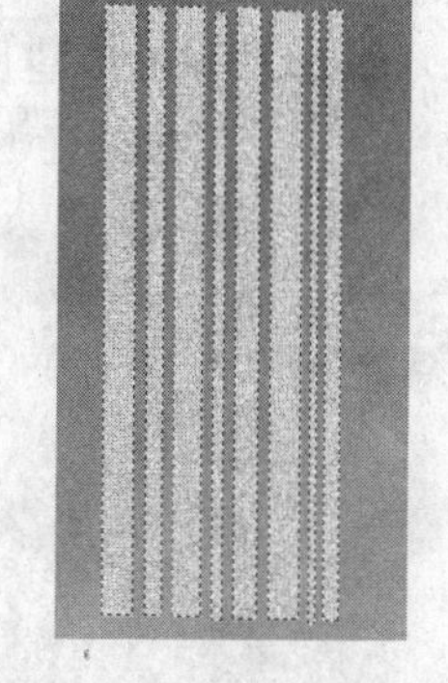

图2-84 “添加杂色”效果

（7）动感模糊。执行“滤镜”→“模糊”→“动感模糊”命令，在弹出的“动感模糊”对话框中进行设置，如图2-85所示。按快捷键Ctrl+D取消选区，按快捷键Ctrl+F重复执行数次，效果如图2-86所示。

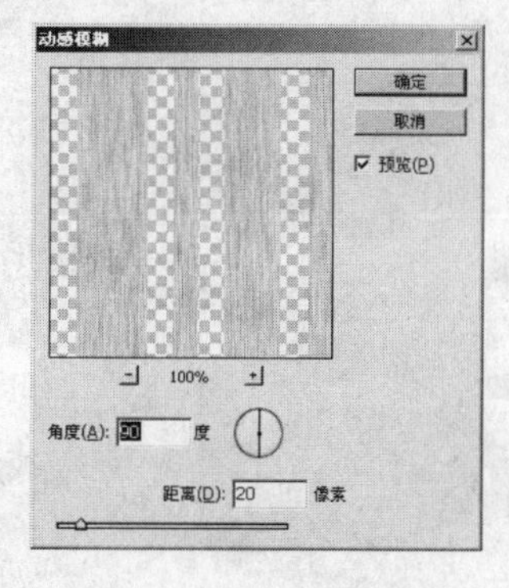

图2-85 “动感模糊”参数值

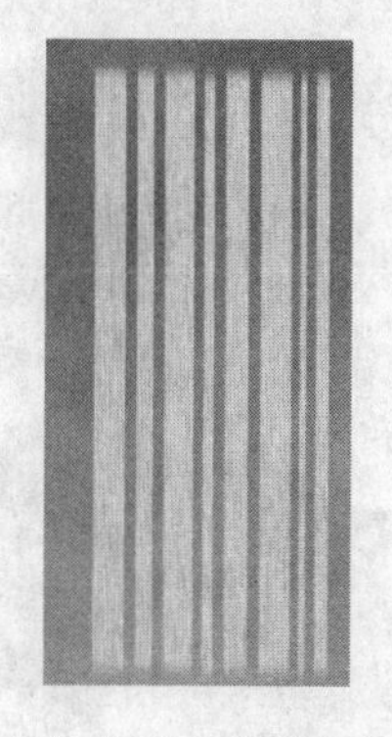

图2-86 “动感模糊”效果

（8）羽化边缘。单击工具箱中的“套索工具”，将需要羽化的边缘先勾选出来，如图2-87所示。按快捷键Shift+F6（羽化命令），设置羽化值为50像素，按Delete键删除。然后按快捷键Ctrl+D取消选区，按快捷键Ctrl+M调节其亮度，效果如图2-88所示。

（9）动感模糊。执行“滤镜”→“模糊”→“动感模糊”命令，在弹出的“动感模糊”对话框中设置角度为0、距离为10像素，效果如图2-89所示。

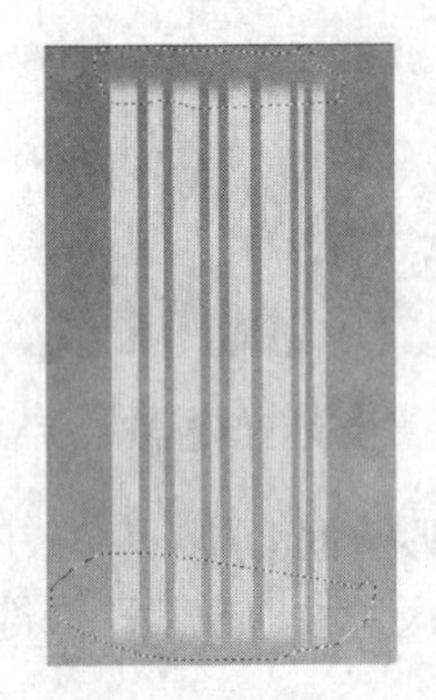
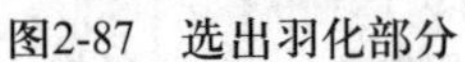

图2-87　选出羽化部分

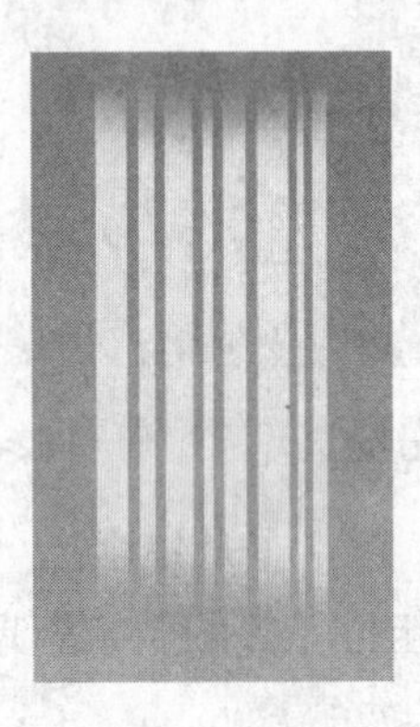

图2-88　羽化效果

图2-89　动态模糊

（10）自由变换。按快捷键Ctrl+T，将矩形竖条进行变换，调整到合适位置，如图2-90所示。

（11）添加光源。新建图层，单击工具箱中的“画笔工具”，工具属性栏中选择柔角画笔，在左上角绘制光源，如图2-91所示。

图2-90　调整光线的位置

图2-91　添加光源

（12）最后调整。为了光线更自然些，单击工具箱中的“橡皮擦工具”，将画笔设置为柔角画笔，对其进行修饰。按快捷键Ctrl+T可以调整光线照射角度，最终效果如图2-92所示。

图2-92　最终效果

2.7 课堂练习

1. 单项选择题

（1）在绘制选区过程中按住（　　）键可以实现与原有选区相交。

A. Ctrl　　B. Alt　　C. Shift+Alt　　D. Ctrl+Alt

（2）下列工具中（　　）是基于颜色选取图像。

A. 魔棒工具　　B. 矩形选框工具　　C. 索套工具　　D. 多边形索套工具

（3）反选的快捷键是（　　）。

A. Ctrl+I　　B. Ctrl+Shift+I　　C. Ctrl+Alt+I　　D. Ctrl+D

（4）下列工具中（　　）不适合用于移动选区。

A. 单列选框工具　　B. 移动工具　　C. 磁性索套工具　　D. 魔棒工具

（5）（　　）绘制的选区可以定义为图案。

A. 椭圆选框工具　　B. 多边形套索工具　　C. 魔棒工具　　D. 矩形选框工具

（6）填充的快捷键是（　　）。

A. Shift+F5　　B. Crtl+F5　　C. Alt+F5　　D. F5

（7）变换命令的快捷键是（　　）。

A. Ctrl+D　　B. Ctrl+T　　C. Alt+D　　D. Shift+T

2. 问答题

（1）创建浮动选区的方法有哪些？

（2）属性工具栏中的消除锯齿的优点和缺点分别是什么？

（3）定义图案时应注意哪些事项？

（4）哪种选取工具可以对所有图层起作用？

读书笔记

Photoshop

第3章 抠图篇

学习目标

灵活掌握不同的工具及方法抠取不同的图案。

学习重点

钢笔工具抠图
使用通道抠取图像
掌握色阶曲线等色调调整命令在通道抠图中的作用

所谓抠图就是将想要的对象和不想要的背景分离。抠图的本质是替换背景，也就是传说中的“移花接木”术，它的实现需要多种工具与方法协同处理。

在工作中，例如广告作品都需要这种加工，设计人员将需要的对象抠取出来，然后和背景进行合成。在生活中，随着数码相机、扫描仪等设备的普及，大家将自己的照片抠取出来放到其他的背景中等，都需要用到抠图。

3.1 抠图概述

3.1.1 抠图与选区的关系

1．建立选区是抠图的一种方法

抠图是一种复杂的选取工作，它的目的就是将需要的部分和不需要的部分分离。抠图不一定要建立选区，例如我们可以通过混合模式、混合颜色带或替换颜色直接更换对象的背景，但建立选区是抠图过程中最常用的操作。

2．抠图是一种选区的应用方式

选取需要的部分后，针对选区的操作可以是调整选区颜色、改变选区形态或更换背景。而抠图就属于选区应用中的更换背景，所以说抠图是一种选区的应用方式。

3.1.2 抠图的方法

抠图的方法可划分为以下4种。

1．选取工具抠图法

就是使用选取工具把需要的对象选中（通常需要羽化边缘），然后通过拷贝、粘贴或删除等操作提取图像，把需要抠出的对象移动到新的背景中。这种抠图方法相对较简单，适合简单图像的抠取。

常用的选取工具和方法有：

（1）在第2章中讲到的形状选取工具（选框工具、套索工具等），还有颜色范围选取工具和命令（魔棒工具、色彩范围命令和选取相似命令等）。

（2）使用钢笔工具创建路径，再由路径转化为选区。

2．使用蒙版和通道抠图

使用蒙版和通道制作的选区通常是不规则的半透明选区。蒙版和通道中的白色表示选区，黑色表示非选区。而编辑通道和蒙版的灰度图像的过程也就是编辑选区的过程，此方法适用于复杂对象的抠取。

选区蒙版的原理是利用黑白灰的画笔或渐变工具对蒙版进行编辑，以获得精确的选区。还可以利用自身图形的拷贝、粘贴，对蒙版进行编辑，使选区与非选区域的黑白更加分明，以获得精确的选区。常见方法是利用“色阶”对话框提高Alpha通道对比度或通过两通道的计算获得黑白分明的新Alpha通道；再辅以“设置黑场”和“设置白场”吸管，以利于创建带羽化效果的选区。

3．使用快照

快照配合“历史记录画笔工具”可以进行抠图。将新背景放置在图像图层（对应于原始快照）的上面，并建立新快照。然后反复以这两个快照作为“源”，用“历史记录画笔工具”在新背景层中涂抹即可。

4．使用图层混合模式抠图

混合模式抠图最常用到的混合模式有滤色、正片叠底、强光等，其原理是运用混合模式的上下图层像素运算将背景部分像素清除掉而保留主体，如滤色模式会将上层图像像素中较暗的像素过滤掉，只保留比下层亮的像素。

3.1.3 抠图的流程和要点

1．抠图的流程

（1）分析图像。图像分析主要是查看图像需要抠取的主体与背景的颜色区别是否明显，边缘是否清晰，图像的颜色构成简单还是复杂，被抠取的物体是否透明等信息。

（2）选择抠图方法及抠图工具。通过第一步的分析确定使用哪种方法和工具进行抠图，如对于颜色区别明显的图像优先考虑使用“魔棒工具”和“色彩范围”等方法，对于色彩复杂但边缘简单清晰的图像则使用钢笔、索套等工具，而遇到透明物体和毛发等则需要用到通道和混合模式等方法。

（3）抠图过程中经常要用到色彩调节命令，例如在使用钢笔工具抠图时，先调高图像的对比度可以更好地把握抠取物体的边界而准确地绘制路径；在通道中使用色阶命令使通道黑白分明，进而更精准地载入选区。

2．抠图的要点

（1）选对抠图方法。正确的抠图方法可以使抠图工作事半功倍，要掌握这一点需要做大量的抠图练习和精通所有相关工具。

（2）控制抠图力度。在抠图过程中力度的把握是很重要的，如使用“魔棒工具”时，较高的容差会使图像抠取得粗糙。而在通道中使用画笔工具时也需要适当调整画笔的不透明度。

（3）抠取对象与新背景的融合。对象在被抠取出后可能在边界或色彩上与背景不融合，这里可以使用羽化、色彩调整等命令将抠取的部分与新背景完美融合。

3.2 色彩抠图

3.2.1 要点和可用方法

色彩抠图的要点是找准图像中需要被选取的颜色，并设置好工具的容差参数。色彩抠图常用的方法是使用“魔棒工具”、“色彩范围”命令、“橡皮擦工具”等进行抠图。

3.2.2 魔棒工具换背景颜色

在基于色彩抠图时“魔棒工具”的使用率是非常高的，特别是针对一些颜色分明的图像，“魔棒工具”的效率特别高。下面使用“魔棒工具”为图像换背景颜色。

操作步骤如下：

（1）打开素材。打开光盘\素材\第三章\抠图素材.jpg，如图3-1所示。将图中的黄色背景换掉。

图3-1　抠图素材

（2）选取背景。可以看到图像中背景颜色是黄色，并且背景颜色与4幅图画轮廓分明，这时使用“魔棒工具”可轻松地选中其中的黄色部分，单击工具箱中的“魔棒工具”，容差值默认，取消勾选“连续”复选框，在图像黄色部分单击即可选中，如图3-2所示。将前景色设置为红色（R237,G0,B0），然后按Alt+Delete键填充前景色，按快捷键Ctrl+D取消选区，如图3-3所示。

图3-2　选取背景颜色

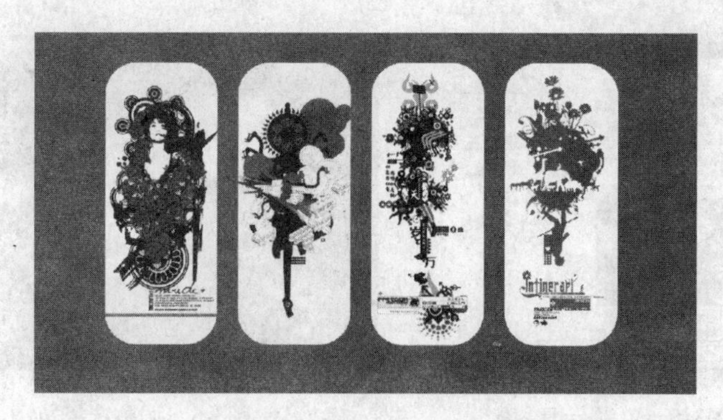

图3-3 替换背景颜色

技巧：在面对颜色比较复杂的图像时，可以灵活地调整“魔棒工具”的容差值和加减选区以及配合反选功能抠出图像。

3.2.3 色彩范围抠图

“色彩范围”是一种通过指定颜色或灰度来创建选区的方法，由于这种指定可以准确设定颜色和容差，使得选区的范围较易控制。当采用“添加到取样”按钮时，还可以同时选取多种颜色和灰度。

下面使用“色彩范围”命令抠取羽毛。

（1）打开素材。打开光盘\素材\第三章\羽毛.jpg，如图3-4所示。把图像中的绿色羽毛抠取出来。

图3-4 素材图像

（2）使用“色彩范围”命令。执行“选择”→“色彩范围”命令，勾选“本地化颜色簇”复选框，容差设置为139，如图3-5所示。选择“吸管工具”，然后在图像中单击要选取的羽毛部分，参照选择范围框内的灰度图像，按住Shift键单击加选，按Alt键单击减选，直至选中整个羽毛的轮廓，如图3-6所示。完成后单击“确定”按钮建立选区。

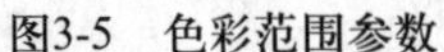
图3-5　色彩范围参数

图3-6　调整选择范围

（3）依照选区建立图层蒙版。双击背景图层解锁，并单击“添加蒙版”按钮，依照当前选区建立图层蒙版，当前图像及蒙版状态如图3-7所示。然后使用“画笔工具”，设置前景色为白色，在图像中羽毛的部分涂抹，把羽毛中心的部分显示出来；设置前景色为黑色把羽毛周边多余的部分擦除。效果如图3-8所示。

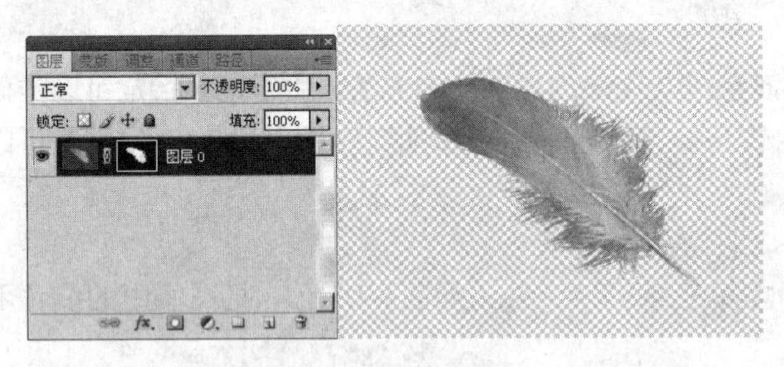

图3-7　依照选区建立图层蒙版

图3-8　使用画笔编辑蒙版后的效果

3.2.4　魔术橡皮擦抠图

“魔术橡皮擦工具”集中了“橡皮擦工具”和“魔棒工具”的特点。在选中“魔术橡皮擦工具”后，在图像中单击鼠标，图像中与这一点颜色相近的区域会被擦去。对于背景颜色比较单一的图片，使用“魔术橡皮擦工具”抠图是个相当不错的选择。

1．使用橡皮擦工具抠取向日葵

（1）打开素材。打开光盘\素材\第三章\向日葵.jpg，如图3-9所示。

图3-9　素材图像

（2）擦除向日葵背景。双击背景层，使其变为普通图层，单击工具栏中的“魔术橡皮擦工具”，由于图中的向日葵与背景色的差异比较大，并且背景色也比较单一，所以在属性栏中将容差设置为80，在图像背景区域中单击，效果如图3-10所示。继续用魔术橡皮擦在残余背景上继续单击，直至背景被完全删除，向日葵就完整地保留下来了，如图3-11所示。

图3-10 使用“魔术橡皮擦工具”在背景部分单击

图3-11 完成效果

2．设置属性栏参数

（1）容差。在属性栏中的容差参数，与“魔棒工具”的容差参数一样，它用于控制色彩范围，容差越大，擦除的颜色范围越宽，抠图的精度就越低；而容差参数越小，魔术橡皮擦对颜色相似程度的要求就越高，擦除的范围也就窄一些，抠取的精度就高一些。

（2）不透明度。它决定魔术橡皮擦的力度，当这个参数值为100%时，被擦去的部分变得完全透明；数值较低的不透明度参数可以得到一个半透明的背景。利用魔术橡皮擦的这一属性可以快速抠取一些背景简单的半透明物体，如图3-12所示（光盘\素材\第三章\玻璃.jpg和白花背景.jpg）。

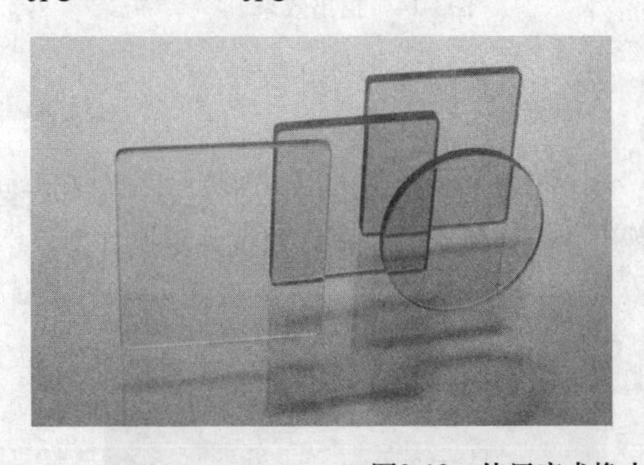

图3-12 使用魔术橡皮擦抠取半透明的物体

（3）对所有图层取样。在属性栏中选中“对所有图层取样”选项意味着“魔术橡皮擦工具”将作用于所有可见的图层，否则，仅仅当前活动图层中的某一部分被擦除。默认状态下，这个参数是不被选中的。属性栏中的“消除锯齿”项可以有效去除锯齿状边缘。选中“连续”选项后，“魔术橡皮擦工具”仅仅擦去与鼠标点击位置相邻的区域，而取消这个选项后，图像中所有与鼠标点击处颜色相似的区域都将被擦去。

3.3 明晰轮廓抠图

3.3.1 要点和可用方法

明晰轮廓指要抠取的物体有清晰简单的轮廓边缘，如机械类、建筑类图像以及在矢量软件中生成的矢量图像。对于这一类抠图，主要使用形状选取工具和路径工具等。

3.3.2 形状选取工具抠图

形状选取工具经常用来处理一些简单的、对精度要求不高的对象，其抠图速度比较快，但其使用率并不高。仅在一些特殊情况下才会使用，如抠取边角规则的物体。下面使用“椭圆选框工具”抠取球形物体。

打开图3-13，使用“椭圆选框工具”将高尔夫球选中。首先随意拖出一个椭圆选区，然后使用“变换选区”命令调整选区位置与大小直到与高尔夫球相吻合。选中球体后按下快捷键Ctrl+I反选，此时可以随意更换背景。抠出效果如图3-14所示。

图3-13 “椭圆选框工具”选中球体

图3-14 抠出效果

3.3.3 多边形套索抠图

“多边形套索工具”的特点是灵活快捷，多用于抠取不规则的多边形对象，例如一些棱角分明的建筑，以及矢量图软件生成的图像，图3-15所示的是抠取建筑并更换背景。

图3-15 抠取棱角分明的建筑

3.3.4　钢笔工具抠图

钢笔工具绘制的路径可以灵活地编辑，所以在抠图操作中它是使用最多的一种工具。下面使用钢笔工具抠取机械图形。

（1）打开素材。打开光盘\素材\第三章\机械.jpg，如图3-16所示。将把其中的铲车抠取出来。

（2）使用钢笔工具建立路径。单击工具箱中的“钢笔工具” 沿铲车边缘建立路径（钢笔工具的使用参照第6章的路径篇），完成封闭路径后，如图3-17所示。

图3-16　素材图像

图3-17　建立路径

（3）清除背景。按快捷键Ctrl+Enter，将路径转化为选区。按快捷键Ctrl+J将铲车复制至新图层中，如图3-18所示隐藏了背景图层。添加新背景后效果如图3-19所示。

图3-18　将铲车复制至新图层

图3-19　添加背景

3.4　抠取透明物体

3.4.1　要点和可用方法

抠取透明物体是Photoshop抠图的难点之一，抠取透明物体需要在保留对象质地的同时去除背后的背景。抠取透明物体的要点是抠取物体的高光和阴影，如图3-20所示。

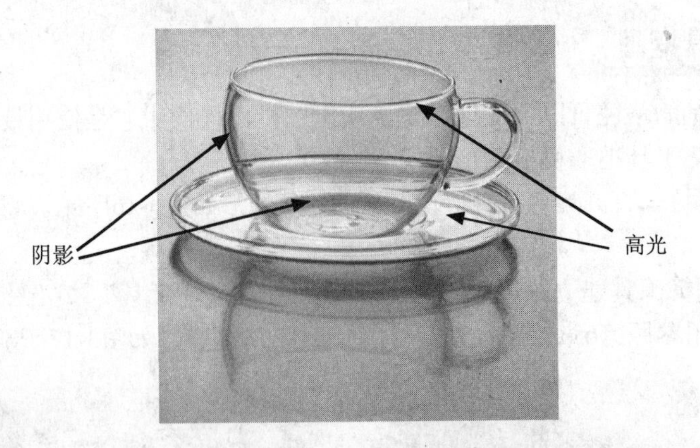

图3-20　透明物体的高光和暗调

抠取透明物体高光部分的方法有很多，例如，“色彩范围”命令中的选取高光、色阶调整后的通道选区以及更改混合模式为滤色后保留下来的图像亮部等。抠取阴影的方法同高光基本相同，如色彩范围中的选取阴影，通道反相后的选区以及更改混合模式为正片叠底后保留下来的阴影等。这些方法在抠图过程中要灵活运用。

抠取透明物体的另一个要点是色阶的调整，“色阶”命令是抠图过程中最常用到的，尤其是抠取透明物体。它的作用是增强图层或通道的对比度以及亮度等，使抠图更加地轻松容易。蒙版、画笔工具、加深减淡工具在下面的实例中也是最常用到的。有关这些工具的使用大家可以参考对应的知识讲解。

3.4.2　使用蒙版抠取婚纱

蒙版抠取婚纱主要是使用蒙版和图层不透明度实现的，它抠取透明物体的效果很一般，适用于背景比较简单的抠图。

（1）打开素材。打开光盘\素材\第三章\婚纱1.jpg和背景1.jpg，如图3-21所示。

图3-21　素材图像

（2）依据主体对象建立选区。首先使用“移动工具”将婚纱图像拖入到背景图案中，然后使用“钢笔工具”沿婚纱边缘建立路径，路径的建立一定要仔细，如图3-22所示。路径完成后按快捷键Ctrl+Enter将路径转化为选区，如图3-23所示。

图3-22　沿婚纱边缘建立路径

图3-23　路径转化为选区

（3）添加蒙版。单击图层面板下面的“添加图层蒙版”按钮，依照选区建立图层蒙版，效果如图3-24所示。

图3-24　依照选区添加图层蒙版

（4）复制图层并编辑蒙版。选中带蒙版的“图层1”按下Ctrl+J键复制该图层，单击选中“图层1副本”的蒙版。如图3-25所示。使用“画笔工具”，适当调整参数，设置前景色为黑色，将透明部分的婚纱抹去。然后隐藏“图层1”，效果如图3-26所示。

图3-25　选中蒙版

图3-26　使用“画笔工具”编辑蒙版后的效果

（5）更改图层不透明度。将“图层1”显示并调整该图层不透明度为80%，效果如

图3-27所示。

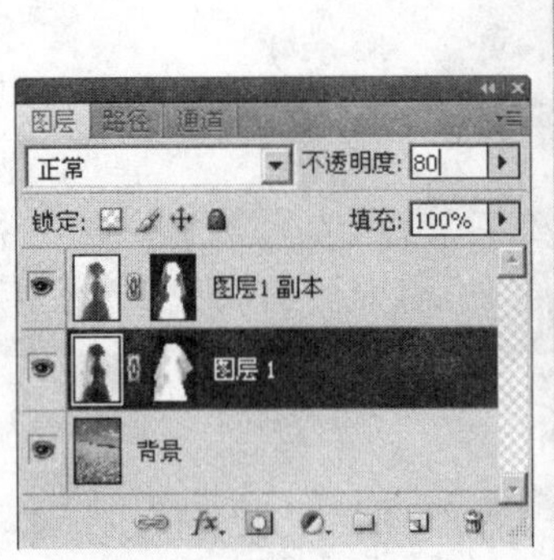

图3-27　调整图层1透明度后的效果

（6）细节调整。选中“图层1”蒙版然后使用“画笔工具”降低不透明度、硬度，在婚纱部位做细节描绘处理，增加婚纱的通透感和柔感，如图3-28所示。然后选中图层1副本，按快捷键Ctrl+L打开“色阶”对话框，设置参数提高图层亮度，使对象与背景更好地融合到一起，最终效果如图3-29所示。

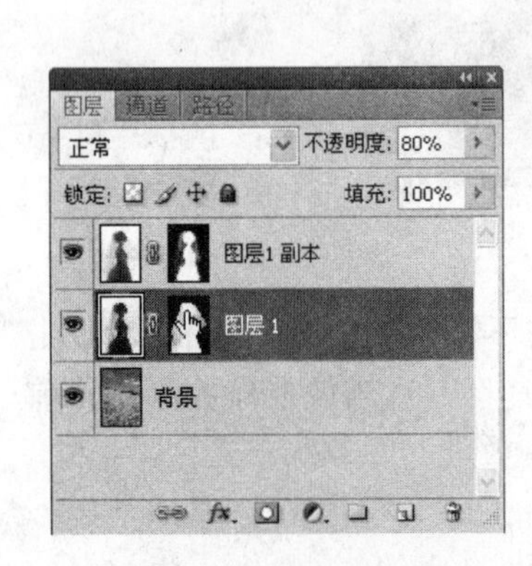

图3-28　编辑图层1蒙版

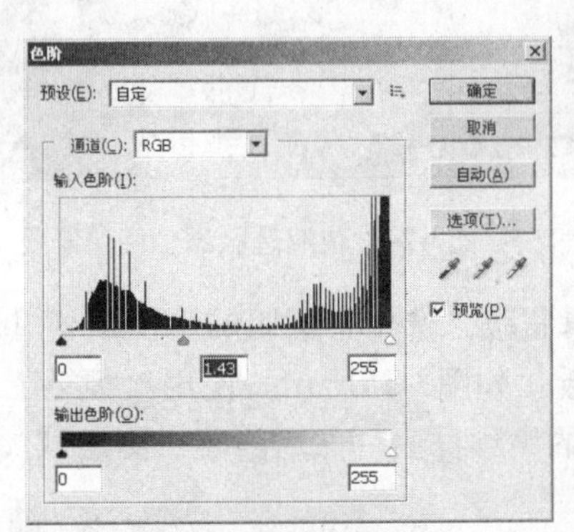

图3-29　调整图层1副本亮度后的效果

3.4.3　使用通道抠取婚纱

通道是在抠取透明物体时使用最多的、也是最实用的一种方法。其要点是寻找对比度最高的通道，然后通过编辑该通道获得选区。该方法适用于大多数的抠图。下面通过实例来演示通道在抠取婚纱时的使用。

（1）打开素材。打开光盘\素材\第三章\婚纱2.jpg和背景1.jpg，如图3-30所示。

图3-30　素材图像

（2）选择通道。选择通道面板，选择一个黑白对比强烈的通道，这里我们经过对比选择红色通道。复制红色通道，得到“红 副本”，效果如图3-31所示。按快捷键Ctrl＋L调整色阶，将背景色设置为黑场（即用黑色的滴管在背景上点击），这样就保证了背景是纯黑的，这样在通道转化为选区的时候就能将背景除净，效果如图3-32所示。

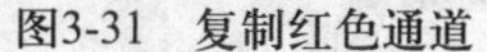

图3-31　复制红色通道　　图3-32　色阶调整效果

（3）抠出人物。在“红副本”层上用白色画笔将新娘涂白，切记不要涂抹头纱。另外新娘的头发与背景颜色相近，所以头发部分先不急于抠取，效果如图3-33所示。按住Ctrl键单击“红副本”通道载入选区，回到图层面板，复制一个背景图层，并添加蒙版，隐藏背景图层，这时婚纱已经显现出来了，效果如图3-34所示。

图3-33　在通道中涂抹新娘　　图3-34　返回图层添加蒙版效果

（4）显示头发。将背景层再复制一层，得到“背景副本2”图层，按Alt键单击图层面板下方的“添加图层蒙版”按钮添加黑色蒙版，然后选择“画笔工具”，将前景色设置为白色，在新娘头发部位进行涂抹，效果如图3-35所示。

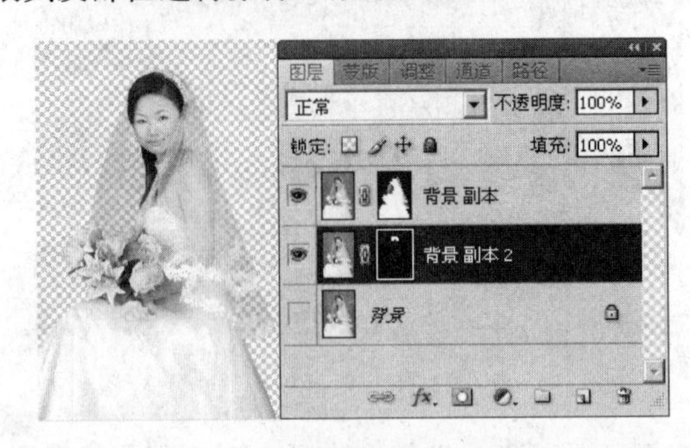

图3-35　添加蒙版显示头发效果

（5）色相/饱和度调整颜色。选择“背景副本”图层，按快捷键Ctrl＋U打开“色相/饱和度”对话框，将蓝色的饱和度和明度设置为如图3-36所示。将青色的饱和度和明度设置为如图3-37所示。

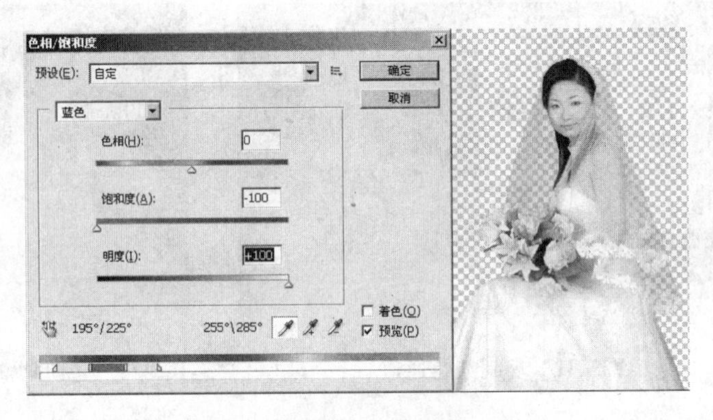

图3-36　调整蓝色饱和度和明度

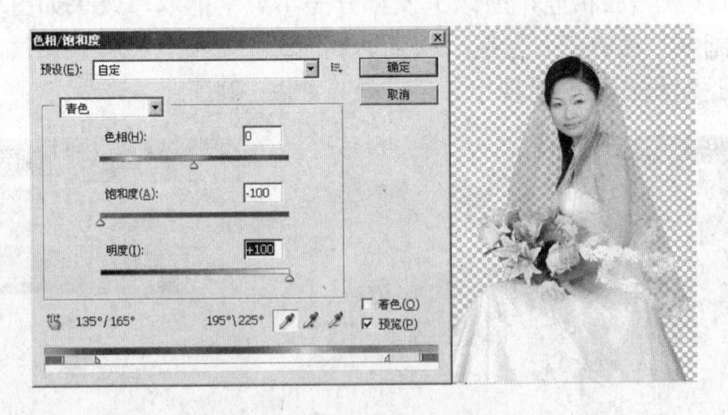

图3-37　调整青色饱和度和明度

（6）添加背景。单击工具栏中的“移动工具”，将抠出的新娘拖曳到背景上。最终效果如图3-38所示。

图3-38　完成效果

3.4.4　使用混合模式抠取婚纱

使用图层混合模式抠取婚纱的优点是快速简单，并且效果也不错，适用于背景颜色较单一的图像。在抠取过程中也需要配合蒙版和色阶的使用。

（1）打开素材。打开光盘\素材\第三章\婚纱3.jpg和背景2.jpg，如图3-39所示。

图3-39　素材图像

（2）调整色阶。同上面的实例一样首先复制一层图像，按快捷键Ctrl+L调整图像色阶，将中间的灰色滑块向右移动，提高主体与背景的对比度，以便于路径的建立，如图3-40所示。

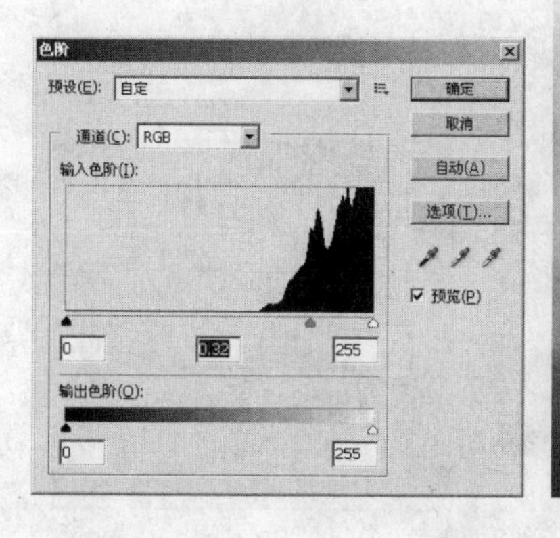

图3-40　复制图层并调整色阶

（3）建立路径抠取主体。使用“钢笔工具”沿婚纱边缘建立路径，路径的操作一定要细致，如图3-41所示。封闭路径后删除当前“图层1”，选中背景层并按快捷键Ctrl+Enter将路径转化为选区。然后按快捷键Ctrl+J将选区内容复制到新图层中，如图3-42所示。

图3-41　沿婚纱边缘建立路径

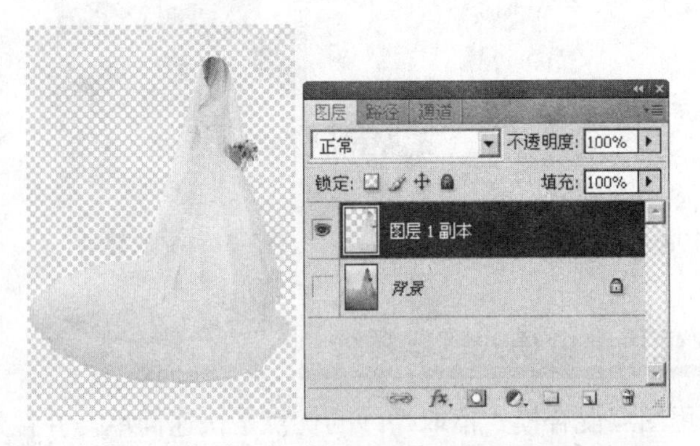

图3-42　将选区内容复制到新图层并隐藏背景

（4）添加背景。选中“图层1”将其拖动到打开的“背景2”图像中，并按快捷键Ctrl+J复制一层，如图3-43所示。

图3-43　复制图层到背景图像中

（5）调整色阶。选中“图层1”按快捷键Ctrl+L执行“色阶调整”命令，将中间调滑块向右移动。这里的色阶调整直接影响婚纱的透明程度和质感。调整完成后将该图层混合模式设置为滤色，如图3-44所示。

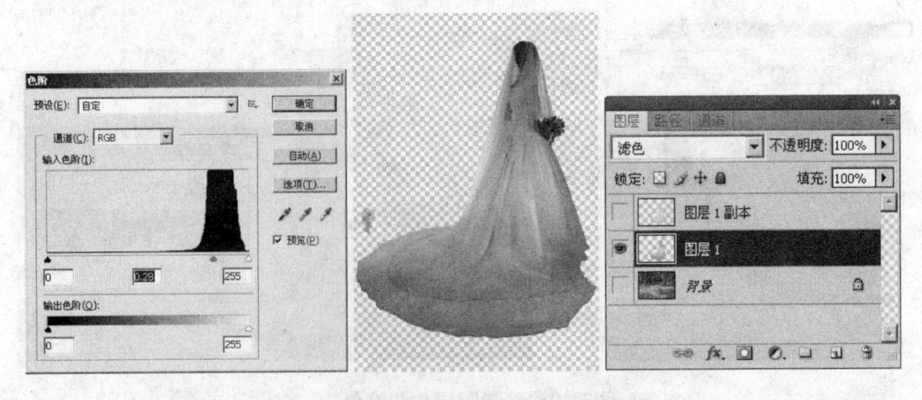

图3-44　调整色阶并更改图层混合模式

（6）添加蒙版。选中“图层1副本”按住Alt键单击“添加图层蒙版”按钮 为图层添加黑色蒙版，选中蒙版将前景色设为白色，使用“画笔工具”在人物不透明的地方涂抹。完成后如图3-45所示。

图3-45　添加蒙版后效果

3.4.5　使用混合模式抠取烧杯

抠取透明玻璃所用的混合模式一般为滤色和正片叠底。使用正片叠底保留玻璃中的阴影部分，滤色则保留玻璃中的高光部分。下面通过实例演示图像混合模式在抠取玻璃中的应用。

（1）打开素材。打开光盘\素材\第三章\玻璃烧瓶.jpg和背景3.jpg，如图3-46所示。

图3-46　素材图像

（2）抠取烧瓶。使用“钢笔工具” 沿烧杯边缘建立路径，然后按快捷键Ctrl+Enter将路径转换为选区，按快捷键Ctrl+J复制选区内容到新图层，如图3-47所示。

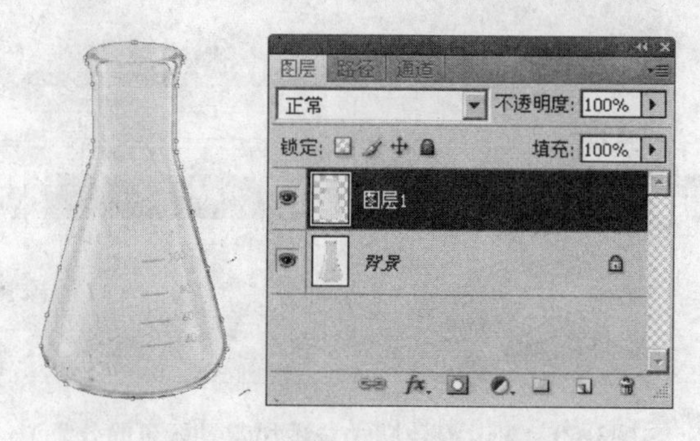

图3-47　抠取烧瓶并复制到新图层

（3）调整色阶。将“图层1”复制为“图层1副本”，然后选中“图层1”执行“色阶”命令，将中色调滑块向右移动，使图层变暗，如图3-48所示。

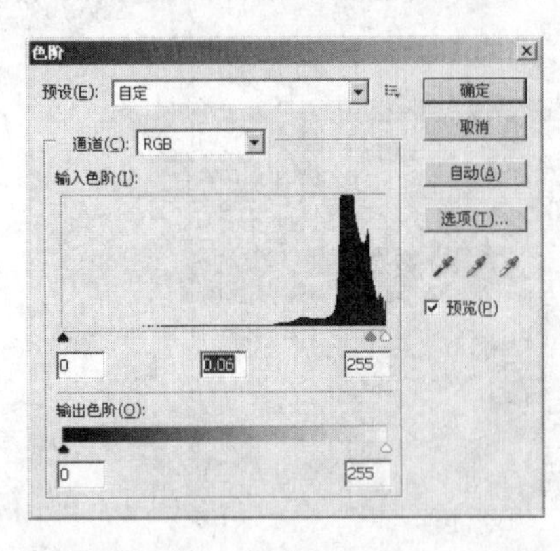

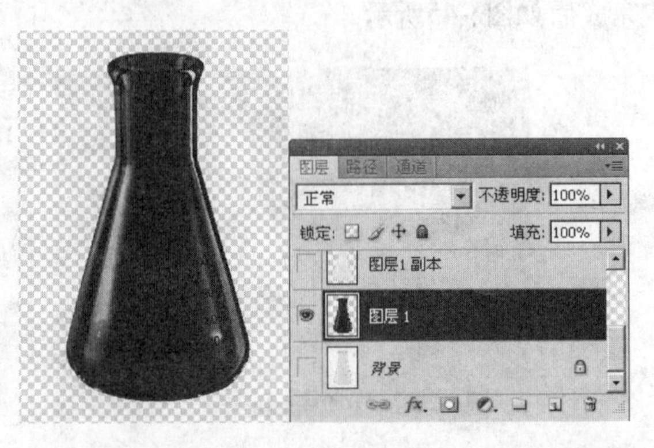

图3-48　调整图层1色阶

（4）调整色阶。隐藏其他图层，选中“图层1副本”，打开“色阶”对话框，将中间调滑块向左滑动。效果如图3-49所示。

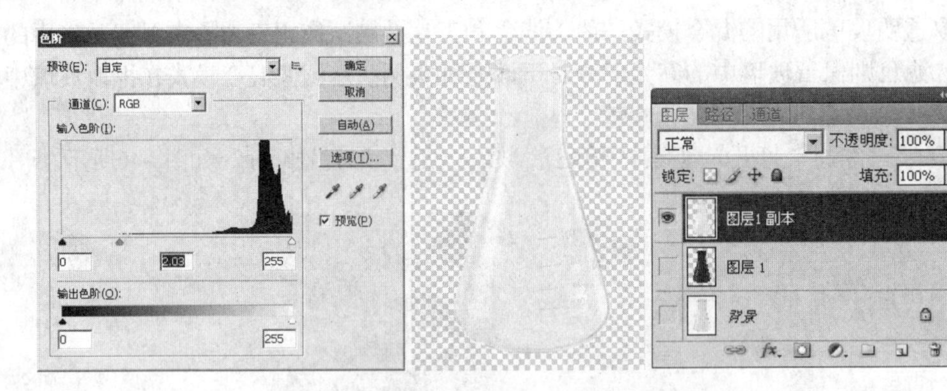

图3-49　调整图层1副本色阶后的效果

（5）更改图层混合模式。将“图层1”的混合模式更改为“滤色”，使其只保留高光部分，将“图层1副本”的混合模式更改为“正片叠底”，只保留其较暗部位。然后添加背景颜色，如图3-50所示。

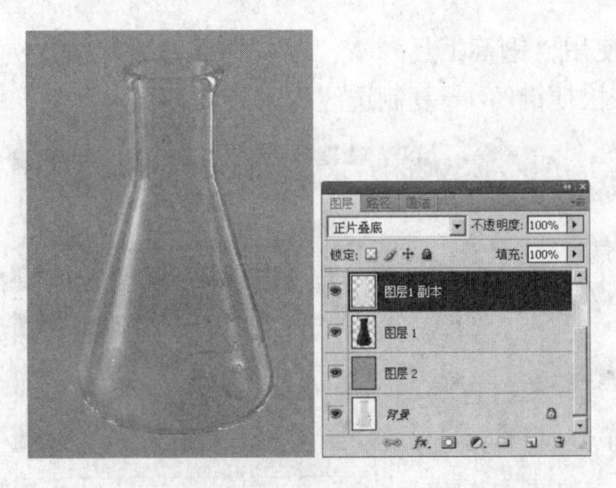

图3-50　更改混合模式并添加背景颜色的效果

（6）复制图层并添加背景图像。通过察看效果发现瓶子的暗色调部分欠缺，使其没有立体感。选中“图层1副本”按下快捷键Ctrl+J复制一层调整其暗调效果，然后添加背景图像并将多余图层删除。效果如图3-51所示。

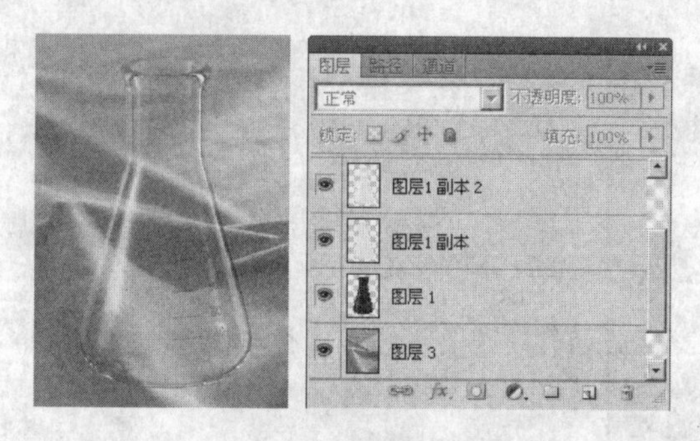

图3-51 复制图层并添加背景层

（7）修整高光区域。通过上一步可以看到瓶子的高光部分反射颜色与背景不符。选中显示高光部分的“图层1”，将“图层1”复制一层为“图层1副本3”，选中“图层1副本3”隐藏其他所有图层。设置前景色为黑色，使用油漆桶工具将“图层1副本3”的透明区域填充黑色，如图3-52所示。

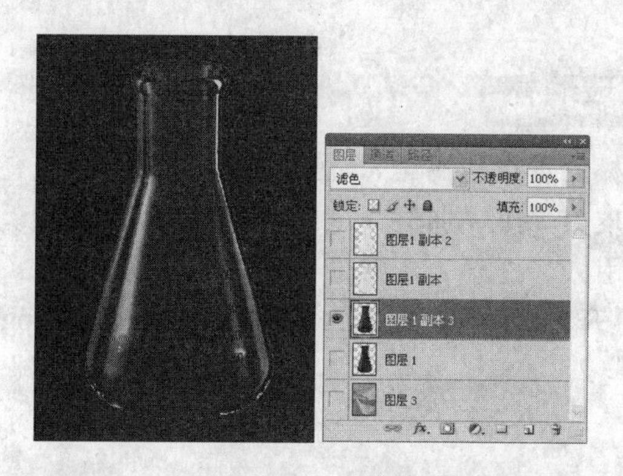

图3-52 复制图层并将透明区域填充黑色

（8）选择高光。在只显示“图层1副本3”的情况下进入通道，选择高光最强的绿色通道，按住Ctrl键单击载入选区。回到“图层”面板将所有图层显示并将“图层1副本3”删除。效果如图3-53所示。

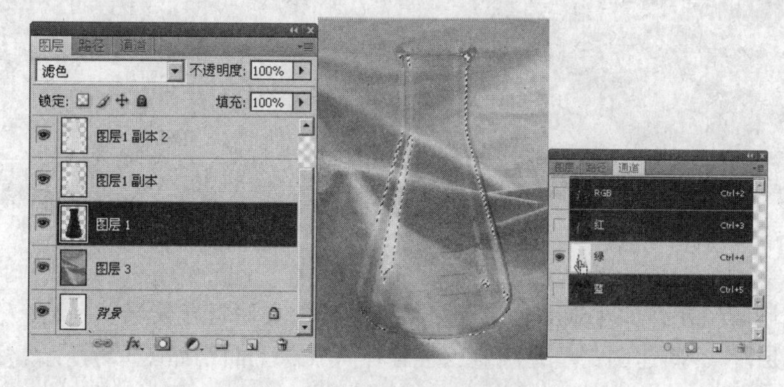

图3-53 载入绿色通道选区并删除图层1副本3

（9）填充高光。选中“图层1”单击工具箱中的“吸管工具”，使用“吸管工具”在图像的背景上单击吸取背景图像的颜色到前景色中，然后按快捷键Alt+Delete将颜色填充到“图层1”的高光选区部分，如图3-54所示。取消选区，最终效果如图3-55所示。

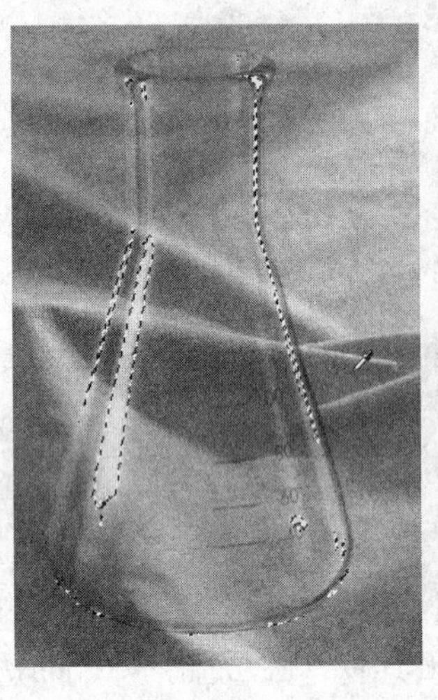
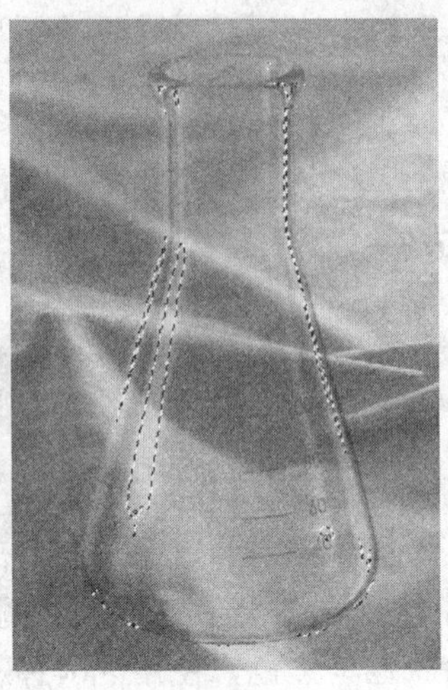

图3-54　填充高光区域

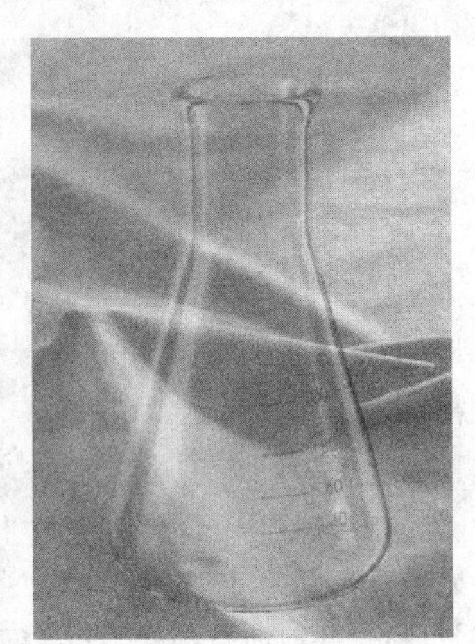

图3-55　最终效果

3.4.6　使用通道抠取玻璃杯

使用通道抠取玻璃杯的重点是找准对比强烈的通道和对通道色阶调整的把握，在抠取过程中也经常配合“橡皮擦”或“加深”、“减淡”工具的使用。接下来通过实例演示通道在抠取玻璃杯时的使用。

（1）打开素材。打开光盘\素材\第三章\玻璃杯.jpg和背景4.jpg，如图3-56所示。

图3-56　素材图像

（2）复制图层并添加背景颜色。选中“玻璃杯”文件将背景层复制2次，分别为“图层1”和“图层2”。新建图层填充浅蓝色放置在背景层上面，如图3-57所示。

图3-57　复制图层并添加背景颜色

（3）更改混合模式。隐藏“图层2”，将“图层1”的混合模式更改为“正片叠底”，效果如图3-58所示。可以看到玻璃杯的背景已经被去除，但杯子缺乏高光部分。接下来将通过通道抠取杯子高光部分。

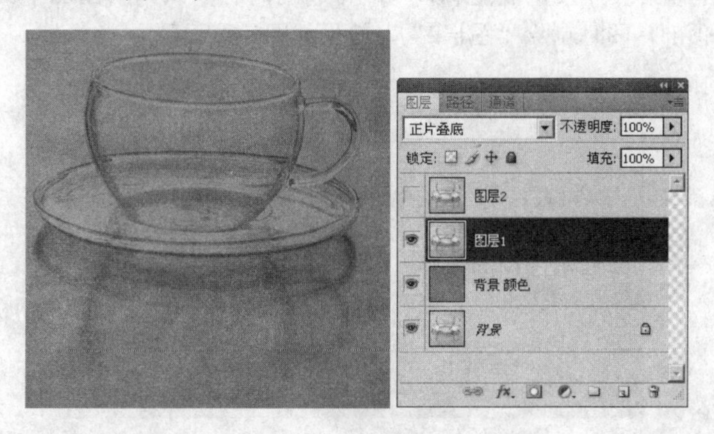

图3-58　更改混合模式

（4）抠取玻璃杯主体。显示并选中“图层2”，使用路径工具沿杯子边缘建立路径，如图3-59所示。完成后将路径转换成选区，按Shift+Ctrl+I快捷键反选选区并填充黑色，如图3-60所示。

图3-59　建立路径

图3-60　将背景填充黑色

（5）调整通道色阶。选中“图层2”隐藏其他所有图层，进入通道面板，寻找高光部分最多的通道，这里选择“蓝”通道，复制“蓝”通道，并调整色阶亮度，如图3-61所示。

图3-61　调整通道色阶

（6）提取图像高光。按住Ctrl键单击“蓝副本”通道载入通道选区，然后回到“图层”面板，选择背景层并按快捷键Ctrl+J，将选区内容复制到新图层中。将图层命名为“图层3”置于顶部，同时删除“图层2”，效果如图3-62所示。

图3-62　提取高光并放置于顶部

（7）擦除杂色。此时可以看到杯子内壁部分有白色的杂色，影响了玻璃的通透感，选中图层3（也就是高光层），选择“橡皮擦工具”，将透明度和流量的值都设为50%或者更低，在杯子内壁白色的地方涂抹擦除这部分杂色。如图3-63所示。选中“图层1”，同样使用“橡皮擦工具”擦除杯子之外的杂色。全部擦除完成后如图3-64所示。

图3-63　擦除杯子内壁的杂色

图3-64　擦除完后的图像效果

（8）更换背景并更改混合模式。将“背景4”图像加入图像中代替蓝色背景。并将“图层3”混合模式更改为“滤色”。抠图完成效果如图3-65所示。

图3-65　完成效果

3.4.7　使用图层混合选项抠取透明物体

图层混合选项抠取图像的速度快，质量也比较好，但其只适用于背景颜色与主体对比强烈的图像，也不适合于背景复杂的抠图。在抠取过程中也经常配合图层蒙版或橡皮擦等工具去除其中的杂色。

（1）打开素材。打开光盘\素材\第三章\透心凉.jpg和背景5.jpg，如图3-66所示。

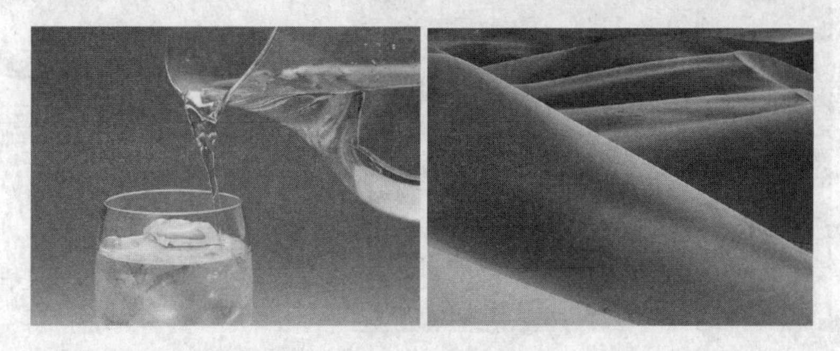

图3-66　素材图像

（2）调整图层。在“透心凉”文件中双击背景图层，确定弹出的对话框将其变成“图层0”。然后将“背景5”文件复制到“透心凉”文件中，按快捷键Ctrl+T调整其大小，并置于底层，如图3-67所示。

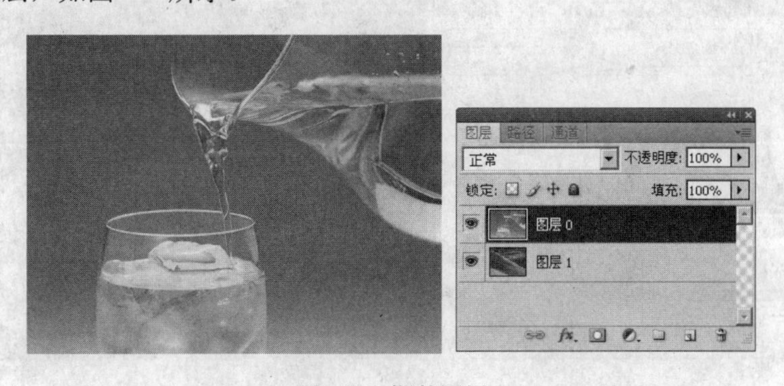

图3-67　调整图层

（3）调整混合颜色带。双击“图层0”打开“图层样式”对话框，在“混合选项”中调整“混合颜色带”，按住Alt键拖动“本图层”的黑色滑块至208的位置，可以看到图像下层被逐渐显示出来。如图3-68所示。

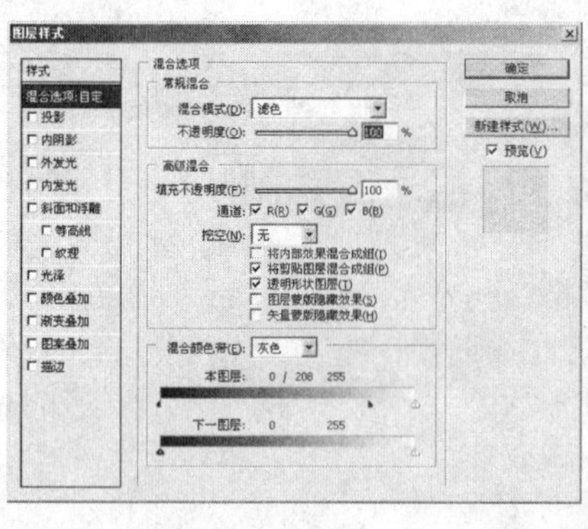

图3-68　调整“混合颜色带”的效果

（4）添加蒙版。如果对于上步操作抠出的效果不满意的话，可以为“图层0”添加蒙版，首先绘制路径然后转化成选区，并依照选区创建蒙版遮住不需要的部分，如图3-69所示。

图3-69　添加蒙版后的效果

（5）调整色阶。最后观察到“图层0”图层的暗调有些损失，所以打开“色阶”对话框调整图像色阶，降低中间调和高光亮度。最终效果如图3-70所示。

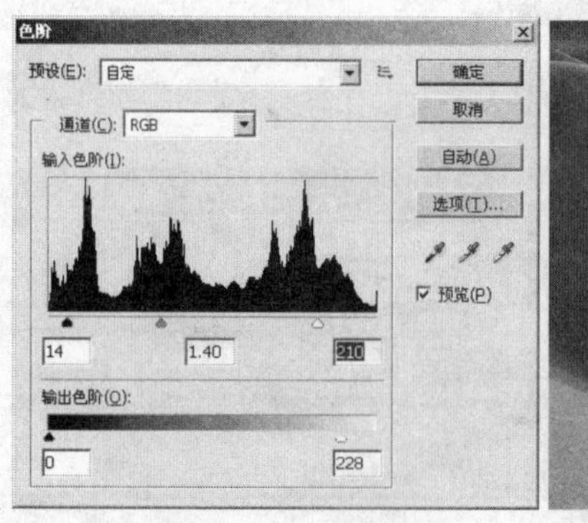

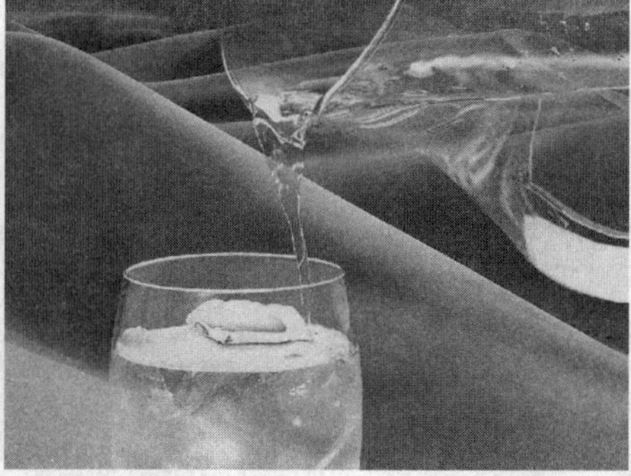

图3-70　调整色阶的最终效果

3.5 抠取毛发

抠取毛发是抠图中的另一个难点，抠取毛发主要使用的是通道和图层混合模式，其方法与抠取透明物体基本相同，重点在于提高发丝与背景的对比度，以获得精细的选区。

3.5.1 使用通道抠取头发

（1）打开素材。打开光盘\素材\第三章\头发.jpg和头发背景.jpg，如图3-71所示。

图3-71　素材图像

（2）排列图层。在“头发”文件中复制背景图层为图层1，并把“头发背景”图像拖放到图层1下，如图3-72所示。

图3-72　排列图层

（3）编辑通道。进入“通道”面板，选择对比度最强烈的通道，这里选择“绿”通道，将通道复制，按快捷键Ctrl+I反相，然后打开“色阶”对话框调整通道色阶，如图3-73所示。

图3-73　调整通道色阶

（4）编辑通道。选择“减淡工具”并在工具栏中设置其范围为高光，在通道细微发丝处涂抹，增加发丝亮度，如图3-74所示。

图3-74　使用减淡工具涂抹发丝

（5）载入通道选区。涂抹完成后按住Ctrl键单击载入通道选区，然后回到“图层”面板，选择“图层1”，按快捷键Ctrl+J将选区内图像复制到新图层中，隐藏“图层1”。效果如图3-75所示。

图3-75　将选区内图像复制到新图层

（6）抠取人物主体部分。显示并选中“图层1”，使用路径工具将人物主体部分抠取出来，按Ctrl+Enter转化为选区，并依照选区添加蒙版，完成效果如图3-76所示。

图3-76　完成效果

3.5.2 使用图层混合模式抠取纤细毛发

图层混合模式只能用于抠取某些特定的图像，例如主体和背景对比强烈的图像，其效果要比通道抠取更好。混合模式抠图的重点是选择合适的混合模式，以利于去除背景。

（1）打开素材。打开光盘\素材\第三章\狗狗.jpg和狗狗背景.jpg，如图3-77所示。

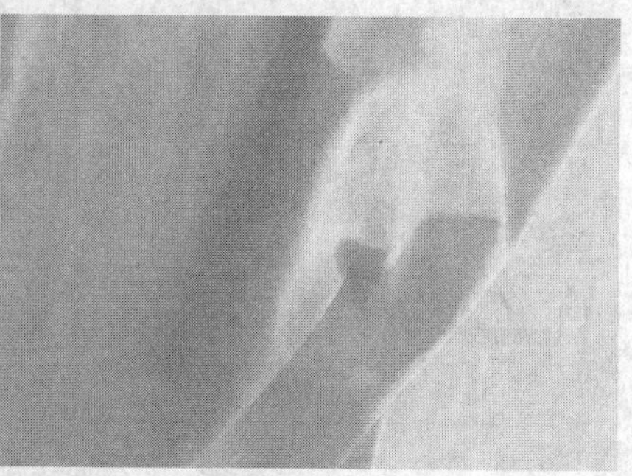

图3-77 素材图像

（2）建立选区并复制选区内容。使用套索工具在背景上将小狗的头部划为选区，并羽化20像素，然后按两次快捷键Ctrl+J将选区内容复制两份，如图3-78所示。

图3-78 建立选区并复制两次

（3）更改混合模式。将“狗狗背景”图像拖入背景图层上方，选中“图层1”按下Ctrl+Shift+U组合键执行去色命令，去掉图层颜色，并将图层混合模式更改为强光，然后隐藏“图层1副本”，效果如图3-79所示。

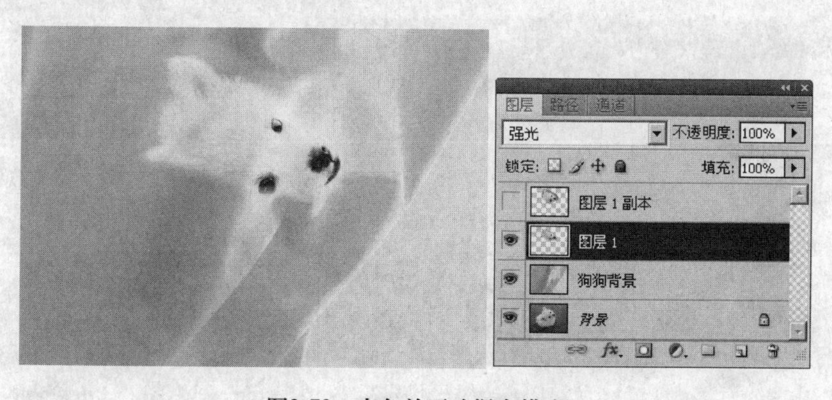

图3-79 去色并更改混合模式

（4）去除白色杂边。由上面的操作可以看到狗狗头部边缘部分有白色杂边没有在强光模式中清除，选中“图层1”打开“色阶”对话框，调整色阶使狗狗头部边缘白色消失，如图3-80所示。

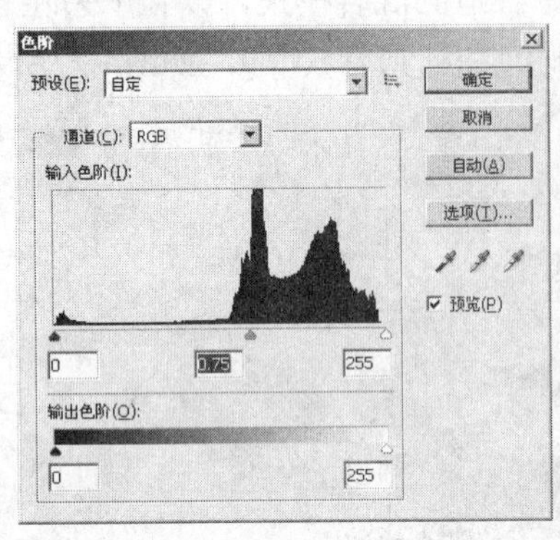

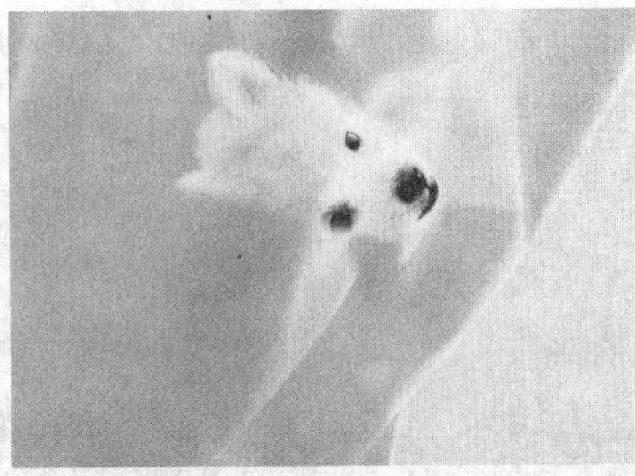

图3-80　调整色阶去除白色杂边

（5）添加蒙版。显示并选中“图层1副本”，单击“添加图层蒙版”按钮为其添加蒙版，然后选择“画笔工具”，设置前景色为黑色，在蒙版上涂抹，擦除红色部分，如图3-81所示，可以看到狗狗的头部已经抠取出来了。

图3-81　添加蒙版隐藏不需要部分

（6）抠取身体。头部抠出后接下来将身体部分选中并羽化20像素，然后复制为“图层2”和“图层2副本”，如图3-82所示。

图3-82　抠取身体

（7）依照步骤（3）～（5）的处理方法，将“图层2”去色并更改混合模式为“强光”，然后调整色阶去除杂边。选中“图层2副本”，为其添加蒙版并使用画笔将不需要的部分擦除。完成后效果如图3-83所示。

图3-83 完成身体部分

（8）抠取其他部分。将剩下的部分做相同处理。在色阶调整部分要注意尺度的把握，这里将中间调调整为1.54。在调整完色阶后使用“橡皮擦工具”将没有清除的杂边擦除。完成后如图3-84所示。

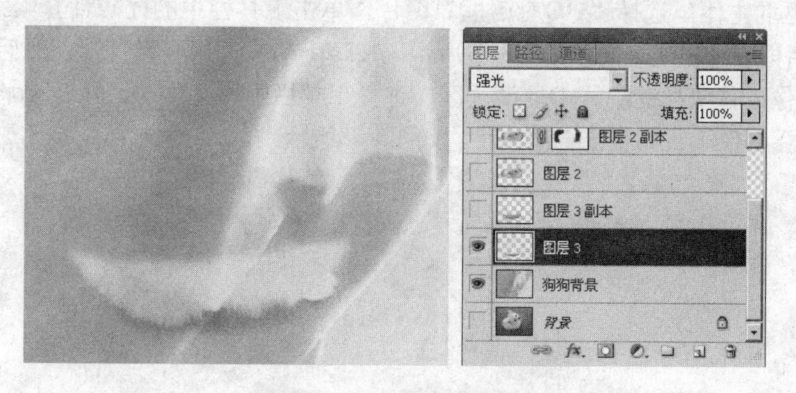

图3-84 清除杂边后效果

（9）完成效果。将“图层3副本”添加蒙版并隐藏不需要的部分，这里的画笔操作一定要细心。完成后将所有图层显示，最终效果如图3-85所示。

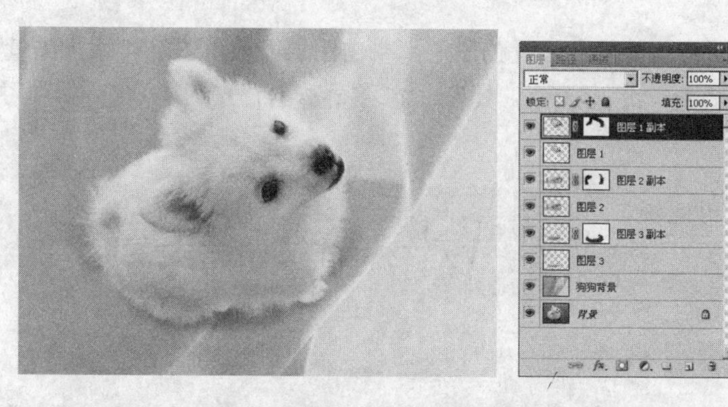

图3-85 完成效果

3.6 课堂范例——网站页面制作—“疯狂办公室”

在前面已经讲过许多的抠取透明物体实例，已经基本满足工作中抠图的需要，下面练习最基本的抠图方法来制作个性的网页页面。

（1）打开素材。打开光盘\素材\第三章\背景.jpg和QQ对话框.jpg，如图3-86所示。

图3-86 素材图像

（2）抠取主体。选择“QQ对话框”图片，单击工具栏中的“磁性套索工具”，沿着QQ对话框边缘生成选区，如图3-87所示。按Ctrl+Shift+I组合键反选，然后按Delete键删除多余图像。按快捷键Ctrl+D取消选区，选择工具栏中的“移动工具”将QQ对话框移至“背景”图像上，调整至合适大小，如图3-88所示。

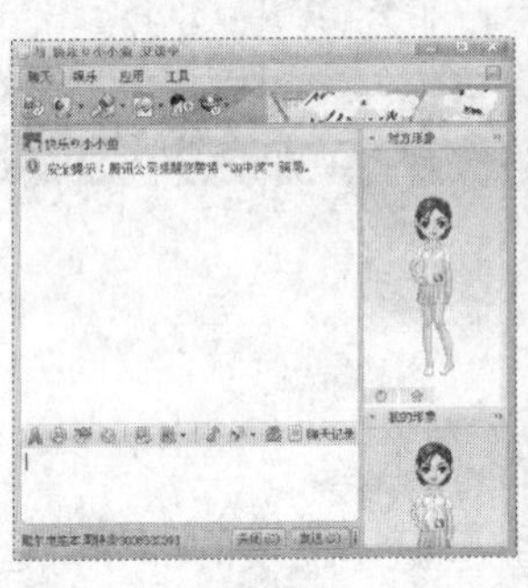

图3-87 抠取主体

图3-88 添加QQ截面图到图像中

（3）添加蒙版。将前景色设置为黑色，单击图层面板下方的“添加矢量蒙版”按钮为图层添加蒙版，选择“矩形选框工具”，在要透出背景的地方绘制矩形并填充黑色，如图3-89所示。

图3-89 添加蒙版并填充选区

（4）抠出小老鼠。打开光盘\素材\第三章\小老鼠.jpg。将背景图层解锁，选择工具箱中的“魔棒工具”，将属性栏中的容差设置为18，在小老鼠背景色上单击。注意按Shift键加选未选中的背景色，完成后的选区如图3-90所示。按Delete键删除背景色，接着按快捷键Shift+F6适当羽化选区，然后按Delete键删除，效果如图3-91所示。按快捷键Ctrl+D取消选区得到如图3-92所示效果。

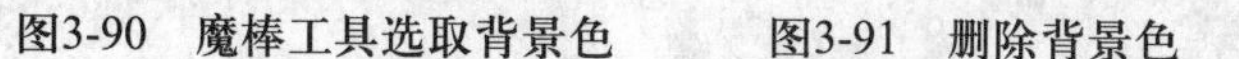

图3-90　魔棒工具选取背景色　　图3-91　删除背景色　　图3-92　预览效果

（5）将老鼠放到图像中。用“移动工具”将小老鼠放置背景图像中，移至“QQ对话框图层”下方，如图3-93所示。选择工具栏中的“矩形选框工具”，框出小老鼠下半身，然后选择“移动工具”，将其下半身转为选区，如图3-94所示。然后按快捷键Ctrl+T将小老鼠下半身进行变形效果处理，如图3-95所示。

图3-93　添加老鼠到图像中

图3-94　将老鼠下半身转为选区

图3-95　将老鼠变形处理效果

（6）将“QQ对话框”插入草地中。选择“背景”图层，单击工具箱中的“磁性套索工具”，在草地上任意圈出一块选区，如图3-96所示。按快捷键Ctrl+C复制，然后按快捷键Ctrl+V粘贴，按快捷键Ctrl+Shift+]移至最上层，调整合适大小，如图3-97所示。

图3-96　在草地上任意选出一块选区

图3-97　复制草地效果

（7）装上窗户。打开光盘\素材\第三章\窗户.jpg。按快捷键Ctrl+L调整色阶命令，降低窗户的亮度。选择“魔术橡皮擦工具”，在属性栏中将容差设置为10，然后单击窗户图像中的白色背景，将其删除，如图3-98所示。用“移动工具”，将其拖曳到背景图像中，调整大小及位置，如图3-99所示。

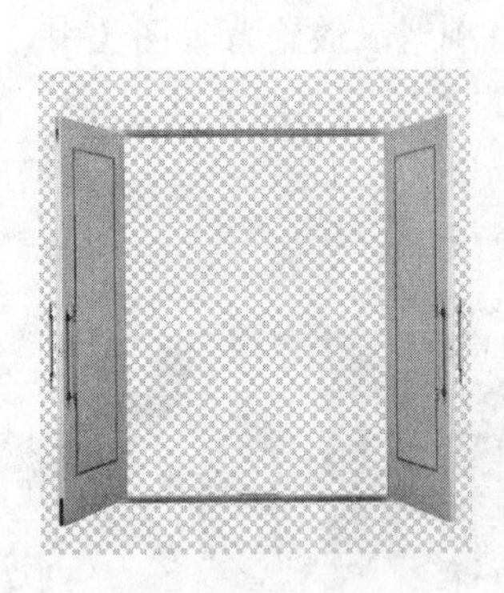

图3-98　抠出窗户

图3-99　将窗户放置图像中

（8）添加人物。打开光盘\素材\第三章\人物01.jpg。同样用“魔术橡皮擦工具”将人物抠出并放到背景图像中，如图3-100所示。为人物添加蒙版，将手与门把衔接起来，如图3-101所示。在图层中单击工具栏中的“仿制图章工具”，将手间绳子修饰掉，如图3-102所示。

图3-100　将人物添加到图像中

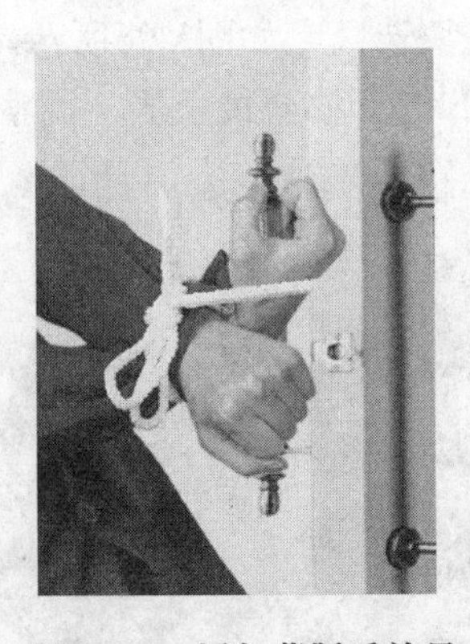

图3-101　添加蒙版后效果

图3-102　将绳子去掉

（9）继续添加人物。将“人物02.jpg”图片中的人物用“魔术橡皮擦工具”抠出并放到背景图像中，如图3-103所示。执行“滤镜”→“液化”命令，在弹出的“液化”对话中选择“膨胀工具”，单击人物脸部数次，如图3-104所示，单击“确定”按钮。将前景色设置黑色，回到QQ界面图层，在QQ对话框蒙版中用“画笔工具”进行涂抹，让“人物02”的胳膊露出来，如图3-105所示。

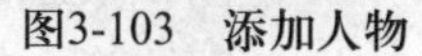

图3-103 添加人物　　图3-104 液化效果　　图3-105 添加蒙版

（10）添加装饰。用上述步骤同样的方法将房子与指向标（光盘\素材\第三章\小房子.jpg和指向标.jpg）抠出，如图3-106所示。单击工具箱中的“仿制图章工具”，将指向标中的字母去掉。单击“椭圆选框工具”，绘制椭圆并填充（R122,G122,B122），将图层不透明度设置为60%，为房子添加阴影，然后调整到图像中的合适位置，如图3-107所示。

图3-106 抠出房子及指向标

图3-107 添加房子及指向标效果

（11）输入文字。单击工具箱中的“横排文字工具”，将前景色设置为白色，选择“长城海报体繁”字体，在图像中输入“欢迎光临本站”，并为文字添加图层样式“投影”效果，如图3-108所示。

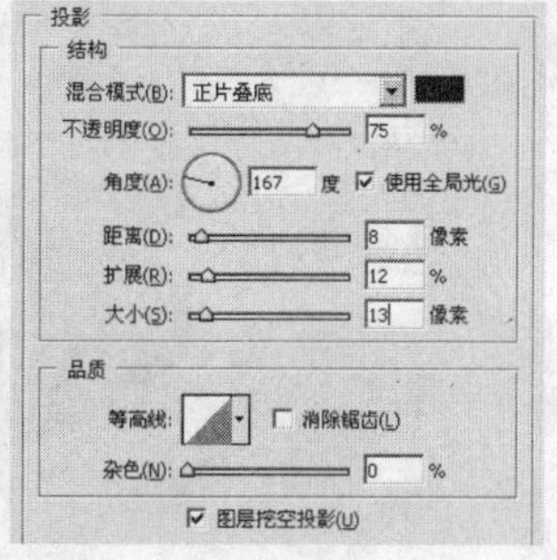

图3-108 添加文字并设置投影

（12）绘制纸飞机。新建图层，单击工具箱中的“多边形套索工具”，在图中绘制形状并填充白色，如图3-109所示。继续绘制并填充不同的颜色，飞机完成效果如图3-110所示。

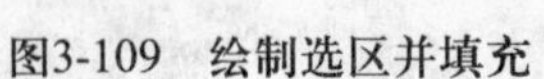

图3-109　绘制选区并填充　　图3-110　绘制飞机效果

（13）抠出人物03。将光盘中“人物03”用“魔棒工具”抠出，放置在飞机上，如图3-111所示。这时会发现头发部位边缘抠的不是很干净，单击工具箱中的“钢笔工具”，将头发白边勾勒出来，如图3-112所示。然后按Ctrl+Enter键转为选区，按Delete键删除白边，按快捷键Ctrl+D取消选区。同样的方法将图像中的凳子删除，然后按快捷键Ctrl+T将人物变形处理，效果如图3-113所示。

图3-111　添加人物03　　图3-112　路径绘制选区　　图3-113　变形人物效果

（14）添加人物04。同样将“人物04”（光盘\素材\第三章\人物04.jpg）抠出放置图像中，如图3-114所示。

图3-114　添加人物04

（15）绘制发光光线。新建图层，单击工具箱中的“矩形选框工具”，在图中绘制矩形并填充白色，然后按快捷键Ctrl+T将其变换处理，如图3-115所示。按Enter键确认变换，复制图层，按快捷键Ctrl+T，将变换中心点移动至三角形的下方定点处，并将其旋转30度，如图3-116所示。按Enter键确认变换后再多次按快捷键Ctrl+Alt+Shift+T，将矩形以30度的旋转变量进行复制。合并所有的白色图形，按快捷键Ctrl+T调整大小及位置，如图3-117所示。

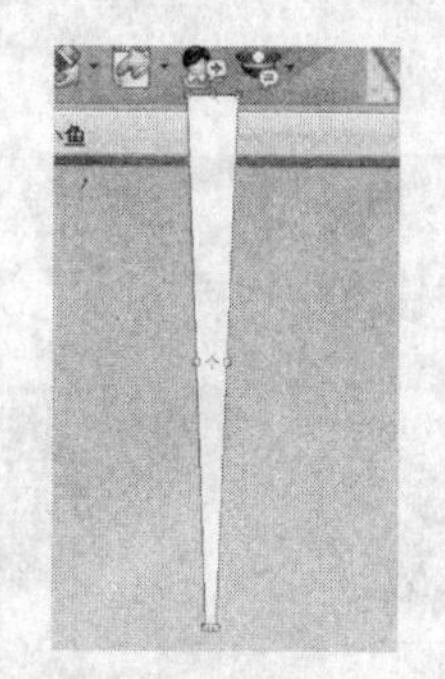

图3-115 绘制矩形并变形效果

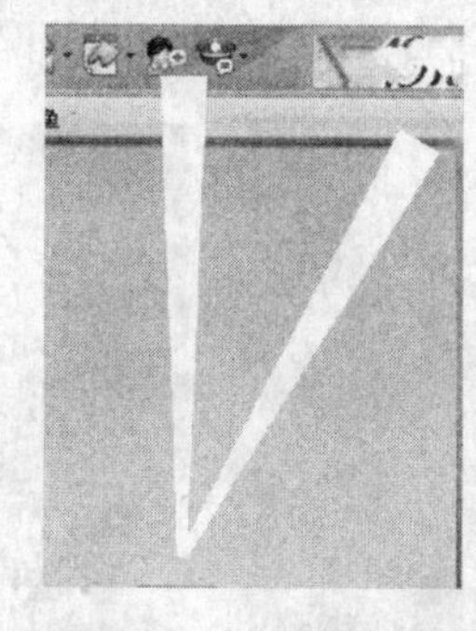

图3-116 复制并旋转

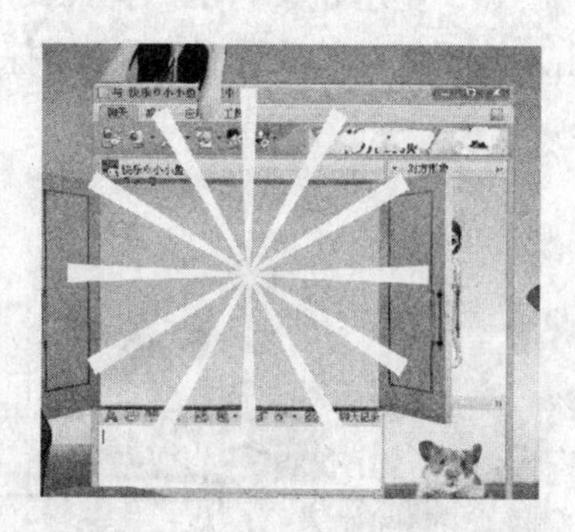

图 3-117 以中心点旋转复制

（16）径向模糊。执行“滤镜”→“模糊”→“径向模糊”命令，在弹出的“径向模糊”对话框中进行设置，如图3-118所示。模糊后复制发光光线图层，按快捷键Ctrl+T旋转合适角度，然后合并两个发光光线图层，如图3-119所示。

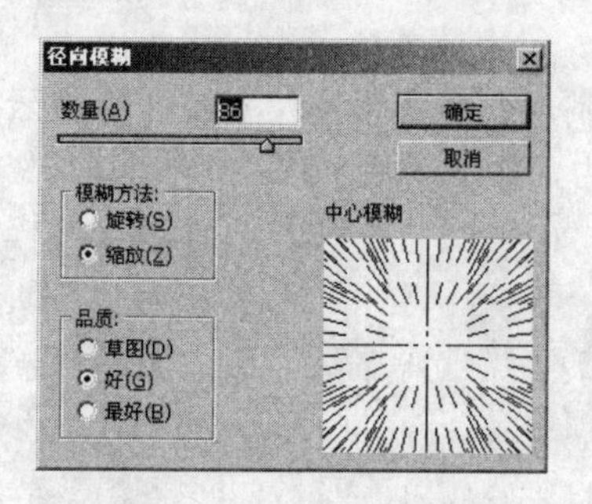

图3-118 径向模糊对话框

图3-119 合并两个光线图层

（17）添加蒙版。选择光线所在图层，单击“图层”面板下方的“添加图层蒙版”按钮，将前景色设置为黑色，单击工具箱中的“画笔工具”，选择一种柔角画笔，在光线中进行涂抹，使光线过度自然。然后将光线所在图层进行复制，调整大小，结果如图3-120所示。

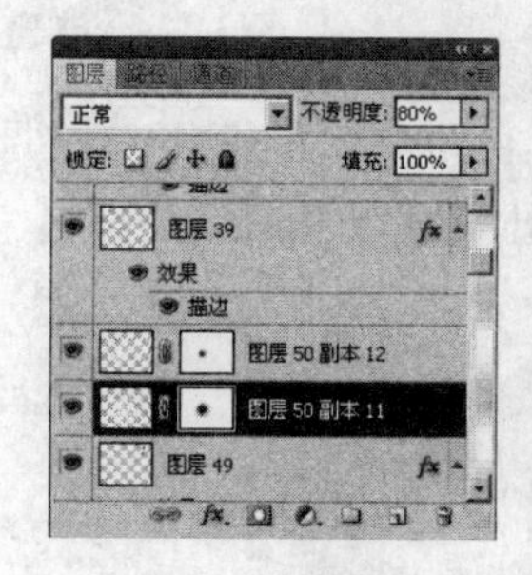

图3-120 添加蒙版效果

（18）添加主题。新建图层，将前景色设置为（R151,G192,B0），单击工具箱中的“自定义形状工具”，选择一个可爱的骨头形状，在图像中进行绘制，添加图层样式黑色描边，复制一层，填充黑色，为其添加黑色阴影。单击工具箱中的“横排文字工具”，选择“方正粗圆简体”字体，输入文字“点击进入……”，并进行黑色描边，效果如图3-121所示。

（19）抠出花朵。用“背景橡皮擦工具”，将花朵（光盘\素材\第三章\花朵.jpg）抠出。然后复制并放置到图像中调整到合适位置，如图3-122所示。

图3-121　添加主题文字

图3-122　添加花朵效果

（20）给人物添加投影效果。将“人物02”“人物03”“人物04”所在图层添加图层样式“投影”，效果如图3-123所示。

（21）丰富背景。将飞机所在图层进行复制，调整大小及位置，然后将云朵及彩虹素材（光盘\素材\第三章\云朵彩虹.tif）放置图像中，效果如图3-124所示。

图3-123　人物添加投影效果

图3-124　丰富背景效果

（22）调整色调。按快捷键Ctrl+L打开“色阶”对话框将窗户调亮，按快捷键Ctrl+B打开“色彩平衡”对话框，将每个人物调出与背景相符的色调。最终效果如图3-125所示。

图3-125　最终完成效果

3.7 课堂练习

1. 选择题

（1）要快速地抠取出下面图像中的相框，应当使用（　　）。

A. 路径工具　　　　B. 选框工具　　　　C. 魔棒工具　　　　D. 蒙版

（2）下列（　　）图像应当优先使用路径工具抠取。

A. 

B. 

C. 

D. 

（3）抠取下面的图像速度最快、效果最好的方法是（　　）。

A.通道抠图法　B.图层混合模式抠图法　C.路径抠图　D.魔棒抠图

2. 问答题

（1）抠图的方法都有哪些？

（2）简单叙述抠图的流程和要点。

（3）混合模式抠图常用哪些混合模式？

（4）在通道抠图中色阶调整的作用是什么？

Photoshop 第4章 图层基础篇

学习目标

了解图层的概念、图层的分类，掌握图层的基础操作。

学习重点

链接与合并图层
复制图层
图层→填充
图层蒙版

图层是Photoshop的精髓，被誉为Photoshop的灵魂，在图像的处理中，具有十分重要的地位。可以将一幅图像中的各组成对象分布到不同图层中，而针对某一图层所做的修改并不会影响到其他图层中的对象。最终可以将每个图层的内容整合至一幅图像中输出。本章将详细讲解图层的功能及应用。

4.1 图层简介

4.1.1 认识图层

可以把图层想像成是一张张叠加起来的透明胶片，每张透明胶片上都有不同的画面。一幅图像通常是由多个不同类型的图层，由一定的组合方式自下而上叠放在一起组成的，它们的叠放顺序以及混合方式直接影响着图像的显示效果，如图4-1所示。通过对图层的操作，使用它的特殊功能可以创建很多复杂的图像效果。

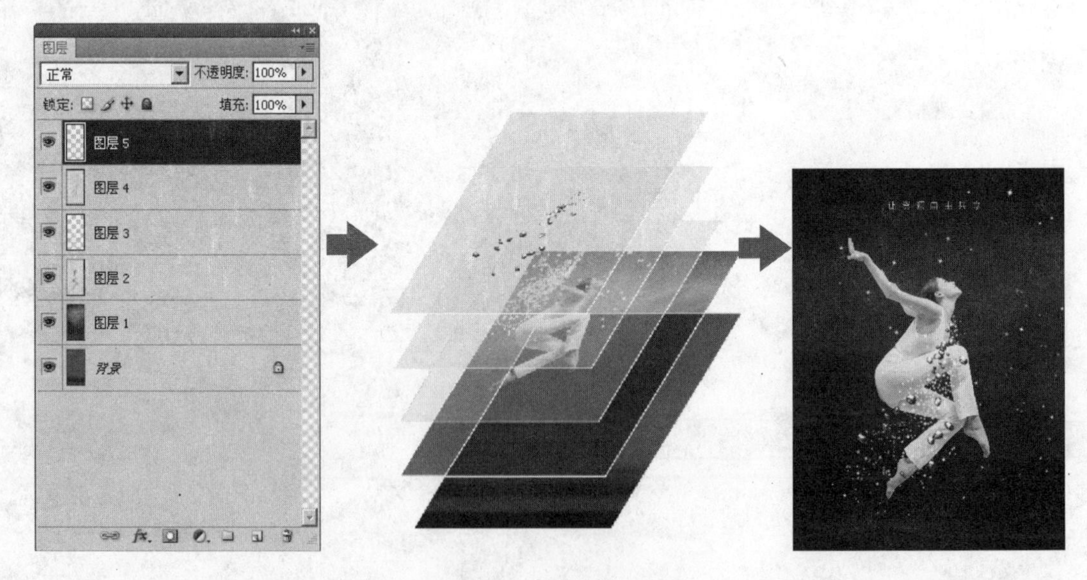

图4-1 图层示意

在实际的平面设计中，每一幅作品都使用了许多图层，才最终合成了我们看到的作品。如图4-2所示的作品中均使用了大量的图层。

图4-2　使用多图层的实例（来源：红动中国 作者：洪铮 海澜）

4.1.2　图层特性概述

1．图层像素的透明和不透明

如果将图层比作一个容器或载体，那么图层的主要内容就是像素，像素有透明的也有不透明的，即通过上面图层的透明部分能够看到下层的不透明像素。在Photoshop中透明像素表现为灰白相间的方格，如图4-3所示的图像中，三片叶子分别处于不同图层，通过透明像素我们可以看到图层下方的图像。

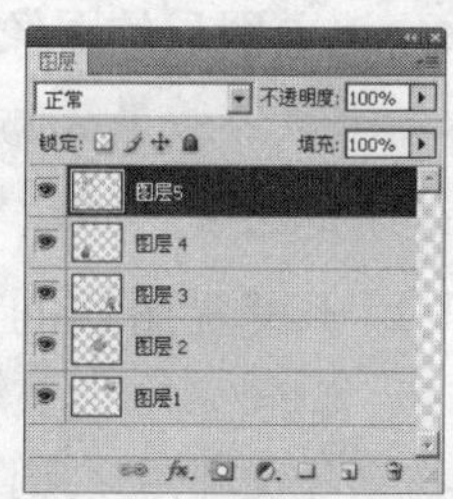

图4-3　透明像素

2．图层的分层管理性

图层的分层管理性可以对处于不同图层上的图像分别进行编辑处理，对于当前图层的操作不影响其他图层。

3．图层的可编辑性

在任何一个图层中都可以绘制图像。用户可以针对图层进行各种操作，包括图层的复制、移动、删除以及合并等。

4.2 使用图层面板

如果说图层就是一层层的透明胶片，那么“图层”面板就是用来控制这些“透明胶片”的工具，它不仅可以帮助我们建立、删除图层以及调换各个图层的叠放顺序，还可以将各个图层混合处理，产生出许多意想不到的效果。

“图层”面板如图4-4所示，它主要用来显示当前编辑的图像信息，使用户能一目了然地掌握当前的操作状态。

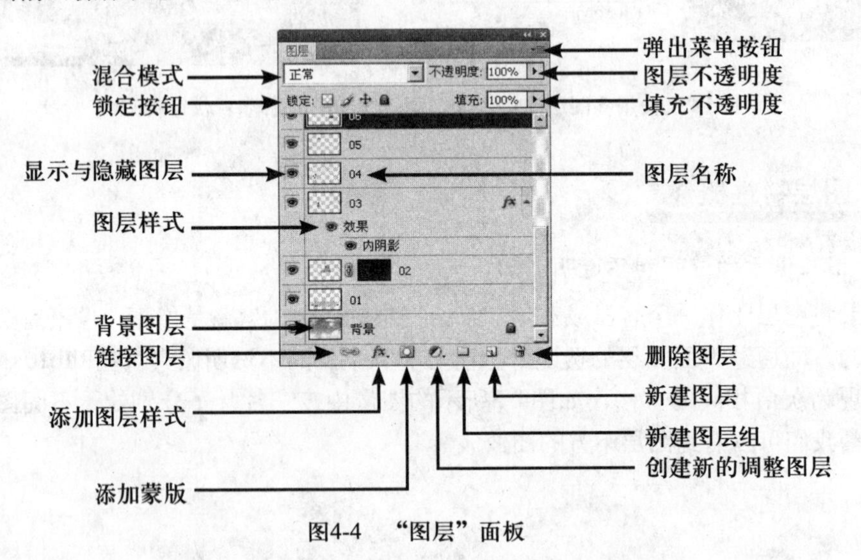

图4-4 “图层”面板

1．图层混合模式下拉列表

在该列表中提供了25种图层混合模式，如图4-5所示。选择任何一种模式，当前图层的图像将与其下面图层的图像之间产生对应的叠加效果。其具体效果我们会在后面的图层高级应用中讲述。

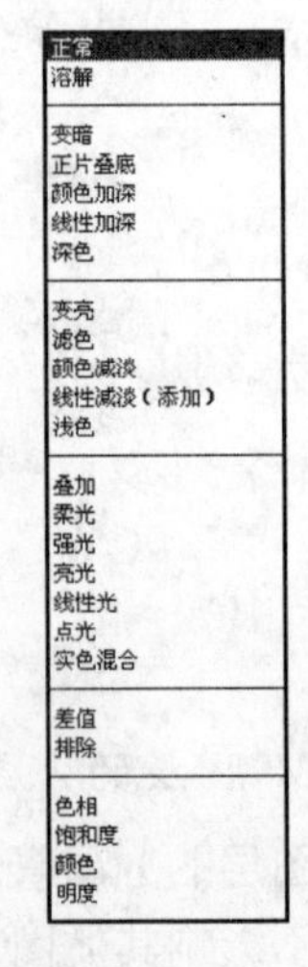

图4-5 混合模式列表

2．不透明度选项

此选项用于设置图层的不透明度，操作的具体方法有以下几种。

（1）拖动此选项滑块可以设置不透明度的具体参数。

（2）在文本框中直接输入不透明度的数值。

（3）在当前图层选中的状态下，直接从小键盘上输入需要的不透明度。

图4-6所示为原图层和在设置图层不透明度为50%后的效果。

图4-6　设置不透明度后的对照图

3．填充不透明度

填充不透明度与图层不透明度不同。在带有图层样式的图层中，图层不透明度影响的是当前图层图像和图层样式的不透明度，也就是图层上所有内容的透明度。图4-7所示的文字图层，是更改图层不透明度为50%的效果，文字和图层样式不透明度均降低。

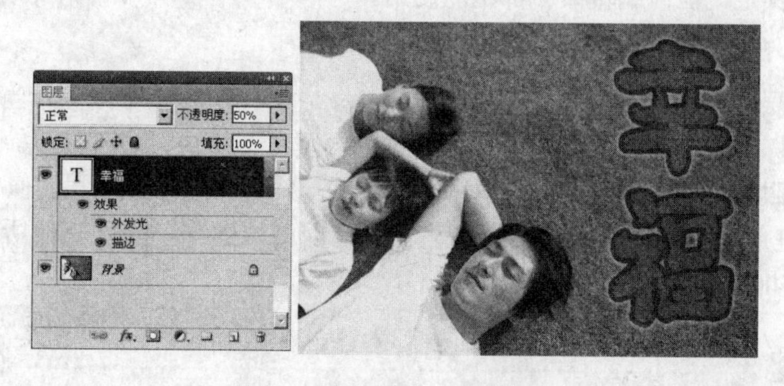

图4-7　修改图层不透明效果

而填充不透明度只影响当前图层图像的不透明度，不影响图层样式的不透明度。如图4-8所示的文字图层，填充不透明度为50%时的效果，图层样式不透明度不变，文本颜色不透明度降低。

图4-8　修改填充不透明度效果

4．面板菜单

单击“图层”面板右上角按钮，弹出如图4-9所示的菜单。其中包含了大多数的针对图层的操作。

5．锁定按钮组

“锁定”按钮组中的按钮可对当前图层进行不同方式的锁定。被锁定的图层右侧会出现一个“锁定”按钮。解除锁定时只要在当前图层下再次单击“锁定”按钮。各锁定按钮的功能如下。

（1）“锁定透明像素”按钮：选中后只能编辑当前图层中的不透明部分。

（2）“锁定图像像素”按钮：锁定后不能使用任何工具改变图层像素。

（3）“锁定位置”按钮：锁定图层中的图像不能移动（选区内图像可以移动）。

（4）“锁定全部”按钮：单击此按钮当前的图层或图层组即全部被锁定，任何编辑命令都不能使用。

新建图层... Shift+Ctrl+N
复制图层(D)...
删除图层
删除隐藏图层
新建组(G)...
从图层新建组(A)...
锁定组内的所有图层(L)...
转换为智能对象(M)
编辑内容
图层属性(P)...
混合选项...
编辑调整...
创建剪贴蒙版(C) Alt+Ctrl+G
链接图层(K)
选择链接图层(S)
向下合并(E) Ctrl+E
合并可见图层(V) Shift+Ctrl+E
拼合图像(F)
动画选项
面板选项...
关闭
关闭选项卡组

图4-9　面板菜单

6．显示和隐藏图层

每一个图层的前面都有一个“眼睛”图标，它的作用是隐藏或显示当前的图层。单击图标，图标消失，此时隐藏图层，图层中的内容在图像窗口中不显示。再次单击同一位置，显示“眼睛”图标后，图层取消隐藏，图像窗口中显示该图层图像。

按住Alt键单击“眼睛”图标可以只显示当前图层内容，隐藏其他所有图层。再次按住Alt键单击即可恢复其他图层的显示。

技巧：在“眼睛”图标处按住鼠标左键竖直拖动可以改变多个图层的显示状态。

7．图层名称

每个图层都有一个对应的名称，默认状态下为“图层1，图层2……”。也可以修改图层的名称，具体方法是：双击图层的名字进入可编辑状态，输入新名称，或单击右键在弹出菜单中选择“图层属性”，在弹出的“图层属性”对话框中输入图层名称。

8．链接图层

按住Ctrl键依次单击，选中多个图层，然后单击图层面板下的“链接图层”按钮，可以把当前选中的图层链接。图层链接后，在图层的后面会出现一个“链接图层”按钮，如图4-10所示。链接后执行移动或缩放操作时所有链接图层一并移动和缩放。

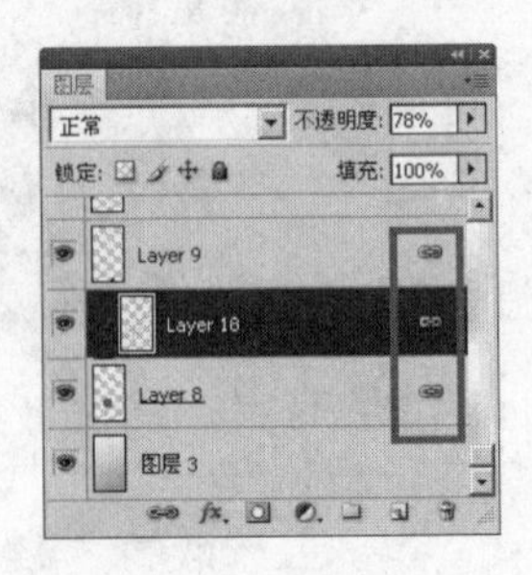

图4-10　链接图层

9. 添加图层样式

单击“图层”面板下方的“添加图层样式”按钮fx，在弹出的菜单中提供了10种图层样式，如图4-11所示。选择对应的选项即可打开“图层样式”对话框，为当前图层添加图层样式效果。

10. 添加图层蒙版

单击“添加图层蒙版”按钮，为当前图层创建蒙版。图层蒙版可以显示或隐藏图层的部分图像，或保护图像区域不被编辑。

11. 创建新的填充或调整图层

单击“创建新的填充或调整图层”按钮，弹出如图4-12所示菜单，使用弹出菜单中提供的选项，可以创建新的填充或调整图层。

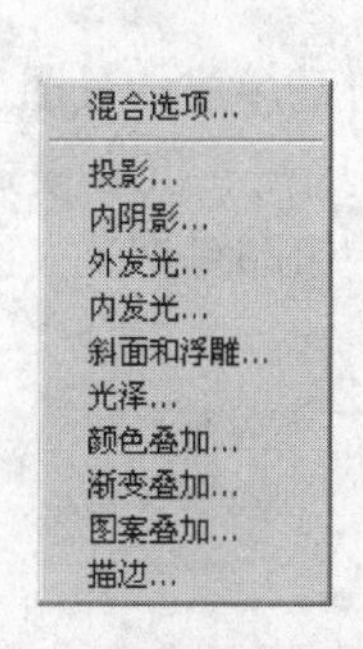

图4-11 图层样式菜单

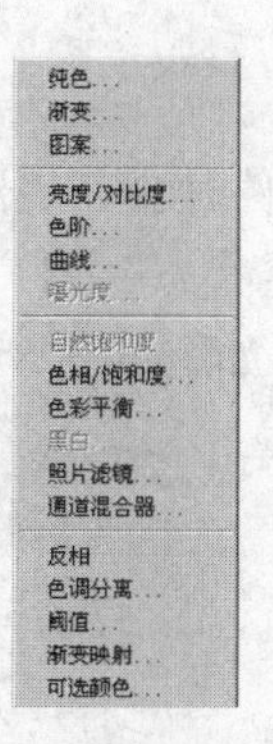

图4-12 填充或调整图层

12. 创建新图层

单击“创建新图层”按钮将会在当前图层的上方建立一个新的透明图层。按住Ctrl键单击会在当前图层下方新建透明图层。

13. 删除图层

单击“删除图层”按钮会弹出删除对话框询问是否删除图层，如图4-13所示。在按住Alt键单击的情况下可直接删除当前图层。

图4-13 删除图层

4.3 图层的基本操作

4.3.1 新建图层

1. 新建普通图层

普通图层是最常用的一种图层，新建的普通图层为透明状态，用户可以对其进行各种图像编辑操作，方法有以下两种。

（1）单击“新建图层”按钮将会在当前图层的上方建立一个新的透明图层（快捷键为Ctrl+Alt+Shift+N）。按住Ctrl键单击会在当前图层下面新建透明图层。

（2）执行“图层”→“新建”命令（快捷键为Shift+Ctrl+N），弹出如图4-14所示新建图层对话框，从中可以设置图层名称、颜色、模式、不透明度等参数。另外按住Alt单击“新建图层”按钮也可以弹出该对话框。

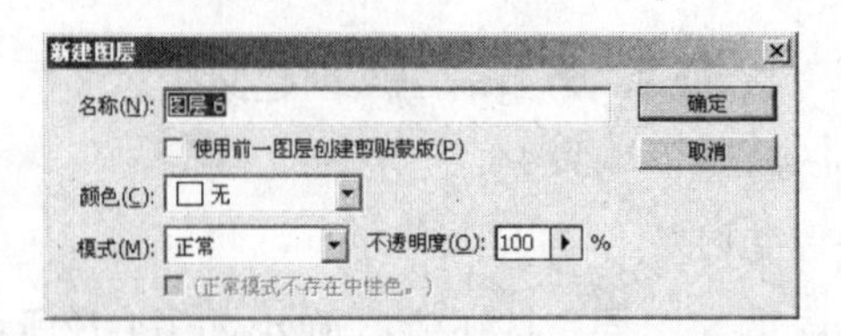

图4-14　“新建图层”对话框

2．创建背景图层

创建Photoshop文件时会在“图层”面板最底层自动生成背景图层，该图层底色为工具箱背景色，并处于锁定状态。用户不能对其进行不透明度、混合模式等操作，双击该图层弹出新建图层对话框，如图4-15所示。单击“确定”按钮即可把背景图层转换成普通图层。

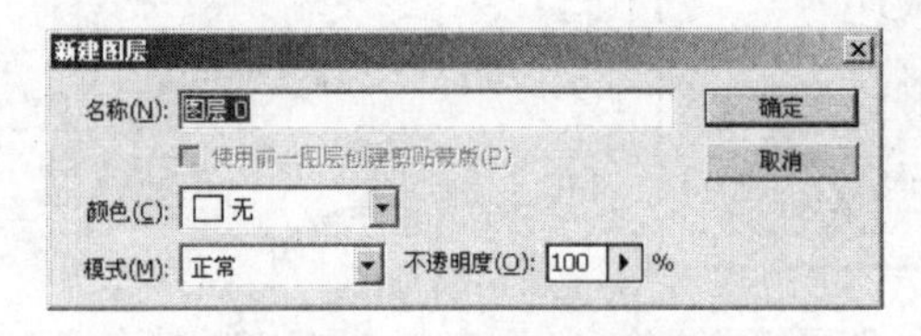

图4-15　背景层

此外在使用“背景橡皮擦工具”和“魔术橡皮擦工具”擦除背景时背景层也会变成普通层。

在没有背景层的情况下，执行“图层”→“新建”→“图层背景”命令即可将当前图层转换成背景图层。

3．通过拷贝和剪切建立图层

（1）通过拷贝创建新图层。如果当前图层已存在选区，可以执行“图层”→“新建”→“通过拷贝的图层”命令（快捷键为Ctrl+J），将当前选区中图像复制到新的图层中，如图4-16所示。在没有任何选区的情况下执行“通过拷贝的图层”命令，将会复制当前的图像到新图层中。

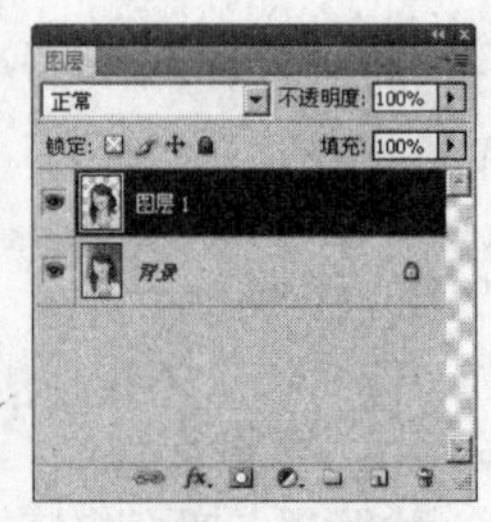

图4-16　通过拷贝建立图层

（2）通过剪切创建新图层。在当前已有选区的情况下，执行“图层”→“新建”→“通过剪切的图层”命令（快捷键为Ctrl+Shift+J），可以把当前选区内的图像剪切到新图层中，如图4-17所示。

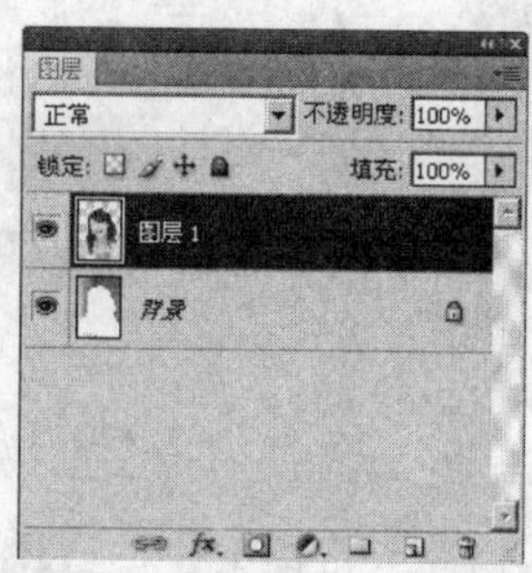

图4-17　通过剪切的图层

4.3.2　选择图层

在Photoshop中对图像进行编辑首先要正确地选择图层。选择图层最常用的方法是直接在“图层”面板中单击图层名称或缩览图，除此之外还有其他选择方法。

1．选择多个图层

在Photoshop中选择多个图层与Windows中的选择多个文件很相似，按住Shift键单击两个不相邻的图层可以把中间的图层全部选中，如图4-18所示。按住Ctrl键单击各个图层可以选中多个不连续的图层，如图4-19所示。

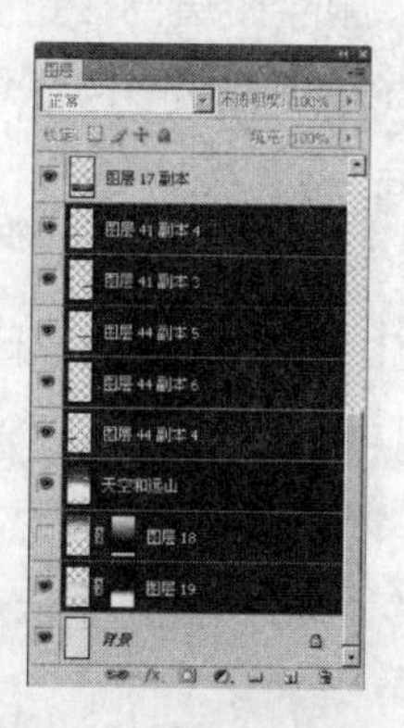

图4-18　按住Shift键选择

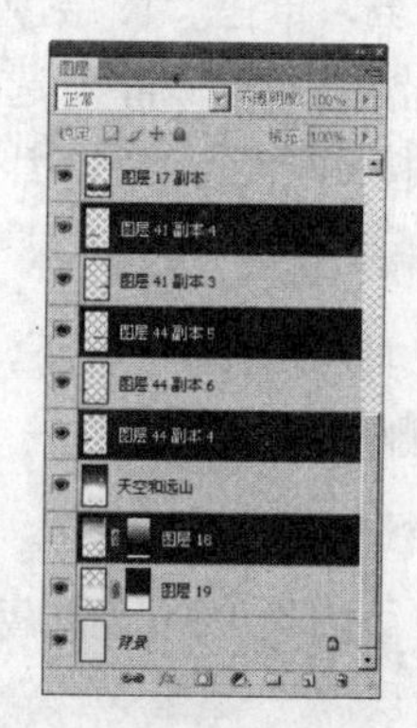

图4-19　按住Ctrl键选择

提示：按住Ctrl键选中非连续图层的时候，不要单击到图层缩览图上，否则会载入图层不透明区域的选区，而不是选中该图层。

2．选择所有图层与选择相似图层

执行“选择”→“所有图层”命令（快捷键为Ctrl+Alt+A），可以选中“图层”面板中除背景图层以外的所有图层，如图4-20所示。执行“选择”→“相似图层”命令可以按照图层的分类将当前所有同类型的图层选中，例如文字图层、形状图层、调整图层等。如

图4-21和图4-22所示就是分别选择了普通图层以及文字图层。

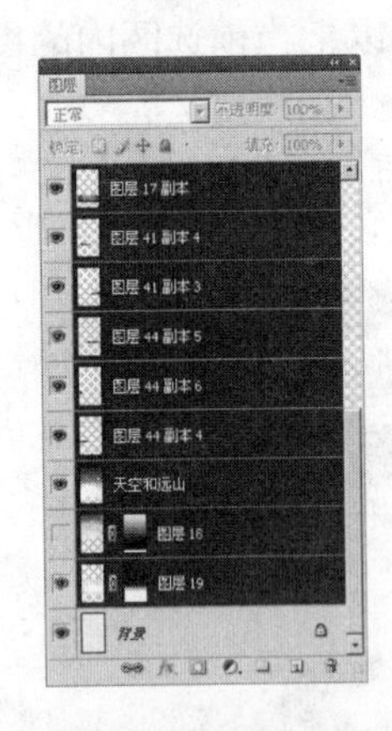

图4-20　选中所有图层

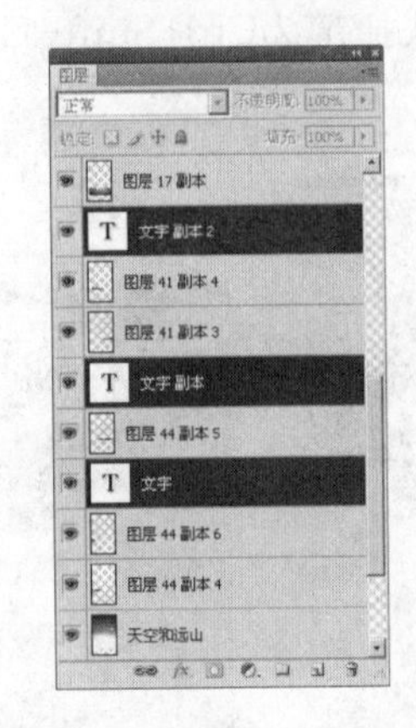

图 4-21　选择所有文字图层

图4-22　选择所有普通图层

3．在图像中选择图层

使用“移动工具”在图像中按住Ctrl键单击图层中的不透明像素即可选中该图层，或者在工具属性栏中勾选“自动选择”图层属性。要选择多个图层，可以按住Ctrl+Shift组合键单击要选中的图像。

4.3.3　删除图层

对于不需要的图层或临时图层，可以把它们删除。删除图层有以下几个主要方法：

1．在图层面板中删除

选中要删除的图层，单击“图层”面板下的“删除图层”按钮，在弹出的删除对话框中单击“是”按钮，即可删除所选图层。或者将要删除的图层选中并拖动到删除按钮上，图层将被直接删除而不会弹出提示框。

2．使用快捷键删除

在使用“移动工具”的状态下，并且当前图像中不存在选区，直接按Delete键或Back Space键，可以删除当前选中的一个或多个图层。

3．使用图层命令删除隐藏图层

执行“图层”→“删除”→“隐藏图层”命令，在弹出的提示对话框中单击“是”按钮，可以删除隐藏图层。

4.3.4　显示隐藏图层

显示隐藏图层在前面的“图层”面板中我们已经讲到，图层前面显示“眼睛”图标表示当前图层显示，不显示即为隐藏。

> 注意：在打印输出时，只有可见图层才可以被打印出来。如果要打印当前图像必须保证需要打印的图层处于显示状态。

4.3.5 调整图层顺序

在Photoshop中图层的效果是上层覆盖下层的，因此需要经常调整图层的顺序，使图像显示我们想要的效果。调整图层顺序可以直接在“图层”面板选中要调整的图层，然后拖动图层至目标位置，如图4-23所示。图4-24所示的是调整顺序前后的图像显示效果。

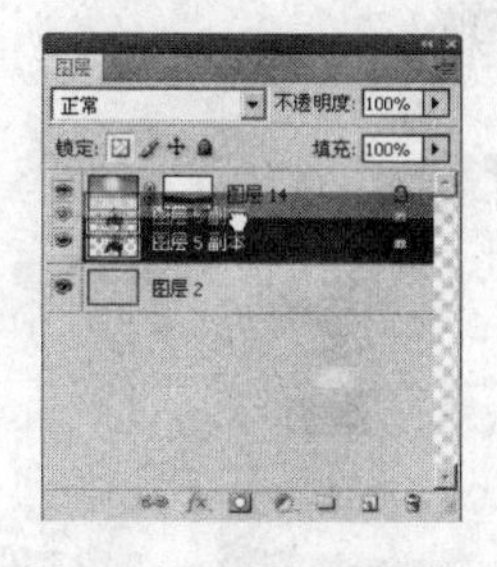

图4-23 调整图层顺序

图4-24 图层顺序调整前后的效果

除了可以使用直接拖动外，还可以使用“图层”→“排列”子菜单的命令来调整图层顺序，“排列”子菜单中的各命令的含义如下所述。

（1）置为顶层：将图层置于最顶层（快捷键为Ctrl+Shift+]）。

（2）前移一层：将图层上移一层（快捷键为Ctrl+]）。

（3）后移一层：将图层下移一层（快捷键为Ctrl+[）。

（4）置为底层：将图层置于图像的最底层（快捷键为Ctrl+Shift+[）。

（5）反向：将被选择的多个图层，按相反的排列顺序进行重新排序。

> 提示：以上所有排列图层的操作均对“背景”图层无效，且当选中的图层包括“背景”图层时，上述操作无法进行。

4.3.6 复制图层

复制图层在操作中使用率很高。通过复制图层我们可以得到与原图层完全相同的图像，以便于在此基础上继续编辑。下面分别讲解几种最常用的复制图层操作方法。

1. 在同一文件中复制图像

（1）利用“创建新图层”按钮复制图层

在同一文件中复制某图层时，可以在“图层”面板中将此图层拖动至“创建新图层”按钮上，释放鼠标后即可得到当前图层的副本图层，如图4-25所示。

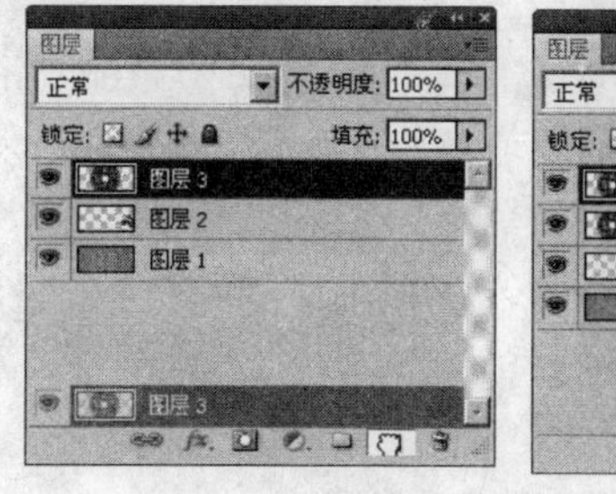

图4-25 “创建新图层”按钮复制图层

（2）通过拖动复制图层

在“图层”面板中选中要复制的图层，按住Alt键拖动会看到一条黑色的目标线，拖动到目标位置，释放鼠标即可完成操作，如图4-26所示。

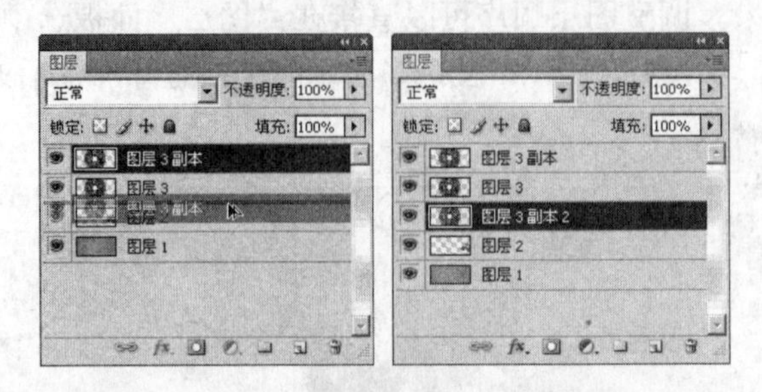

图4-26　配合Alt键拖动复制

2．在不同图像文件中复制图层

1）使用“移动工具”直接拖动单个对象

选择移动工具，将两个图像窗口文件并排排列，然后从一幅图像窗口将图层拖动至目标图像窗口即可。图4-27所示的是移动图像的过程，图4-28所示的是完成后效果。

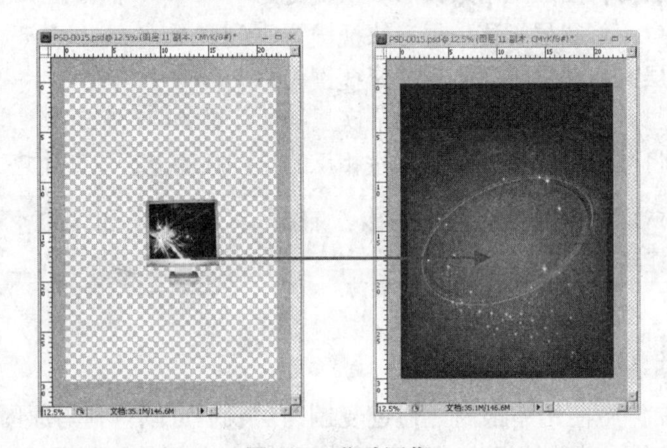

图4-27　移动图像

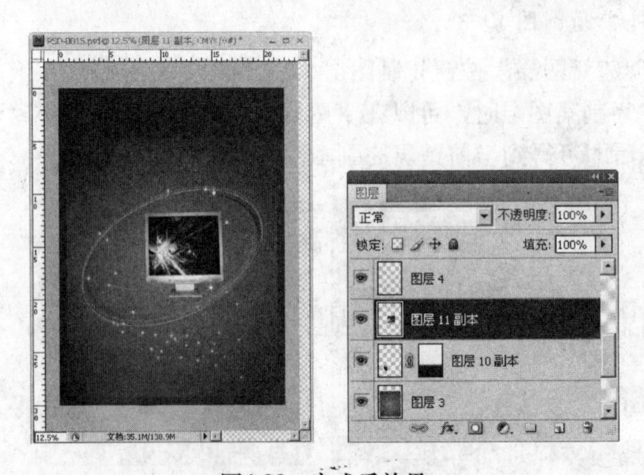

图4-28　完成后效果

2）使用“移动工具”移动多个对象

如果要同时移动多个图层，可以在“图层”面板中按住Ctrl键选择多个图层，使用“移动工具”直接拖动到新窗口中，如图4-29所示。

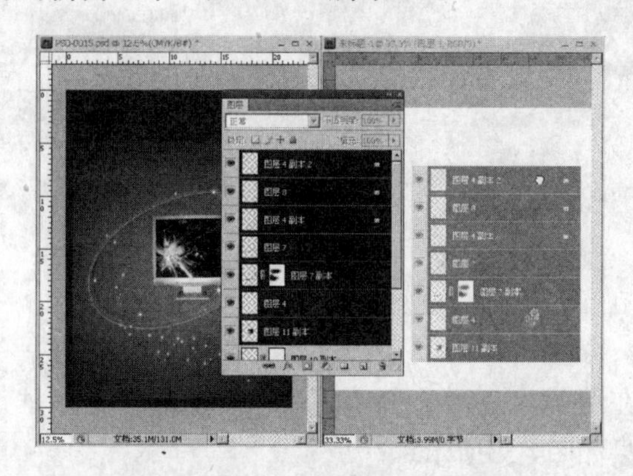

图4-29　选中多个图层并拖动复制

也可以把需要移动的多个图层相链接，在图像窗口中使用“移动工具”拖动链接中的任意一个图像，其他链接中的图像也会一同复制到另一图像窗口中，从而完成复制多个图像的操作。但是在“图层”面板中拖动链接图层则无法复制多个图层。

4.3.7　链接图层

链接图层是把多个图层相链接，使这些图层可以同时移动、旋转和缩放。被链接的图层在后面有一个“链接图层”按钮，图4-30所示的是链接图层的同步缩放效果。

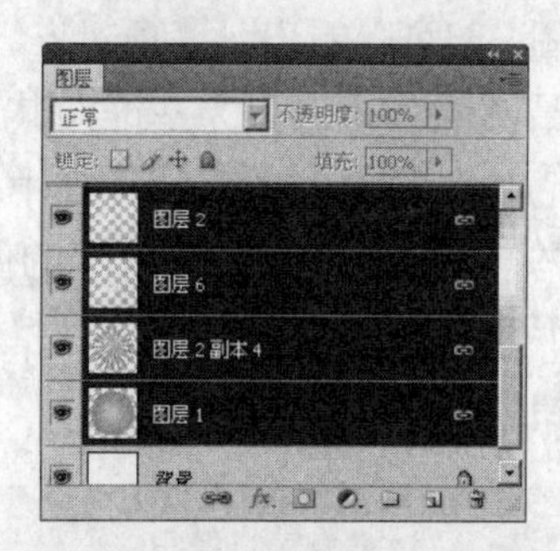

图4-30　图层链接同步缩放

4.3.8　对齐与分布图层

1．对齐图层

使用Photoshop中的对齐功能，可以对不同图层中的像素进行对齐。

可以执行“图层”→“对齐”命令，或在选择“移动工具”的情况下单击其工具栏上的对齐分布按钮，如图4-31所示，将所有选中的图层或链接图层相互对齐。

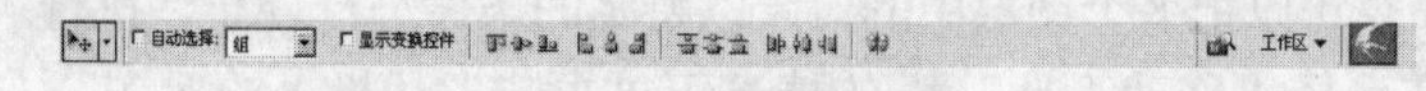

图4-31　对齐分布按钮

下面对各个对齐功能的效果进行介绍。图4-32所示的是处于不同图层的的四个标示。

图4-32　处于不同图层的标示

选中四个标示所在图层，分别单击“顶对齐”按钮、“垂直居中对齐”按钮、“底对齐”按钮效果如图4-33所示。

图4-33　顶对齐、居中对齐、底对齐效果

由图4-33可以看出，“顶对齐”按钮：可以把所选图层图像最顶端对齐，依照图层中位置最高的一个对象为基准向其对齐；“垂直居中对齐”按钮：可以把所选图层的对象中心像素与当前图层的垂直中心对齐；“底对齐”按钮：可以把所选图层的最低端像素与当前所选图层中最低端的像素对齐。同上下对齐一样，左右对齐只是改变对齐方向。图4-34所示的是分别单击：“左对齐”按钮、“水平居中对齐”按钮、“右对齐”按钮后的效果。

图4-34　左对齐、水平居中对齐、右对齐效果

2．分布图层

使用分布命令可以把多个图层中的对象以特定的条件进行分布。执行“图层”→“分布”命令，或在选择“移动工具”的情况下单击其工具栏上的对齐分布按钮。各分布命令的具体功能如下。

（1）“按顶分布”按钮：选中图层后按下此按钮则从所选图层的顶端像素开始，以顶到顶的距离一致的方式分布每个图层的对象。图4-35所示为执行按顶分布命令效果。

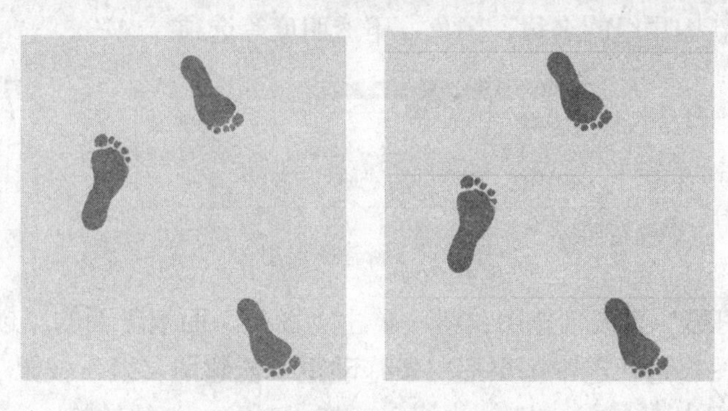

图4-35　原图像及执行按顶分布后的效果

（2）“垂直居中分布”按钮：从图层的中心像素开始，以中心到中心间距一致的方式分布所选图层对象。

（3）“按底分布”按钮：从图层的底部像素开始，以底部到底部间距一致的方式分布所选图层的对象。

（4）“按左分布”：从每个图层的最左边像素开始，以左边到左边间距一致的方式分布所选图层的对象，如图4-36所示。

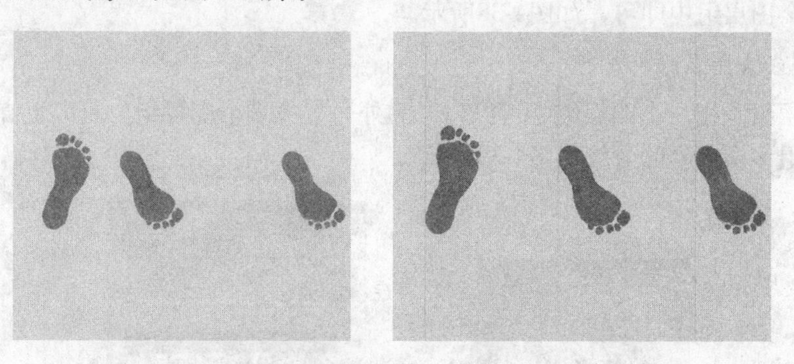

图4-36　原图像及按左分布效果

（5）“水平居中分布”按钮：从每个图层水平中心像素开始，以中心到中心间距一致的方式分布所选图层对象。

（6）“按右分布”按钮：从每个图层最右边像素开始，以从右边到右边间距一致的方式分布所选对象。

4.3.9　使用图层组

图层组是Photoshop中经常使用的一种提高工作效率的方法，它可以把不同类型的图层放在一起，对其执行显示、隐藏、复制等操作。图层组类似于Windows的文件夹，图层组中的图层类似于文件夹中的文件，下面讲述关于图层组的用法。

1. 创建图层组

要创建一个新的图层组，可以执行以下操作之一：

（1）通过命令创建图层组。执行“图层”→“新建”→“组”命令或单击“图层”面板右上角的按钮在弹出的菜单中选择“新建组”选项，弹出如图4-37所示的“新建组”对话框，从中设置新图层组的名称、颜色、不透明度等选项。

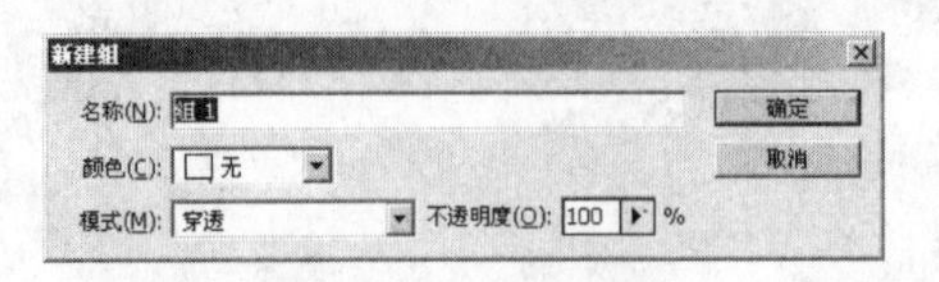

图4-37　新建图层组

（2）通过“图层”面板创建图层组。单击“图层”面板下面的“创建图层组”按钮，直接创建默认图层组。选中图层后向下拖动至“新建图层组”按钮上可以直接将图层放置于新建图层组中。

（3）从图层新建组。选中需要添加图层组的图层，然后在“图层”面板右上角的图层弹出菜单中选择“从图层新建组”选项，在弹出的“从图层新建组”对话框中单击“确定”按钮即可直接将图层放置于图层组中。

2．使用图层组管理图层

创建图层组后如果需要向组中添加图层，只需要拖动图层至图层组上即可，就像Windows中向文件夹中拖放文件一样。想要为图层更换图层组也是一样，从一个图层组中拖动至另一个图层组中即可，如图4-38所示。

3．创建嵌套图层组

嵌套图层组是指一个图层组中可以包含另外一个或多个图层组，可以更高效地管理图层。将图层组多层嵌套的效果如图4-39所示。

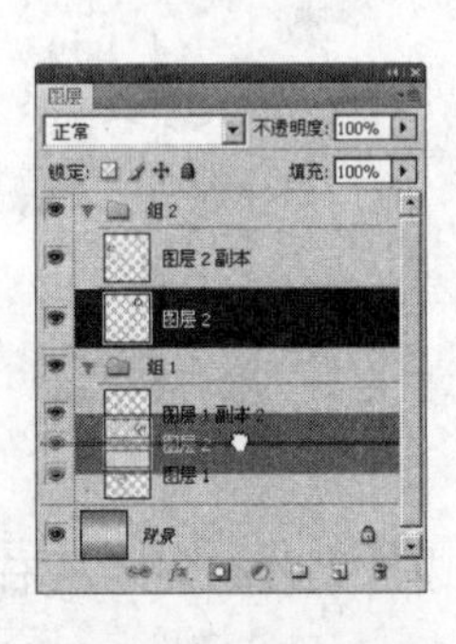

图4-38　移动图层组

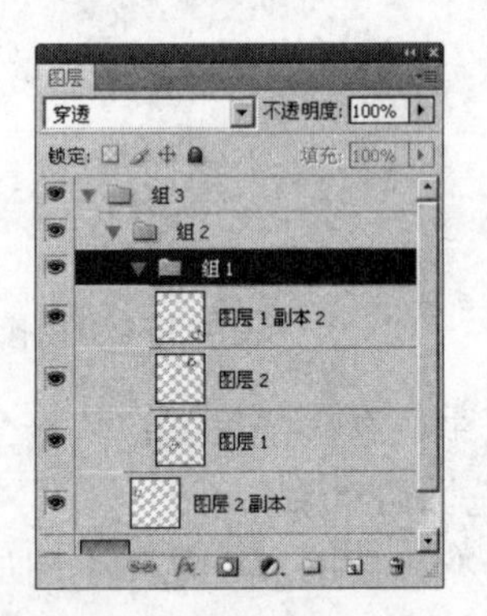

图4-39　多级嵌套图层组

4.3.10　合并图层

当图层太多时操作会变得很繁琐，此时可以进行图层合并，这样操作起来更加便捷。合并图层有以下几种方法。

1．合并任意多个图层

要合并任意多个图层，首先选中想要合并的图层，然后执行“图层”→“合并图层”命令，或在“图层”面板菜单中选择“合并图层”命令，即可实现图层的合并。

2．合并可见图层

如果要一次性合并图像中的所有可见图层，需确保所有需要合并的图层可见，并且没有链接任何图层，然后执行“图层”→“合并可见图层”命令，或从“图层”面板菜单中选择“合并可见图层”选项。图4-40所示的是合并可见图层前后的“图层”面板对比。

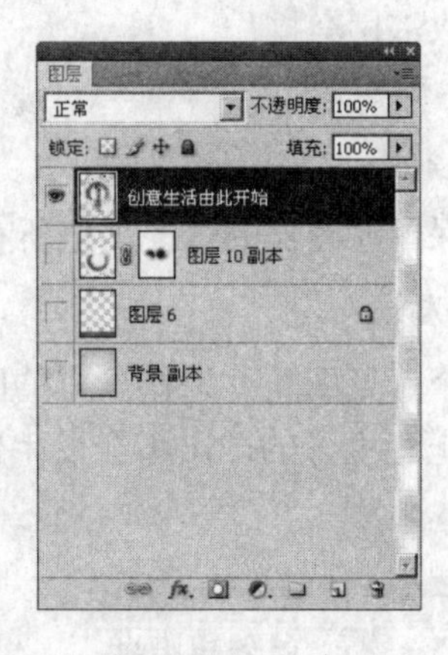

图4-40　合并可见图层前后对比效果

3．合并图层组

图层组的合并很简单，首先选中该图层组，然后在“图层”面板菜单中选择“合并组”选项，或执行“图层”→“合并组”命令即可。必须确保图层组中所有需要合并的图层可见，否则隐藏的图层将被删除。

执行合并操作后，得到的图层具有图层组的名称，并具有与其相同的不透明度与图层混合模式。

4．合并剪贴蒙版

如果要合并剪贴蒙版中的全部图层，必须确保剪贴蒙版中的全部图层可见。在剪贴蒙版中的基底图层被选中的情况下，执行“图层”→“合并剪贴蒙版”命令，或从“图层”面板菜单中选择“合并剪贴蒙版”选项即可。

5．合并具有混合模式的图层

合并具有混合模式的图层，合并后的图层混合模式为下方的图层混合模式，但混合效果保留。如图4-41所示的是图层合并前上方图层混合模式和下方的图层的混合模式，图4-42所示的是两图层合并后的图层混合模式。

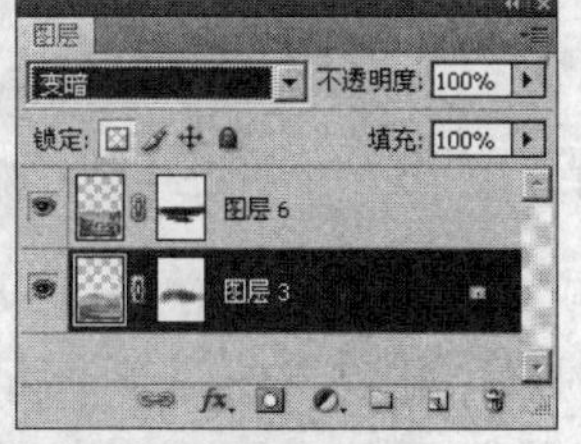

图4-41　图层6和图层3的混合模式

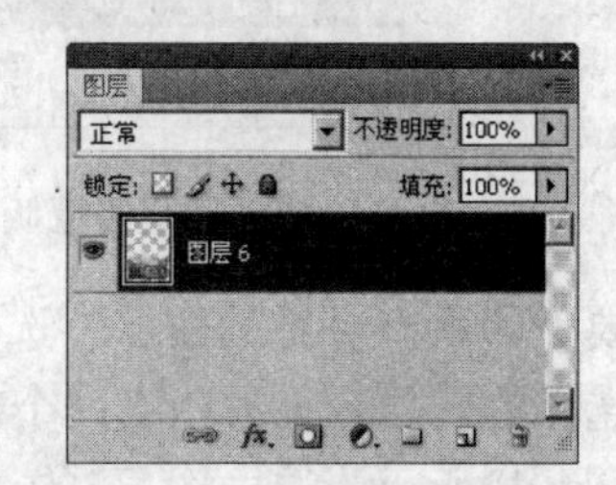

图4-42　合并后的图层混合模式

6．拼合图像

执行“图层”→“拼合图像”命令或从“图层”面板弹出菜单中选择“拼合图像”选项即可合并所有图层。如果当前图像中存在处于隐藏状态的图层，则选择拼合图像命令后将弹出一个提示框，询问用户是否删除隐藏图层。单击“确定”按钮将删除隐藏图层，单击“取消”按钮则取消拼合操作。

4.3.11 盖印图层

盖印图层是在保留原图层的情况下把所有选择图层合并到新建图层中。

1．盖印可见图层

如果要盖印两个可见图层，选择上方的图层，按快捷键Ctrl+Alt+E即可把上方图层图像盖印至下方图像上，上方的图层不会发生任何变化。图4-43和图4-44所示分别是盖印前后的图层效果。

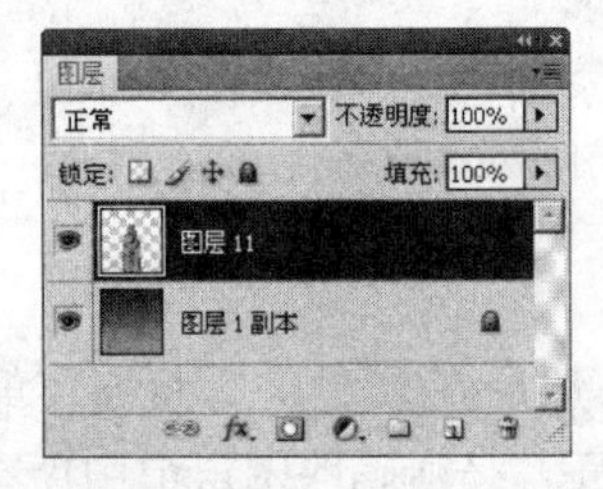

图4-43　盖印前“图层”面板

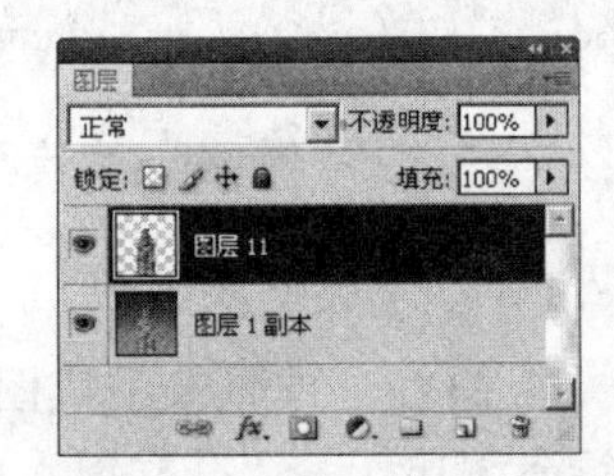

图4-44　盖印后“图层”面板

执行盖印操作的两个可见图层必须是可见并连续的，即两个图层中间不能有隐藏图层，否则盖印操作无效。

如果当前选择的图层具有图层蒙版，则在执行盖印操作时会弹出对话框询问是否应用图层蒙版。如图4-45所示的图层中带有蒙版效果，则在执行盖印操作时弹出如图4-46所示的对话框。单击“应用”按钮则盖印后效果同蒙版存在时的效果并且蒙版被删除；单击“保留”按钮，则盖都后蒙版仍然存在；单击“取消”按钮则取消盖印操作。

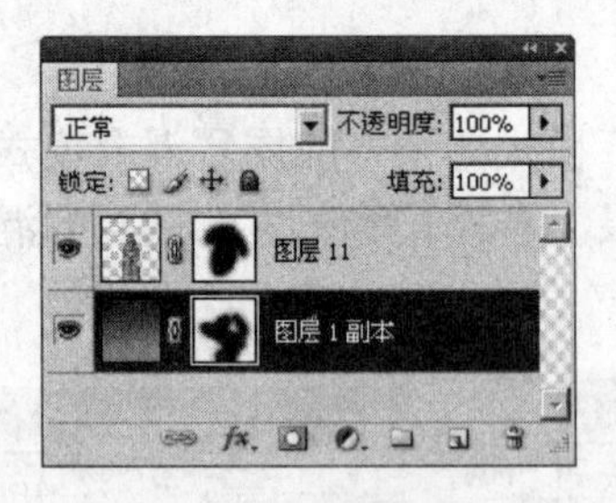

图4-45　图层带蒙版效果

图4-46　提示对话框

要盖印所有可见的图层，选择任意一个图层按快捷键Shift+Ctrl+Alt+E，此操作将在当前选择的图层最上方创建一个新图层，并将当前图像中所有可见图像合并拷贝至该图层中。图4-47所示为选中图层3的“图层”面板，图4-48所示的是执行盖印所有可见图层操作后的“图层”面板状态。

图4-47 盖印前面板状态

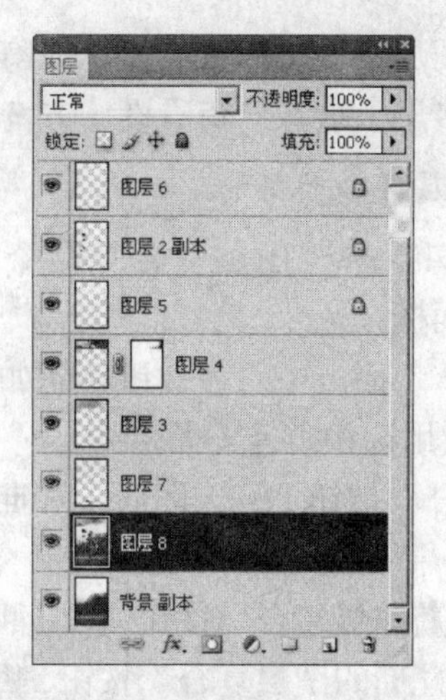

图4-48 执行盖印后面板状态

2. 盖印链接图层

盖印已经链接的图层，首先选中其中的一个图层，然后直接按快捷键Ctrl+Alt+E即可盖印链接图层。

3. 盖印图层组

如果要盖印图层组，首先要确保需要盖印的图层在图层组中可见，然后选中该图层组，直接按快捷键Ctrl+Alt+E即可。盖印操作完成后，在选中的图层组的上方将会生成一个新的以图层组命名的图层。图4-49所示为盖印前选中的“图层”面板，图4-50所示为盖印后“图层”面板状态。

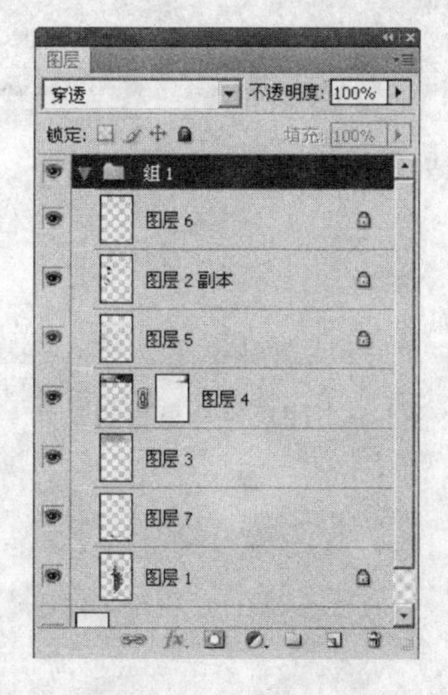

图4-49 盖印前面板

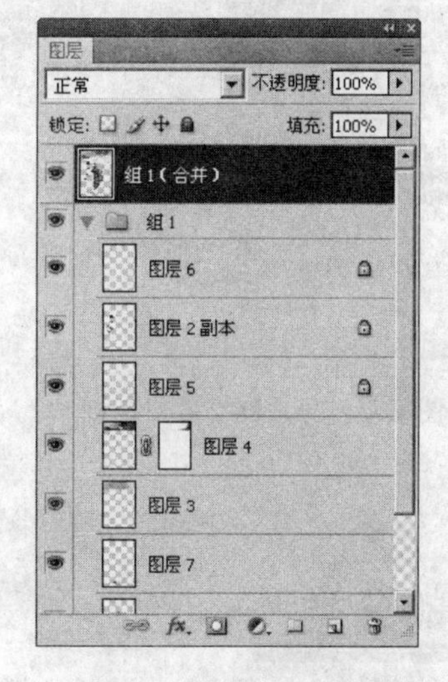

图4-50 盖印后面板

4.3.12 图层复合

1. 图层复合的作用

图层复合可以记录当前的图层状态，例如隐藏、显示图层或图层样式等。利用该功能，可以设置图层及图层样式的显示或隐藏属性，并使用图层复合记录下来以便查看不同组合的效果，多用于给客户查看设计方案时在一个文件中展示多种方案。

2．使用图层复合面板

执行“窗口”→“图层复合”命令，打开如图4-51所示的“图层复合”面板。

图4-51 “图层复合”面板

“图层复合”面板中的各按钮功能如下。

（1）“应用选中的上一图层复合”按钮和“应用选中的下一图层复合”按钮。即向上和向下选择已经创建的图层复合。

（2）“更新图层复合”按钮：可以更新当前选择的图层复合。

（3）“创建新的图层复合”按钮：单击新建按钮可以创建新的图层复合。

（4）“删除图层复合”按钮：删除当前选中的图层复合。

3．图层复合的创建和导出

创建图层复合非常简单，只需要调整各图层的状态，满意后单击“创建新的图层复合”按钮即可。

导出图层复合，执行“文件”→“脚本”→“图层复合导出到文件”命令，弹出“将图层复合导出到文件”对话框，如图4-52所示，在对话框中，可以设定保存的路径。修改文件名前缀及文件类型等。单击“运行”按钮，Photoshop开始自动运行，运行结束后，在指定的文件夹中可以看到导出的文件，如图4-53所示。

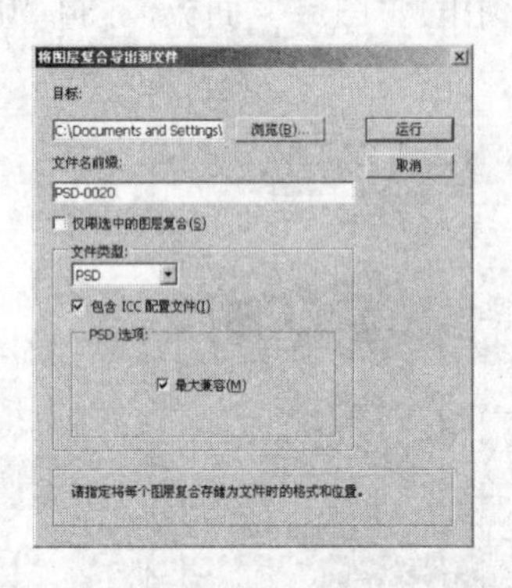

图4-52 将图层复合导出到文件对话框

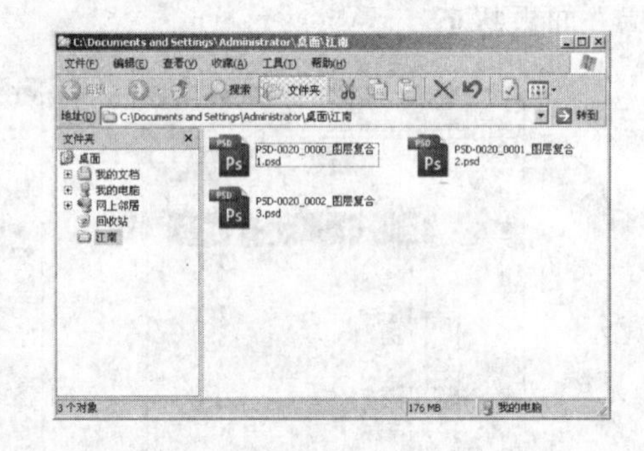

图4-53 图层复合导出的文件

4.4 图层的分类

在Photoshop中图层的类型很多，不同的图层有着不同的功能，下面讲解几种特殊图层。

4.4.1 填充图层

填充图层是一类填充有实色、渐变或图案等的特殊图层，用户不能直接使用普通的方法对其进行编辑与修改，除非将其栅格化为普通图层，其优点在于可以随时根据需要调整填充的色彩或图案。图4-54所示为填充图层。

4.4.2　调整图层

调整图层是一种在不破坏图像像素基础上改变图像像素色彩的特殊图层。在修改图像色调、明暗或色相时，调整图层的使用非常必要，如图4-55所示。

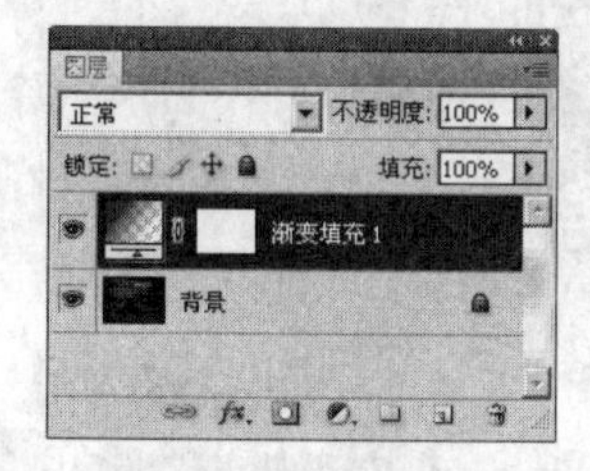

图4-54　填充图层

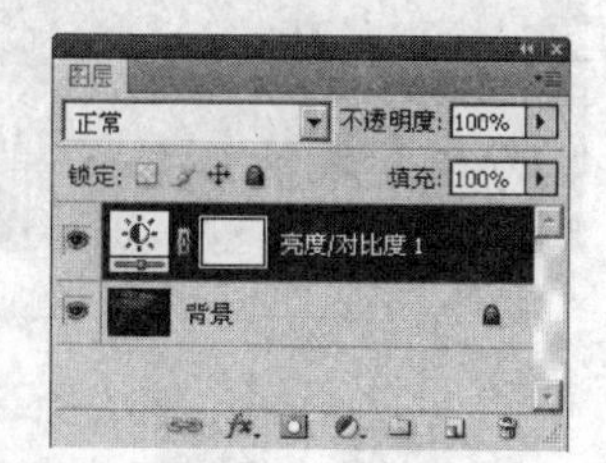

图4-55　调整图层

4.4.3　文字图层

在Photoshop中输入文字后会形成一个文字图层，在文字图层上用户无法进行绘画或基于像素的编辑，也无法使用滤镜，但能够修改文字图层中的文字内容及文字属性。文字图层如图4-56所示。

4.4.4　形状图层

形状图层与文字图层的特性较为类似，这两类图层具有矢量特性，因此输出时与图像的分辨率无关。形状图层如图4-57所示。

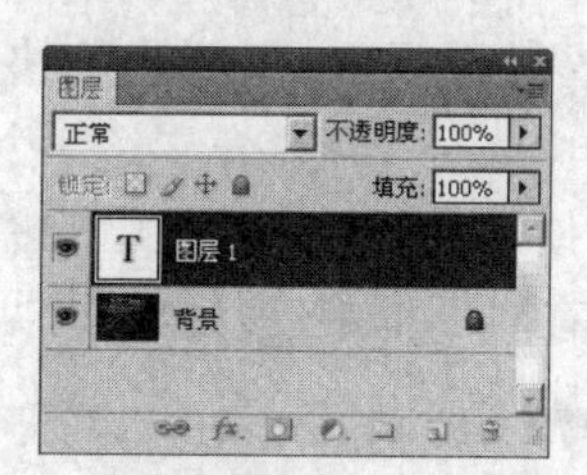

图4-56　文字图层

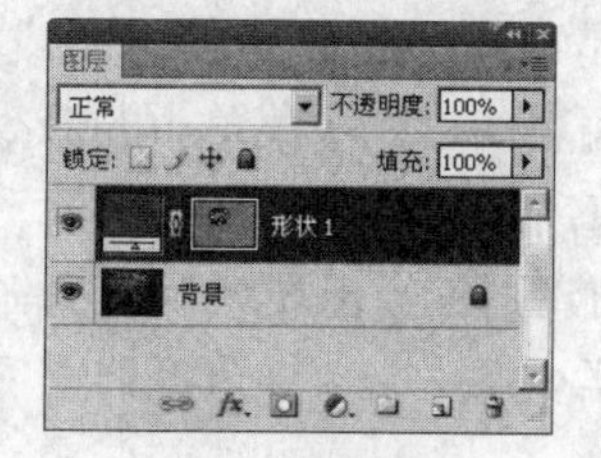

图4-57　形状图层

4.5　深入了解四大图层

4.5.1　调整图层

1．理解调整图层

使用调整图层可以对图像进行色彩调整，却不会修改图像中的像素，调整图层就像一层有颜色的透明膜，透过它看图像，会使看到的图像的色彩发生变化。

调整图层会影响位于它下面的所有图层，这样用户就可以通过一个调整层，对多个图层的色彩同时进行调整。图4-58所示的是原图像和“图层”面板，图4-59所示的是添加调整图层后的效果。

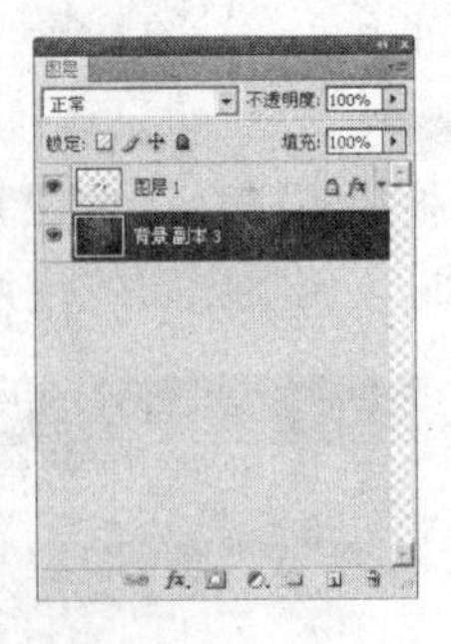

图4-58　原图像和“图层”面板

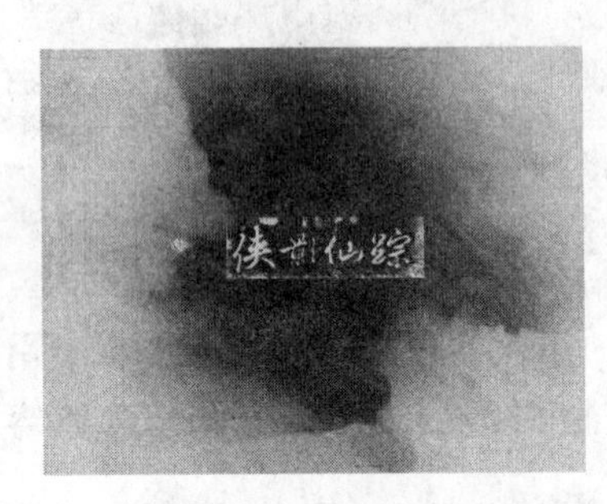
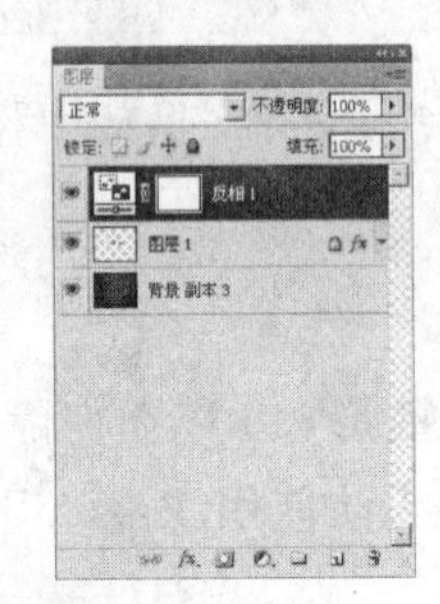

图4-59　添加调整图层后的效果

2．建立调整图层

调整图层的创建可以通过单击“图层”面板底部的“创建新的填充或调整图层”按钮 ，或执行“图层”→“新建调整图层”子菜单中的命令来创建调整图层。

图4-60所示的是单击“创建新的填充或调整图层” 弹出的快捷菜单按钮。选择“图层”→“新建调整图层”子菜单中的命令中的一个调整色彩子命令如“色彩平衡”命令后会弹出如图4-61所示的新建图层对话框。使用“图层”面板中的“创建新的填充或调整图层”按钮 创建则不会出现该对话框。在对话框中可以设置常见的新建图层参数，它只比创建普通图层少了一个中性色设置选项。

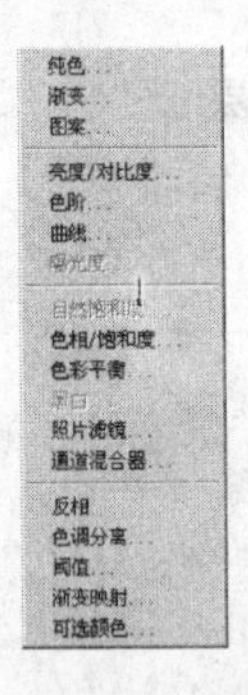

图4-60　“新建调整图层”弹出菜单

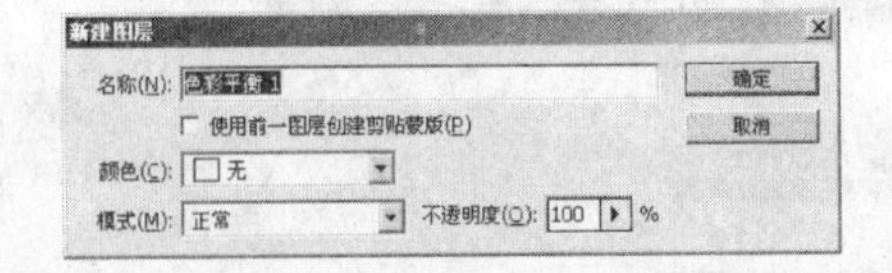

图4-61　“新建图层”对话框

3．调整图层的更改

在创建调整图层后可以随时对调整参数进行调整，直至满意为止，这就体现了调整图层的优点。要重新设置调整图层中的参数，可以直接双击该调整图层的缩览图，或执行“图层”→“图层内容选项”命令，即可打开图层对应的“调整”面板进行参数的修改。

如图4-62所示的是双击“色彩平衡”调整图层缩览图后在“调整”面板中显示的色彩平衡设置，它与创建时设置参数的面板完全相同。

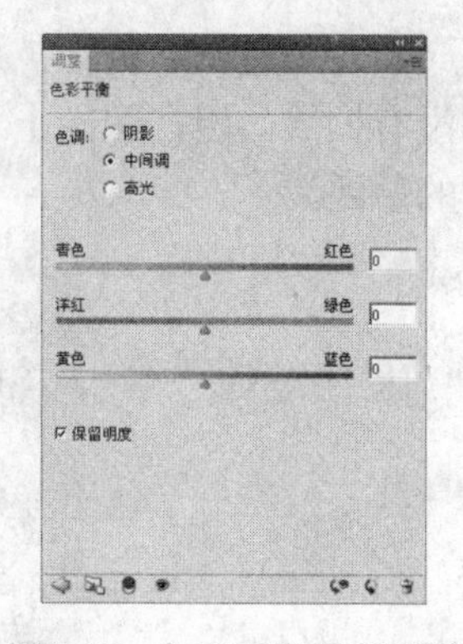

图4-62 色彩平衡设置面板

4．删除调整图层

删除调整图层的方法与删除普通图层相同，直接拖动到“删除图层”按钮 上即可删除调整图层。

4.5.2 填充图层

1．理解填充图层

填充图层类似于调整图层，产生的填充效果可以随着参数的变化改变，因此具有灵活的可编辑性。填充图层也是图层的一类，它也可以通过改变图层混合模式、不透明度，或增加蒙版等操作来获得不同的效果。填充图层包括“纯色”、“渐变”、“图案”三种类型。

2．创建纯色填充图层

单击“图层”面板下面的创建“新的填充或调整图层”按钮 ，在弹出的菜单中选择“纯色”选项，在弹出的“拾色器”对话框中选择一种颜色，单击“确定”按钮即可创建纯色填充图层。修改图层颜色时双击缩览图即可在弹出的对话框中修改颜色。此类图层通常应用于调整图像整体色调或制作纯色的背景。图4-63所示的是原图像色彩，图4-64所示的是在添加“纯色”填充图层并使用了“明度”混合模式后的效果。

图4-63 原图像

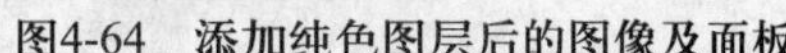

图4-64 添加纯色图层后的图像及面板

使用纯色填充图层作为图像的背景时，无论画布如何放大缩小或移动，填充图层都会充满整个图层，普通图层则会出现透明像素，如图4-65所示。

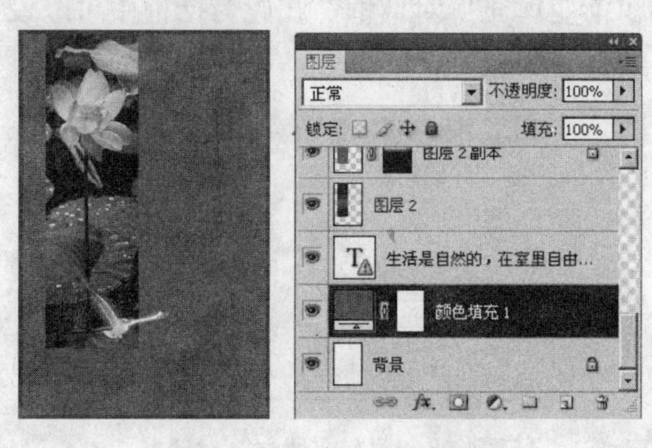

图4-65 填充图层作为背景

图4-66所示的是在扩展画布后图层的变化，在“图层”面板上可以观察到“图层3”并没有扩展，但在图像上背景依然覆盖整个图像背景。这正是因为使用了填充图层作为背景的原因。

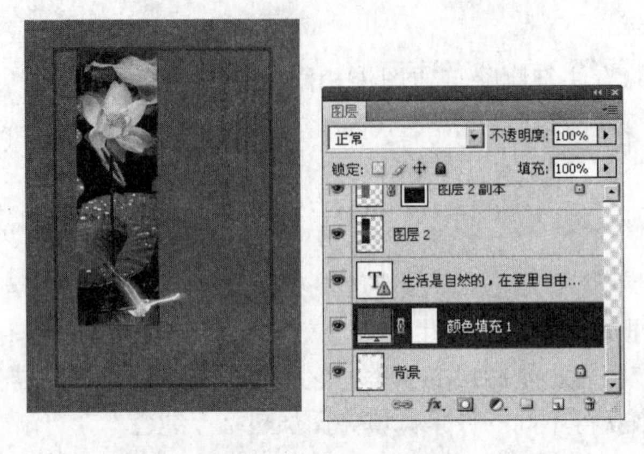

图4-66　扩展画布后效果

图4-67所示的是使用普通图层作为背景，画布扩展后的效果。可以看到扩大的画布部分变成了透明的像素。

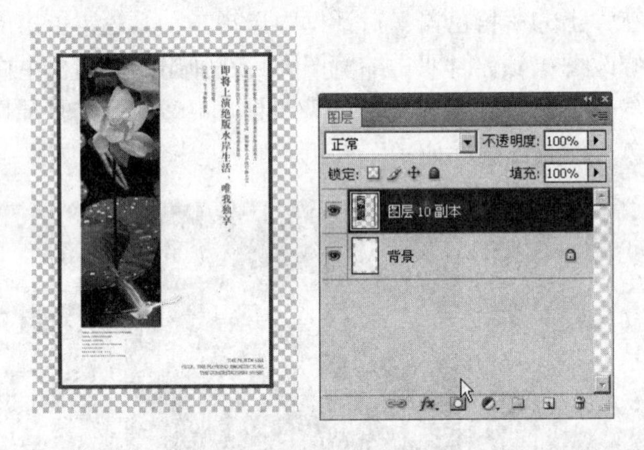

图4-67　普通图层作为背景扩展画布后的效果

3．创建渐变填充图层

单击“创建新的填充或调整图层”按钮 后在弹出的菜单中选择“渐变”选项，即可弹出如图4-68所示的“渐变填充”对话框，在此对话框中可以设置渐变填充图层的渐变效果。

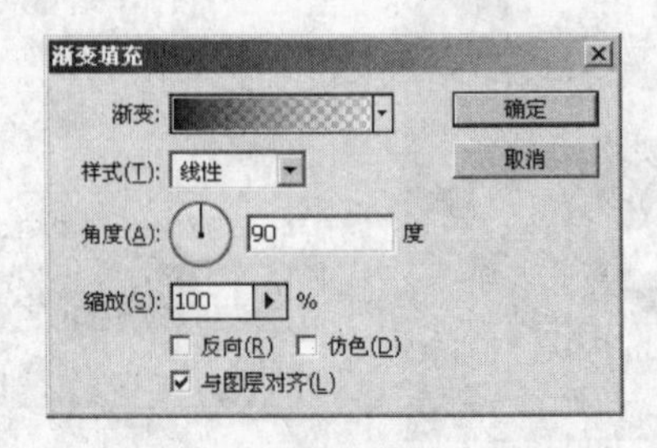

图4-68　“渐变填充”对话框

对话框中的参数含义如下所述。

（1）渐变：单击渐变框，会弹出“渐变编辑器”对话框，在此可以编辑一个需要的渐变类型。

（2）样式：在该下拉列表中提供了线性、径向、角度、对称的和菱形5个选项。

（3）角度：使用鼠标拖动控制盘中的指针或在后面的数值框中输入数值，可以控制当前渐变的角度。

（4）缩放：在此数值框中输入数值可以控制当前渐变的影响范围。

（5）与图层对齐：勾选后根据当前选区范围进行填充，否则按照整个画布大小填充。

渐变填充图层主要用于修改图像的整体色调。打开一张“向日葵”图片，如图4-69所示。然后为其添加“渐变填充”图层并更改混合模式为“排除”，得到的图像效果及对应的图层面板如图4-70所示。

图4-69 原图像

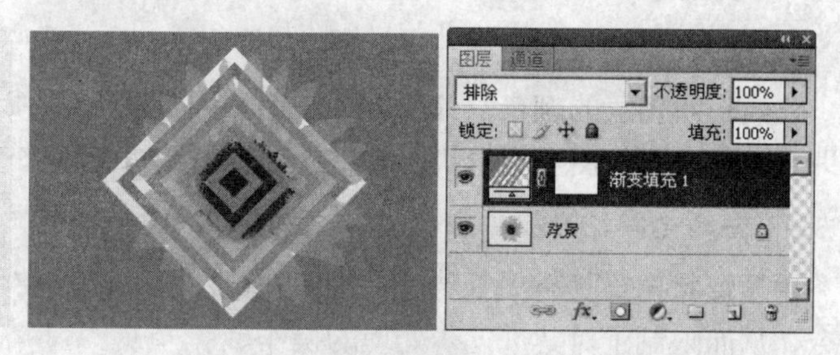

图4-70 添加渐变图层后的效果及对应的面板

4. 创建图案填充图层

单击“创建新的填充或调整图层”按钮 在弹出菜单中选择“图案”命令，弹出的“图案填充”对话框如图4-71所示。在对话框中设定好参数后单击“确定”按钮即可在目标图层上方创建图案填充图层。

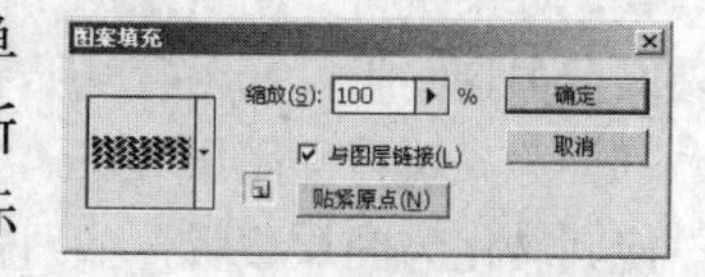

图4-71 “图案填充”对话框

4.5.3 形状图层

1. 理解形状图层

形状图层是由形状或路径等矢量工具，在图像中创建形状而生成的，从本质上来说是使用了矢量蒙版的填充图层，因此可以对其进行灵活的矢量编辑。

2. 创建形状图层

形状图层的创建与前几种图层的创建不同，它必须在创建形状时才能够生成。创建形状的工具有工具栏中的“钢笔工具”、“矩形工具”、“圆角矩形工具”、“椭圆工具”、“多边形工具”、“直线工具”、“自定形状工具”，只有在其属性栏选中“形状图层”按钮才能创建形状图层。形状图层如图4-72所示。

> 提示：形状工具组的使用方法我们将会在后面的第6章中讲述。

形状图层可以定义形状颜色，也可以定义形状轮廓的链接矢量蒙版。形状轮廓是路径，它出现在“路径”面板中。在当前图层为形状图层的时候，在“路径”面板中可以看到矢量蒙版的内容，如图4-73所示。

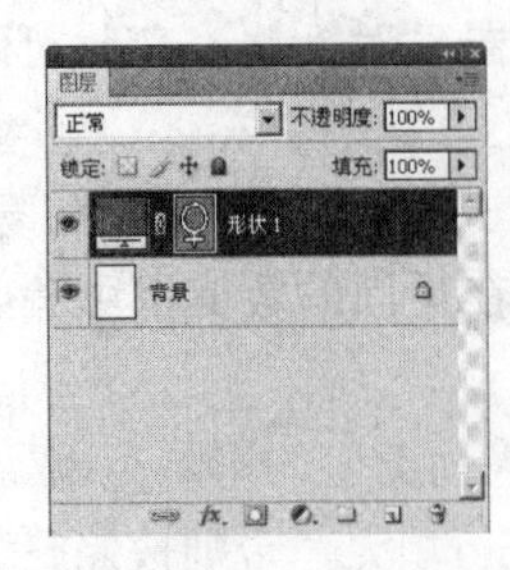

图4-72 形状图层

图4-73 “路径”面板中的形状

可以对形状图层进行移动、对齐、分布以及调整大小等操作，所以形状图层非常适用于为Web页创建图形。

3．修改形状图层

修改形状图层的颜色，只要在形状图层缩览图上双击，在弹出的拾色器中重新设置颜色即可。修改形状图层的形状，直接使用路径编辑工具修改路径即可。

4．栅格化形状图层

由于形状图层具有矢量特性，因此在此图层中无法使用对像素进行处理的各种工具及命令，从而限制了对其进一步处理的操作。

要去除形状图层的矢量特性以使其像素化，可以执行“图层”→“栅格化”→“形状”命令，把形状图层转换为普通图层。在栅格化菜单项中还有另两项针对形状图层的命令，如果执行“图层”→“栅格化”→“填充内容”命令，将栅格化形状图层的填充，而保留矢量蒙版，如图4-74所示。

如果执行“图层”→“栅格化”→“矢量蒙版”命令，栅格化形状图层的矢量蒙版，使其转化为图层蒙版，如图4-75所示。

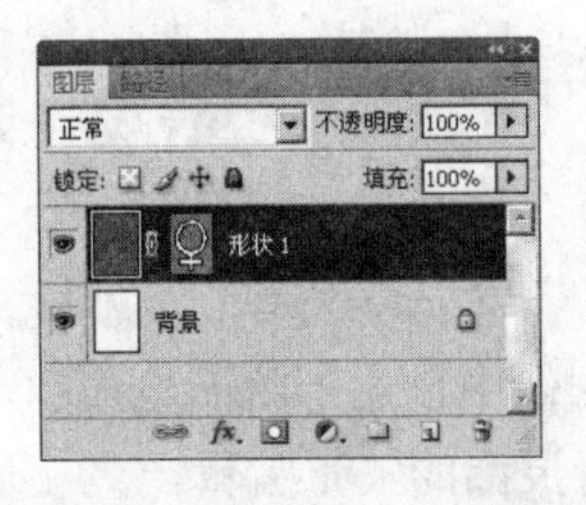

图4-74 栅格化填充内容效果

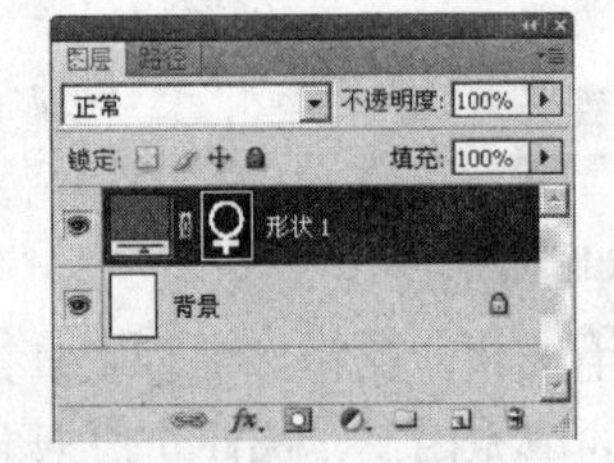

图4-75 栅格化矢量蒙版

4.5.4 文字图层

1．理解文字图层

在Photoshop中输入文字会自动生成一个文字图层，文字图层的名字与输入的内容相同，文字图层的缩览图如图4-76所示。

文字图层具有与普通图层不同的可操作性，例如在文字图层中无法使用针对像素的工具，只能进行变换、改变颜色等有限的操作，当对文字图层使用像素工具操作时，则会弹出如图4-77所示的提示对话框。

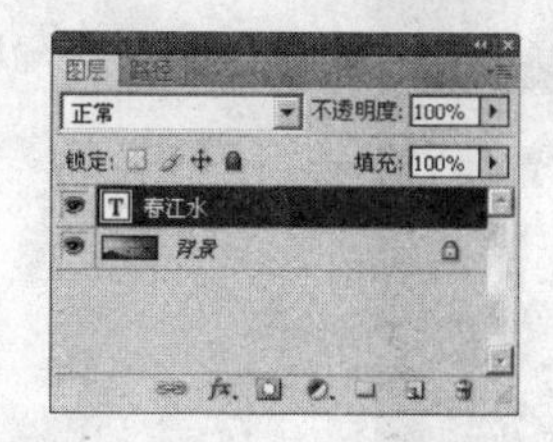

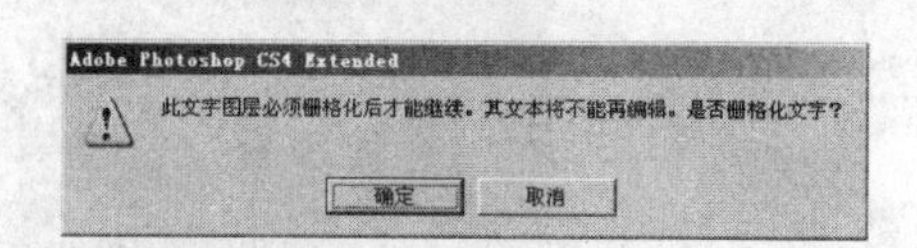

图4-76 文字图层　　　　图4-77 提示对话框

2．文字图层的转换

1）文字图层转换为普通图层

在文字图层上右击，在弹出的菜单中执行“栅格化文字”或执行“图层”→“栅格化”→“文字”命令即可将文字图层转换为普通图层，转换为普通图层后就可以对其执行普通图层的所有操作。

2）将文字图层转换为形状图层

在文字图层上右击，在弹出的菜单中选择“转换为形状”，或执行“图层”→“文字”→“转换为形状”命令可将文字转换为与其轮廓相同的形状，图4-78所示的是文字图层转换为形状图层前后的“图层”面板。

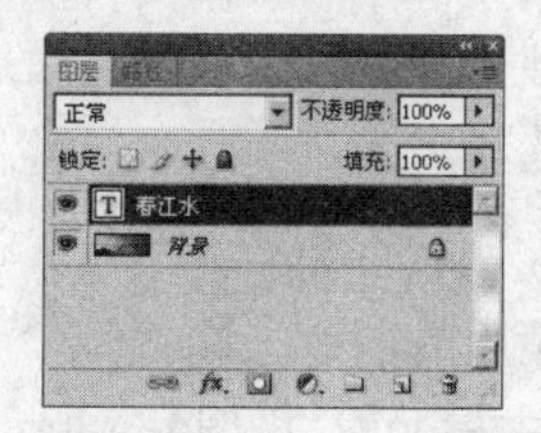

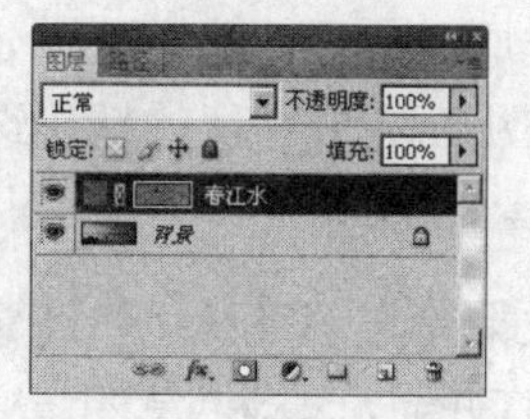

图4-78 转换成形状前后的图层面板

转换为形状图层后，就可以用“钢笔工具”、“路径选择工具”等进行编辑。

3）将文字图层转化为路径

将文字图层转换为路径后原文字图层不会发生任何变化，只是在“路径”面板中生成了一个文字轮廓的工作路径。图4-79所示的是通过文字生成的路径。

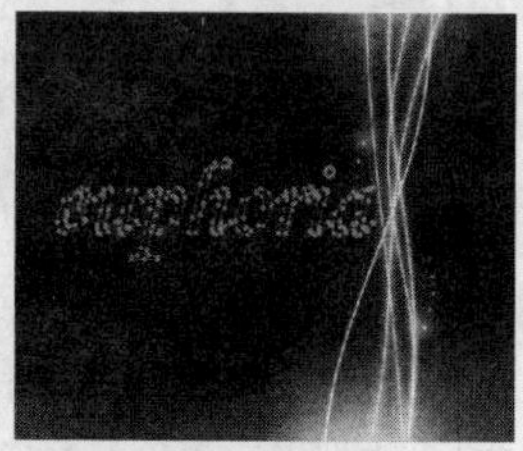

图4-79 文字转化为路径

转换为文字路径后可以使用“直接选择工具”和“路径选择工具”对路径进行调节，从而产生多样化的文字效果，如图4-80所示。

图4-80　编辑路径得到的文字效果

4.6 图层蒙版

4.6.1 快速蒙版

1．关于快速蒙版

快速蒙版是一种使用手绘间接创建选区的方法，其特点是与绘图等工具结合起来创建选区。快速蒙版的工作原理在于：为图像创建一个临时蒙版，然后通过添加黑色或白色来增加或减少选区范围，从而完成图像的精确选取。

2．快速蒙版的创建与编辑

下面以一种边框效果为实例来详述快速蒙版的创建与编辑。

（1）打开素材。打开光盘\素材\第四章\古屋.jpg，如图4-81所示。

图4-81　原图像

（2）进入蒙版并设置画笔。按Q键或单击工具箱底部的以“快速蒙版模式编辑”按钮进入快速蒙版状态。选择“画笔工具”，在属性栏画笔下拉列表框中选择一种画笔笔触，如图4-82所示。然后单击属性栏上的“切换画笔面板”按钮，在弹出的画笔中单击“散布”选项，为笔触添加散布效果，设置散布为81%，并调节笔触形状，如图4-83所示。

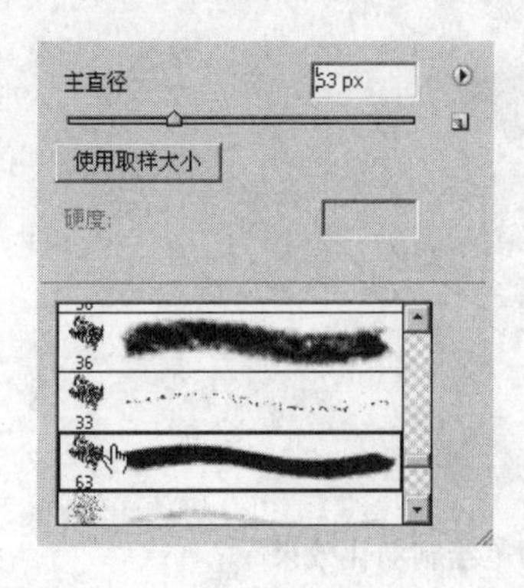

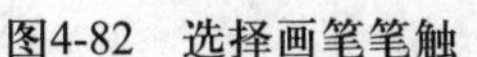
图4-82 选择画笔笔触

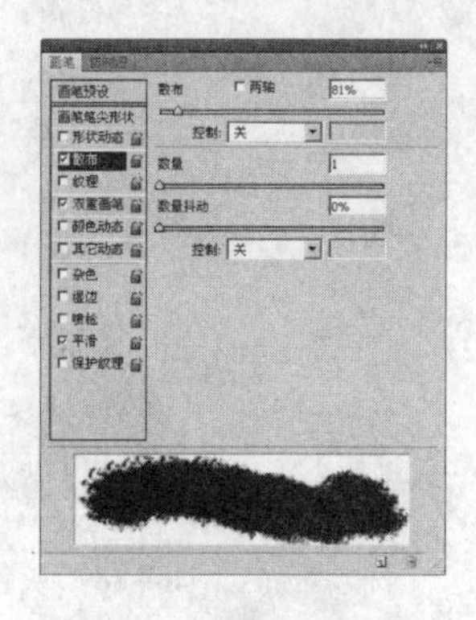

图4-83 调节画笔散布

（3）涂抹选区。按D键设置前景色为黑色在图像上自由绘图，如图4-84所示，可以看到被黑色画笔绘制的部分变成红色的半透明区域，这部分区域在退出蒙版后就是非选择区域。如果按X键将前景色转换为白色绘制将会擦除红色区域，如图4-85所示，退出蒙版后白色绘制的这部分区域是选择区域。记住红色区域为非选择区域！

图4-84 前景色为黑色时使用画笔绘制的效果

图4-85 前景色为白色时使用画笔绘制的效果

（4）退出蒙版并填色。绘制完成后按Q键退出快速蒙版，可以看到选区建立，被黑色画笔绘制的区域处于未选择状态，如图4-86所示，接下来按Ctrl+Delete组合键为其填充白色，效果如图4-87所示。

图4-86 退出蒙版建立选区

图4-87 为选区填充白色

如果在用画笔绘制时使用灰色，那选区将会出现羽化效果，如图4-88所示。利用这种方法我们可以抠取图像中的透明对象，这部分内容在第3章的抠图中有详细讲解。

图4-88　灰色画笔绘制羽化效果

3．快速蒙版与蒙版的区别

快速蒙版与常规蒙版不同之处在于快速蒙版只是一个临时蒙版，当它建立的时候会在“通道”面板中建立一个临时的通道，如图4-89所示。在快速蒙版中所做的一切都只应用到蒙版而不是图像上。而常规蒙版则不同，它会成为该层的一部分从而加大了图像信息，常规蒙版只有黑白灰三种颜色，而快速蒙版则可以定制任意蒙版颜色，方法是双击通道中的快速蒙版弹出如图4-90所示的快速蒙版选项对话框，从中可以设置蒙版颜色。

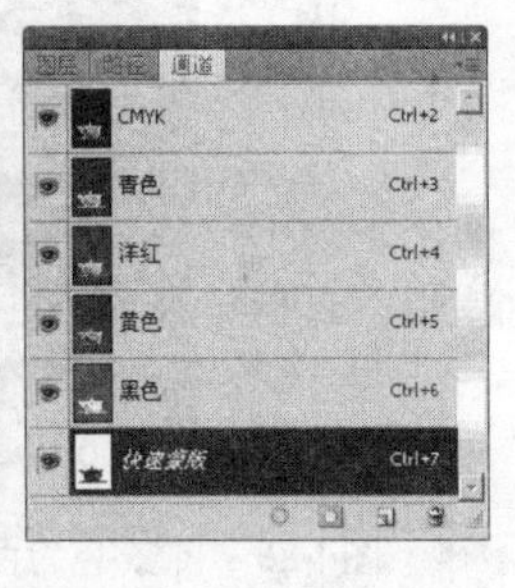

图4-89　通道中的快速蒙版

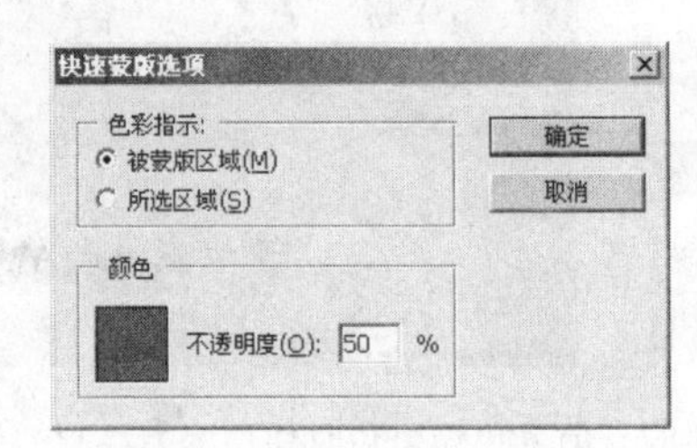

图4-90　“快速蒙版选项”对话框

4.6.2　图层蒙版

1．图层蒙版概述

图层蒙版是与图层绑定在一起、用于控制图像的显示与隐藏的遮挡板。在Photoshop中图层蒙版是一种灰度图像，使用黑色和白色控制图像的透明和不透明。使用图层蒙版控制图像的透明和不透明时并不会破坏图层的像素。

图4-91所示的是使用图层蒙版实现的合成图像效果（光盘\素材\第四章\图层蒙版.psd）。图4-92所示的是合成图像的两幅原图像。

图4-91　图层蒙版效果及“图层”面板

图4-92 两张原图

此时如果仅显示图层1图像效果如图4-93所示。可以观察到图4-94中图层蒙版中的黑色部分对应的图层1的像素部分是透明的，这也就是我们前面提到的图层蒙版使用灰度（K值）来控制图像的透明与不透明，蒙版中白色（K0%）为完全不透明，黑色（K100%）为完全透明，K0%～K100%的中间值也就是依次递增的透明度。

图4-93 蒙版后的图层1

图4-94 蒙版的状态

2．创建图层蒙版

Photoshop中创建图层蒙版的方法很多，用户可以依据情况选择创建方法，下面讲解几种主要的创建方法。

1）直接添加图层蒙版

直接添加图层蒙版是最常用的方法，确定在添加前图像中没有选区存在，然后选中要添加蒙版的图层，单击图层面板下的“添加图层蒙版”按钮 或执行“图层”→“图层蒙版”→“显示全部”命令，则为图层添加白色蒙版，也就是完全不透明蒙版，如图4-95所示。

如果按住Alt键单击“添加图层蒙版”按钮 ，或执行“图层”→“图层蒙版”→“隐藏全部”命令，则为图层添加黑色蒙版，也就是完全透明蒙版，如图4-96所示。

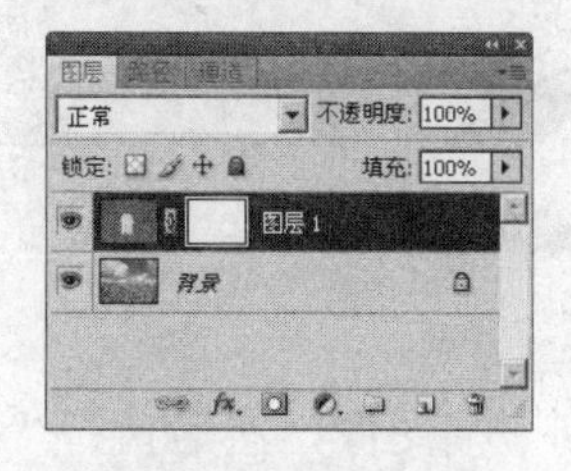

图4-95 不透明蒙版

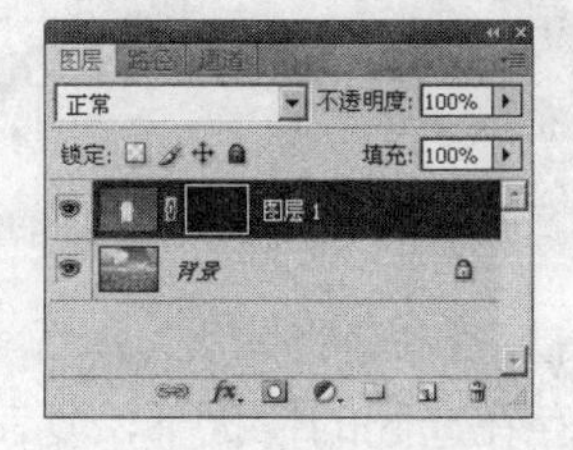

图4-96 透明蒙版

2）依据选区添加蒙版

在图像中存在选区的情况下，单击“添加图层蒙版”按钮 或执行“图层”→“图层蒙版”→“显示全部”命令，则为图层添加依据选区限定的蒙版，选区部分在蒙版中显示为白色，如图4-97所示（光盘\素材\第四章\图层蒙版2.psd）。白色表示不透明，所以选区部分仍然呈现在图像中，而非选区在蒙版中显示为黑色，黑色表示透明，所以透过透明部分看到了下层的图像。如图4-98所示图像完美地融合到了一起。

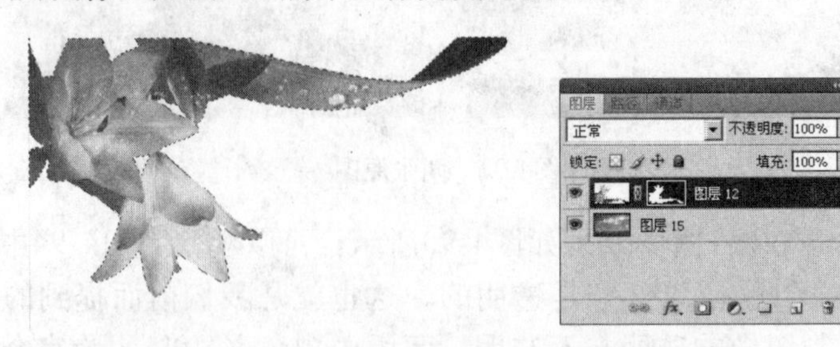

图4-97　图像选区及添加蒙版后“图层”面板

图4-98　添加蒙版后效果

像直接添加图层蒙版法一样，在已有选区的情况下，按住Alt键单击“添加图层蒙版”按钮，则创建的图层蒙版与图4-97中的蒙版相反，所得到的蒙版效果亦相反，如图4-99所示。

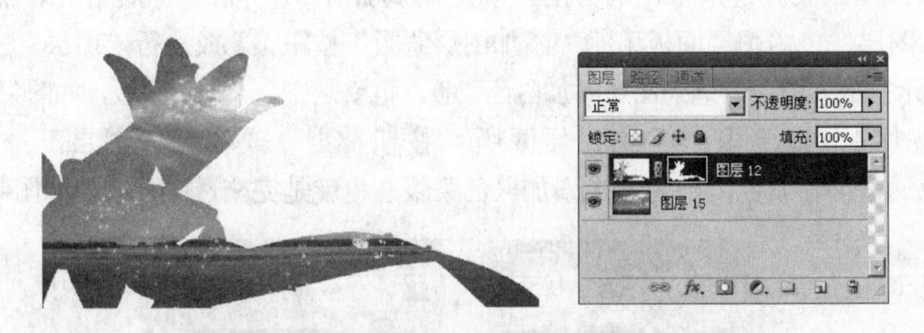

图4-99　按住Alt键添加的蒙版效果及“图层”面板

3）通过向选区贴入图像获得蒙版

在当前图像中已存在选区的情况下，复制一幅图像，然后执行“编辑”→“贴入”命令将该图像粘贴入选区内，该操作会自动生成一个图层蒙版。如图4-100所示的西红柿上存在选区，在复制贴入图像后的效果及“图层”面板如图4-101所示。可参见光盘\素材\第四章\图层蒙版3.psd文件。

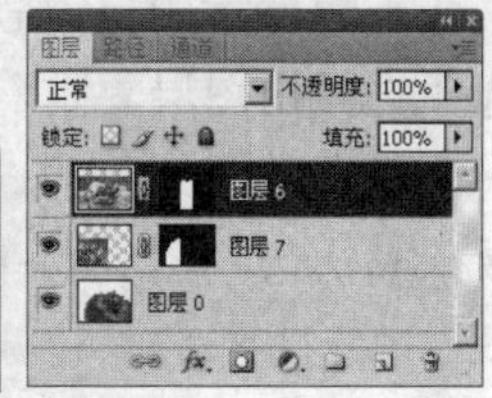

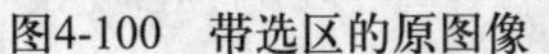

图4-100　带选区的原图像　　　　图4-101　贴入图像后的效果及“图层”面板

通过向选区内粘贴图像获得蒙版在艺术设计领域里被应用的非常多，它使用简单的操作将华丽的特效连接起来，制造新的视觉冲击，如图4-102所示的是使用向选区内粘贴图像的方法制作的电影海报。

图4-102　贴入命令制作的电影海报

3. 图层蒙版的链接

在默认情况下，图层蒙版与图层处于链接状态，链接状态的图层与图层蒙版之间有一个“链接”按钮，在此状态下使用“移动工具”移动图像和蒙版中的任意一个时，图层和蒙版都会随之移动。同样在对其进行其他变换操作时，例如进行缩放操作，两者也会因为连接关系而一起变换。

此外在对链接中的图层进行某些改变像素的操作时，图层蒙版也会发生变化，例如滤镜中的扭曲、模糊、风格化等命令。

4. 选择图层蒙版

图层蒙版具有良好的可编辑性，例如可以使用图像命令、绘图工具及滤镜等对蒙版进行调整。在对图层蒙版进行编辑的前提是选中它，图层蒙版在被选中后边框会显示一个白色边框。如图4-103所示的是选中图层蒙版和未选中图层蒙版的“图层”面板状态。

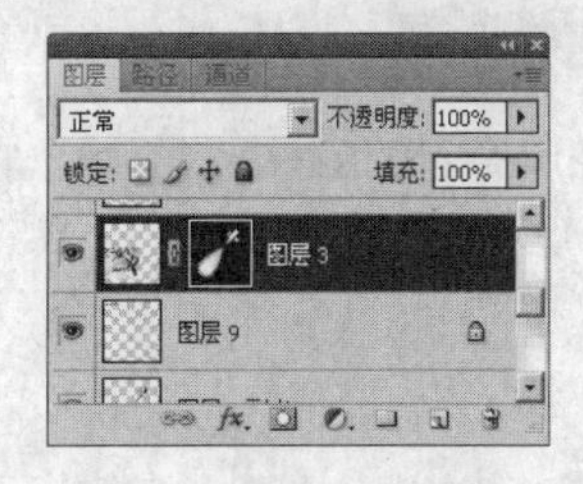

图4-103　选中蒙版和未选中的“图层”面板

5．图层蒙版的启用和停用

在不想显示图层蒙版的效果时，可以暂时停用蒙版，选中图层蒙版，在右键弹出菜单中选择“停用图层蒙版”选项，或按住Shift键单击图层蒙版，停用的图层蒙版缩览图将显示一个红色的“×”号，如图4-104所示。要再次启用图层蒙版可以按住Shift键单击图层蒙版，或执行“图层”→“图层蒙版”→“启用”命令。

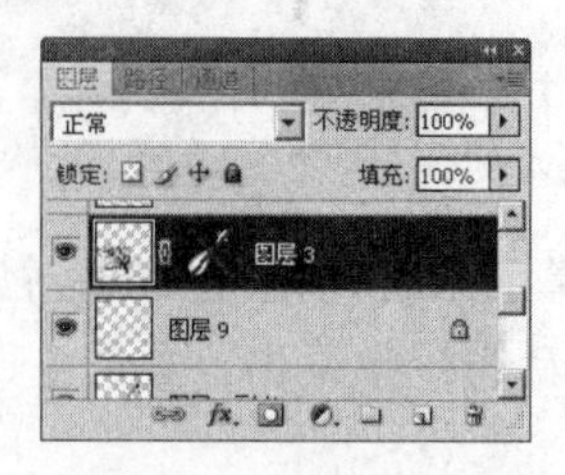

图4-104　停用图层蒙版

6．应用和删除图层蒙版

图层蒙版只是起到了隐藏和显示图像的作用，并不是删除了图像，如果图层蒙版的效果已经确定不需要再改动，可以在其缩览图上右击选择“应用图层蒙版”，或执行“图层”→“图层蒙版”→“应用”命令，或者拖动图层蒙版至“删除图层”按钮上，然后在弹出的删除对话框中单击“应用”按钮也可以应用蒙版。图4-105所示的是图层蒙版应用前和应用后的效果。

删除图层蒙版首先选中要删除的图层蒙版，拖动至面板下的“删除图层”按钮上，或执行“图层”→“图层蒙版”→“删除”命令，弹出如图4-106所示的提示对话框，单击“删除”按钮即可。

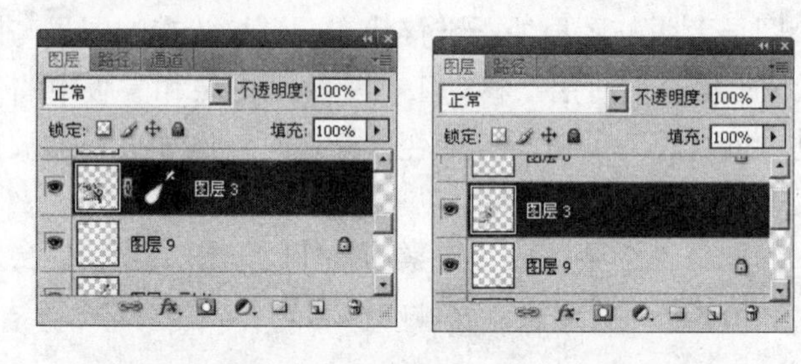

图4-105　图层蒙版应用前和应用后的面板显示状态

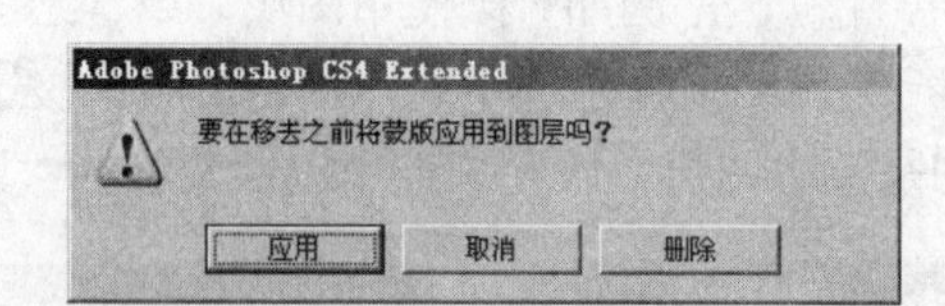

图4-106　删除蒙版提示对话框

4.6.3　剪贴蒙版

1．了解剪贴蒙版

剪贴蒙版由两个以上的图层组成，其下方的图层被称为基层，基层上面的所有图层均被称为内容层，组成剪贴蒙版的基层只能有一个，内容层则可以有若干个。剪贴蒙版常用于文字、形状与图像之间的相互混合。图4-107所示的是使用剪贴蒙版的作品。

图4-107 剪贴蒙版作品（作者：鲜橙企业形象设计有限公司）

2．剪贴蒙版工作原理

剪切蒙版是通过一个图层来限制另一个图层的显示，内容层的显示受基层图像的限制，通过改变基层的像素，来控制内容层的显示，也就是说凡是涉及到形状的地方都要依靠控制剪贴蒙版的基层控制，凡是涉及到内容的显示依靠的是控制剪贴蒙版的内容图层体现。

图4-108所示的剪贴蒙版基层为蝴蝶形状，内容层是渐变色，最后得到的剪切图层显示内容变成了渐变色显示的蝴蝶，如图4-109所示。

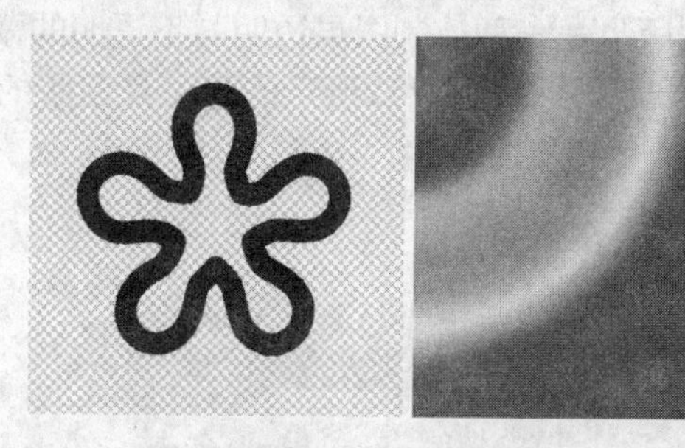

图4-108 形状层与内容层

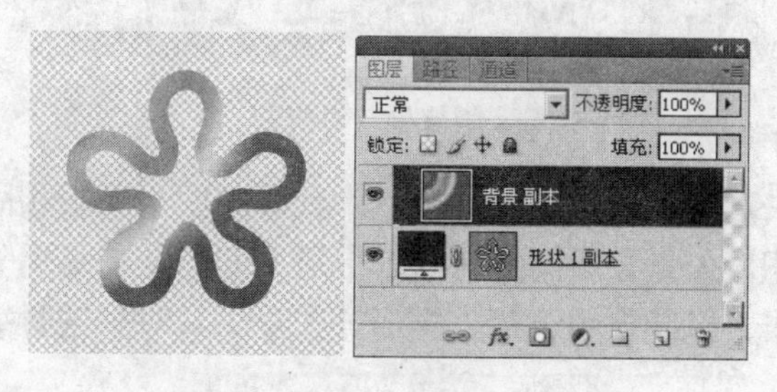

图4-109 剪切蒙版显示的效果

3．剪贴蒙版的创建与取消

在确定了剪贴蒙版的基层与内容层，如果是多个内容层则首先将所有内容层链接，然后使用以下三种方法创建剪贴蒙版。

（1）按住Alt键，将鼠标放在“图层”面板中基础层与内容层交界处，鼠标指针会变成两个交叉的圆圈状，如图4-110所示。单击即可创建剪切蒙版，图像效果与面板显示状态如图4-111所示。

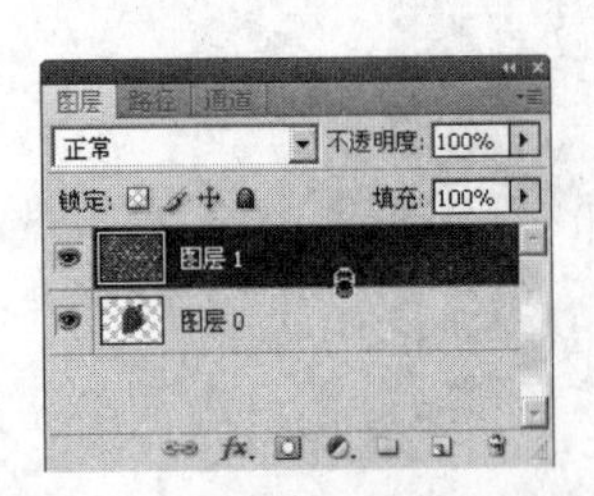

图4-110　按住Alt键创建剪切图层

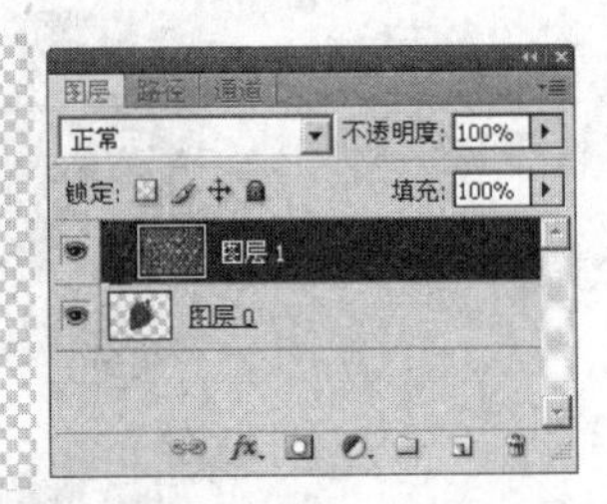

图4-111　剪贴蒙版创建后的效果

（2）在图层面板选中要创建剪贴蒙版的内容图层，单击右键选择“创建剪贴蒙版”选项或执行“图层”→“创建剪贴蒙版”命令。

（3）选中处于基础层上方的内容层，按快捷键Ctrl+Alt+G，即可创建剪贴蒙版。

蒙版的取消与创建相同，选中剪贴蒙版的基层，单击右键选择释放剪贴蒙版选项，或按快捷键Ctrl+Alt+G取消当前的剪贴蒙版。

4.6.4　矢量蒙版

1．了解矢量蒙版

与图层蒙版类似，矢量蒙版也是一种控制图层透明与不透明的蒙版，不同的是矢量蒙版是依靠路径来限制图像的透明度，如图4-112所示的是矢量蒙版的效果与其对应的图层面板。可参见光盘\素材\第四章\矢量蒙版.psd。

图4-112　矢量蒙版效果与对应的“图层”面板

由图中可以看出矢量蒙版仍然是一种蒙版，具有与图层蒙版相同的特点。因此在前面所讲的图层蒙版的知识对矢量蒙版同样有效，但所不同的是在编辑矢量蒙版时，无法使用像素工具对其进行编辑。仅能使用钢笔、矩形等矢量工具对其进行编辑，因为矢量蒙版是由矢量的形状构成。

2．创建矢量蒙版

为图层添加矢量蒙版的方法有多种，下面讲解两种最主要的添加方法。

（1）直接添加矢量蒙版

在“图层”面板中选中要添加矢量蒙版的图层，执行“图层”→“矢量蒙版”→“显示全部”命令，即可为图层添加显示全部的矢量蒙版，如图4-113所示。

当执行“图层”→“矢量蒙版”→“隐藏全部”命令时，为图层添加的就是隐藏全部的矢量蒙版，如图4-114所示。

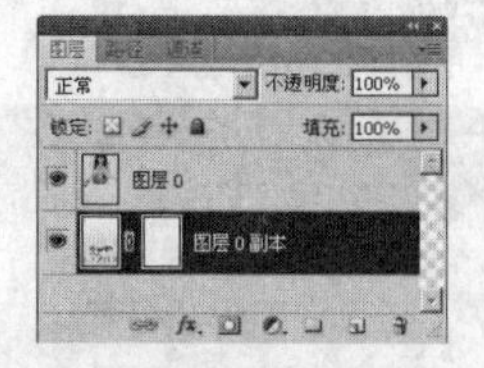

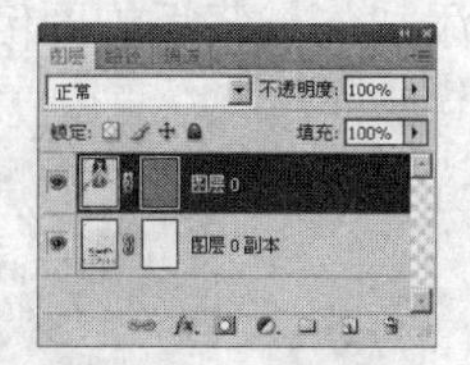

图4-113　显示全部的矢量蒙版　　图4-114　隐藏全部的矢量蒙版

（2）依据路径添加矢量蒙版

在当前已有路径的情况下，可以先在“路径”面板中选中路径，然后在“图层”面板中选中要添加矢量蒙版的图层，接着执行“图层”→“矢量蒙版”→“当前路径”命令，即可依照当前路径添加矢量蒙版。图4-115所示的是选中路径后的图层（光盘\素材\第四章\矢量蒙版2.psd），图4-116所示的是添加矢量蒙版后的效果。

图4-115　原图层与“图层”面板

图4-116　添加矢量蒙版后的效果

3．矢量蒙版的编辑

矢量蒙版的编辑与图层蒙版有着很大的不同，矢量蒙版只能使用矢量类的编辑工具，例如钢笔工具、路径调节工具、矩形工具等进行编辑。此外还可以对矢量蒙版进行栅格化，将其转变成图层蒙版，然后再使用绘图工具对其进行编辑。

将矢量蒙版转换为图层蒙版，可以先选中矢量蒙版，然后单击右键在弹出菜单中选择栅格化矢量蒙版，或执行“图层”→“栅格化”→“矢量蒙版”命令即可。

4．矢量蒙版运用技巧

1）路径运算编辑矢量蒙版

在矢量蒙版中通过路径运算的方法可以得到丰富多彩的图像效果，具体的路径运算方法请参考本书的路径篇。

下面通过实例展现路径运算在图像中的效果（光盘\素材\第四章\路径运算.psd）。

图4-117所示的是添加矢量蒙版的图像和对应的“图层”面板。

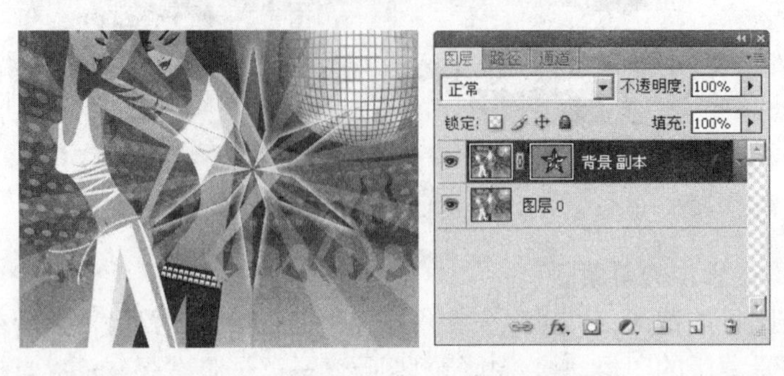

图4-117　原图与对应的“图层”面板

（1）在当前选中矢量蒙版的前提下使用路径绘制工具，在属性栏上选中“添加到形状区域（+）”按钮，然后在图像上绘制新的路径，新路径与蒙版的原路径将会执行相加的运算。得到的图像效果和对应的“图层”面板如图4-118所示。

图4-118　添加到形状区域后的效果及对应面板

（2）在“路径”面板中使用“路径选择工具”，选择新建的路径，然后按快捷键Ctrl+T进入变换状态，旋转缩放新路径后单击属性栏上的“从形状区域减去”按钮，新路径与原路径执行相减运算，蒙版效果和对应的“图层”面板如图4-119所示。

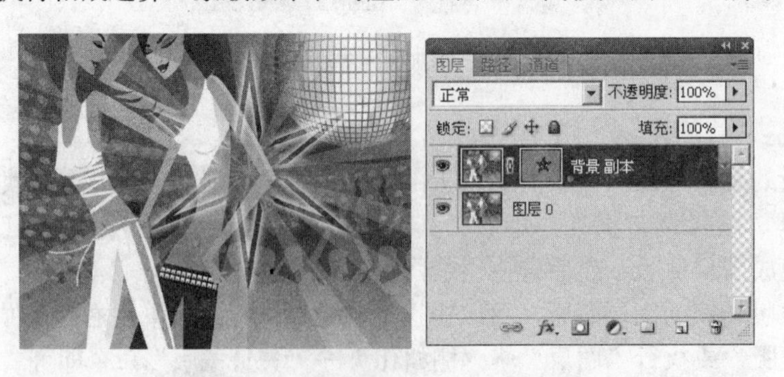

图4-119　从形状减去的效果及对应面板

（3）在“路径”面板中使用“路径选择工具”选择新建的路径再次旋转一下角度

后单击“交叉形状区域”按钮后，得到的效果及对应的蒙版如图4-120所示，图中的蒙版形状是通过两条路径进行交叉运算得到的。

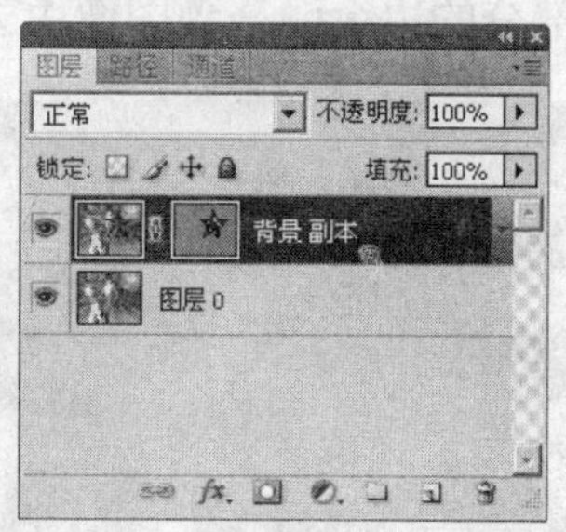

图4-120 交叉形状区域的效果及对应面板

（4）在“路径”面板中使用“路径选择工具”选择新建的路径，继续旋转角度，然后单击“重叠形状区域除外”按钮，得到的效果及对应的蒙版如图4-121所示。它是将两个路径区域重叠部分减去得到的。

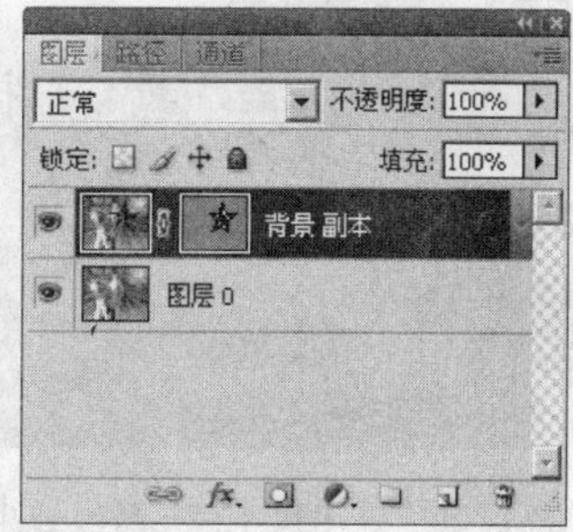

图4-121 重叠形状区域的效果及对应面板

2）同时使用矢量与图层蒙版

为图像添加矢量蒙版后图像的边缘比较锐利，没有过渡效果，如果想使图像的一部分产生羽化的过渡效果与背景更好地融合到一起，只要将图层蒙版与矢量蒙版同时使用，就可以达到需要的效果了。实例见光盘\素材\第四章\双重蒙版.psd。

（1）打开文件，“图层”面板状态如图4-122所示。

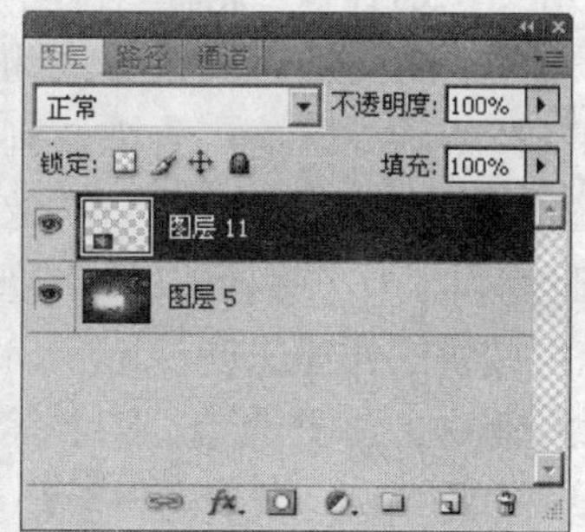

图4-122 原图像和对应的“图层”面板

（2）沿花的边缘绘制路径后，执行“图层”→“矢量蒙版”→“当前路径”命令，为图层添加矢量蒙版效果，此时花的边缘很锐利没有任何过渡效果，如图4-123所示。

（3）单击添加图层蒙版按钮，为矢量蒙版图层添加图层蒙版，此时可以看到图层同时被添加了矢量蒙版和普通蒙版，然后调整前景色为黑色，使用柔和的画笔笔触在蒙版上涂抹使花朵的一部分的边缘融合到图像中去，如图4-124所示。

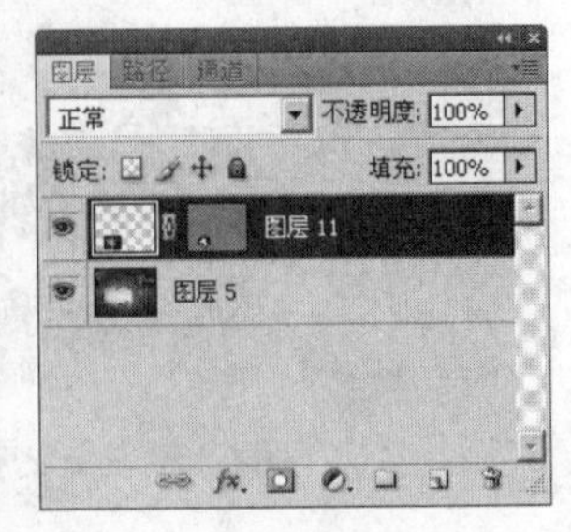

图4-123 添加矢量蒙版后的效果及对应的“图层”面板

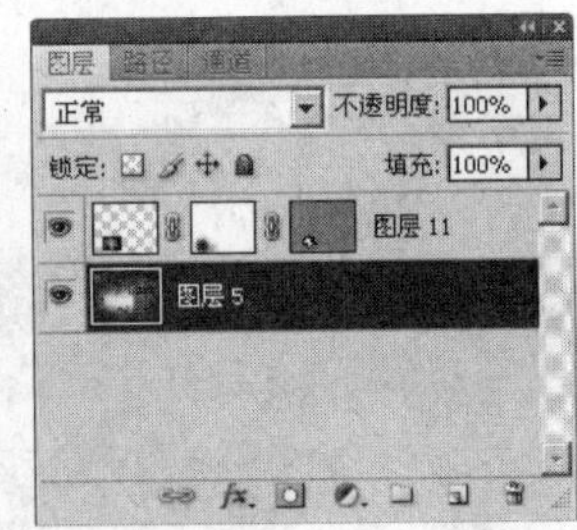

图4-124 最终效果和对应的“图层”面板

4.7 课堂范例——制作绿茶活动海报

本实例主要是练习图层的运用、文字图层的链接、添加图层蒙版以及图层的对齐等重点知识。

（1）新建文件。新建一个21cm×29.7cm大小的文档，颜色模式为RGB，如图4-125所示。因为广告涉及到最后的打印输出所以分辨率最好为300像素/英寸，平时练习制作实例可以适当降低分辨率以获得较快的处理速度。

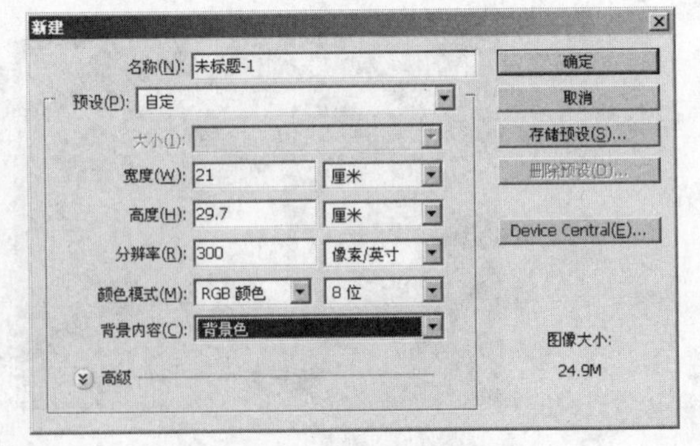

图4-125 新建文档

（2）导入素材。打开光盘\素材\第四章\蓝天.jpg、草地.jpg、绿茶素材.tif、人物.jpg、画卷.jpg、标志.tif，如图4-126所示。

图4-126 素材图像

（3）设置背景。单击工具栏中的“移动工具”，将草地图片拖曳到图像中，调整合适位置如图4-127所示。然后再将蓝天图片用“移动工具”拖曳到图像中，图层顺序位于草地图层上方，单击“图层”面板下方的“添加图层蒙版”按钮，将前景色设置为黑色，单击工具栏中的“画笔工具”，选择柔角画笔，在图像中进行涂抹，使其与草地链接过渡自然，如图4-128所示。单击“图层”面板上的“锁定位置”按钮，将“图层1”与“图层2”图像锁定，如图4-129所示。

图4-127 添加草地

图4-128 添加蓝天

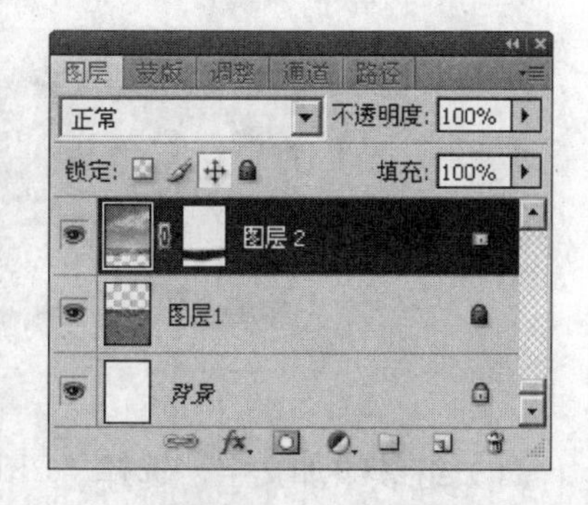

图4-129 锁定图层

（4）添加素材。单击工具栏中的“移动工具”，将绿茶素材拖曳到图像中，调整位置如图4-130所示。然后再将画卷图片用“移动工具”拖曳到图像中，调整到合适位置，如图4-131所示，选择工具栏中的“魔棒工具”，单击选中画卷白色背景，将其删除，如图4-132所示。

（5）输入文字。单击工具栏中的“横排文字工具”T，选择“方正大黑简体”，将前景色设置为黄色（R255,G242,B0），输入文字“统一绿茶，宝岛台湾”，单独选中“绿茶”两字将颜色设置绿色（R108,G190,B69），如图4-133所示。将前景色再设置回黄色（R255,G242,B0），选择“方正黑体简体”，分别输入文字“喝”、“游”，调整大小及位置，按Ctrl+Enter键确定输入。选择“方正准圆简体”，输入“iRadio城市搜宝总动员”文字，调整合适大小，选中“城市搜宝总动员”文字，将前景色设置为粉色（R236,G0,B146），如图4-134所示。

图4-130 添加素材

图4-131 添加画卷

图4-132 抠出画卷

图4-133 输入文字

图4-134 输入文字

（6）继续添加文字。选择“Lithos Pro”字体，将前景色设置为白色，分别输入数字“2008”及字符“LET'S GO”，调整位置及大小，如图4-135所示。

图4-135 继续添加文字

（7）栅格化文字图层。右键单击文字图层，在弹出的菜单中选择“栅格化图层”将文字图层全部转为普通图层，如图4-136所示。

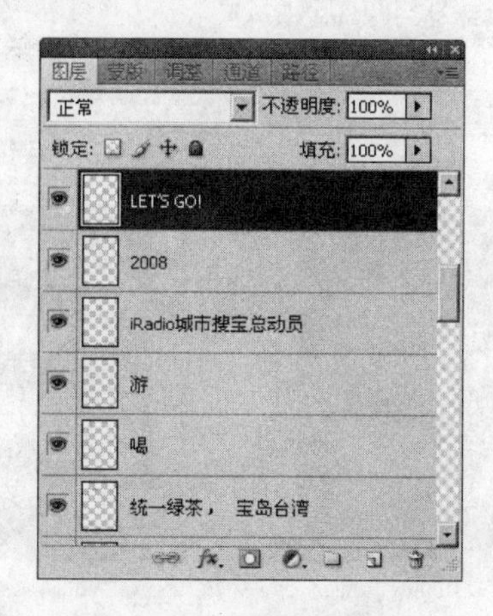

图4-136 栅格化文字图层

（8）文字描边。选择“统一绿茶，宝岛台湾”图层，单击工具栏中的“矩形选框工具”，框出“绿茶”两字如图4-137所示。选择工具栏中的“移动工具”，按键盘上的任意方向键，将“绿茶”两字，转为选区，如图4-138所示。新建图层，按快捷键Ctrl+[将新建图层移至“统一绿茶，宝岛台湾”下，执行“编辑”→“描边”命令，在弹出的“描边”对话框中设置颜色为白色，大小为20px，位置选择居外，如图4-139所示。单击“确定”按钮，然后按快捷键Ctrl+D取消选择，效果如图4-140所示。

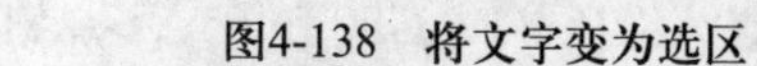

图4-137 矩形框出文字　　图4-138 将文字变为选区

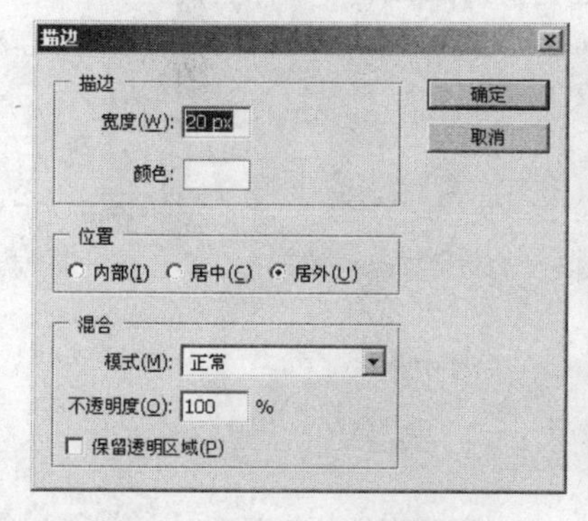

图4-139 “描边”对话框参数设置　　图4-140 将文字描边

（9）链接合并图层。按Ctrl键同时左键单击要合并的文字所在图层，如图4-141所示。然后单击图层控制面板下方的“链接图层”按钮，如图4-142所示。按快捷键Ctrl+E合并图层。

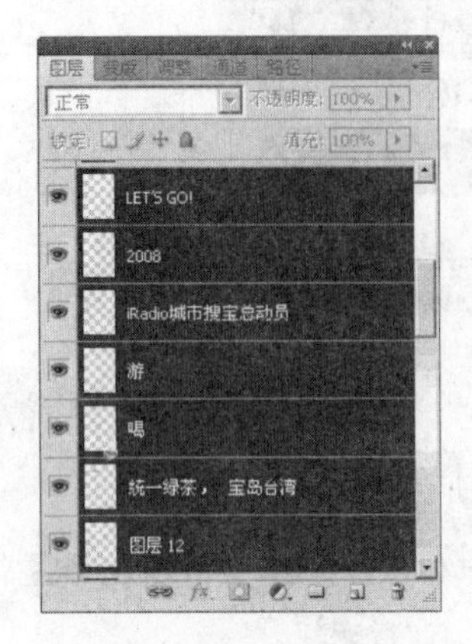

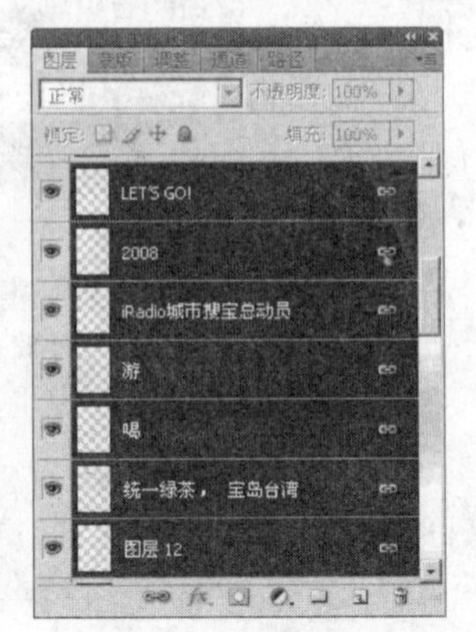

图4-141　选择图层　　　图4-142　链接图层

（10）主题描边。单击“图层”面板下方的“添加图层样式”按钮，对其进行描边设置，颜色为绿色（R6,G90,B46），大小为25像素，其他为默认设置，如图4-143所示。

图4-143　描边主题文字

（11）路径绘制图形。新建图层，单击工具栏中的“钢笔工具”，属性栏中选择“路径”按钮，在图像中进行绘制，如图4-144所示。然后按Ctrl+Enter键将其转为选区，将前景色设置为绿色（R6,G90,B46），按Alt+Delete键进行填充，按快捷键Ctrl+D取消选区，按快捷键Ctrl+[将新建图层移至文字主题下，如图4-145所示。

图4-144　绘制路径　　　图4-145　绘制图形

（12）完善图形。同上步绘制方法，再绘制几个不同的图案，效果如图4-146所示。

（13）添加人物。使用“钢笔工具”，将人物抠出，按快捷键Ctrl+M调整人物亮度，如图4-147所示。

图4-146 完善主题

图4-147 添加人物

（14）添加活动内容文字。单击工具栏中的“直排文字工具”，将前景色设置为白色，选择“黑体”字体，输入文字“活动内容”，调节字间距，单击“图层”面板下方的“添加图层样式”按钮，对其进行黑色描边。然后再单击工具栏中的“横排文字工具”，将前景色设置为黑色，输入文字“9月27日……别错过！”，添加白色描边效果。选中部分文字，将前景色设置为红色（R255,G0,B0），如图4-148所示。

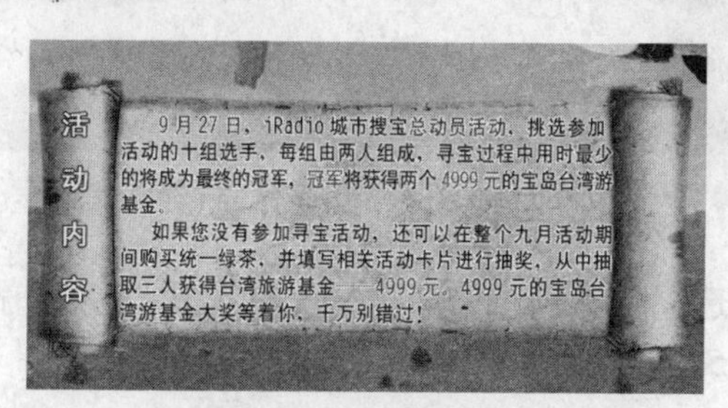

图4-148 添加活动内容文字

（15）路径绘制图形。新建图层，单击工具栏中的“钢笔工具”，属性栏中选择“路径”按钮，在图像中进行绘制，如图4-149所示。然后按Ctrl+Enter键将其转为选区，将前景色设置为白色，按Alt+Delete键进行填充，按快捷键Ctrl+D取消选区。然后单击“图层”面板下方的“添加图层样式”按钮，对其进行描边设置，颜色为橙色(R246,G137,B31)，大小为16像素，其他为默认设置，如图4-150所示。

图4-149 绘制路径

图4-150 路径绘制图形完成效果

（16）添加标志。单击工具栏中的“移动工具”，将3个标志拖曳到图像中，如图4-151所示。按Ctrl键同时左键单击标志所在的图层，单击“图层”面板下方的“链接图层”按钮，如图4-152所示。然后单击工具属性栏中的“底对齐”按钮，将其对齐，如图4-153所示。

图4-151　添加标志

图4-152　链接图层

图4-153　对齐标志

（17）添加文字。选择工具栏中的“横排文字工具”T，输入文字，对其进行最后完善。最终效果如图4-154所示。

图4-154　最终完善效果

4.8　课堂练习

1.多项选择题（下列答案中有一个或多个选项是正确的）

（1）（　　）新建图层的方法可以弹出新建图层对话框，并且从中可以设置图层名称，颜色模式，和不透明度等参数。

A. 执行“图层”→“新建”命令

B. 按下快捷键Ctrl+Shift+N

C. 按住Alt键并单击“新建图层”按钮

D. 快捷键Ctrl+N

（2）如果当前已存在选区，可以通过选择“图层”→“新建”→通过拷贝的图层”命令把当前选区中的图像复制到新的图层中，它的快捷键是（　　）。

A. Ctrl+H　　B. Ctrl+J

C. Alt+J　　D. Alt+H

（3）用下列（　　）可以成功地复制图层。

A. 在“图层”面板中将图层拖动至创建新图层按钮上

B. 按住Alt键拖动要复制的图层

C. 使用“移动工具”在“图层”面板中拖动图层至另一幅图像上

D. 使用图层菜单中的复制图层命令

（4）对图层进行有选择的合并可以使用下列（　　）。

A. 按住Ctrl键依次单击选中需要合并的图层，然后单击右键在弹出菜单中选择合并图层命令

B. 把不需要合并的图层隐藏，然后按快捷键Ctrl+E向下合并图层

C. 不需要合并的图层隐藏然后执行图层菜单中的合并可见图层命令

D. 按住Ctrl键依次单击选中需要合并的图层，并按下快捷键Ctrl+Alt+E

（5）修改调整图层内容的方法包括（　　）。

A. 双击调整图层缩览图，在弹出的对话框中修改

B. 执行菜单项“图层”→“图层内容”选项

C. 双击调整图层名称

D. 再次单击“创建新的填充或调整图层”按钮 为添加调整图层，并在弹出的窗口中修改内容

（6）下列（　　）项属于填充图层中的内容。

A. 纯色　　B. 渐变

C. 图案　　D. 前景色

（7）下列工具中（　　）可以直接创建出形状图层。

A. 钢笔工具　　B. 矩形工具

C. 自定义形状工具　　D. 矩形选框工具

（8）对文字图层可以进行以下（　　）操作。

A. 对文字图层中的文字进行色相饱和度修改

B. 使用画笔工具在文字图层上进行涂抹

C. 为文字图层添加图层混合样式

D. 设置文字图层的混合模式

（9）以下（　　）方法可以创建剪贴蒙版。

A. 按住Alt键将鼠标放在“图层”面板中基础层与内容层交界处，当鼠标指针变成两个交叉的圆圈状后单击。

B. 在图层面板选中要创建剪贴蒙版的内容图层，单击右键选择“创建剪贴蒙版”命令或执行“图层”→“创建剪贴蒙版”命令。

C. 选中处于基础层上方的内容层，按快捷键Ctrl+Alt+G，创建剪贴蒙版。

D. 选中将要创建剪贴蒙版的所有内容层后，执行“图层”→“创建剪贴蒙版”命令。

2. 问答题

（1）复制图层都有哪些方法？

（2）合并图层分为哪几种情况？应该怎样操作？

（3）图层复合有什么作用？

（4）图层共有哪几类，它们的特点是什么？

（5）矢量蒙版与普通图层蒙版的区别是什么？

Photoshop 第5章 图层高级篇

学习目标

掌握图层混合模式、图层样式、智能图层的使用。

学习重点

熟练使用图层混合模式
掌握图层样式的添加
掌握智能图层的用途

在上一章的图层基础中，我们详细地介绍了图层和图层蒙版的使用方法，但图层的用途和操作还远远不止这些，在本章中我们将讲解图层的混合模式和图层样式两大重点，其中图层混合模式也是Photoshop中的难点之一。

5.1 混合模式

5.1.1 混合模式概述

混合模式是Photoshop的核心功能之一，也是在图像处理过程中最为常用的一种技术手段。使用图层的混合模式可以创建出丰富多彩图像效果，图5-1所示的是使用图层混合模式与图层蒙版相结合的图像作品。

图5-1　使用混合模式的图像合成作品（作者：杜晓俊 安建明）

在最新版的Photoshop CS4中，总共包含了24种图层混合模式，每种图层混合模式都有自己的像素运算公式，因此设置不同的图层混合模式，得到的效果也不相同。尽管各个混合模式的作用都不一样，但从混合得到的效果上，可以对其进行分类。在Photoshop CS4中将其划分成了6类，如图5-2所示。

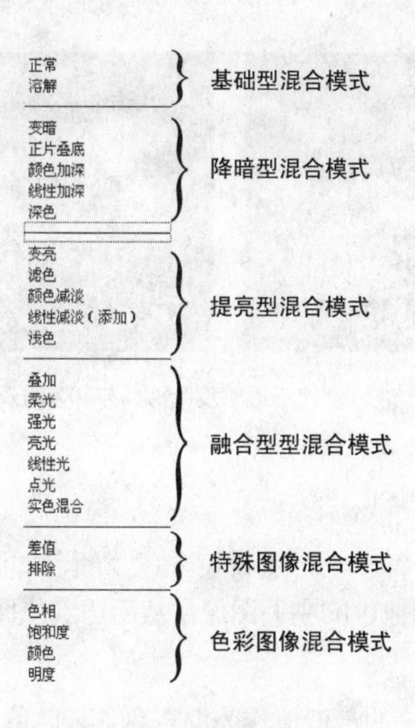

图5-2　混合模式类别图

5.1.2　基础型混合模式

此类混合模式包括“正常”和“溶解”两种混合模式，其中“正常”是Photoshop中默认的混合模式，这两种模式都是通过图层的不透明度及填充不透明度来控制图像与下面图像的混合效果。

1．正常混合模式

在默认的“正常”混合模式下，可以通过设置图像的不透明度及填充不透明度使图像与下面图像发生一定程度混合效果。图5-3所示的是参与混合的两幅原图像，图5-4所示的是使用正常混合模式、图层不透明度为45%时的图像效果及对应的面板。

图5-3　原图像

图5-4　正常模式不透明度45%的混合效果

2．溶解混合模式

此模式就是把当前图层的像素进行随机透明化处理，透明的像素显示出下层像素，图层不透明度越低，显示的下层图像像素就越多，图5-5所示的是不透明度80%与不透明度30%时的效果。

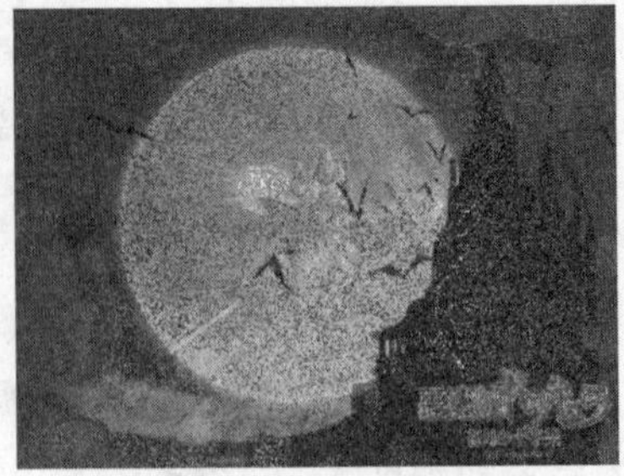

图5-5　溶解模式不透明度为80%与30%的效果

5.1.3　降暗型混合模式

此类混合模式包括“变暗”、“正片叠底”、“颜色加深”、“线性加深”、“深色”5种模式，主要用于滤除图像中的亮调图像，从而达到使图像变暗的效果。

1．变暗混合模式

此模式以两个图层图像亮度的最低值作为混合色，较暗的保留，较亮的将被替换掉，混合后色调变暗。使用此方法可以快速地合成一些对象与背景亮度差别大的图像。图5-6所示的是合成图像的原图像，图5-7所示的是合成后的效果及对应的“图层”面板。

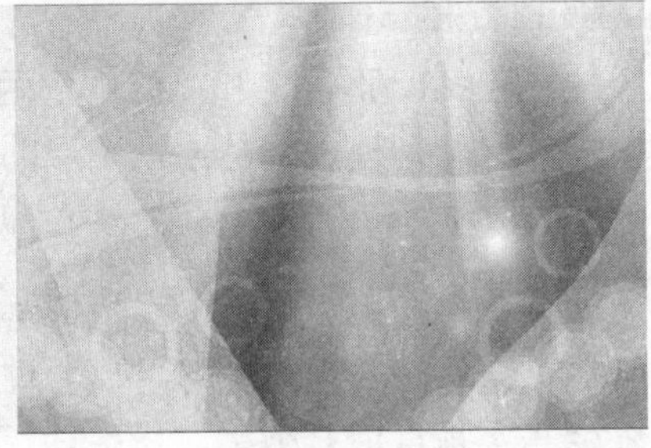

图5-6　合成图像的原图像

图5-7　合成后的效果及对应面板

此外复制背景后，执行滤镜中的“高斯模糊”效果再应用“变暗”混合模式增加图像的对比度，可以体现场景的飘渺感，制作出梦幻的效果，图5-8所示的是原图像，图5-9所示的是增加梦幻处理后的效果及“图层”面板。

图5-8　原图像

图5-9　增加梦幻处理后的图像

2．正片叠底混合模式

此模式的混合效果显示由上下图层的图像像素较暗的像素合成。任何颜色与黑色混合得到的是黑色，任何颜色与白色混合保持不变。图5-10所示的是使用“正片叠底”模式的原图像，图5-11所示的是图像合成后的效果及对应的“图层”面板。

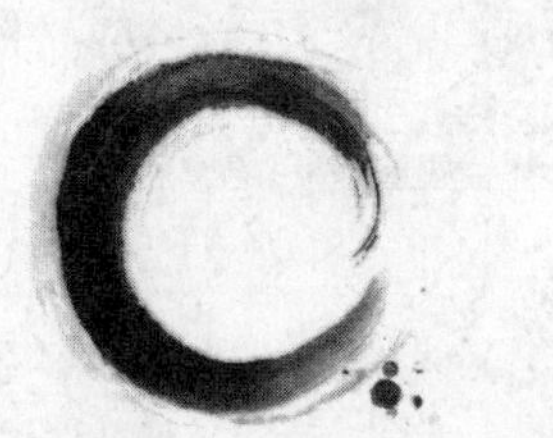

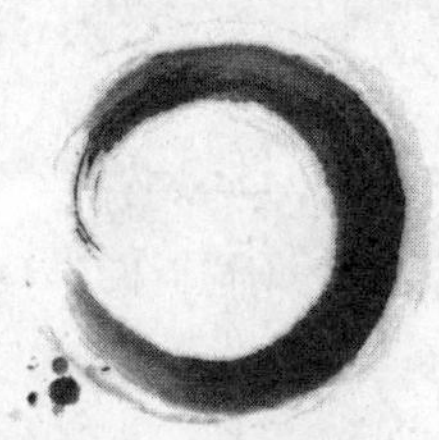

图5-10　使用正片叠底的原图像

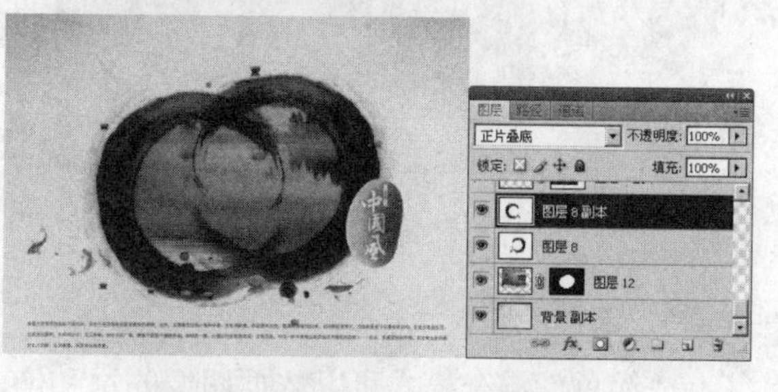

图5-11　合成后的图像最终效果

3．颜色加深混合模式

“颜色加深”模式可以加深图像的颜色，常用于非常暗的阴影效果，或降低图像的局部亮度。上层的像素颜色越深加深效果越明显。图5-12所示的是参与颜色加深的原图像，图5-13所示的是混合后的效果。

图5-12　原图像

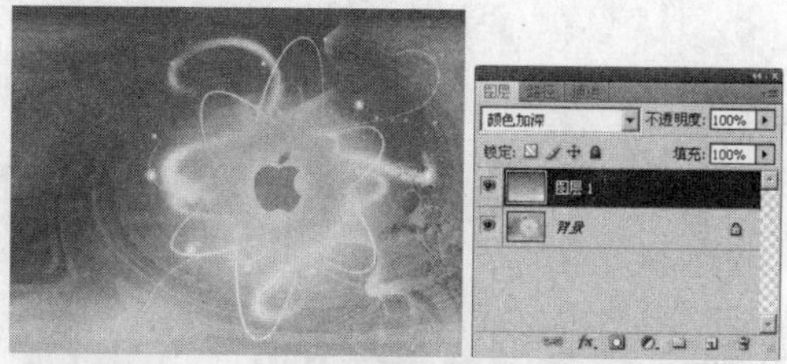

图5-13　混合后的图像效果及对应的面板

4．线性加深混合模式

此模式将加深所有通道中的基色，并通过提高其他颜色的亮度来反映混合颜色的变化，白色混合后无变化。图5-14所示的是原图像，图5-15所示的是线性加深后的效果和对应的面板。

图5-14　原图像

图5-15　“线性加深”的效果与对应面板

5．深色混合模式

“深色”混合模式可以依据图像的饱和度，用当前图层中的颜色，直接覆盖下方图层中的暗调区域颜色，颜色边缘没有任何过渡，如图5-16所示。

图5-16　“深色”效果与对应面板

5.1.4　提亮型混合模式

此类混合模式包括“变亮”、“滤色”、“颜色减淡”、“线性减淡”和“浅色”5种模式，与上面的降暗型混合模式刚好相反，此类混合模式主要用于滤除图像中的暗调图像，从而达到使图像变亮的效果。

1．变亮混合模式

此模式与“变暗”混合模式相反，将两个图层图像亮度的最高值作为混合色，将两层图像像素作比较，亮的保留，较暗的将被替换掉，混合后色调变亮。使用此模式可以快速更换背景，图5-17所示的为参与变亮混合的原图像，图5-18所示的是使用“变亮”混合模式后的图像效果及对应的“图层”面板。

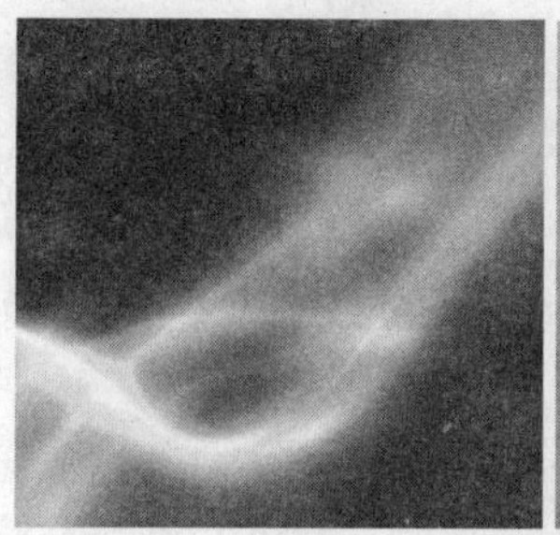

图5-17　原图像

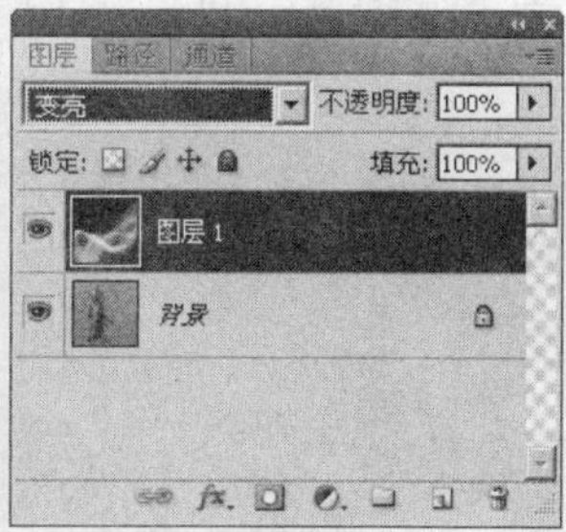

图5-18　混合后的效果及对应面板

2．滤色混合模式

此选项与“正片叠底”相反，此模式的混合效果显示由上下图层中的较亮的图像像素合成。与黑色进行混合时，颜色保持不变。图5-19所示的是参与合成的三幅原图像，图5-20所示的是合成后的图像效果及对应面板状态。

图5-19　原图像

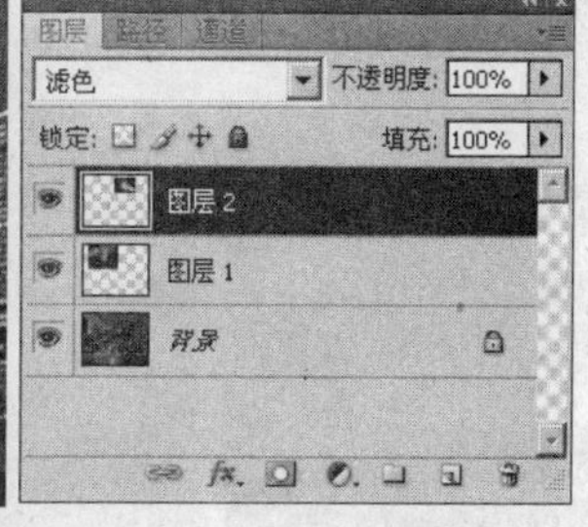

图5-20　合成后的图像效果及面板状态

3．颜色减淡与线性减淡混合模式

（1） 颜色减淡：查看每个通道的颜色信息，并通过减小对比度使基色变亮来反映混合颜色的变化。与黑色混合则不发生变化。

（2） 线性减淡：查看每个通道的颜色信息，加亮所有通道的基色，并通过降低其他颜色的亮度来反映混合颜色的变化。此模式对于黑色无效。

滤色与颜色减淡、线性减淡的效果相似这里就不再举例。

4．浅色混合模式

“浅色”混合模式与“深色”混合模式完全相反，可以依据图像的饱和度，用当前图层中的颜色，直接覆盖下方图层中的亮调区域。颜色边缘没有任何过渡，如图5-21所示。

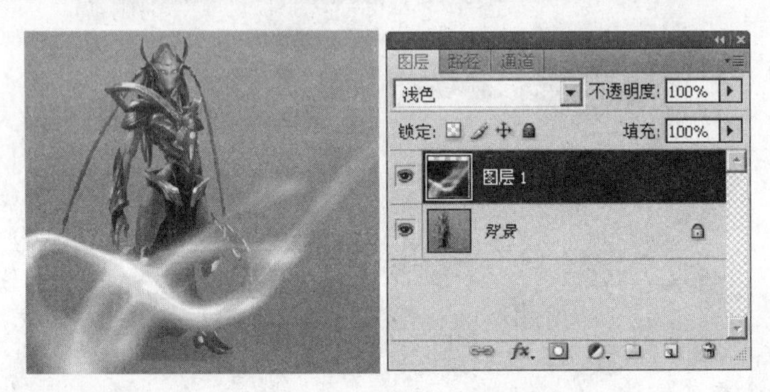

图5-21 “浅色”效果及对应面板

5.1.5 融合型混合模式

此类模式包括“叠加”、“柔光”、“强光”、“亮光”、“线性光”、“点光”和“实色混合”7种模式，将上下两层图像的像素进行不同程度的混合，另外此类混合模式还可以在一定程度上提高图像的对比度。

1．叠加混合模式

选择“叠加”混合模式，上层的图案或颜色将叠加于下层图像像素，同时保留基色的明暗对比。不替换基色，但使用基色与混合色相混以反映原色的亮度或暗度。此模式通常用来体现高光和阴影部分。图5-22所示的是原图像，图5-23所示的是复制原图层并设置图层混合模式为“叠加”后的图像效果，可以看出图像对比度明显提高。

用户可以多次更换叠加图像，查看效果，以深入了解该模式。

图5-22 原图像

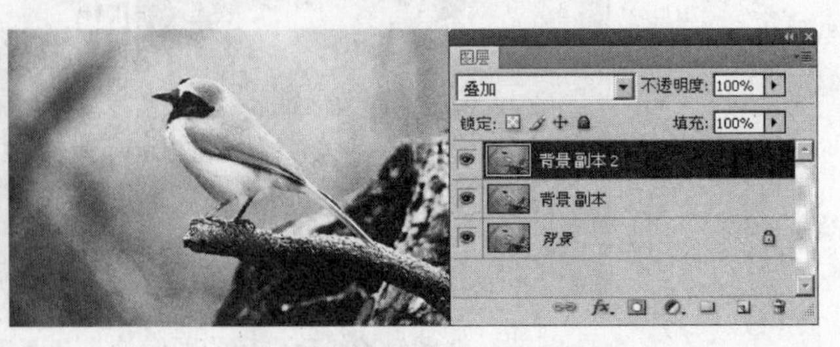

图5-23 叠加后的效果及面板状态

2．柔光混合模式

“柔光”混合模式可以使图像变亮或变暗，具体情况取决于下方图像像素的色彩，如果其比50%的色阶（128）亮则图像变亮，反之则暗。图5-24是原图像，图5-25所示的是添加黑白径向渐变色后，使用“柔光”混合模式的效果。

图5-24　原图像

图5-25　添加渐变柔光模式的效果

> 提示：这里所说的50%灰度为色阶值，在图像中每一个像素都有一个0～255之间的亮度值，50%的灰度就是128。关于色阶用户可以参考本书第八章图像颜色调整篇。

3．强光混合模式

此模式的叠加效果与“柔光”相似，但加亮、变暗的程度比“柔光”模式强的多。使用黑白颜色叠加会直接生成黑白色。

4．亮光混合模式

混合色比50%灰度亮，图像通过降低对比度来增加图像亮度，反之通过提高对比度来使图像变暗。

5．线性光混合模式

通过增加或减少亮度来加深或减淡颜色，具体情况取决于下方图层像素的色彩，如果其比50%灰度亮，则图像通过增加亮度使图像变亮，反之降低亮度使图像变暗，如图5-26所示。

图5-26　“线性光”效果及对应面板

6．点光混合模式

该模式将保留上下两图层的最暗和最亮像素，其他则根据下方图层像素的颜色相比50%灰色的亮度是变暗还是变亮。

强光、亮光、线性光、点光的混合模式的效果有些类似，用户可以打开前面的实例文件更改图层的混合模式来比较。

7．实色混合混合模式

“实色混合”的作用是对两层图像进行高强度的混合。通常情况下混合两个图层图像后亮调部分会变得更亮，暗调部分会变得更暗。此模式可以创建出一种具有较实的边缘的图像效果。

5.1.6 特殊混合模式

此类混合模式包括“差值”和“排除”两种模式，主要用于制作各种色彩特殊的效果。

1．差值混合模式

使用该模式可查看每个通道中的颜色信息，并从基色中减去混合色，或从混合色中减去基色，具体取决于哪一个颜色的亮度值更大。与白色混合将反转基色值；与黑色混合则不产生变化。图5-27所示的是原图像，图5-28所示的是与白色进行差值混合后的效果。

图5-27 原图像

图5-28 “差值”混合后效果及面板

2．排除混合模式

使用“排除”混合模式可以创建一种与差值模式相似但对比度更低的效果，如图5-29所示。

图5-29 “差值”与“排除”的效果

5.1.7 色彩图像混合模式

此类混合模式包括“色相”、“饱和度”、“颜色”和“明度”四种模式，它们主要是依据图像的色相、饱和度等基本属性，与下面的图像进行融合。

1．色相混合模式

“色相”混合模式使用基色的亮度和饱和度以及混合色的色相创建结果色。图5-30所示的是参与“色相”混合模式的原图像，图5-31所示的是进行色相混合后的效果及对应的“图层”面板。

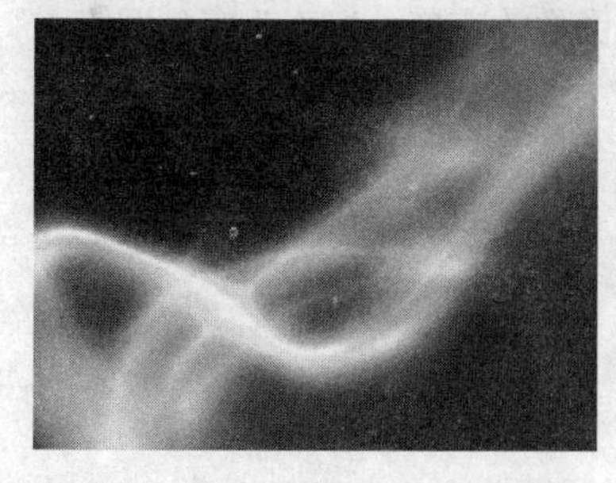

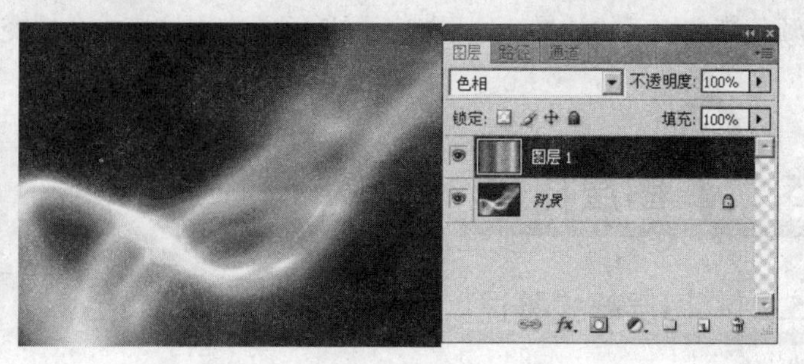

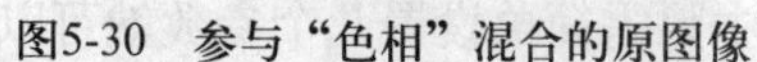

图5-30　参与“色相”混合的原图像　　　图5-31　“色相”混合的效果及对应面板

2．饱和度混合模式

“饱和度”混合模式用下方图层的“亮度”和“色相”以及上方图层的“饱和度”创建结果色，在无饱和度的区域上使用该模式绘画不会产生变化。图5-32所示的是参与饱和度混合的原图像，图5-33所示的是使用“饱和度”混合模式的效果及对应面板。

图5-32　原图像　　　图5-33　“饱和度”混合的效果及对应面板

3．颜色混合模式

选择此模式，最终图像的像素值由下方图层的亮度及上方图层的“色相”和“饱和度”值构成，这样可以保留图像的灰阶，并且给单色图像上色和给彩色图像着色都非常有用。图5-34所示的为原图像，图5-35所示的是使用“颜色”混合模式的效果及面板（光盘\素材\第五章\颜色混合模式.psd）。

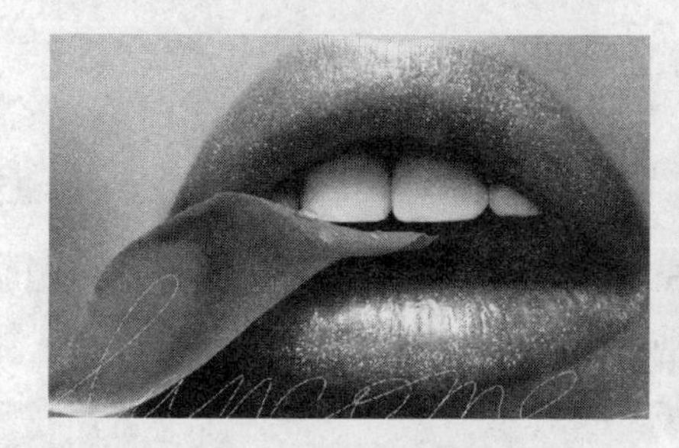

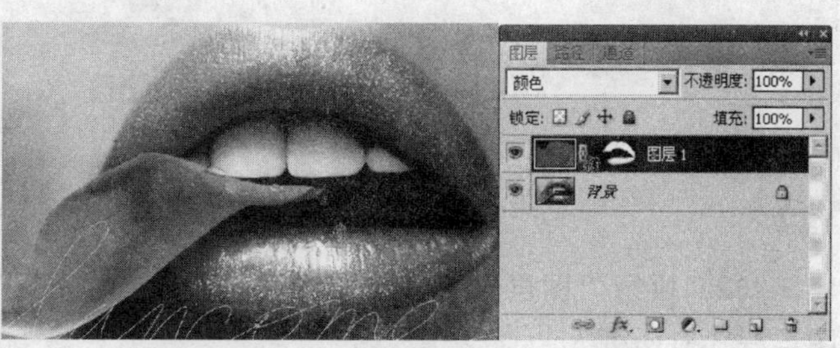

图5-34　原图像　　　图5-35　“颜色”混合效果及面板

4. 明度混合模式

“明度”混合模式用基色的色相和饱和度以及混合色的亮度创建结果色。此模式创建与颜色模式相反的效果，这里就不再举例。应用该模式会提交图像的亮度，但不改变色调值。

5.2 图层样式

5.2.1 图层样式概述

图层样式是Photoshop的优秀功能之一，在使用过程中只需简单设置几个参数就可以获得效果精美的作品。图5-36所示的是使用图层样式的作品。

图5-36 使用了图层样式的优秀作品（作者：谭伟）

在Photoshop中各类图层样式均集成于一个对话框中，而且其参数结构基本相似，打开“图层样式”对话框的方法有以下三种：

（1）单击“图层”面板下方添加“图层样式”按钮 fx.，在弹出的菜单中有10种图层样式，单击任意一种图层样式均可打开“图层样式”对话框，如图5-37所示。

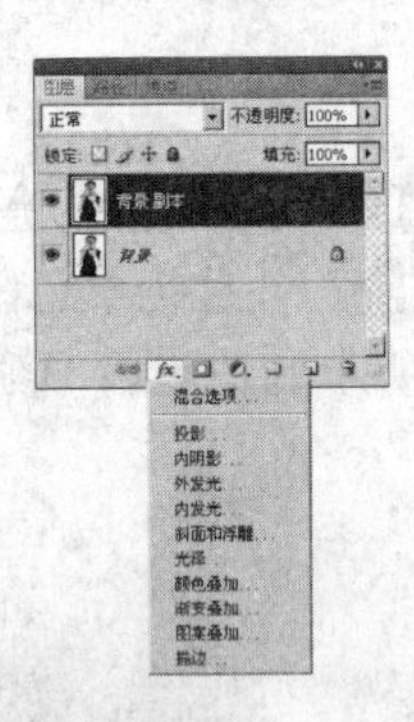

图5-37 添加图层样式菜单

（2）执行“图层”→“图层样式”命令，在其子菜单中选择任意一种样式即可打开图层样式对话框。

（3）双击“图层”面板中的图层缩览图也可以打开“图层样式”对话框。

“图层样式”对话框如图5-38所示，可以看出“图层样式”对话框在结构上分为三个区域，共包含了3类10个图层样式。

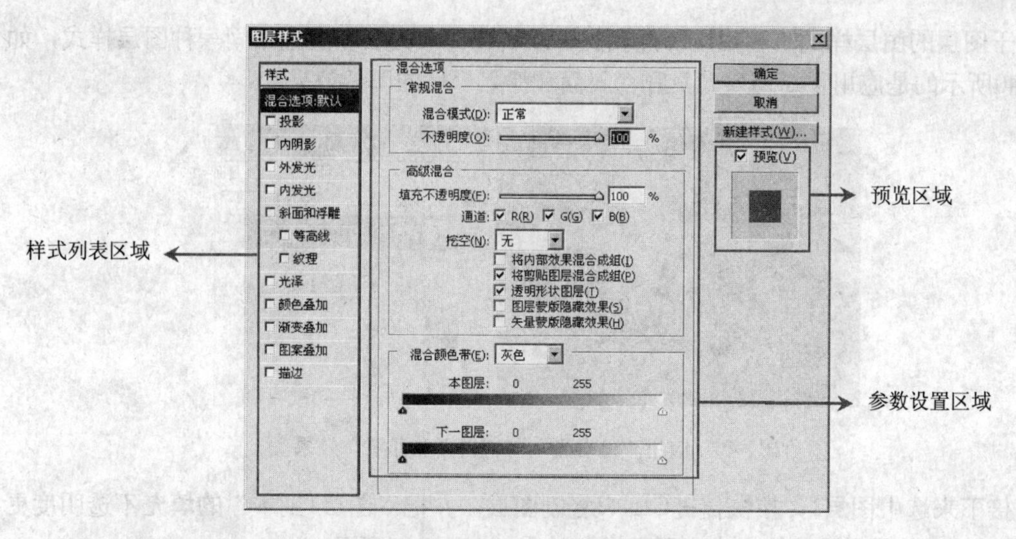

图5-38　“图层样式”对话框

（1）样式列表区：在该区域中列出了所有的图层样式，需要应用哪种样式只需要勾选图层样式前面的复选框，单击样式名称即可在对话框中的参数设置区域设置其参数。

（2）参数设置区域：在选择不同的图层样式后，参数设置区域会显示与之相对应的参数选项。

（3）预览区：在预览框内可以预览当前所设置的所有图层样式叠加在一起的效果。

5.2.2　混合选项

混合选项可以实现图像的像素级别合成，能够取得非常逼真、自然的混合效果。执行“图层”→“图层样式”→“混合选项”命令，弹出混合选项对话框，如图5-39所示。

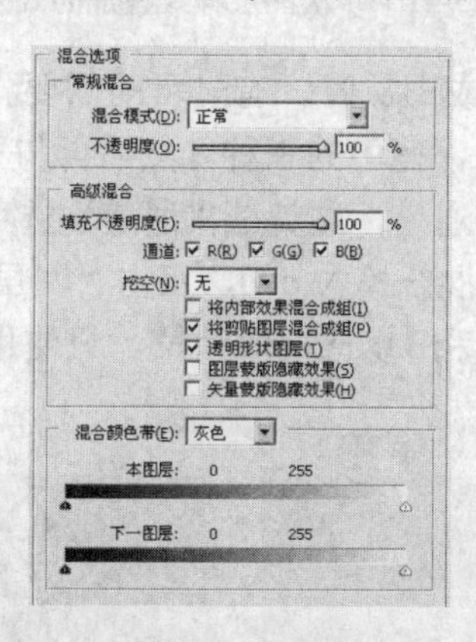

图5-39　混合选项参数

1．“常规混合”选项组

常规混合包含混合模式与不透明参数，与“图层”面板中对应的选项功能相同。

2．“高级混合”选项组

（1）“填充不透明度”选项。用于设置图层的填充不透明度，它与“图层”面板中的填充不透明度选项相同，使用填充不透明度仅影响在图层中绘制的像素和形状，不影响已用于图层的图层样式，利用这一点我们可以实现一个图层多次应用同一种图层样式，如图5-40所示的是应用了“外发光”和“斜面和浮雕”后的图像效果。

图5-40　应用“外发光”与“斜面和浮雕”效果

接下来选中图层1，按快捷键Ctrl+J复制图层，并把“图层1副本”的填充不透明度更改为0%。可以看到图层的样式出现了叠加效果，如图5-41所示。

图5-41　多次图层样式叠加的效果

（2）通道。在混合图层组或图层时，有时可能需要尝试将某一个图层中的图像改变为某种纯的颜色，也就是红、绿、蓝中的一种，然后再与下方的图层相混合，也就是限制了该图层与其下方图层相混合的通道，这就是“通道”选项的作用。

打开光盘\素材\第五章\变亮混合模式.psd，双击“图层1”图层缩览图，打开图层样式对话框，将“通道”选项中的R和B复选框取消掉，只使用绿色通道与其混合，得到的图像前后对比效果如图5-42所示。

图5-42　更改混合通道前后的效果

（3）挖空。此选项设定可以透过该层的特性区域看到其下方图层中的图像，如图5-43所示，把“图层1”设置为挖空效果并调整填充不透明度为10%时的效果。从中可以看出“图层1”直接挖空“图层2”与“图层4”显示出了背景图像。选项中的“浅”表示挖空到当前图层组的最底层或者剪贴组的最底层，“深”则表示挖空到背景层。另外“挖空”选项的效果与图层的填充不透明度有关，不透明度越低则挖空效果越清晰，不透明度为100%时的挖空是看不到的。可参见光盘\素材\第五章\挖空效果.psd。

图5-43　“挖空”效果及对应面板

（4）将内部效果混合成组。选中该选项后在图层内部产生的图层样式（例如内发光、光泽、颜色叠加及渐变叠加）先与当前图层进行混合，混和后得到的图像再与当前图层下方的图像进行混合。

（5）将剪贴图层混合成组。与“将内部效果混合成组”选项一样指在当前图层是一个剪贴图层组的基层时，选中该选项后则先混合所有剪贴图层组中的所有混合模式，再将混和得到的图像与下方的图层进行混合。

（6）透明形状图层。勾选此复选框可以将图层的效果限制在图层的不透明区域，如果取消该选项则可以在整个图层内应用效果。图5-44所示的是勾选与取消该选项的区别。

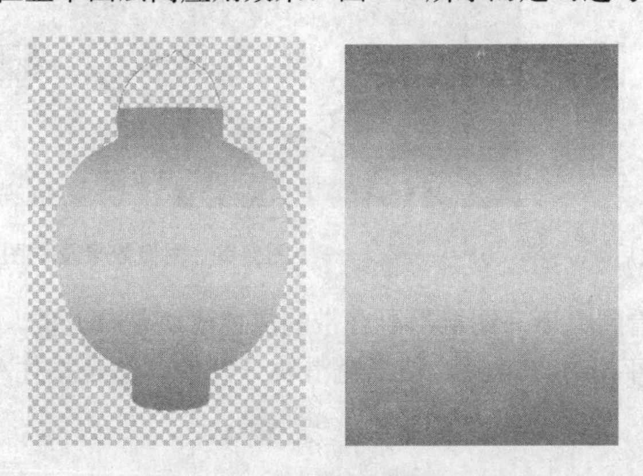

图5-44　勾选与取消勾选的区别

（7）图层蒙版隐藏效果。选中此选项可以使图层蒙版对图层样式起作用，否则图层蒙版将不影响图层样式。

（8）矢量蒙版隐藏效果。矢量蒙版隐藏的效果只对矢量蒙版起作用，选择该选项后可将图层样式限制在矢量蒙版所定义的区域。

3．混合颜色带

（1）混合颜色带。在此下拉列表框中可以选择需要控制混合效果的通道，如果选择“灰色”则按全色阶及通道混合整幅图像。

（2）本图层。此渐变条用于控制当前图层从最暗色调到最亮色调的像素显示情况。向右拖动黑色滑块则表示黑色部分被隐藏，向左侧拖动白色滑块可以隐藏本图层的亮调像素。例如，如果将白色滑块拖到180，则亮度值大于180的像素将被隐藏。

图5-45所示的是原图像效果，黑白渐变与背景处于不同图层。图5-46所示的是白色滑块拖动到180后的图像效果，及对应的“混合颜色带”参数对话框。

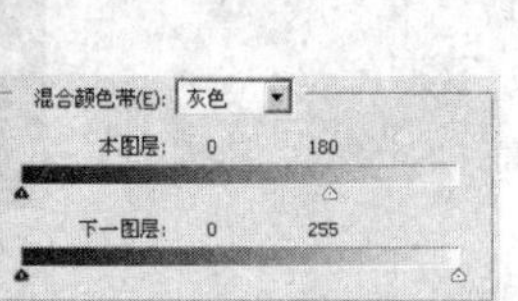

图5-45　原图像　　　　图5-46　调整混合颜色带后的图像

（3）下一图层。此渐变条用于控制下方的图层像素显示情况，向右拖动黑色滑块可以显示下方暗调像素，向左拖动白色滑块则可以显示下方亮调像素。我们把图5-45图像中的渐变层放在背景图像下方，然后选中原先的背景层，设置“混合颜色带”参数如图5-47所示，图像的效果及“图层”面板如图5-48所示。

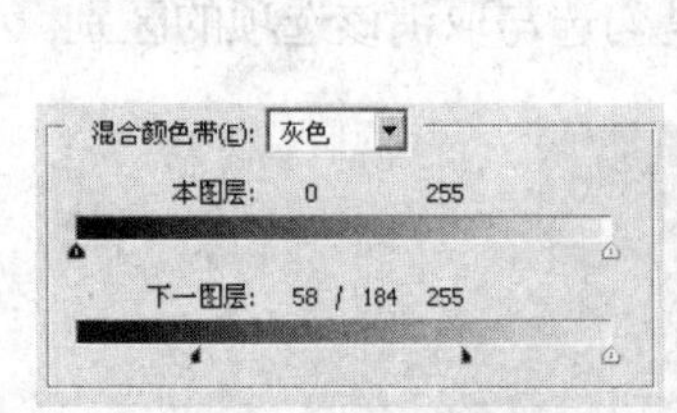

图5-47　设置参数后　　　　图5-48　图像效果及“图层”面板

在图5-47中可以看到“下一图层”混合带的黑色滑块是分开的，它的作用是使隐藏部分与被隐藏部分产生平滑过度效果。使黑色滑块分开的方法是按住Alt键单击拖动滑块的一半。

5.2.3　投影与内阴影图层样式

1．投影图层样式

“投影”图层样式可以为图像添加投影效果，使图像产生立体感。图5-49所示的是原图像与添加“投影”效果后的图像。

“投影”选项的设置参数区域如图5-50所示。“投影”参数共分为两个选项组“结构”和“品质”，下面对其参数进行详细讲解。

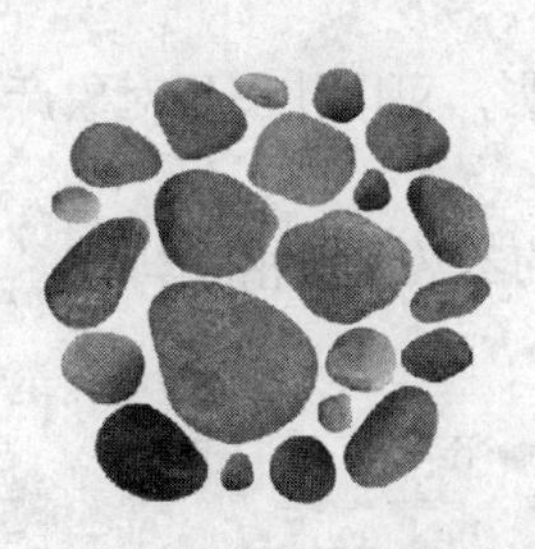

图5-49　原图像与添加投影后的图像效果

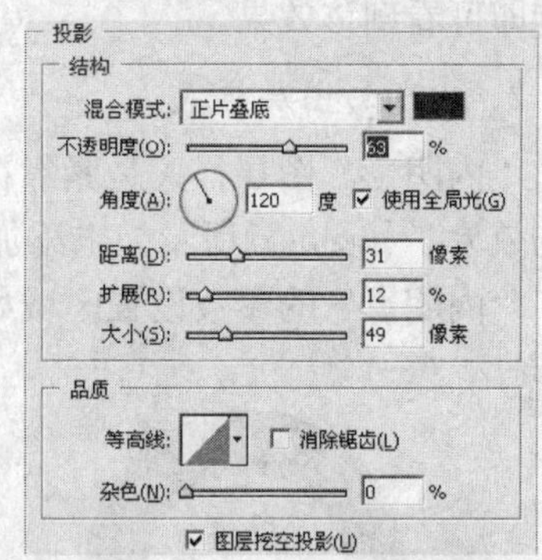

图5-50　“投影”参数设置

1）“结构”选项组

（1）混合模式：与图层混合样式相同效果，默认的是正片叠底模式。

（2）颜色预览框：单击“混合模式”右侧的颜色预览框，在弹出的拾色器中选择阴影的颜色。

（3）不透明度：设置阴影的不透明度，默认值是75%。

（4）角度：通过在控制盘中调整角度或在数值框中输入角度值控制阴影方向。

（5）使用全局光：勾选此复选框，可以为效果打开全局加亮，可使图像的光亮以及阴影呈现一致的效果。

（6）距离：此选项设置阴影和图层的内容之间的距离，阴影离物体越远，光源的角度就越低，反之则越高。

（7）扩展：用来设置阴影的大小，值越大，阴影的面积越大，阴影越显模糊。反之阴影清晰且面积小。

（8）大小：设置值越大，光源离层越远，阴影也越大；值越小光源离层越近，阴影也越小。

2）“品质”选项组

（1）等高线：此选项用来对阴影部分进行详尽的设置。等高线的高处对应阴影上的暗部，等高线上的低处对应阴影上的亮部。单击等高线缩略图可以打开等高线编辑器，如图5-51所示，用户可任意编辑等高线。

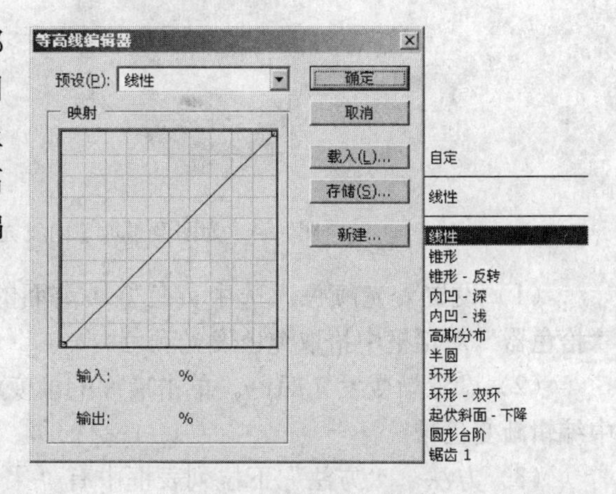

图5-51　等高线编辑器

（2）杂色：该选项用于向阴影部分随机添加透明点。

（3）图层挖空投影：勾选此项则图层将挖空与其重叠的阴影，调整图层的填充不透明度即可看到该效果。

2．内阴影图层样式

“内阴影”图层样式是紧靠在图层对象的边缘向内添加阴影，可以使图层对象产生凹陷的效果，如图5-52所示为未添加阴影和添加阴影后的效果。

“内阴影”的参数设置区域如图5-53所示，它与投影效果的参数大致相同。

图5-52　添加阴影效果前后的对比

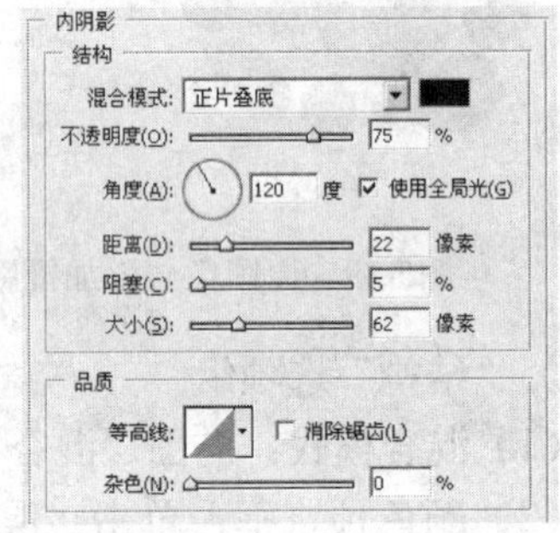

图5-53　“内阴影”参数区域

而“阻塞”选项是设置阴影的渐变程度，单位是百分比，这个值与“大小”相关，如果“大小”的值较大，阻塞效果也更明显。

5.2.4　内发光与外发光图层样式

“内发光”图层样式是从图层对象的边缘向对象内发散光线，外发光图层样式是从图层对象的边缘向外发散光线，如图5-54所示。

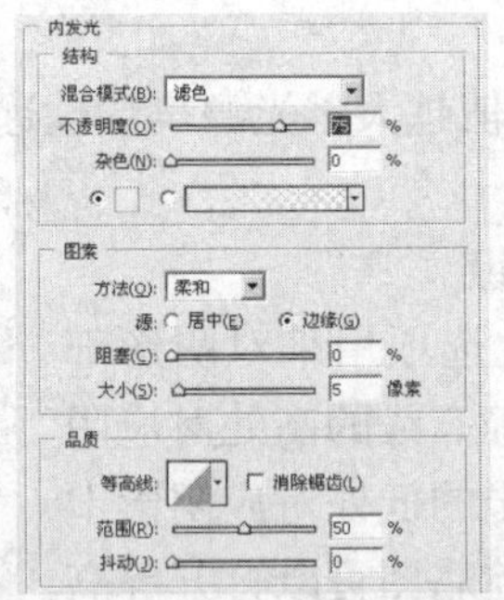

图5-54　为图像添加“内发光”和“外发光”的效果

（1）设置发光颜色。选中黄色方块前面的单选按钮，单击后面的颜色框，在打开“拾色器”对话框中拾取纯色发光颜色。

（2）设置渐变发光颜色。单击后面的渐变颜色预览框，在打开的渐变编辑器对话框中编辑渐变色带。

（3）方法。“方法”下拉列表框中有“柔和”与“精确”两个选项，“柔和”选项的光线穿透力要弱一些，“精确”选项可以使光线的穿透力更强一些。

（4）居中与边缘。设置光源的位置，“居中”是将光源置于发光对象的中心，“边缘”是将光源置于发光对象的边界，图5-55所示的是内发光时光源分别为“居中”与“边缘”的效果。

图5-55　光源设置为“居中”与“边缘”时的效果

（5）范围。控制发光内容作为等高线目标的部分或范围。

（6）抖动。可以在光线部分产生随机的色点，制作出“抖动”效果的前提是选用渐变颜色，而且是一种颜色到另一种颜色的渐变，图5-56所示的是“抖动”的效果。

图5-56　“抖动”的效果及参数

“内发光”和“外发光”的参数设置基本相同，如图5-57所示，图层样式的部分选项的作用与投影效果选项的作用相同，这里不再赘述。

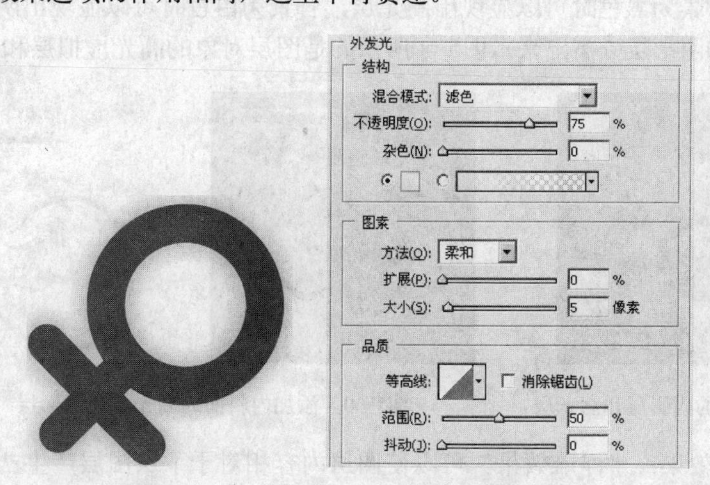

图5-57　“外发光”的参数区域

5.2.5　斜面和浮雕图层样式

应用该图层样式可以对图层添加高光与阴影的各种组合效果。使图像具有立体感，斜面和浮雕的参数包含“等高线”和“纹理”两个子参数，参数设置如图5-58所示。

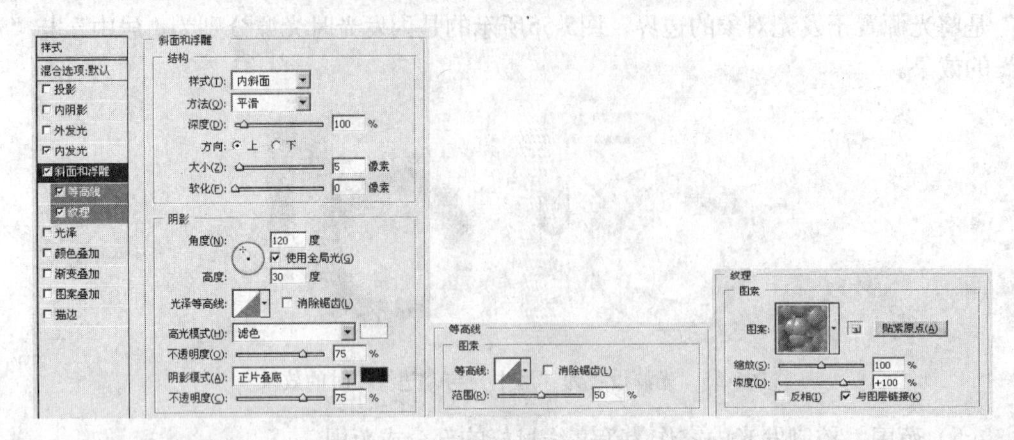

图5-58　“斜面和浮雕”参数设置区域

1．“样式”下拉列表

此列表中共有5个样式选项，包括“外斜面”、“内斜面”、“浮雕效果”、“枕状浮雕”和“描边浮雕”。

（1）外斜面：在图层内容的外边缘上创建斜面效果。被赋予了“外斜面”样式的层也会多出两个虚拟的层，一个是在上面的高光层，一个是在下面的阴影层，图5-59所示的是在使用黑色背景时显现出的高光层。

（2）内斜面：在图层内容的内边缘上创建斜面效果，被赋予了“内斜面”样式的层也会多出两个虚拟的层，一个在上，一个在下，分别是高光层和阴影层，混合模式分别是“正片叠底”和“正常”，这些和“外斜面”都是完全一样的，下面将不再赘述。

把添加“内斜面”的图层“填充不透明度”设为0，可以看到图像被透明化而图层样式仍然在，当背景为黑色时可以显现出高光层，背景为白色时可以显现出阴影层，这样就可以把高光层和阴影层分离出来。图5-60所示的是图层对象的高光虚拟层和阴影虚拟层。

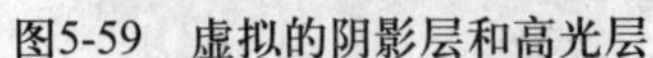

图5-59　虚拟的阴影层和高光层　　　　图5-60　添加内斜面的高光层和阴影层

（3）浮雕效果：“浮雕效果”可以使图层内容相对于下层图层产生凸出的效果。应用“浮雕效果”后添加的两个虚拟层都在层的上方，因此不需要再调整颜色和层的填充不透明度就可以同时看到高光层和阴影层。图5-61是添加“浮雕效果”后的图像。

（4）枕状浮雕：可以创建出图层对象边缘凹陷至下层图层的效果，添加了“枕状浮雕”样式的图层会一下子多出四个虚拟层，两个在上，两个在下。上下各含有一个高光层和一个阴影层。因此“枕状浮雕”是“内斜面”和“外斜面”的混合体。图5-62所示的是“枕状浮雕”的效果。

图5-61　浮雕效果　　　　图5-62　枕状浮雕

由图中可以看出，图层首先被赋予一个内斜面样式，形成一个突起的高台效果，然后又被赋予一个外斜面样式，整个高台又陷入一个“坑”当中，最终形成了如图所示的效果。

（5）描边浮雕：在图层的描边边界创建浮雕效果，该样式只有在添加了描边操作后才能看见效果。图5-63所示的是“描边浮雕”效果及参数。

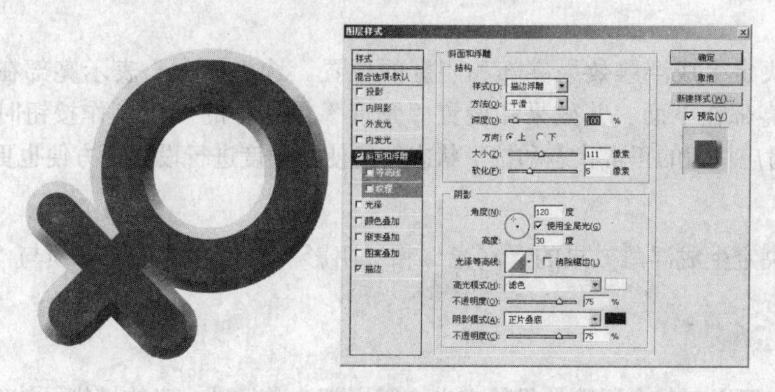

图5-63　“描边浮雕”效果及参数

2. “方法”下拉列表

其中共有“平滑”、“雕刻清晰”、“雕刻柔和”三项。

（1）平滑：对斜角的边缘进行模糊，从而制作出边缘光滑的效果，如图5-64所示。

（2）雕刻清晰：主要消除锯齿形状的硬边和杂边，得到的效果边缘变化清晰，立体感强，如图5-65所示。

（3）雕刻柔和：得到的效果边缘介于平滑和清晰之间，主要应用于较大范围的杂边，如图5-66所示。

图5-64　平滑　　　　图5-65　雕刻清晰　　　　图5-66　雕刻柔和

3．深度滑块

设置此选项的数值可以决定生成浮雕效果后的阴影强度，数值越大，阴影颜色越深。深度必须和“大小”配合使用，“大小”一定的情况下，用“深度”可以调整高台的截面梯形斜边的光滑程度。图5-67所示的是大小一定时，深度为100%和深度为1000%时的效果。

图5-67　深度为100%与深度为1000%的效果对比

4．方向

此选项决定生成浮雕效果亮部和阴影的位置。选中“上”表示亮部在上面，选中“下”表示亮部在下面。其效果和设置“角度”是一样的。在制作按钮时，“上”和“下”分别对应按钮的正常状态和按下状态，比使用角度进行设置更方便也更准确。

5．大小

此选项决定生成浮雕效果的“高光”和“阴影”面积的大小，必须与“深度”配合使用。

6．软化

“软化”可以对整个浮雕效果的高光、阴影部分进行进一步的模糊，使对象的表面更加柔和，减少棱角感。

7．角度与高度

设置光源照射的方向，这里的角度设置要复杂一些。圆当中不是一个指针，而是一个小小的十字，斜角和浮雕的角度调节不仅能够反映光源方位的变化，而且可以反映光源和对象所在平面所成的角度。这些设置既可以在圆中拖动设置，也可以在旁边的编辑框中直接输入。

8．使用全局光

这个选项默认情况下是选中的，表示所有的样式都受同一个光源的照射，调整一种层样式（比如投影样式）的光照效果，其他的层样式的光照效果也会自动进行完全一样的调整，如果要设置多个光源照射的效果，可以清除这个选项。

9．光泽等高线

此选项决定生成的浮雕图层的光泽质感，图5-68所示为将光泽度设置为“环形-双环”后的图像效果，可以看出图像显示出了极强的金属质感。

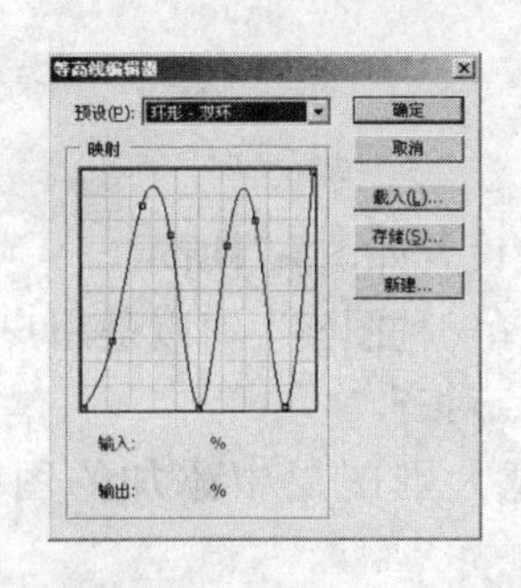

图5-68　设置等高线后得效果

10．高光模式与不透明度

这两个选项用来调整高光层的颜色、混合模式和透明度。单击其右边的颜色块，在打开的“拾色器”对话框中设置高光颜色。拖动“不透明度”滑块可以调节高光部分颜色的不透明度。混合模式默认为“滤色”。如图5-69所示的是设置“高光”模式为红色，混合模式为“正片叠底”的效果。

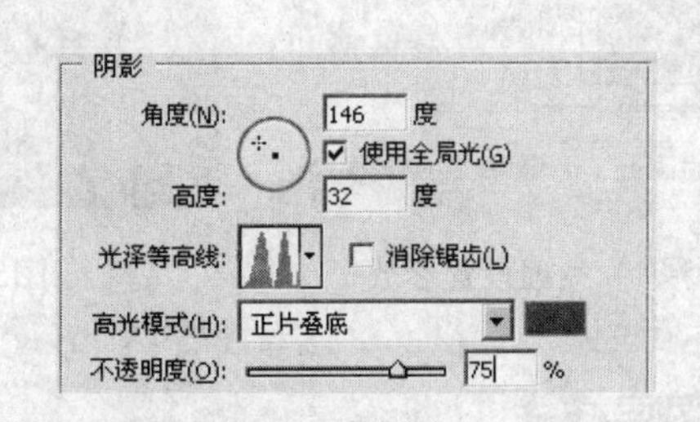

图5-69　修改高光模式后的效果及参数

11．阴影模式与不透明度

“阴影模式”的参数设置与高光模式是一样的，只是把反映色彩的部分换成了阴影区域，图5-70所示的是设置阴影颜色后的效果及参数。

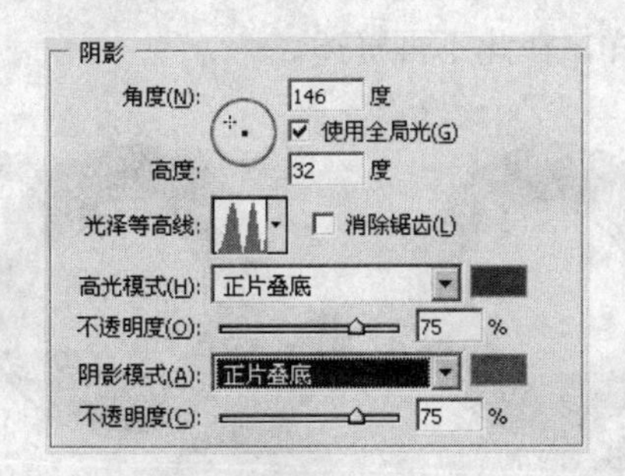

图5-70　修改阴影模式后的效果及参数

12．等高线

与“斜面和浮雕”中的“光泽等高线”效果不同，“斜面和浮雕”中的“光泽等高线”只会影响“虚拟”的高光层和阴影层。而对话框左侧的“等高线”则是用来为图层对象本身赋予明暗的条纹状效果。用户也可以使用这两种“等高线”混合来制作出一些特殊的效果。

13．纹理

使用纹理可以为图层添加材质。纹理参数设置如图5-71所示。

（1）图案：在“图案”下拉列表框中选择一种图案，可以是用户自定义的图案。

（2）贴紧原点：使图案的原点与文档原点对齐。

（3）缩放：缩放纹理贴图，缩放的越大则图层中添加的图案越密集，范围为0%~1000%。

（4）深度：修改纹理贴图的对比度，深度越大，纹理图案产生的凹凸感越强。

（5）反相：选中此选项则会取纹理的反相，相当于改变光源的方向。

（6）与图层链接：选中此选框移动图层时，添加的纹理会随图层一起移动。图5-72所示的是使用自定义图案填充的纹理效果。

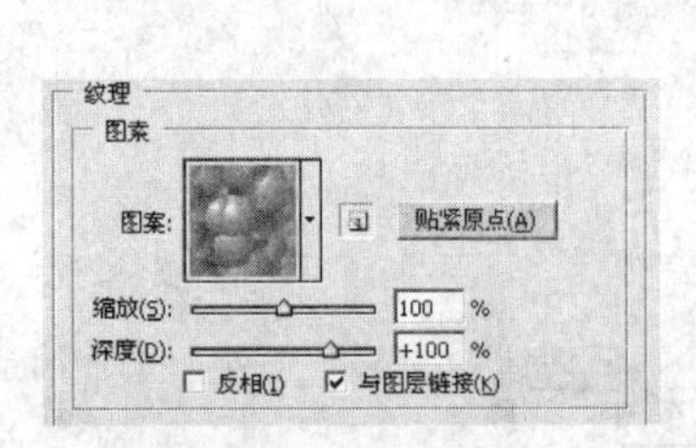

图5-71　纹理设置参数

图5-72　自定义图案填充的纹理效果

5.2.6　光泽图层样式

“光泽”图层样式用来创建光滑光泽的内部阴影，使用“光泽”可以产生类似绸缎一样的光泽。效果和图层的轮廓相关，即使参数设置一样，不同的内容的层添加“光泽”样式之后产生的效果也不相同。图5-73所示为图层添加“光泽”样式前后的效果。

“光泽”图层样式的选项如图5-74所示，其中的混合模式、角度、距离、大小等与前面所讲大致一样，在此不再赘述。

图5-73　添加“光泽”效果前后的对比

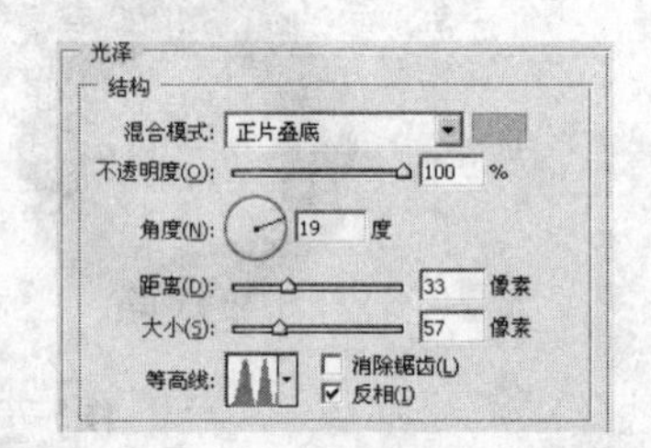

图5-74　“光泽”图层样式的选项

5.2.7　颜色叠加、渐变叠加与图案叠加图层样式

“颜色叠加”、“渐变叠加”和“图案叠加”三种图层样式是指用颜色、渐变或图案

填充内容。

1．颜色叠加图层样式

“颜色叠加”样式是在图层的上方添加了一个混合模式为不透明度100%的虚拟图层，如图5-75所示，为图层添加“颜色叠加”样式，设置颜色为黄色，混合模式为“正常”的效果。

图5-75　添加“颜色叠加”样式

由效果可以看出，“颜色叠加”样式类似于填充图层加剪贴蒙版的效果。它的参数设置也很简单，如图5-76所示，混合模式、不透明度等都与“图层”面板中的设置相同。

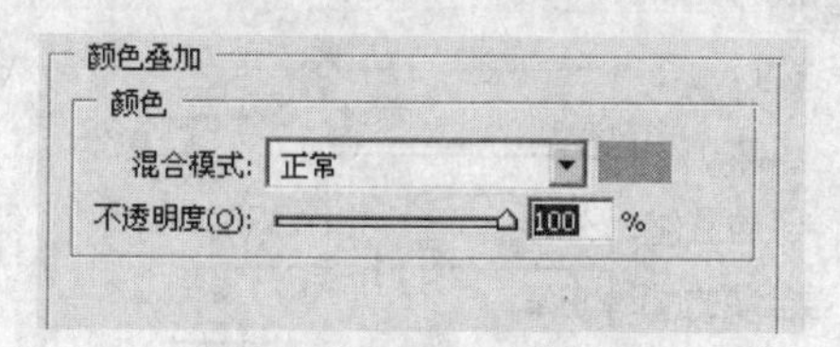

图5-76　“颜色叠加”参数

2．渐变叠加图层样式

“渐变叠加”可以为当前图层添加一层渐变颜色的虚拟层。它的效果相当于渐变填充图层加剪贴蒙版。效果及参数如图5-77所示。

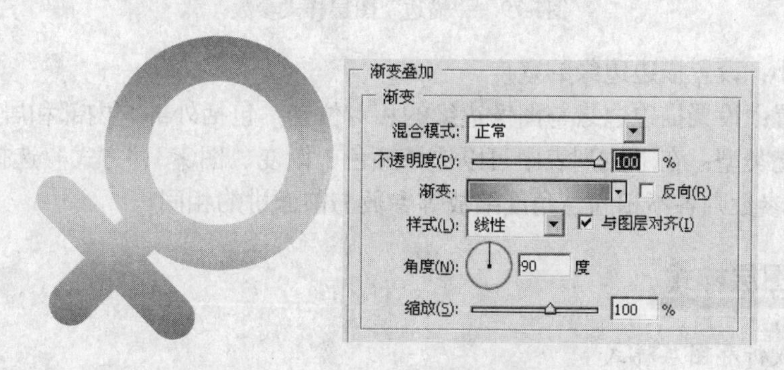

图5-77　“渐变叠加”效果及参数

“渐变叠加”的参数与前面讲述的渐变填充图层参数设置相似，这里不再赘述。

3．图案叠加图层样式

“图案叠加”的效果与“图案填充图层”的效果相同，这里就不再讲述。

5.2.8 描边图层样式

“描边”图层样式是使用颜色、渐变或图案在当前图层上描画对象的轮廓，它对硬边形状特别有用。“描边”样式直观、简单较为常用。它比“编辑”菜单中的“描边”命令更灵活，并且可以设置渐变和图案描边效果。图5-78所示的是渐变描边和图案描边。

图5-78 渐变描边和图案描边

“描边”图层样式中的各个参数的作用也与“编辑”菜单中的“描边”命令差不多，如图5-79所示。

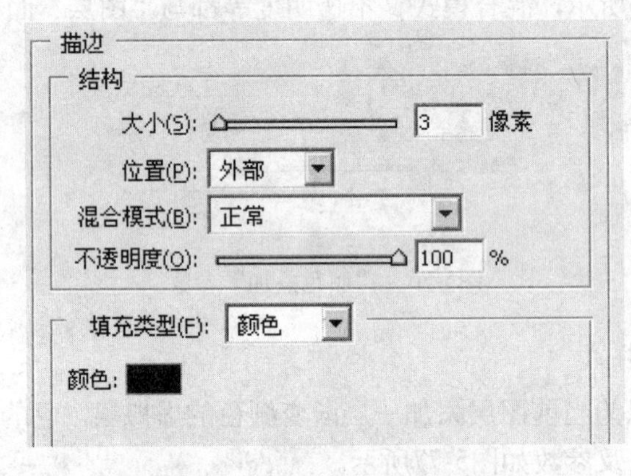

图5-79 “描边”图层样式参数

（1）大小：设置描边边缘的宽度。

（2）位置：设置描边边缘与图像边缘的相对位置，包括外部、内部和居中。

（3）填充类型：在下拉列表中可以选择颜色、渐变、图案3种方式。选择不同的填充方式其显示的参数则各不相同，角度缩放等参数与前面讲的相同。

5.2.9 编辑图层样式

1．展开或折叠图层样式

为图层添加图层样式后，在图层名称的后面会出现“图层样式”按钮 fx，单击按钮后面的向上和向下三角可以折叠和展开图层样式，如图5-80所示。

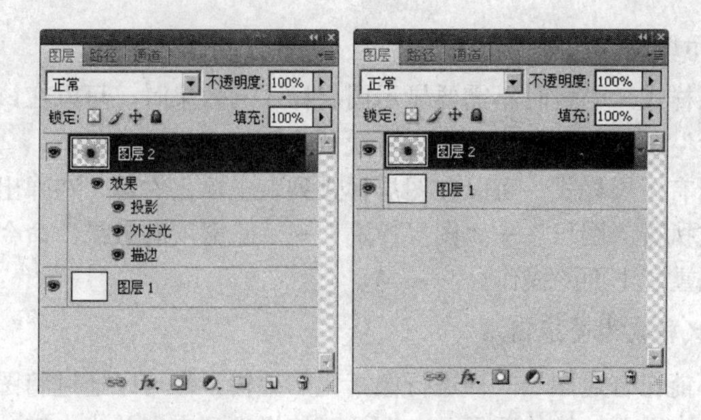

图5-80　展开折叠图层样式

2．复制与移动图层样式

图层的样式可以使用复制粘贴使多个图层应用相同的样式效果，或直接移动图层效果至另一图层上，具体方法如下所述：

（1）选中需要复制图层样式的图层，执行“图层”→“图层样式”→“拷贝图层样式”命令，然后在粘贴的图层上执行“图层”→“图层样式”→“粘贴图层样式”命令即可。

（2）在需要复制图层样式的图层上，按住Alt键用鼠标拖动 fx. 按钮至目标图层即可。（如果不按Alt键则为移动）如图5-81所示。

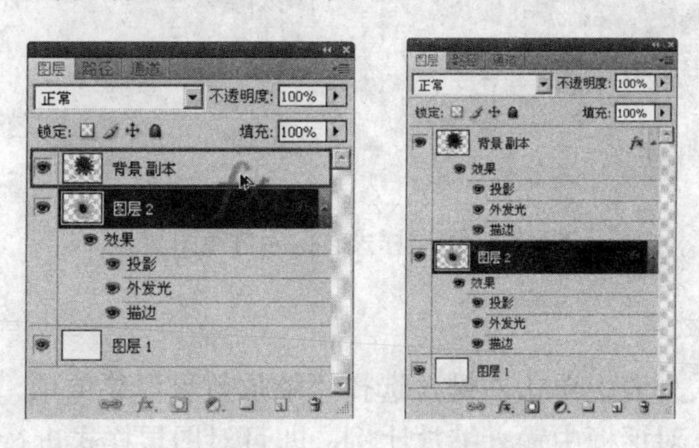

图5-81　复制图层样式

（3）如果要复制单个图层效果，可以按住Alt键直接拖曳该效果名称至目标图层（不按Alt键则为移动），如图5-82所示。

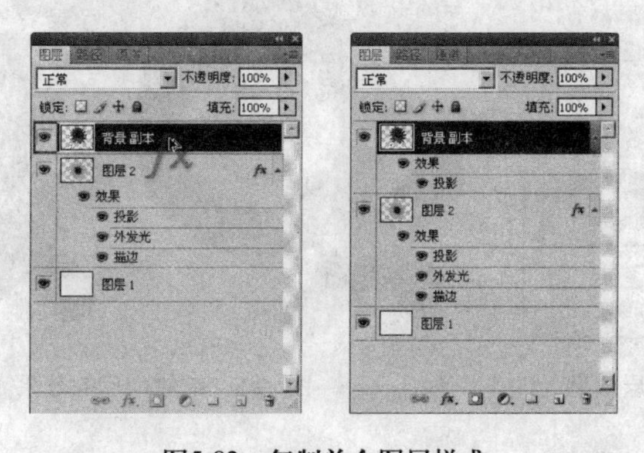

图5-82　复制单个图层样式

3．隐藏和显示图层样式

隐藏单个图层样式，当暂时不需要显示图层样式的效果时，可以在该图层下方的图层样式上单击“眼睛”图标 关闭该效果，再次单击即可启用该效果。

如果要隐藏所有图层样式，可以在图层样式列表上单击右键，在弹出菜单中选择隐藏所有图层样式，或执行“图层”→“图层样式”→“隐藏所有效果”命令。如果需要重新显示图层样式可以重复上面的操作。

4．将图层样式转换为普通图层

图层样式并不能像普通图层一样进行像素化的编辑，但可以通过将图层样式转换为普通图层来解决。选中需要转换的图层，在图层下的样式列表上单击右键，在弹出的菜单中选择创建图层，或执行“图层”→“图层样式”→“创建图层”命令，即可把图层样式转换为普通图层。

接下来就可以用处理普通图层的方法修改和调整新图层了。图5-83所示的是图层样式转换为普通图层前后的效果对比。

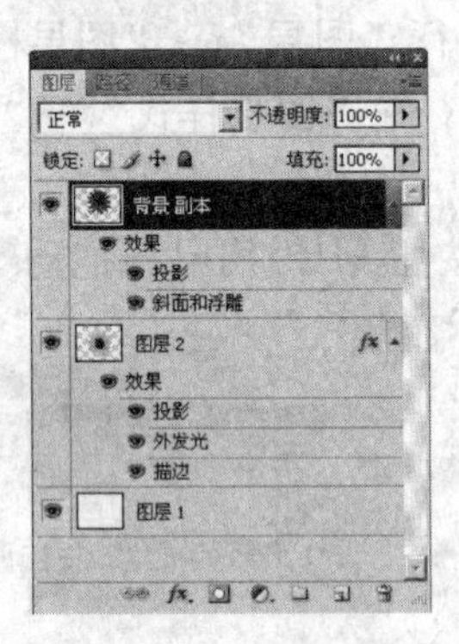

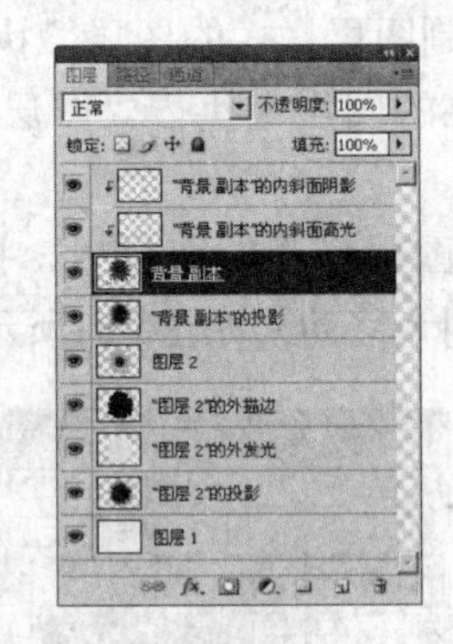

图5-83　图层样式转换为普通图层

5．缩放图层样式效果

在图层下方的样式列表上单击右键，选择“缩放效果”菜单项，在弹出的如图5-84所示的“缩放图层效果”对话框中输入缩放比例，即可对图层样式进行缩放。缩放效果相当于重新设置图层样式参数中的“大小”、“缩放”等选项。图5-85所示的是发光图层样式缩放为350%前后的效果对比。

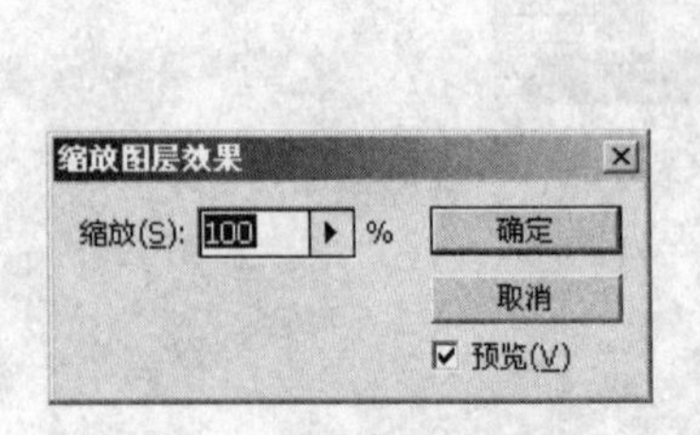

图5-84　缩放图层效果

图5-85　缩放前后的效果

5.2.10　样式面板

在Photoshop中已经存储了多种常用的预设样式，只需要在“样式”面板中单击样式图标，即可为对象创建一些复杂的图层样式。执行“窗口”→“样式”命令，打开“样式”面板，如图5-86所示。

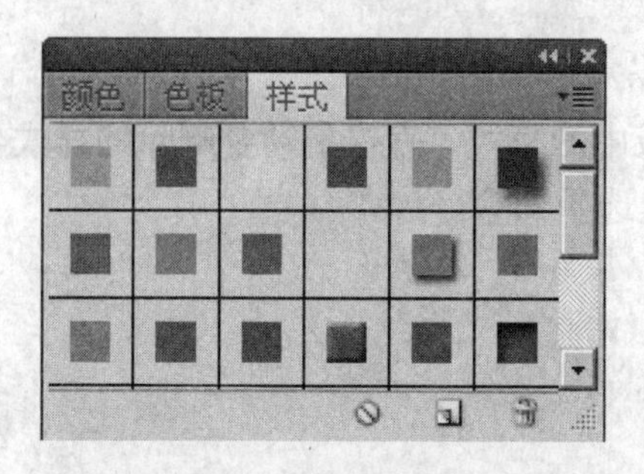

图5-86　图层样式面板

1．应用样式

在“图层”面板中选择需要添加样式的图层，然后单击“样式”面板中的预设样式即可为图层添加样式效果，如图5-87所示。

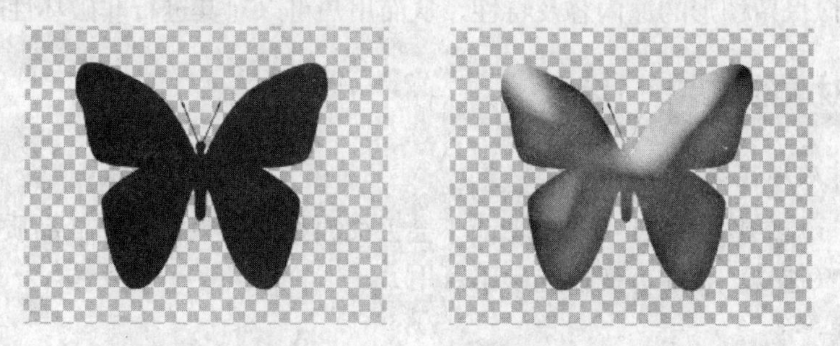

图5-87　为图层添加样式

2．载入样式

单击“样式”面板右上角的按钮，在弹出的菜单中选择一种样式，在弹出的图5-88所示对话框中选择“确定”或“追加”，即可为当前面板载入样式。

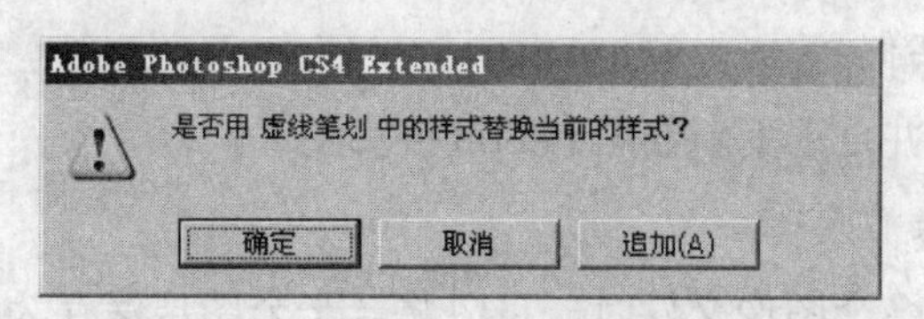

图5-88　载入样式对话框

3．创建新样式

用户可以将自己制作的图层样式添加到“样式”面板中，方便以后使用。要添加样式，将鼠标放在“样式”面板空白处，当鼠标变成形状时单击，弹出如图5-89所示的新建样式对话框。单击“确定”按钮即可将此样式保存在“样式”面板中。

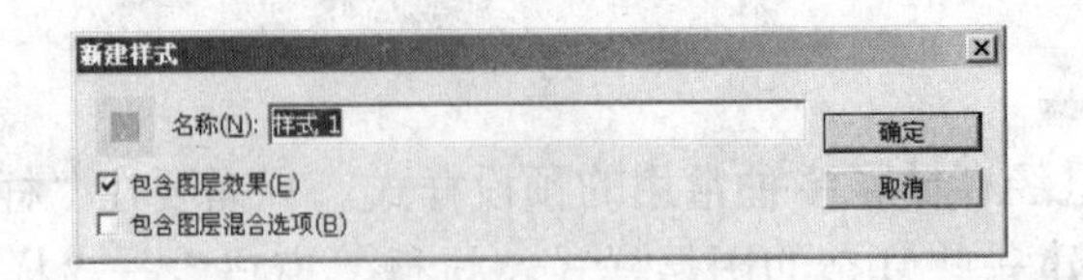

图5-89　新建样式

4．删除样式

想要删除“样式”面板中的样式，直接拖动要删除的样式至“删除”按钮 上，或在要删除的样式上单击右键选择删除。

5.3 智能对象

5.3.1 了解智能对象

智能对象是Photoshop的革命性功能之一，现在已经被越来越多的设计者重视，它具有许多的优秀特性。简单地说，智能对象就是一类图层，在智能对象中可以包含位图或矢量图形，并可以保留图形的原内容及特性，从而用户可以对其进行非破坏性的编辑。

5.3.2 智能对象的优点

1．执行非破坏性编辑

可以缩放、旋转图层或使图层变形而不会丢失原始图像数据或降低品质，因为变换不影响原始数据（透视、扭曲、变换选项不可用）。

2．处理矢量数据。

如Illustrator中的矢量图片，若不能使用智能对象，这些数据在Photoshop中将进行栅格化。

3．非破坏性应用滤镜

可以随时编辑应用于智能对象的滤镜。

4．同步调整多个实例

编辑一个智能对象并自动更新其所有的链接实例。

5．降低图层的复杂程度

当用户编辑一个或多个图像文件时，可以将若干个图层保存为智能对象，可以降低图像文件中图层的复杂程度，这样便于管理和操作图像文件。

5.3.3 智能对象的创建

智能对象的创建主要有以下几种方法。

1．打开文件为智能对象

执行“文件”→“打开为智能对象”命令，将图像打开为智能对象，在Photoshop中智能对象是一个特殊的图层，其右下角有一个智能对象的标志，如图5-90所示。

图5-90　智能对象图层

2．将一个或多个图层转换为智能对象

在“图层”面板中选择一个或多个图层，执行“图层”→“智能对象”→“转换为智能对象”命令，或单击右键在弹出的菜单中选择“转换为智能对象”命令，即可将一个或多个对象转换为智能对象，如图5-91所示。

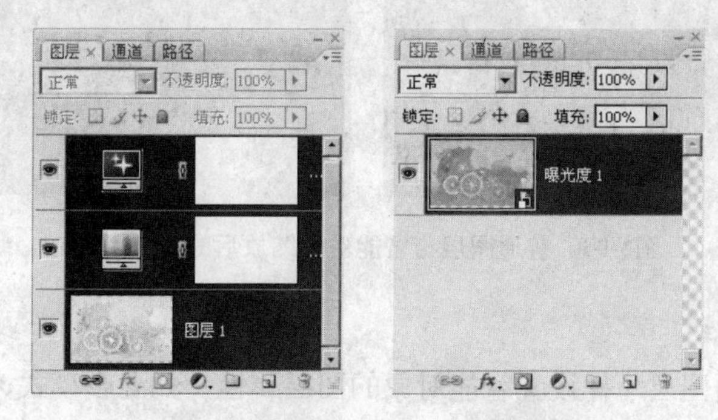

图5-91　选择多个图层转换为智能对象

3．置入文件为智能对象

执行“文件”→“置入”命令，在弹出的对话框中选择一种图像文件，如果选择的是矢量文件，则会弹出置入PDF对话框，确定后在当前图像中得到一个有变换控制框的矢量图形，此时可以通过拖动变换框改变图形大小，双击变换控制框后即可在当前操作的文件中生成一个智能对象，如图5-92所示。

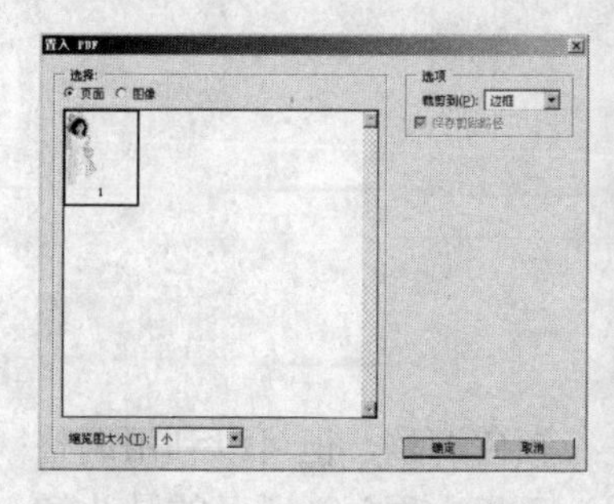

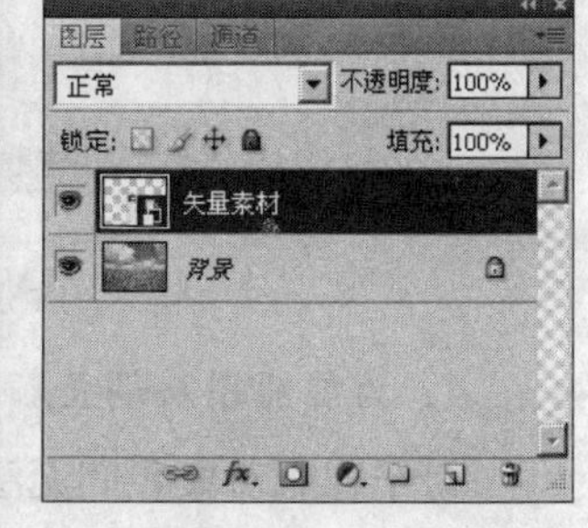

图5-92　置入文件为智能对象

4. 直接从Illustrator中拷贝并粘贴到Photoshop图像文件中

可以直接从Illustrator中将图像拖动至Photoshop窗口中，或选中图层直接拖动到Photoshop中建立智能对象。

5.3.4 编辑智能对象

智能对象图层与文字图层相似，用户无法对其使用绘图工具、滤镜等编辑图层。通常可以对智能对象进行以下操作。

1. 变换

可以对智能对象进行缩放、旋转等变换操作，但扭曲、透视等不可用。对智能对象进行的变换是非破坏性的，智能对象能够保留最原始的数据，如图5-93所示的是普通图层和智能对象缩小100倍再放大后的效果对比。

图5-93 普通图层与智能对象缩放后的效果对比

2. 更改图层属性

可以像对待普通图层一样设置智能对象的图层属性，如混合模式、不透明度、填充不透明度以及添加图层样式等。

3. 编辑智能对象内容

双击智能对象，弹出如图5-94所示的对话框，单击“确定”按钮后Photoshop会自动打开一个新的文件窗口，窗口中存在智能对象所包含的普通图层，此时可以对其任意编辑，编辑完成后单击关闭按钮，则保存对智能对象的更改并退出编辑。

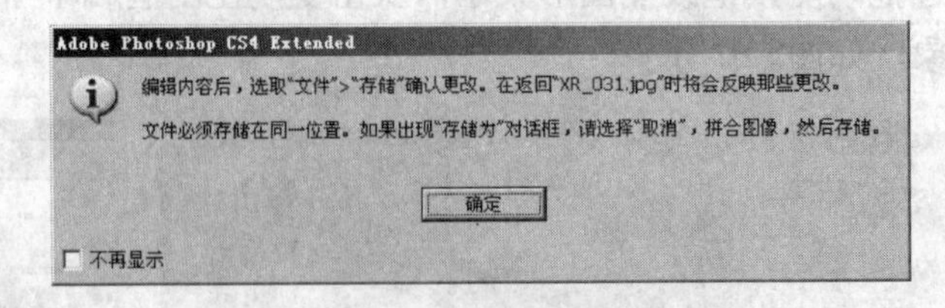

图5-94 提示对话框

4. 为智能图层调整颜色

对于智能对象我们无法直接使用图像调整命令来对其进行颜色调整，但可以利用调整图层对智能对象进行调色。图5-95所示的是原图像及“图层”面板，图5-96所示的是为智能对象添加色彩调整图层后的效果及“图层”面板。

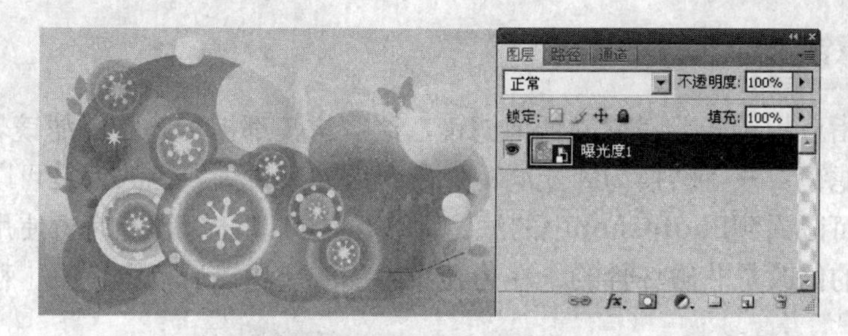

图5-95　原图像及“图层”面板

图5-96　添加调整图层后的效果及“图层”面板

5．复制智能对象

在Photoshop文件中可以对智能对象进行复制来创建新的智能对象图层，新的智能对象也可以与原智能对象处于链接关系，使得无论修改哪一个智能对象都会影响另外的智能对象。

（1）如果希望两者处于链接关系，选中智能对象图层后，执行“图层”→“新建”→“通过拷贝的的图层”命令，也可以直接将智能对象拖至“图层”面板中的“创建新图层”按钮 上。

（2）如果希望复制的智能对象与原对象没有链接关系，可以在选中图层后，执行“图层”→“智能对象”→“通过拷贝新建智能对象”命令。

6．处理智能对象中的矢量数据

如果智能对象的内容是矢量图形，则矢量图形不会被栅格化，仍然保留矢量图层的特性，可以随意的缩放。如果在“图层”面板中双击该智能对象，则可以启动用于编辑此矢量图形的软件，在矢量软件中编辑矢量图形并保存后，智能对象中的图像也可以实现即时更新。

7．导出智能对象

通过导出智能对象可以得到嵌入在智能对象中的位图或矢量文件。导出智能对象首先选中对象，然后执行“图层”→“智能对象”→“导出内容”命令，在弹出的对话框中为文件选择保存位置并命名。

8．栅格化智能对象

智能对象属于一类特殊的图层，所以很多图像编辑操作无法实现，唯一的解决方法就是将智能对象栅格化。其操作方法是选中该对象，单击右键，在弹出的菜单中选择“栅格化图层”命令即可将智能对象转换成普通图层。

5.3.5 智能滤镜

智能滤镜指应用于智能对象的任何滤镜，这些滤镜都被称为智能滤镜。图5-97所示的菜单是执行“滤镜”→“转换为智能滤镜”命令后的菜单。黑色的都是可以针对智能对象使用的滤镜，可以看到Photoshop中的滤镜大多数是可以针对智能对象使用的。另外，智能滤镜对图像的修改是非破坏性的，在为图像添加智能滤镜后可以调整、移去或隐藏智能滤镜的效果。

1．添加智能滤镜

添加智能滤镜可以按照下面的方法操作。

选中要添加智能滤镜的智能对象图层，在“滤镜”菜单中选择应用的滤镜命令，在弹出的滤镜对话框中设置适当的参数，单击“确定”按钮即可生成一个对应的智能滤镜图层。图5-98所示是为智能对象使用拼贴滤镜的图像效果及“图层”面板（可参见光盘\素材\第五章\智能滤镜.psd）。

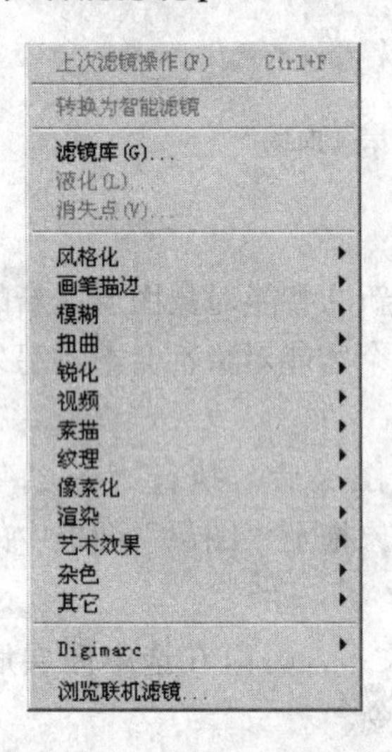

图5-97 可以针对智能对象的智能滤镜

图5-98 智能滤镜

2．使用智能滤镜蒙版

智能滤镜蒙版是指“智能滤镜”名称旁边的白色缩略图，其功能与图层蒙版类似，通过编辑它可以有选择地屏蔽智能滤镜。

> 提示：智能滤镜屏蔽的是当前图层所用的所有智能滤镜，而不是某一个智能滤镜。

智能滤镜的原理与图层蒙版的原理完全相同，即黑色表示透明，白色表示不透明，灰色表示半透明。

编辑智能滤镜蒙版的方法也与图层蒙版完全相同。选择“画笔工具”或“渐变工具”等，在蒙版上涂抹即可。按住Alt键单击蒙版可以仅显示图层蒙版，便于编辑。按Shift键单击蒙版可以暂时屏蔽蒙版效果。移动复制及删除智能滤镜蒙版都与普通蒙版的操作相似，这里就不再赘述。编辑智能滤镜蒙版的效果及“图层”面板如图5-99所示。

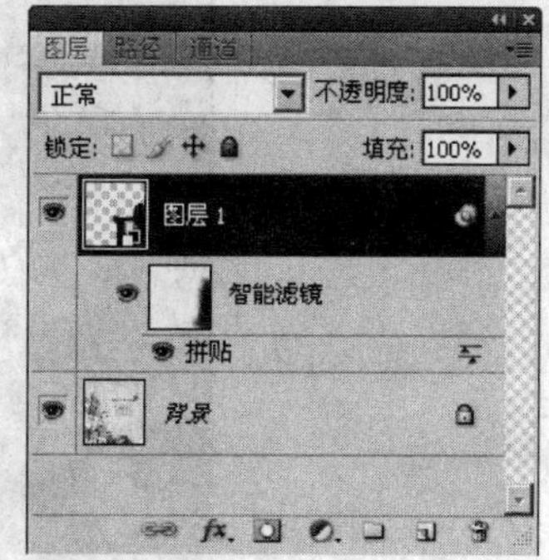

图5-99　编辑智能滤镜蒙版后的效果及“图层”面板

3．编辑智能滤镜

智能滤镜效果在添加后可以任意更改其参数，以便实现需要的效果，其方法也很简单，直接双击智能滤镜的名称即可，这一点与编辑图层样式类似。

4．智能滤镜混合选项

智能滤镜的混合模式与图层的混合模式效果相同，但是智能滤镜混合模式的设置非常灵活，可以为每一种添加过的滤镜效果的图像更改不同的混合模式，使得显示的图像效果复杂多变。

要更改智能滤镜的混合模式可以通过双击滤镜效果名称右边的 按钮，在弹出的如图5-100所示的对话框中设置混合模式的类型及不透明度。图5-101所示的是为滤镜设置混合模式为差值，不透明度为100%的效果。

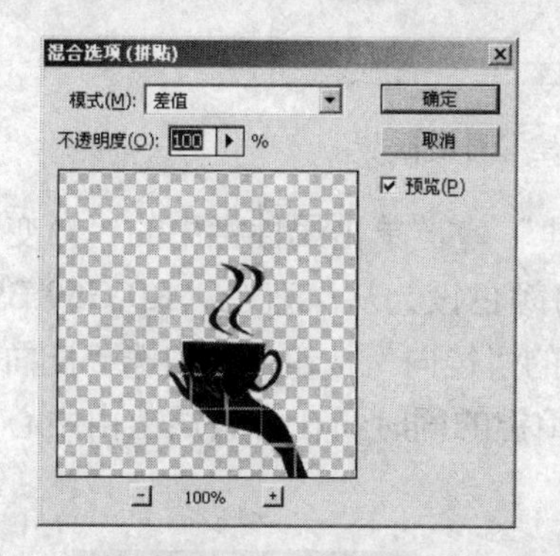

图5-100　滤镜混合模式对话框图

图5-101　设置混合模式为差值的效果

5.4 课堂范例——制作房地产广告

本实例将讲解房地产广告的制作。本例主要使用了图层混合模式、图层样式以及滤镜等功能制作，有助于巩固本章所学重点内容。效果如图5-102所示。

图5-102 房地产广告效果

（1）新建文件。新建一个21cm×32cm的文档，颜色模式为RGB，分辨率为100像素/英寸，如图5-103所示。

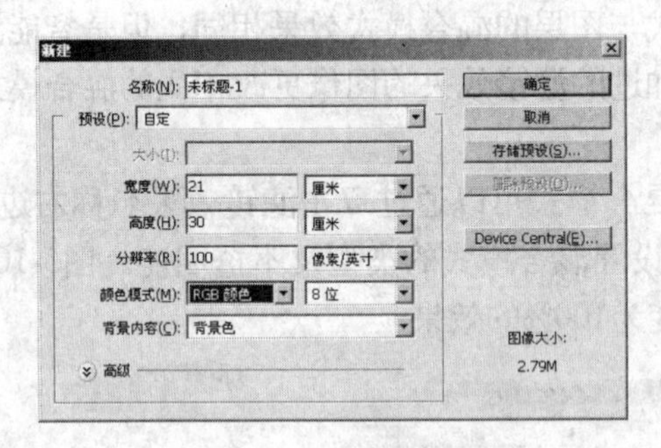

图5-103 “新建”对话框

（2）填充背景渐变颜色。选择“渐变工具”，单击属性栏中的“渐变预览条”按钮，打开“渐变编辑器”对话框，将颜色设为从深蓝色（R0,G59,B98），到浅蓝色（R0,G126,B186）的渐变，选择属性栏中的“径向”按钮，勾选“反向”复选框，单击“确定”按钮，如图5-104所示。按住Shift键的同时，在背景层上由中心至右上角拖曳，效果如图5-105所示。

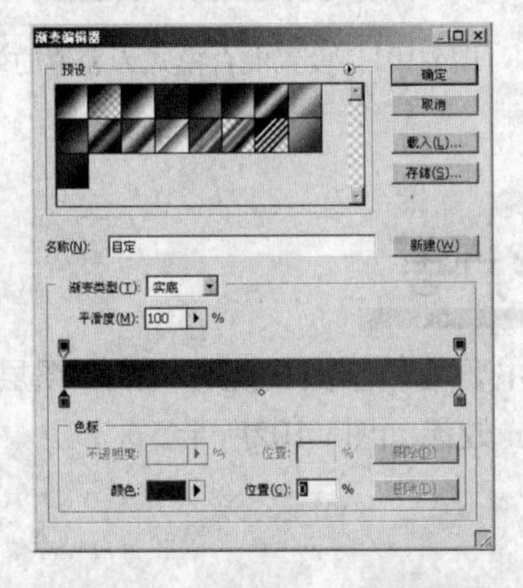

图5-104 “渐变编辑器”对话框

图5-105 渐变填充效果

（3）导入素材。打开光盘\素材\第五章\湖.jpg、人.psd、鸟.psd、楼.jpg、草地.jpg、水纹.jpg，如图5-106所示。

图5-106 素材图片

（4）添加图片。用“移动工具”将“湖.jpg”图片拖曳到图像中，按下快捷键Ctrl+T调整为合适大小，并将图层命名为“湖”，设置图层混合模式为“正片叠底”，不透明度为50%，效果如图5-107所示。

图5-107 对图层“湖”进行图层混合模式处理

（5）绘制圆形并填充渐变。新建图层并命名为“圆底”，选择“椭圆选框工具”，同时按住组合键Shift+Alt，绘制圆形，选择“渐变工具”，单击属性栏的“径向渐变”按钮，并勾选“反向”复选框，由中心向右上方拖曳，填充深蓝色（R0,G67,B98）至浅蓝（R0,G167,B225）渐变。效果如图5-108所示。

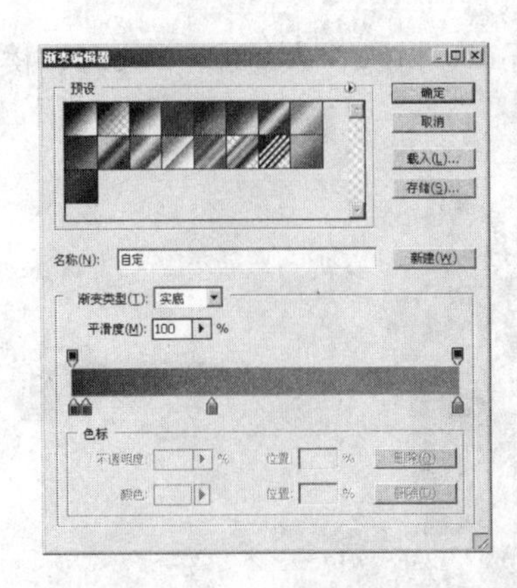

图5-108　圆底渐变

（6）添加蒙版。将图片“草地”拖曳到图像上，调整合适大小，单击“添加矢量蒙版”按钮，按快捷键D，使前景色和背景色恢复到默认状态。单击“画笔工具”，选择一个柔角画笔，然后单击图层“草地”中的“图层蒙版”，对其进行修饰（按下快捷键X进行前景色与背景色的切换）图层混合模式选为“点光”，不透明度调整为80%，效果如图5-109所示。

图5-109　对图片草地进行蒙版处理

（7）添加蒙版。将图片“楼”拖曳到图像中，进行蒙版边缘处理，效果如图5-110所示。

图5-110　对图片楼进行蒙版处理

（8）添加水纹效果。将图片“水纹”拖曳到图像中，放到图层“圆底”图层下方，设置图层混合模式为“正片叠底”，不透明度为76%，启用蒙版进行边缘处理，如图5-111所示。

图5-111　水纹的处理

（9）添加图片。将“人”和“鸟”素材图片拖进图像中，进行调整，对“人”图层进行图层样式“外发光”处理，效果如图5-112所示。

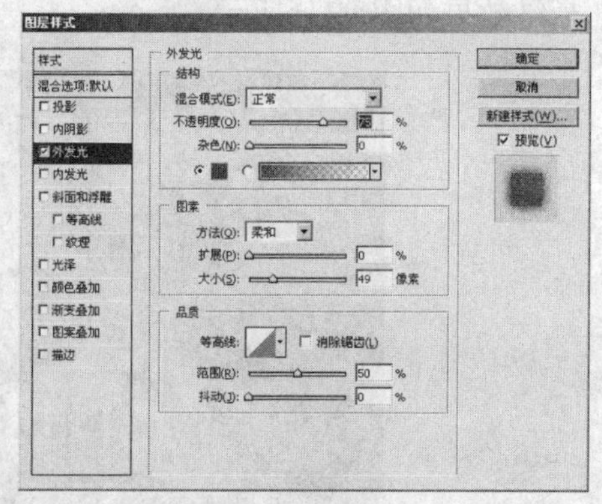

图5-112　添加“人物”和“鸟”素材图

（10）输入文字。将前景色设置为白色，选择“横排文字”工具T，输入所需文字，对其进行“投影”、“外发光”图层式样处理。设置“宁静致远”四个字的图层样式如图5-113所示，其他文字设置参数如图5-114所示。

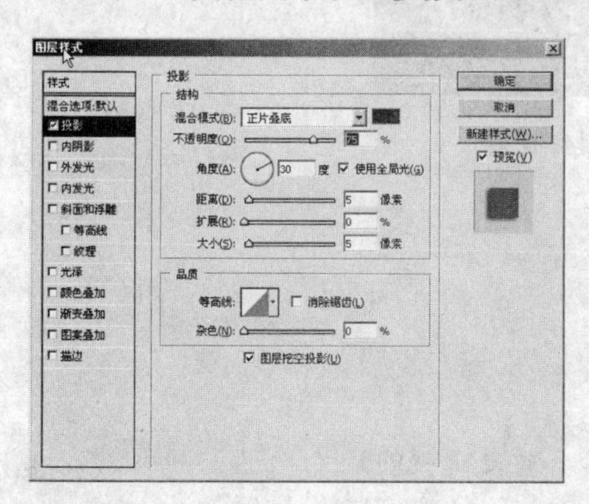

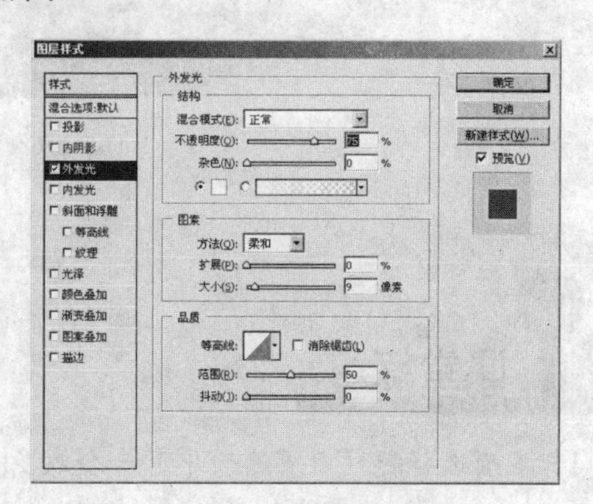

图5-113　设置“宁静致远”文字相关参数　　图5-114　设置其他文字相关参数

（11）绘制祥云。单击“钢笔工具”，在属性栏上选择“形状工具”，然后绘制一个祥云图案，选择“投影”样式如图5-115所示。

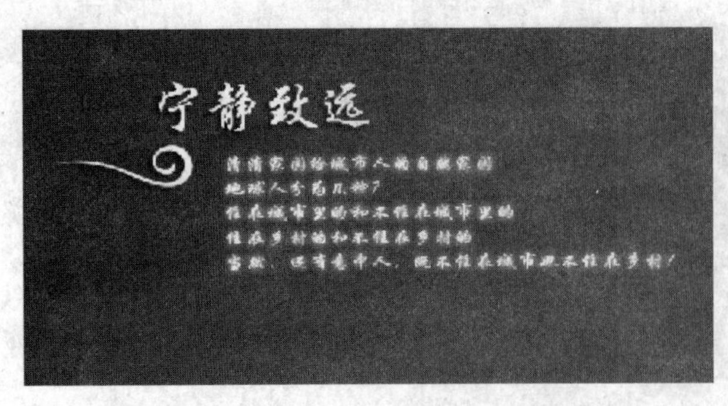

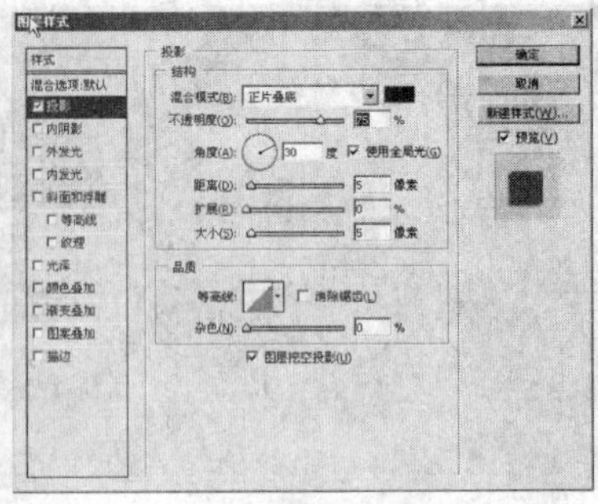

图5-115　绘制祥云

（12）最终调整。单击“直线工具”，在属性栏中选择“填充像素”按钮，“粗细”设置为5px，按住Shift键进行绘制，复制“清清家园”文字图层和“祥云”图形进行底部修饰，最终效果如图5-116所示。

图5-116　最终效果

5.5 课堂练习

1. 多项选择题（以下选项中有一个或多个答案是正确的）

（1）下列属于提亮型混合模式的是（　　）。

A. 滤色

B. 颜色减淡

C. 亮光

D. 线性减淡

（2）将两个图层的图像像素作比较，较暗的保留，较亮的将被替换掉，混合后色调变暗的是以下（　　）模式。

A. 变暗

B. 正片叠底

C. 颜色加深

D. 线性加深

（3）打开“图层样式”对话框的方法有（　　）。

A. 双击该图层

B. 双击该图层缩略图

C. 执行“图层”→“图层样式”命令

D. 单击图层面板下方“添加图层样式”按钮 fx.，在其中选择一种图层样式

（4）以下（　　）方法可以实现图层样式的复制和粘贴。

A. 执行“图层”→“图层样式”→“拷贝图层样式”命令

B. 在需要拷贝图层样式的图层上按住Alt键用鼠标拖动 fx. 按钮至目标图层

C. 按住Alt键直接拖曳该图层的效果名称至目标图层

D. 选中图层样式的名称Ctrl+C，并在目标图层上按Ctrl+V

（5）以下（　　）操作可以针对智能对象操作。

A. 执行变换操作

B 使用画笔工具涂抹

C 对智能对象图层使用智能滤镜

D 为智能对象添加图层蒙版

（6）以下（　　）方法可以实现智能对象的创建。

A. 执行“文件”→“打开为智能对象”命令。

B. 执行“图层”→“智能对象”→“转换为智能对象”命令。

C. 直接从Illustrator中拷贝并粘贴到Photoshop图像文件中。

D. 执行“文件”→“置入”命令将矢量对象置入为智能对象。

2. 问答题

（1）Photoshop CS4中的混合模式有多少种？共有几种分类？

（2）如何复制或移动图层样式？

（3）智能滤镜如何屏蔽和启用？

（4）智能滤镜有哪些优点？

读书笔记

Photoshop

第6章 路径篇

学 习 目 标

掌握路径工具和“路径”面板的使用。

学习重点	绘制路径 路径与选区的转换 描边路径

路径是Photoshop中使用贝赛尔曲线所构成的一段闭合或者开放的曲线段，使用率非常高，使用“钢笔工具”可以绘制出贝赛尔曲线，与Illustrator及CorelDraw相同，钢笔创建出的对象被称为路径，通过编辑路径可以任意修改和灵活编辑矢量图形及线段，创作出需要的效果。本章将详细讲解路径工具及“路径”面板的使用，以及应用路径进行图像编辑的各种方法。

6.1 认识路径

6.1.1 路径的作用

在Photoshop中路径主要由钢笔工具创建，采用的是矢量数据的方式，其优点是可以勾画平滑的曲线，在缩放或者变形之后都不会影响清晰度，对于一些复杂的图像可以使用路径工具进行选择，然后再转换为选区进行编辑，基于以上所述，路径的主要作用有以下两点：

（1）绘制矢量图形，如标志、人物插画、卡通画等，如图6-1所示。

（2）选取一些色彩工具无法选取的复杂背景的对象，如图6-2所示。

图6-1 插画设计

图6-2 选取对象

6.1.2 路径的组成

路径是由贝赛尔曲线构成的一段开放或封闭的曲线段。路径分为开放性路径和封闭性路径，不论哪种路径，其组成都是一样的，都是由节点和节点之间的连线构成，每个节点被选中后都会显示出一条或两条方向线和方向点，方向线和方向点决定了节点之间的曲线段的形状。可以通过移动和修改方向点来改变路径的形状和长度，如图6-3所示。

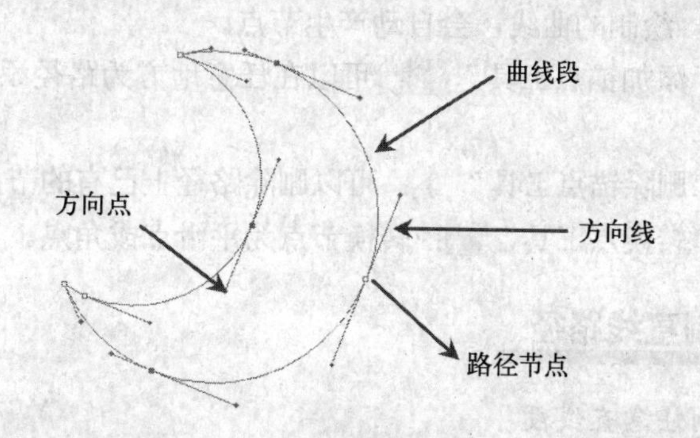

图6-3　路径示意图

（1）路径节点：路径的控制点。每个节点都有一条或两条的控制柄，移动节点会改变曲线的形状，删除节点会删除与节点相连的曲线。

（2）控制柄：控制柄由控制点和方向线构成，鼠标拖动控制柄的控制点可以改变方向线的长度和方向，进而改变节点所控制的线段的曲率长度等。

（3）曲线：也就是路径本身，由两端的节点上的控制柄决定曲率和形状。

6.1.3　路径的形态

路径可以是闭合的，没有起点和终点，也可以是开放的，有明显的起点与终点，如图6-4所示。

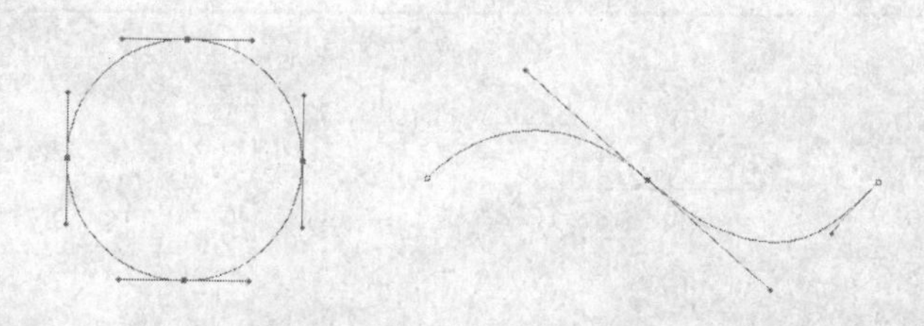

图6-4　封闭和开放的路径

6.2　绘制路径

能够绘制和编辑路径的工具称之为路径工具，使用这些工具我们可以创建出任意形状的路径。路径绘制工具位于工具箱内，共包含了5个工具，按住工具箱中的“钢笔工具”不放，可以弹出路径绘制工具组，如图6-5所示。

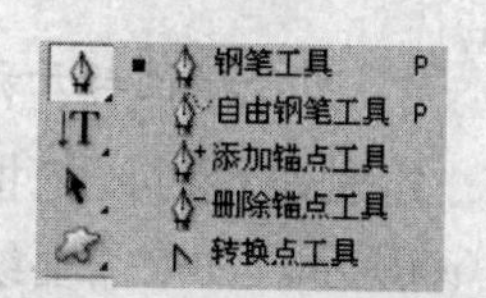

图6-5　路径绘制工具

（1）“钢笔工具”：使用该工具可以创建直线和曲线，能够精确地绘制出复杂的线条和轮廓。

（2）“自由钢笔工具”：使用该工具可以随意拖动绘图，就像使用铅笔工具在纸上绘制一样。绘制的曲线，会自动产生节点。

（3）“添加锚点工具”：可以在任意地方为路径添加节点，添加的节点与原节点效果相同。

（4）“删除锚点工具”：可以删除路径上已有的节点。

（5）“转换点工具”：转换节点为平滑点或角点。

6.2.1 绘制直线路径

1．绘制任意直线段

选择“钢笔工具”在图像中起点位置单击确定第一个节点，然后在另一端单击确定终点即可创建直线路径，如图6-6所示。

图6-6 创建直线路径

2．绘制强制45度角的直线

绘制直线时按住Shift键可以强制以45度角为增量绘制直线，如图6-7所示。

提示：按住Shift键，可以绘制出水平、垂直或者45度角的直线。

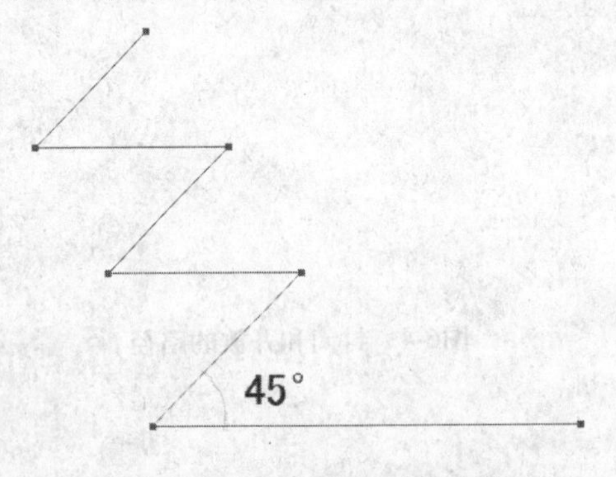

图6-7 以45度为增量绘制直线

3．闭合路径与开放路径

绘制路径时，把指针移到路径的起始位置，鼠标变成时单击即可封闭曲线，如图6-8所示。如果需要绘制开放路径，可以按Esc键或按住Ctrl键在路径外单击，即可结束绘制。

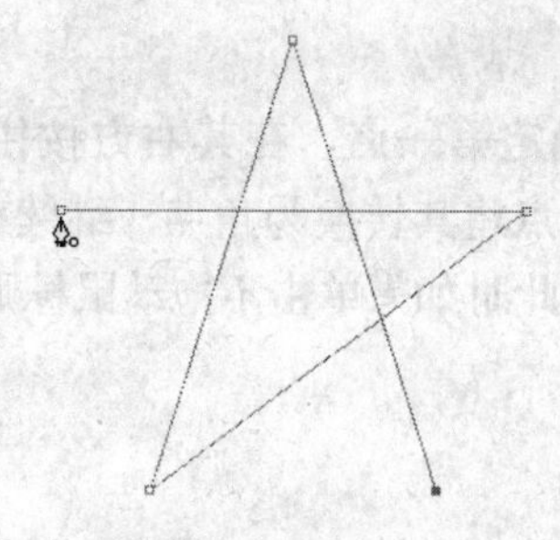

图6-8　绘制直线封闭路径

6.2.2　绘制曲线路径

1．绘制“C”形曲线

使用“钢笔工具” 在图像中单击向上拖动确定第一点，然后在另一位置单击鼠标并向下拖动，可以看到一条控制曲线曲度的方向线被拖了出来，“C”线形弧线绘制成功，曲线路径创建完成，如图6-9所示。

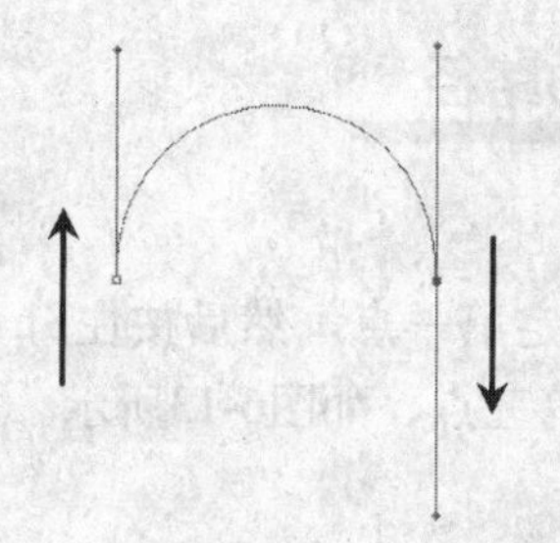

图6-9　创建“C”形曲线

2．绘制“S”形曲线

使用“钢笔工具” 单击第一点向下拖动，单击第二点向下拖动，即可绘制出两点之间的“S”形曲线，如图6-10所示。三点之间的“S”曲线绘制如下：使用钢笔工具在图像上单击向下拖动第一点，单击向上拖动鼠标确定第二点，单击向下拖动确定第三点，如图6-11所示。

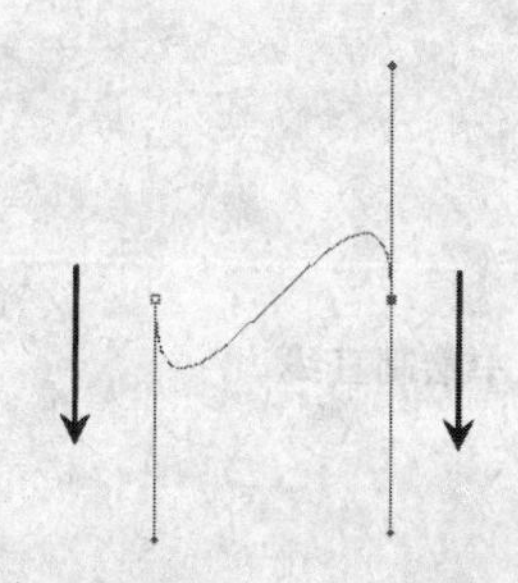

图6-10　创建两点之间的“S”形曲线

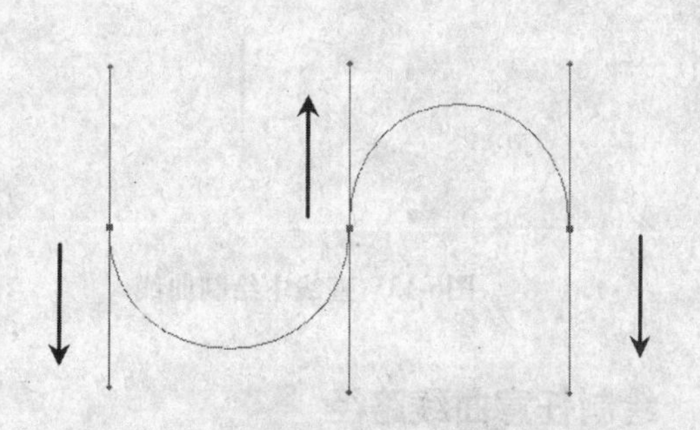

图6-11　绘制三点之间的“S”形曲线

3．绘制“m”形曲线

使用“钢笔工具”单击确定第一点，在其右方按住鼠标并向下拖动确定第二点，然后按住Alt键单击刚创建的第二点将其转换为角点，继续在右侧单击并向下拖动鼠标绘制出“m”形曲线，如图6-12所示。此时如果单击不拖动鼠标则绘制出的是直线而不是曲线。

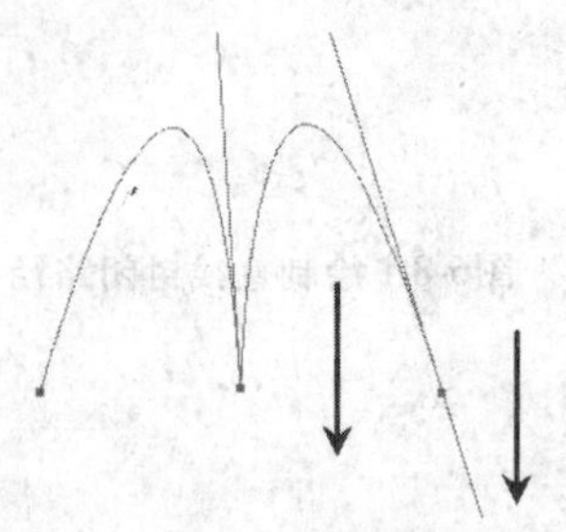

图6-12　绘制“m”形曲线

提示：在绘制过程中按一次Delete键可以删除当前的一个节点，按两次Delete键可以删除工作路径或当前新建的路径，按三次Delete键可以删除新建路经。

6.2.3　创建直线与曲线结合的路径

1．绘制直线过程中绘制曲线

使用“钢笔工具”单击确定第一点，然后按住Shift键在其下方单击确定第二点，在右侧单击并向下拖动鼠标确定第三点，如图6-13所示。

2．绘制曲线过程中绘制直线

在绘制曲线过程中，绘制直线需要把最末端的平滑点转换为角点。譬如绘制图6-14所示线条，首先使用钢笔工具单击确定第一点，然后在其右侧单击并向下拖动鼠标，确定第二点，再次在其右侧单击并拖动确定第三点，然后按住Alt键单击刚确定的第三点，平滑点转换为角点。再次单击鼠标绘制的便是直线了。

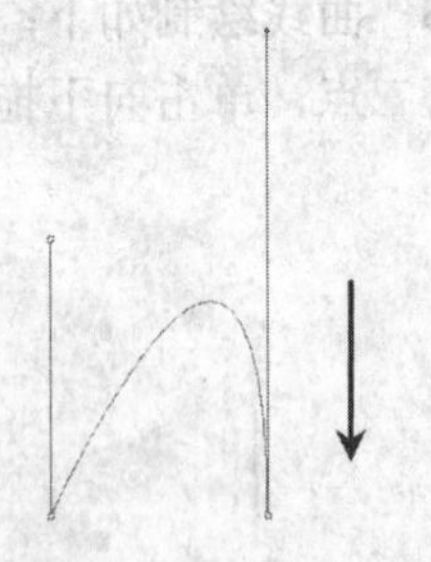

图6-13　直线中绘制曲线

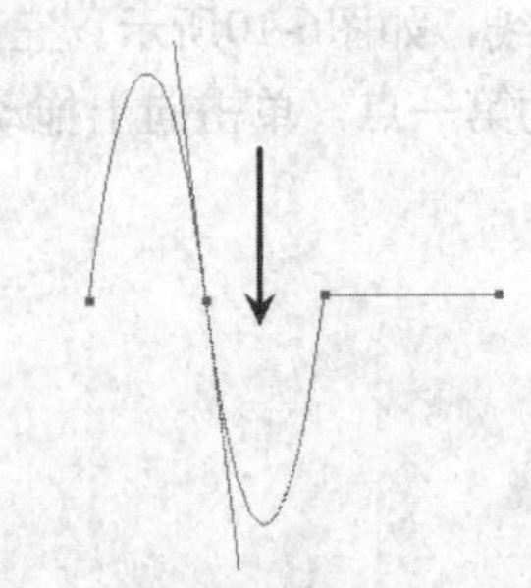

图6-14　曲线中绘制直线

6.2.4　绘制任意曲线路径

在前面的路径绘制中都是使用的贝赛尔曲线，使用方向线和方向点控制曲线的形状，接下来讲解的绘制任意曲线路径使用的是“自由钢笔工具”。它的使用就像现实中的铅笔一样，选择自由钢笔工具，在图像上按住鼠标左键拖动即可创建任意形状的曲线。绘制过程中Photoshop会自动生成节点，如图6-15所示。

图6-15　绘制任意曲线并生成节点

6.3 调整修改路径

在大多数情况下不能直接绘制出令人满意的路径，需要后期的不断调整，而修改路径也就是调节路径的节点，所以了解节点属性和熟练使用添加和删除节点、转换点等工具是修改路径的前提。

6.3.1 节点的类形

节点关系到绘制路径的形状，路径中的节点分为三类：直角点、平滑点和角点。

1．直角点

直线线段所夹的点为直角点，如图6-16所示。在移动此点时两侧的直线段都会随之移动，如图6-17所示。

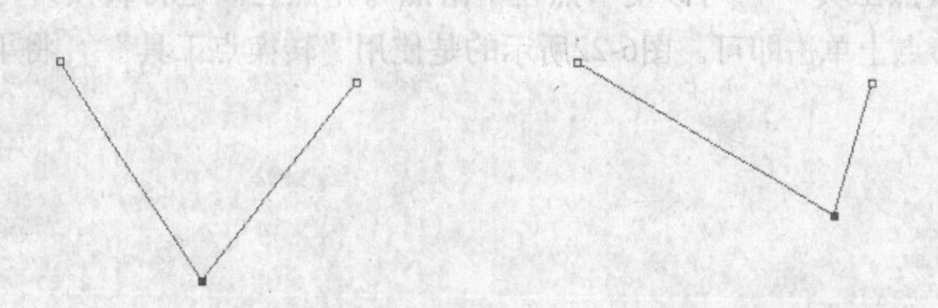

图6-16　直角点　　　　图6-17　移动直角点

2．平滑点

平滑曲线路径上的点成为平滑点，如图6-18所示。在平滑点上拖动控制柄时，将同时调整平滑点两端的曲线段，如图6-19所示。

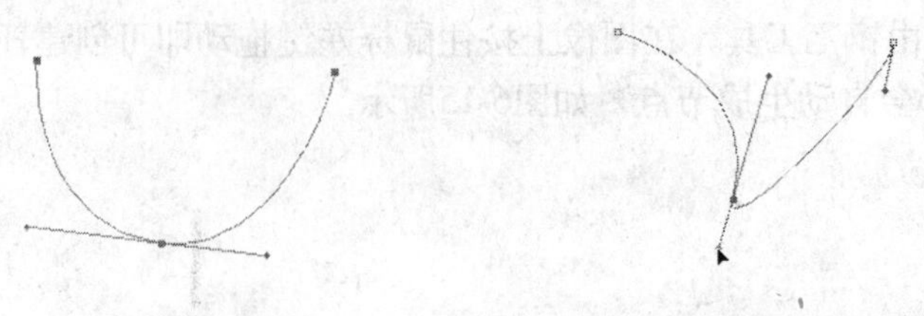

图6-18 平滑点　　图6-19 拖动控制柄调整曲线

技巧：在移动平滑点的方向点是按住Alt键可以只移动一侧的方向线。

3. 角点

连接锐化曲线路径的节点称为角点，角点如图6-20所示此类节点的控制柄有两个不同方向的方向线，拖动其中一条方向线时另一条方向线不会跟随一起移动。也就是移动角点一侧的方向线时只调整与方向线相同一侧的曲线，如图6-21所示。

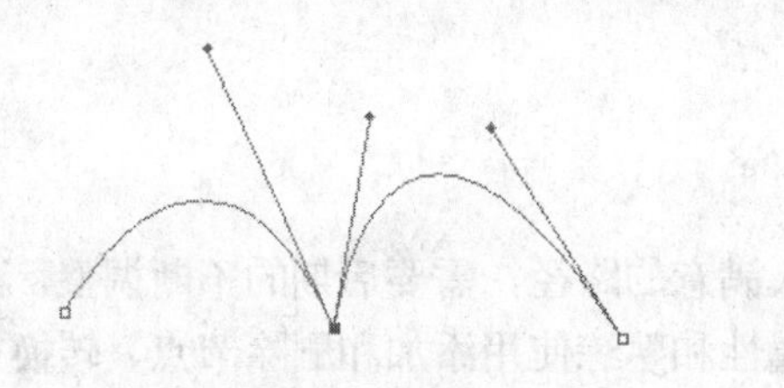

图6-20 角点

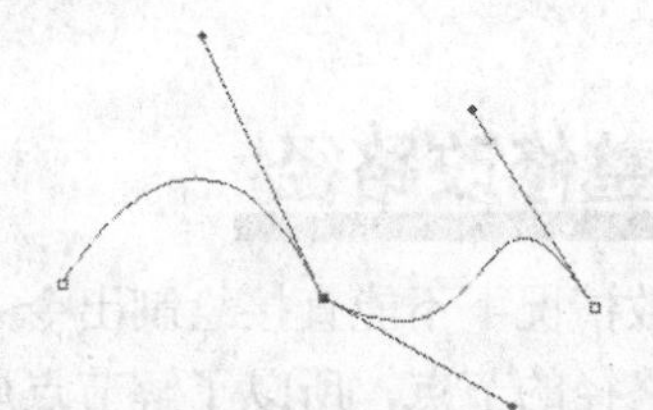

图6-21 调整一侧曲线

技巧：移动角点控制点的时候按住Alt键可以同时移动节点两侧的方向线。

6.3.2 节点的转换

1. 平滑点转换为角点

使用"转换点工具"可以使节点在平滑点与角点之间进行转换，将平滑点转换为角点时只需在节点上单击即可。图6-22所示的是使用"转换点工具"将平滑点转换为角点的效果。

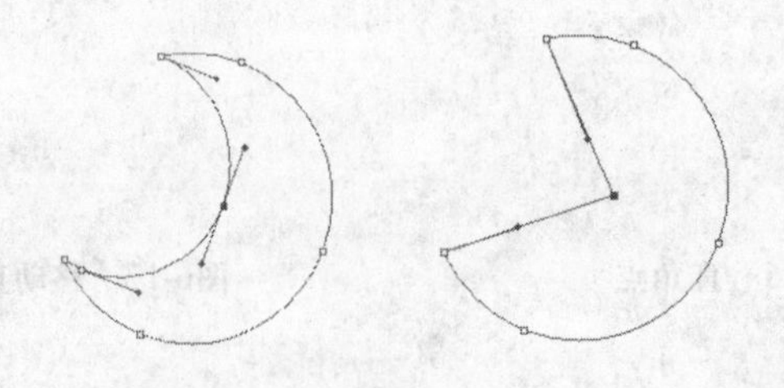

图6-22 将平滑点转换为角点

2. 将角点转换为平滑节点

将角点转换为平滑点时需要使用“转换点工具”单击并拖动节点，拖出节点的方向线。图6-23所示的是使用“转换点工具”将角点转为平滑点的效果。

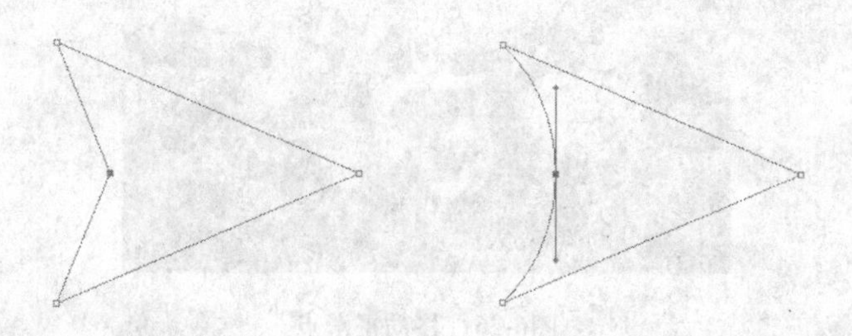

图6-23 将角点转换为平滑点

在使用“钢笔工具”绘制过程中按住Alt键，当鼠标位于刚绘制的节点上时变成，此时“钢笔工具”具有了转换点工具的功能，在节点上单击即可转换点。

6.3.3 添加和删除节点

选择“添加锚点工具”移动至路径上，当鼠标变成时单击即可添加节点。选择“删除锚点工具”路径的节点处变成时，单击即可删除节点。按Alt键即可在“添加锚点工具”与“删除锚点工具”之间切换。

6.3.4 课堂范例1——绘制心形路径

本小节将通过一个简单的实例详述路径的创建以及创建路径的技巧。

（1）绘制基本轮廓。选择“钢笔工具”，在图像上单击确定起始点，然后按住Shift键单击第二点，绘制水平直线段，继续单击绘制如图6-24所示的三角形，使用添加锚工具在水平线的中点上单击添加节点，如图6-25所示。

图6-24 绘制三角形

图6-25 添加节点

（2）移动节点。选择“直接选取工具”，选中新添加的节点向下拖动，或按键盘上的下光标键移动节点，效果如图6-26所示。

图6-26　移动平滑点

（3）平滑点转换为角点并调整。按住Alt键向上拖动节点一侧的方向点，此时平滑点已经转换为角点，拖动的效果如图6-27所示。同样拖动另一侧方向点使节点两侧对称，如图6-28所示。

图6-27　拖动方向点

图6-28　拖动另一侧方向点

（4）角点转换为平滑点并调整。在“直接选择工具”的状态下，按住组合键Ctrl+Alt将鼠标放置在三角形右侧的节点上，此时鼠标指针已经切换为“转换点工具”，拖动节点，将其转换为平滑节点，如图6-29所示，同样将左侧的角点也拖动转换为平滑节点，然后使用“直接选择工具”进行最后的修饰，最终效果如图6-30所示。

图6-29　转换右侧节点为平滑点

图6-30　最终效果

6.4 路径工具属性

6.4.1 钢笔工具属性栏

单击工具箱中的“钢笔工具”，属性栏的属性显示如图6-31所示。

图6-31　钢笔工具属性栏

1．“形状图层”按钮

此按钮被按下后使用“钢笔工具”可以在图像中创建出形状，并且在“图层”面板中会自动生成一个形状图层。形状的颜色默认为前景色填充。图6-32所示的是使用钢笔工具绘制的图案及对应的“图层”面板。

图6-32　钢笔工具绘制的形状及“图层”面板

2．“路径”按钮

此按钮被按下后，可以使用“钢笔工具”在图像窗口创建路径，图6-33所示的是使用钢笔工具创建的工作路径及“路径”面板。

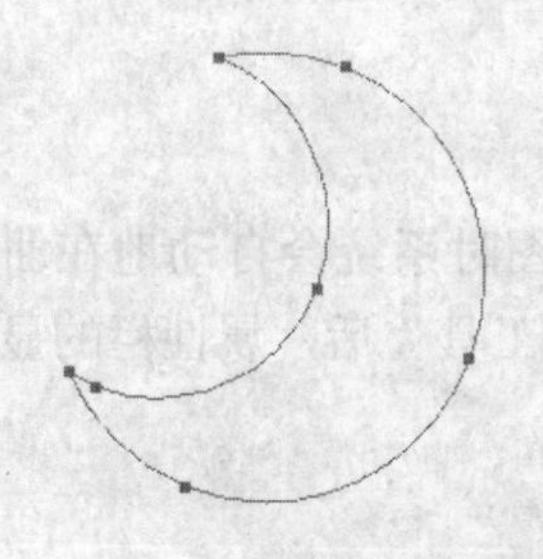

图6-33　钢笔工具绘制的路径及对应的“路径”面板

3．“填充像素”按钮

只有选中形状工具时此按钮才可用，此按钮被按下后，形状工具可以直接在图层中绘制，绘制出的形状是由像素构成的位图，不具有矢量特性，路径面板中也不会建立路径。如图6-34所示。

图6-34　形状工具绘制的位图

4．“几何选项”按钮

单击此按钮可以打开钢笔选项板，如图6-35所示，其中的“橡皮带”选项如果被选中，则在绘制路径的过程中可以预览下一步路径段的走向，这在绘图或依照对象建立路径时特别有用。图6-36所示的是勾选“橡皮带”复选框后依照对象建立路径。

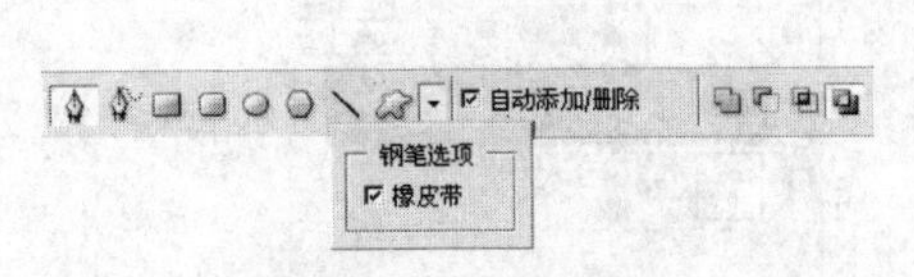

图6-35　钢笔选项

图6-36　依照对象建立路径

5．“自动添加/删除”复选框

勾选此复选框后，处于“钢笔工具”状态下的鼠标，在指针移动至选中的路径上变成时单击可以添加节点，当放在路径的节点上变成时单击可以删除节点。

6．路径运算

路径的运算与选区的运算原理相同，这里就不再讲述。

6.4.2　自由钢笔工具属性

“自由钢笔工具” 用于随意绘图，在绘图时系统会自动地在曲线上添加节点，绘制完成后可以进一步进行调整。选中“自由钢笔工具”后，属性栏的显示如图6-37所示。

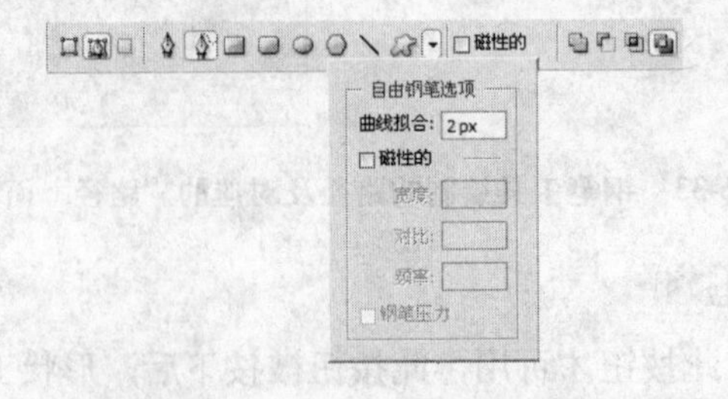

图6-37　“自由钢笔工具”属性

“自由钢笔工具”的属性大部分与“钢笔工具”相同，这里重点讲解一下“自由钢笔工具”的选项。

1．曲线拟合

这里的数值关系到绘制路径时自动创建节点的频率，设定介于0.5～10.0之间，数值越大则一定距离的线段中创建节点的间隔距离也就越远，路径越简单，反之间隔距离越近，路径越复杂，图6-38所示的是在设置数值为1和8时绘制的路径。

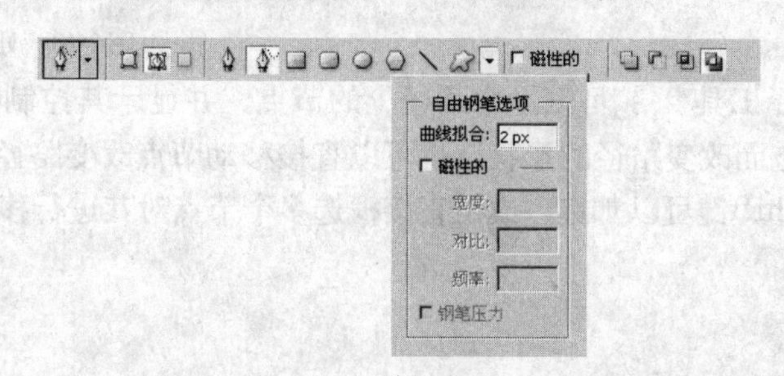

图6-38　在设置数值为1和8时绘制的路径

2．磁性的

选中此复选框，“宽度”、“对比”和“频率”选项才会被激活。此时的“自由钢笔工具”与选区工具中的“磁性套索工具”完全相同，只是“钢笔工具”绘制出的是路径，而不是选区。

> 技巧：使用自由钢笔绘制路径时按Ctrl键可以切换到“钢笔工具”，继续绘制，使用这种结合的方式可以绘制出各种复杂的路径。

6.5 路径的编辑与应用

6.5.1 路径与节点的选择

路径与节点的选择需要借助于路径选择工具组中的两个工具。按住工具箱中的“路径选择工具”不放，弹出路径选择工具组，如图6-39所示。

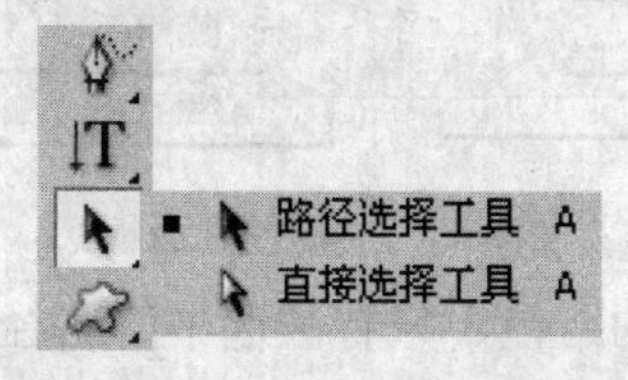

图6-39　路径选择工具组

（1）“路径选择工具”：用于选择整个路径，进而进行移动和变换操作。

（2）“直接选择工具”：用于选择曲线段中的节点，并通过拖动节点来改变曲线段的形状。

1．选择路径

单击工具箱中的“路径选择工具”，然后在图像窗口中单击绘制的路径即可选中整条路径并显示路径上所有的节点。按住鼠标后拖动即可移动路径的位置。框选或按住Shift键单击路径即可同时选中多条路径，图6-40所示的是被选中状态的路径。

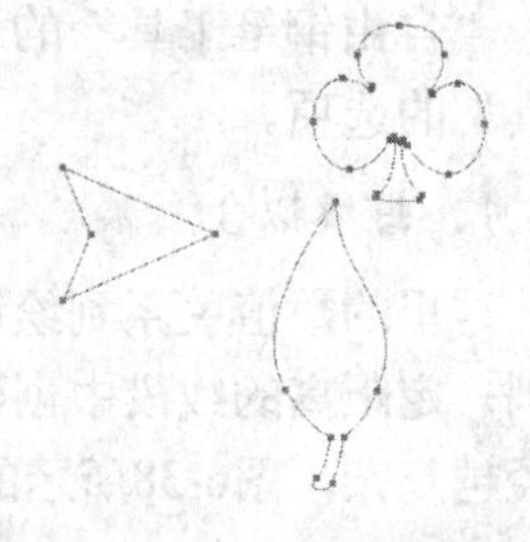

图6-40 处于选中状态的路径

2．选择节点

使用“直接选择工具”可以选中路径上的节点，并显示其控制柄，然后通过拖动控制点改变方向，进而改变路径的形状，也可以直接移动节点改变路径形状，如图6-41所示。选择时，按住Shift键可以加选，或是直接框选多个节点对其进行移动、变换等操作，如图6-42所示。

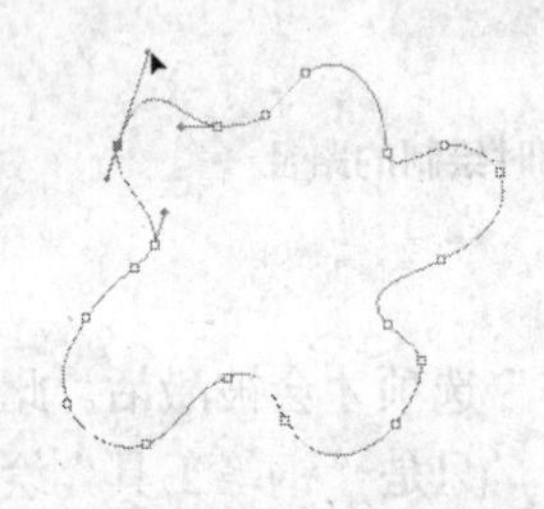

图6-41 通过控制点修改路径

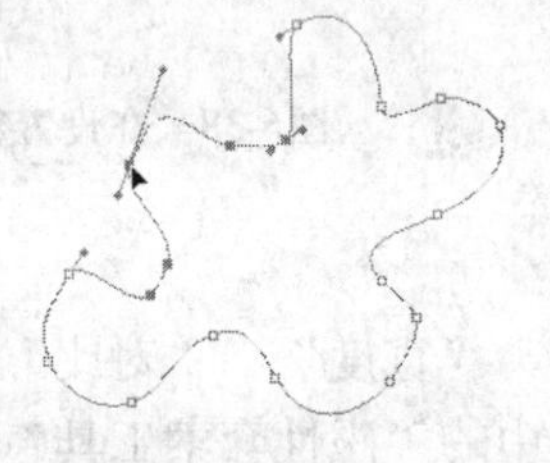

图6-42 同时选中多个点操作

选择过程中，按住Ctrl键可以在“直接选择工具”和“路径选择工具”之间进行切换，按住Alt键则可以拖动复制当前路径。

6.5.2 使用路径面板

路径的编辑主要包括路径的变换与组合，路径的描绘与填充以及路径与选区的转换等。在“路径”面板中可以完成大部分的路径编辑功能。“路径”面板如图6-43所示。

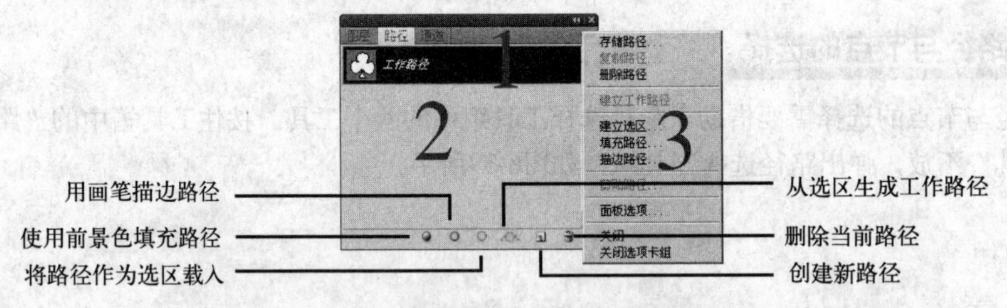

图6-43 “路径”面板

图中“1”处表示当前工作的路径，只有被选中的路径才可以对其进行编辑，否则路径在图像中不可见。在图中 “2”处的空白区域处单击即可取消选择当前路径，也就是隐藏当前路径。图中“3”处的面板弹出菜单中包含了大多数路径编辑的命令，这些命令在后面会详细讲解。

6.5.3 路径的变换与组合

1. 路径的变换

在Photoshop中路径可以像其他大多数对象一样执行变换命令，接下来使用6.3.4中的实例来进行演示。首先使用“路径选择工具”选中路径，然后按快捷键Ctrl+T进入自由变换模式，此时可以对矢量路径进行旋转、缩放透视等所有变换操作。

如图6-44所示的是将路径执行变换命令等比例缩小后的效果，图6-45所示的是按住Alt键拖动复制的效果。

图6-44 路径变换

图6-45 复制路径

2. 路径的组合

路径组合相关的按钮位于“直接选择工具”的属性栏上，单击“直接选择工具”其属性栏如图6-46所示。

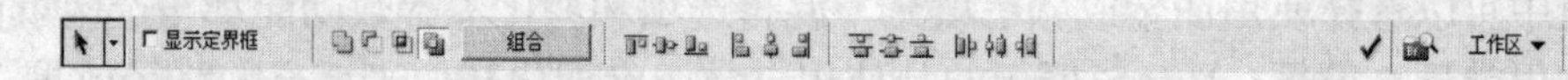

图6-46 直接选择工具属性栏

（1）“路径运算”按钮组：选择路径的组合方式，其效果与选区运算相同。

例如，使用“路径选择工具”框选两个心形路径，单击属性栏的“添加到形状区域”按钮，然后单击“组合”按钮，路径组合成功，效果如图6-47所示。选择“与形状区域相交”按钮的效果如图6-48所示。

图6-47 添加到形状

图6-48 从选区中减去

（2）“路径对齐”按钮组：用来控制路径的对齐方式。

（3）“路径分布”按钮组：用来控制路径相对于空间的对齐方式，图像中要有三个以上的路径此按钮才有效。

6.5.4 描边与填充路径

1．描边路径

单击工具箱中的“画笔工具”，在其属性栏中设置画笔参数，并在“画笔”面板中设置其散布动态等效果（画笔参数的具体设置可以参阅本书第7章），然后在“路径”面板中单击“用画笔描边路径”按钮，可以看到所选画笔的笔触沿路径边缘排列，描边完成。图6-49所示的是使用了不同的画笔笔触和参数为路径描边的效果。

图6-49 使用不同的画笔为路径描边的效果

2．填充路径

单击“路径”面板右上角按钮，在弹出的菜单中选择“填充路径”命令，打开“填充路径”对话框，如图6-50所示。路径填充与之前所讲述的选区填充对话框相似，在“内容”选项组中可以选择使用图案或颜色填充，混合选项和羽化等参数功能都与选区填充完全相同，这里就不再赘述，图6-51所示的是使用自定图案羽化30像素填充的路径效果。

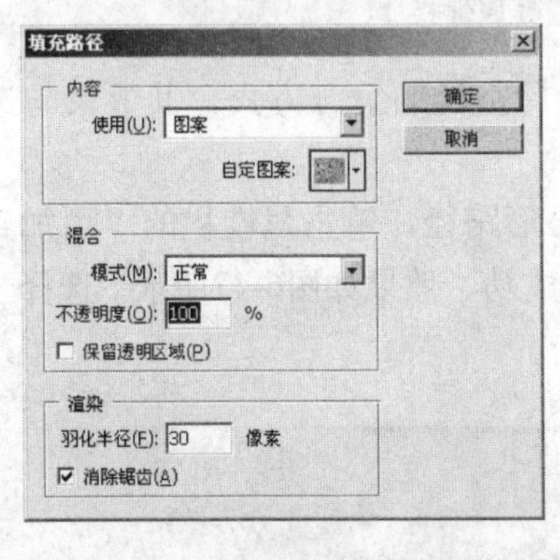

图6-50 “填充路径”对话框

图6-51 填充效果

6.5.5 路径与选区的转换

在Photoshop中路径与选区可以随意地转化，这大大扩展了路径的用途。下面介绍路径与选区之间的转化。

1．路径转换为选区

路径转换为选区的方法有两种，一种是在“路径”面板的下方单击“将路径作为选区载入”按钮，或按快捷键Ctrl+Enter，另一种是在已选中路径的情况下单击“路径”

面板右上角按钮，在弹出的菜单中选择“建立选区”命令，弹出如图6-52所示的“建立选区”对话框。对话框中的羽化参数可以控制路径转换为选区后的虚化效果，“操作”参数中的选项则与第2章中所讲的选区的运算相同，将新生成的选区与原有选区进行选区运算。在设置好参数后单击“确定”按钮即可创建选区，效果如图6-53所示。

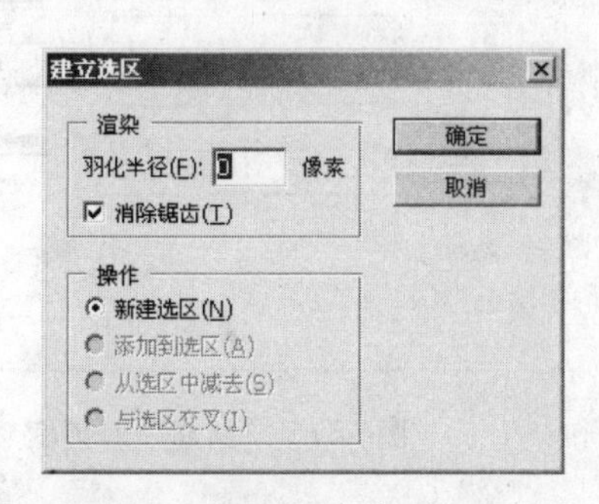

图6-52 “建立选区”对话框

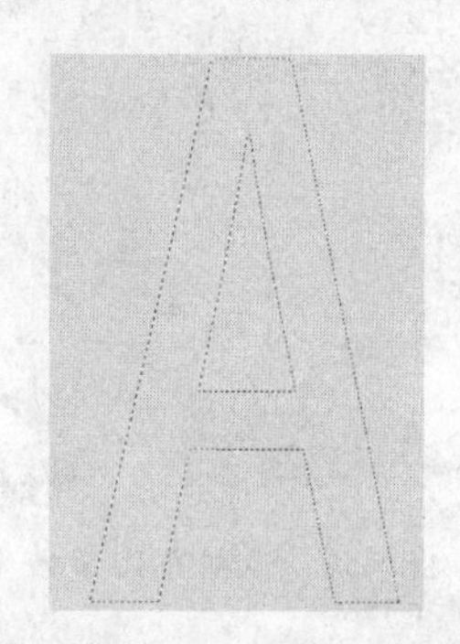

图6-53 路径转换为选区

2．选区转换为路径

将选区转换为路径可以单击“路径”面板下方的“从选区生成工作路径”按钮，或选择“路径”面板子菜单中的“建立工作路径”命令，在弹出的“建立工作路径”对话框中输入容差值即可建立工作路径，如图6-54所示。

图6-54 “建立工作路径”对话框

这里的容差值用来控制选区转换为路径后的变形程度，取值范围在0.5~10.0之间，数值越大，变形程度越大。图6-55所示的是设置容差值为1和10的对比。

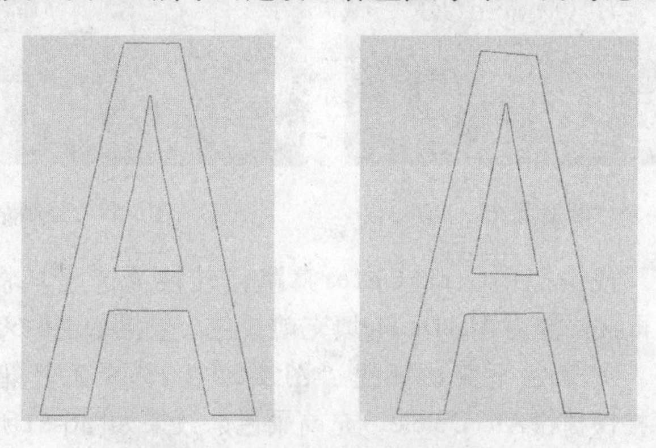

图6-55 容差至为1和10的对比

6.6 课堂范例2——制作饮料宣传单

本章实例主要用到渐变填充颜色、路径，添加文字图层样式等知识点。实例的效果如图6-56所示。

（1）新建文件。新建一个29.7cm×21cm的文档，颜色模式为RGB，分辨率设置为72像素/英寸（如需打印，分辨率设置为150像素/英寸以上），如图6-57所示。

图6-56 饮料宣传单效果图

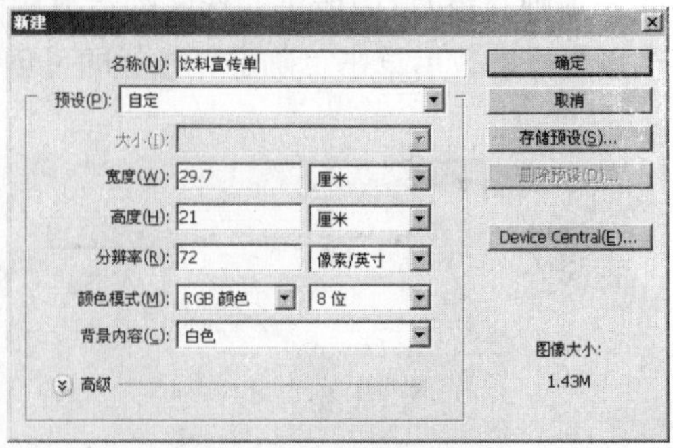

图6-57 “新建”对话框

（2）填充背景渐变。单击工具箱中的“渐变工具”，在属性栏中选择“线性渐变”按钮，并单击“渐变预览条”按钮，打开“渐变编辑器”对话框，将颜色设为从嫩绿（R172,G247,B32）到绿（R25,G96,B11）的渐变，单击“确定”按钮。按住Shift键的同时，在背景层上由左上角至右下角拖拽，效果如图6-58所示。

（3）路径绘制图形。新建“图层1”，选择工具箱中的“钢笔工具”，单击属性栏中的“路径”按钮，在“图层1”中绘制图形，如图6-59所示。

图6-58 渐变填充

图6-59 绘制路径

（4）填充颜色。按快捷键Ctrl+Enter将路径转换为选区，将前景色设置为橘色（R255,G133,B0），再按快捷键Alt+Detele填充前景色，效果如图6-60所示。

（5）绘制矩形。前景色不变，新建“图层2”，选择工具箱中的“矩形选框工具”，绘制矩形，按快捷键Alt+Detele填充前景色，效果如图6-61所示。

图6-60 填充选区

图6-61 绘制矩形并填充颜色

（6）绘制花瓣。新建“图层3”并命名为“花”。选择工具箱中的“钢笔工具”，单击属性栏中的“路径”按钮，绘制一个花瓣，再按快捷键Ctrl+Enter将路径转换为选区，然后选择“渐变工具”，为其填充乳黄（R246,G255,B188）到白色的渐变，效果如图6-62所示。

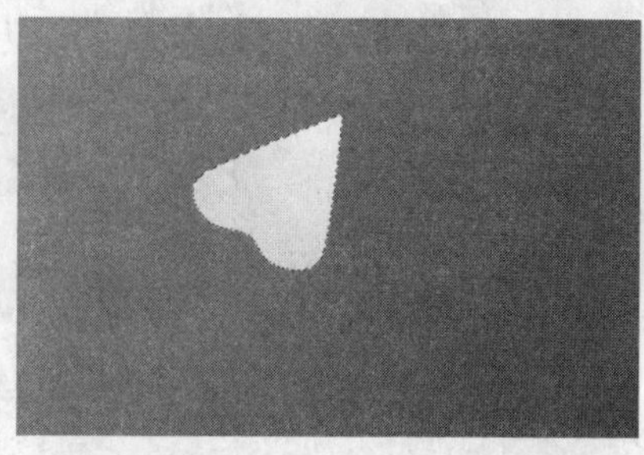

图6-62　绘制花瓣

（7）旋转花瓣。按快捷键Ctrl+D取消选区，再按快捷键Ctrl+J复制图层，最后按快捷键Ctrl+T变换图形，将中心点移至右上方，属性栏 0.0 度 选择90度。调整过程如图6-63所示。

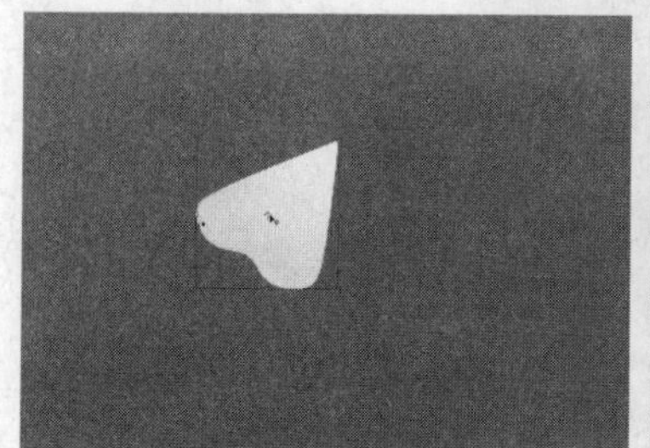

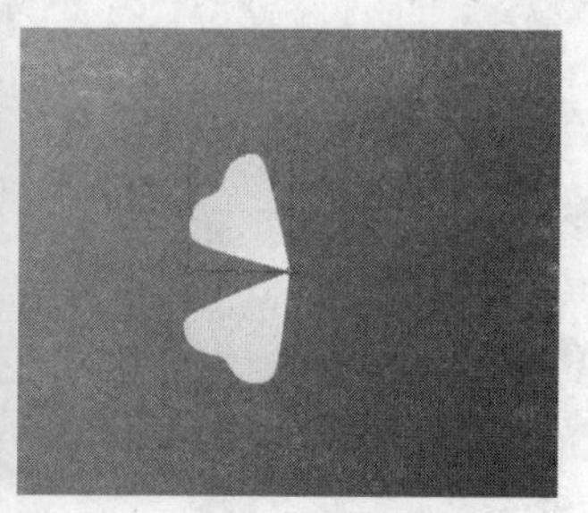

图6-63　复制花瓣并旋转的过程

（8）复制花瓣。按Enter键确定，然后按快捷键Ctrl+Alt+Shift+T进行旋转复制2次，即可得到花朵外形，效果如图6-64所示。

图6-64　绘制花朵外形

（9）绘制花蕊。新建“图层4”，选择工具箱中的“钢笔工具”，单击属性栏中的“路径”按钮，绘制一个花蕊，按快捷键Ctrl+Enter将其转为选区，然后填充为黄色

（R255,G242,B0），选择“画笔工具”，将前景色设置为橘黄色（R250,G165,B0），选择直径为19像素的“尖角画笔”进行点缀，效果如图6-65所示。

图6-65 绘制花蕊

（10）合并复制图层。将有关花瓣的图层合并成一个图层，然后多次按快捷键Ctrl+J复制图层，然后进行大小调整，效果如图6-66所示。

图6-66 花朵效果

（11）导入饮料图像。打开光盘\素材\第六章\饮料.jpg，将所需饮料用“钢笔工具”抠出，放置在图层中，调整其至合适大小，效果如图6-67所示。

图6-67 抠出饮料后放置图层中

（12）添加主题。新建图层，选择工具箱中的“矩形工具”，按组合键Alt+Shift绘制正方形，从左至右分别填充颜色为（R255,G242,B0）、（R255,G132,B0）、

（R204,G28,B111）和（R0,G173,B231），然后选择“横排文字工具”输入文字和字母，调整文字到正方形上，为字母添加下划线，效果如图6-68所示。

图6-68　主题制作

（13）制作标签。新建图层，选择工具箱中的“钢笔工具”，绘制路径“价钱签”，按快捷键Ctrl+Enter载入选区并填充黄色，设置前景色为白色，在此基础上选择“直线工具”，在属性栏中选择“填充像素”按钮，绘制一个不规则矩形，效果如图6-69所示。

图6-69　绘制价钱签

（14）添加文字。选择工具箱中的“横排文字工具”，输入文字“20元”，设置字体为“方正剪纸简体”，颜色为白色，然后将其进行“图层样式”描边并设置描边颜色为黑色，旋转角度并放置到前面绘制的价钱签上。再将前景色设置为白色，选择“横排文字工具”，输入介绍性的文字，将字体设置为“长城古印体繁”，放置到背景上，这样饮料宣传单就完成了，效果如图6-70所示。

图6-70　饮料宣传单最终效果

6.7　课堂练习

1. 多项选择题（下列答案中有一个或多个选项是正确的）

（1）以下（　　）不是路径的组成部分。

A. 路径节点　　B. 曲线段

C. 方向线　　D. 转折点

（2）在绘制开放路径时，下列（　　）方法不能结束当前路径的绘制。

A. 按Esc键　　B. 按Enter键

C. 按住Ctrl键在空白处单击　　D. 按住空格键在空白处单击

（3）在绘制直线与曲线结合的路径时，可以按（　　）键将工具暂时转换为转换点工具。

A. Alt　　B. Ctrl

C. Shift　　D. Space

（4）使用自由钢笔工具绘制路径时，按（　　）键可以切换到钢笔工具继续绘制。

A. Alt　　B. Ctrl

C. Shift　　D. Space

（5）选择路径过程中，按住（　　）键可以在“直接选择工具”和“路径选择工具”之间进行切换。

A. Ctrl　　B. Alt

C. Shift　　D. Space

2. 问答题

（1）路径与节点都有哪几种形态？

（2）路径节点之间是怎样转换的？

（3）使用钢笔工具如何绘制形状？

（4）如何将路径描边？

Photoshop 第7章 绘图及着色篇

学习目标

了解线条的绘制，纯色、渐变色的填充，掌握画笔的设置。

学习重点

使用画笔面板设置画笔
颜色填充
橡皮擦工具的使用

Photoshop中提供了非常强大的绘图功能，而使用图像编辑工具更是加强了Photoshop在编辑图像时基本的操作功能，本章将详细讲解绘画工具的使用方法及如何为图像着色。

7.1 线条的绘制

在Photoshop中使用“画笔工具”和“铅笔工具”可以绘制出各种各样的线条。其中画笔工具主要用来绘制柔和多变的线条，而铅笔工具则主要用来绘制具有硬边的线条。通过设置画笔笔尖的大小和硬度，可以绘制出不同粗细的软硬线条，也可以通过设置画笔的不透明度和流量，绘制出半透明的虚幻线条。

7.1.1 绘制线条

1．手绘随意线条

选择工具箱中的“画笔工具”，选择尖角画笔，直径设置为3像素，在图像上按住鼠标左键任意拖动即可绘制线条，如图7-1所示。

图7-1　绘制任意线条

2．绘制直线条

使用“画笔工具”，按住Shift键拖动即可绘制出一条水平或垂直的直线，如图7-2所示。

图7-2 绘制直线

3．绘制折线条

使用“画笔工具”，按住Shift键在图像上单击第一个点，然后在另一处单击第二点则在两点之间会自动连接为一条线，如此反复点击即可绘制多角度的折线，如图7-3所示。

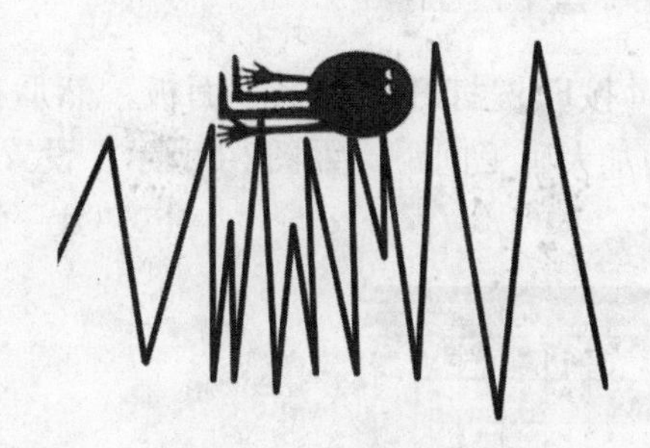

图7-3 绘制折线条

4．绘制软线条

使用“画笔工具”，并在其属性栏中的画笔预设中降低画笔硬度为0%，然后在图像上拖动绘制，即可绘制出线条边缘柔和的羽化效果，如图7-4所示。

图7-4 绘制软线条

5．绘制硬线条

使用“铅笔工具”可以绘制出边缘硬朗的线条，它的使用方法与“画笔工具”

几乎相同，选择工具箱中的“铅笔工具”，在图像上任意拖动即可绘制硬线条，按住Shift键可以绘制直线，如图7-5所示。

图7-5 绘制硬线

6．绘制虚线

选择“画笔工具”，按F5键打开“画笔”面板，然后在左侧选中“画笔笔尖形状”，把间距滑块向右拖动加大画笔间距，如图7-6所示。设置完参数后在图像中拖动即可绘制出虚线，如图7-7所示。

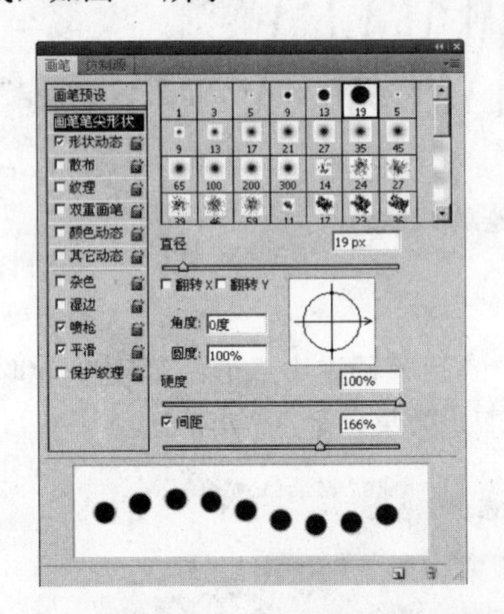

图7-6 在“画笔”面板中调整间距

图7-7 绘制虚线条

7.1.2 工具属性

画笔工具的属性栏如图7-8所示。通过设置画笔工具属性可以更改画笔的笔尖形状、大小以及混合模式等参数。

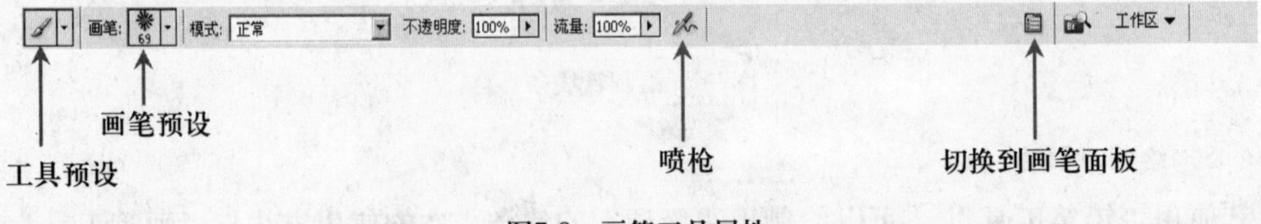

图7-8 画笔工具属性

1．画笔预设

画笔预设可以设置画笔的硬度、大小和笔尖形状等参数，单击画笔预设旁边的下拉按钮可以打开画笔预设下拉列表，如图7-9所示。在下方的列表中可以选择画笔笔尖的形状。

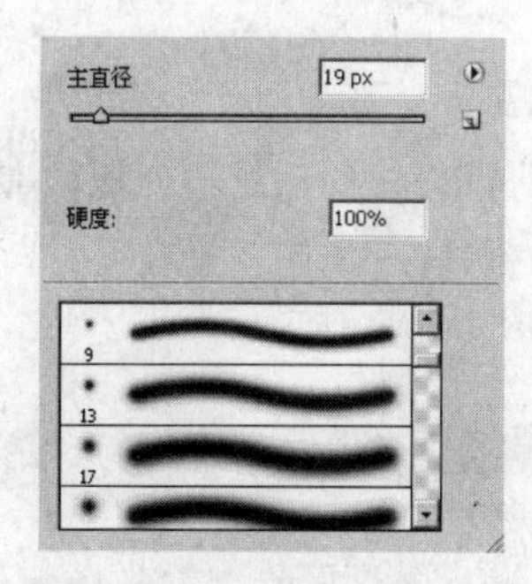

图7-9　画笔预设下拉列表

画笔预设中的参数与按钮含义如下。

（1）主直径：设置画笔笔尖的大小，单位是像素，画笔笔尖大小的设置直接关系到绘画涂抹的面积。

（2）硬度：硬度参数是用来设置画笔的软硬度，数值越大绘制的图案边缘越清晰，数值越小边缘越柔和，产生一种羽化的效果。图7-10所示的是设置画笔硬度为100和硬度为10的对比效果。

（3）◉按钮：单击该按钮会弹出画笔选项菜单，在其中可以设置画笔预设面板的显示和载入当前已经装入Photoshop的画笔笔尖，如图7-11所示。

图7-10　硬度为100和硬度为10的效果对比　　　　图7-11　画笔预设面板弹出菜单

（4）“新建画笔预设”按钮：此按钮可以把当前使用的画笔笔尖状态添加到下边的画笔列表中，以备日后使用。

2．模式

该模式设置与图层混合模式功能相同，是把画笔绘制出的颜色直接与图像产生混合运算，而不必新建图层。

3．不透明度和流量

与设置图层的不透明度一样，设置画笔的不透明度可以使绘制的线条呈半透明状态，而流量则是设置画笔颜色的浓度。图7-12所示的是设置画笔不透明度为50%和100%时的效果。

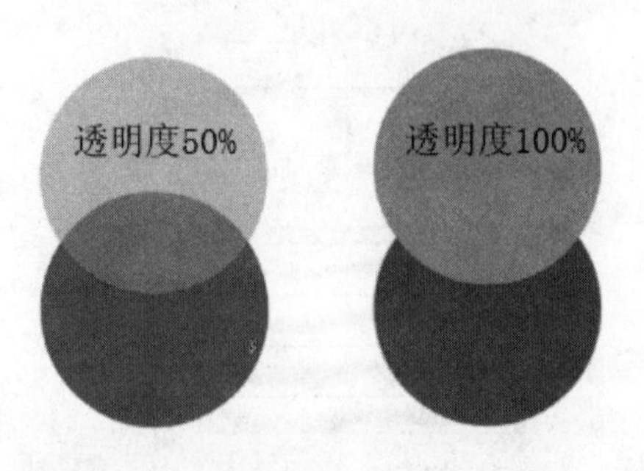

图7-12　更改画笔不透明度

4．喷枪

将“喷枪”按钮按下后会启用喷枪功能，喷枪与现实中的喷射器原理相同，在同一个地方停留时间越长，喷出的颜色越多。图7-13所示的是启用喷枪后的效果。

图7-13　启用喷枪后的效果

7.1.3　绘制线条技巧

1．使用快捷键

在绘制线条的过程中配合快捷键可以快速和准确地绘制线条。

（1）Shift键的使用：在拖动绘制过程中，按住Shift键可以绘制水平或垂直的线段，而在按住Shift键的同时连续单击则可以连点成线，绘制任意的折线。

在绘制直线后如果想要继续绘制垂线，则应先切换到其他工具然后再切换回来，或者在终点起点连接以后按快捷键Ctrl+Alt+Z撤消一步，再画竖线以避免直线的终点与垂线的起点连到一起，如图7-14所示。

图7-14　直线终点与垂线起点连接

（2）[、]的使用：在选中画笔工具后按“[”键可以减小画笔笔尖直径，按“]”键可以将画笔笔尖直径放大。按快捷键Shift+“[”可以减小画笔硬度，按快捷键Shift+“]”可以增加画笔硬度。这一快捷键在绘图过程中使用率非常高，可以随时绘制带有粗细软硬变化的线条。

提示：在使用快捷键时首先要确保当前是处于英文输入法的状态，否则快捷键将不起作用。

2．结合路径绘制模拟压力线条

模拟压力线条相比普通画笔绘制的线条看起来更加自然柔和，模拟压力线条一般用在绘制头发、白描作品中。绘制模拟压力线条的方法如下：

（1）首先使用钢笔工具在图像上绘制如图7-15所示路径，路径数量可以随意。然后设置画笔的硬度50，直径5像素，此参数将影响到线条的形态。

图7-15 绘制路径

（2）新建图层，然后进入“路径”面板，按住Alt键单击下方的“用画笔描边路径”按钮 ，打开“描边路径”对话框，在其下拉列表中选择“画笔”，并勾“选模拟压力”选项，单击“确定”按钮，可以看到模拟压力描边的效果，这里为了方便查看我们多绘制了几条路径并将背景色设置为黑色，如图7-16所示。

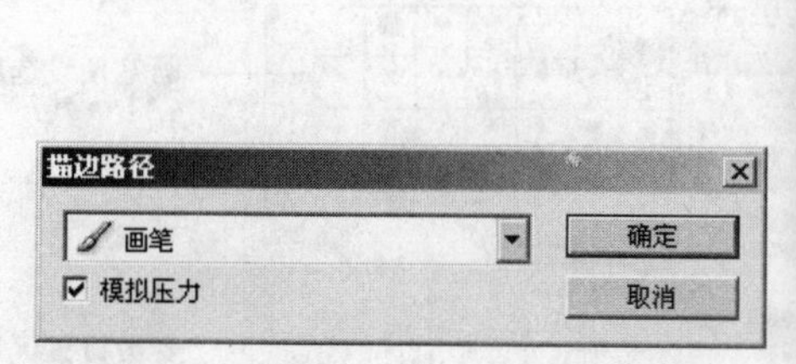

图7-16 模拟压力线条

7.2 个性线条的绘制

前面绘制的画笔线条既呆板又没有趣味性，难道画笔的功能仅限于此吗？当然不是，在“画笔工具”中还有一项利器——“画笔”面板。结合“画笔”面板，可以极大地扩展画笔的功能，打开“画笔”面板的方法是按F5键或在画笔工具属性栏上单击“切换画笔面板”按钮。“画笔”面板如图7-17所示。

在“画笔”面板中可以设置画笔的笔尖、分布及色彩等，从而绘制出具有个性的图案。

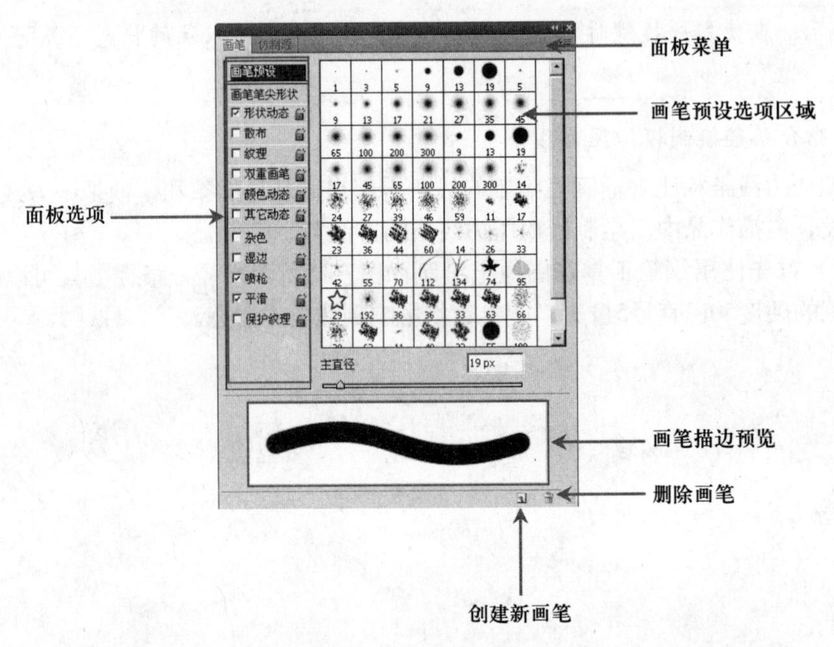

图7-17 “画笔”面板

7.2.1 设置个性笔尖

Photoshop自身存储了大量的笔尖形状可供选择，在“画笔”面板中选择“画笔笔尖形状”，然后在右侧画笔预设区域选中一种笔尖形状绘制即可。图7-18所示的是选择星形画笔笔尖的效果。

“画笔笔尖形状”选项的参数设置区域如图7-19所示，在该项面板中可以设置画笔的角度、间距、翻转等。

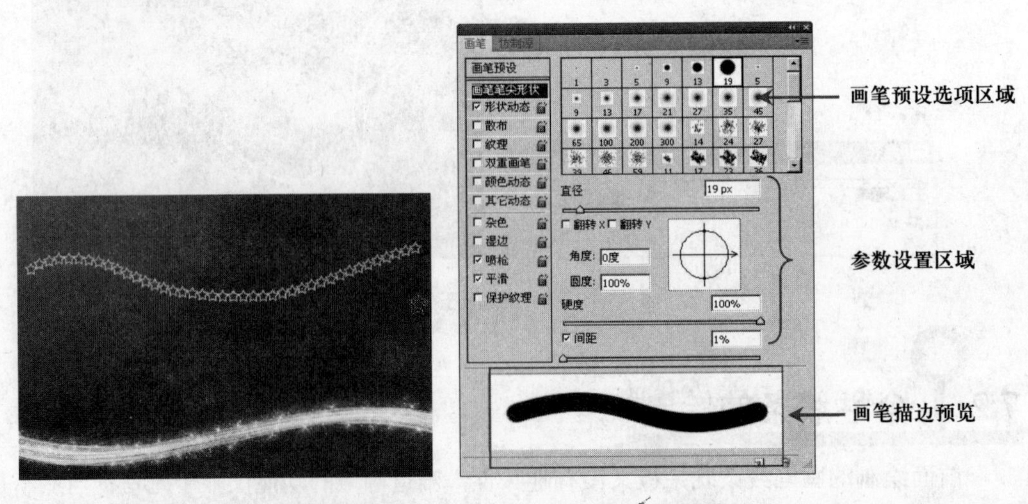

图7-18 选择星形画笔绘制的图案　　图7-19 画笔预设

（1）画笔预设区域：该区域中罗列了大量的笔尖形状，单击即可选择作为画笔的笔尖。在下方的画笔预览框中可以查看当前画笔的状态。

（2）翻转X和翻转Y：勾选“翻转X”复选框可以改变画笔笔尖在X轴上的方向，勾选“翻转Y”复选框则可改变画笔笔尖在Y轴的方向，如图7-20所示。

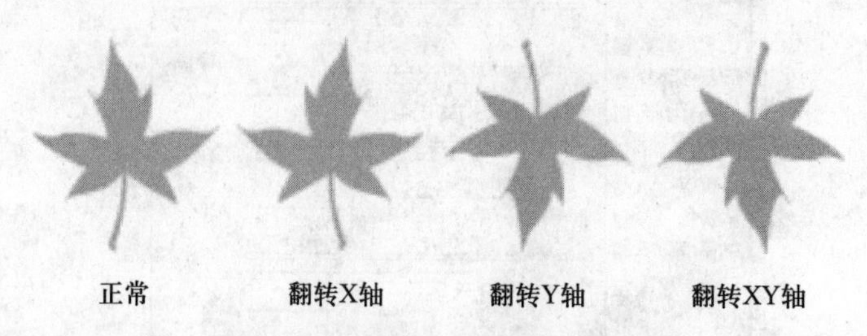

图7-20　翻转X轴与翻转Y轴效果

（3）角度与圆度：“角度”与“圆度”可在文本框中输入数值设置，也可在右侧直接拖动转轴调节，效果如图7-21所示。

图7-21　调整角度与圆度的效果

（4）硬度：画笔绘制图案边缘的柔化程度，图7-22所示的是调节画笔硬度前后的效果。

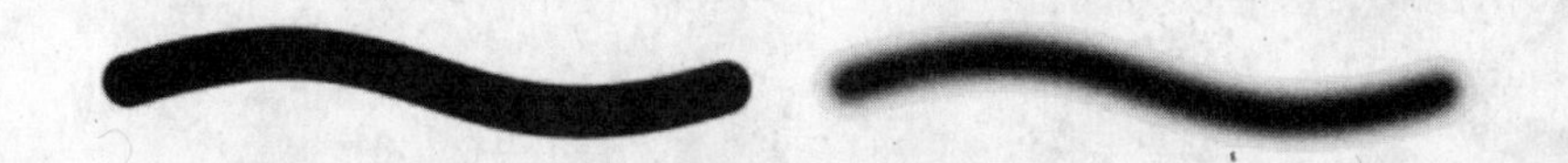

图7-22　调节画笔硬度

（5）间距：画笔绘制的笔尖之间的间距，图7-23所示的是调节画笔间距的效果。

图7-23　调节画笔间距

7.2.2　设置动态形状

在“形状动态”选项中，可以使用绘画工具绘制出形态各不相同的笔尖效果。在“画笔”面板中选择“形状动态”选项，其参数设置区域如图7-24所示。

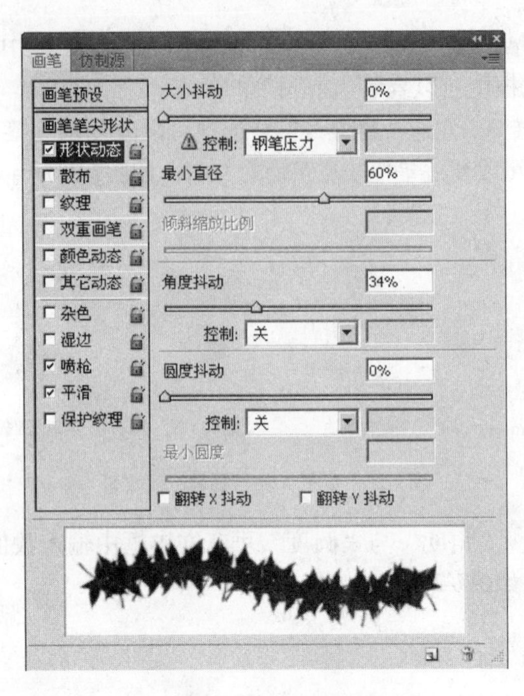

图7-24　形状动态

（1）大小抖动：设置该参数后在使用画笔绘制图案时，将随机放大和缩小画笔笔尖的直径，设置参数越大则画笔笔尖的随机性越大，如图7-25所示。

（2）控制：该下拉列表中共有5个选项，除“渐隐”外其他3个都需要绘图板。

渐隐：依据在后面数值框中输入的数值限定所绘制图案的渐隐效果，设置数值在1~9999之间。图7-26所示的是设置值为20的渐隐效果。

图7-25　“大小抖动”效果

图7-26　渐隐效果

（3）最小直径：当启用“大小抖动”或“控制”选项时，“最小直径”选项才被启用。在该参数右侧输入值后可以设置画笔笔尖抖动的百分比，值越大，抖动的越强烈。

（4）倾斜缩放比例：只有在“控制”下拉列表中选择“钢笔斜度”后，该选项才可用。

（5）“角度抖动”及其“控制”选项：用来设置画笔笔尖角度的改变方式。“角度抖动”可以使绘制出的每一个笔尖都随机旋转角度，旋转的角度大小与设置值有关，“控制”中的选项可以控制画笔角度如何变化。图7-27所示的是设置角度抖动以及抖动加渐隐的效果。

图7-27 设置“角度抖动”及渐隐的效果

（6）圆度抖动：与前面笔尖形状中的圆度抖动功能相同，其控制选项也基本类似，如图7-28所示圆度抖动加渐隐效果。

（7）最小圆度：启用“圆度抖动”后该项设置值才会起作用，通过值的大小来控制抖动的范围大小，值越大，笔尖圆度越大，“圆度抖动”不明显；值越小，“圆度抖动”越明显。图7-29所示的是设置值为20%及80%的圆度效果。

图7-28 “圆度抖动”及渐隐效果

图7-29 设置值为20%及80%的圆度效果

（8）翻转X抖动和翻转Y抖动：这里的翻转XY抖动与画笔笔尖形状中的翻转XY作用大致相同，这里就不再赘述。

7.2.3 设置散布状态

“画笔”面板中的“散布”选项用于确定描边中笔尖的数目和位置，使绘制出来的笔尖图案产生一种散射的效果。“散布”选项的参数设置区域如图7-30所示。

（1）散布：设置此选项的参数可以使绘制出的图案在一定范围内成散布效果。数值越大，散布效果越明显，勾选其上面的“两轴”复选框后可以使绘制出的图案向XY两轴之间的四个象限内随机分布，取消复选框后，则垂直与绘制路径散布。图7-31所示的是选中“两轴”的散布效果，图7-32所示的是取消选中“两轴”的垂直散布效果。

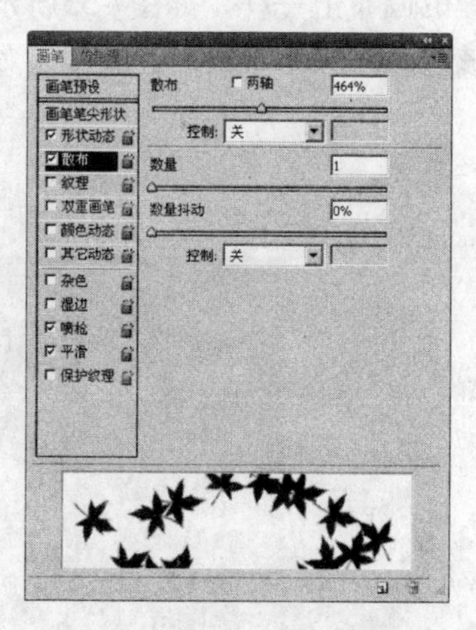

图7-30 “散布”选项参数

图7-31　选中“两轴”散布效果图

图7-32　取消选中“两轴”的效果

（2）数量：“数量”滑块用于指定在每个笔尖的散布方向上应用的画笔笔尖的数量。图7-33所示的是设置增大数量后的效果。

（3）数量抖动：“数量抖动”针对的是数量参数，对每个散布方向上笔尖的数量进行随机数量变化。图7-34所示的是相对于图7-33数量抖动增大的效果。

图7-33　数量增大后的效果

图7-34　数量抖动增大的效果

7.2.4　绘制纹理笔尖线条

为画笔添加纹理可以在画笔的笔尖中带有纹理图案效果，使绘制出的笔尖像是在带纹理的画布上一样，如图7-35所示。在“画笔”面板左侧选中“纹理”选项，在其右侧显示该选项对应的参数设置区域，如图7-36所示。

图7-35　“纹理”画笔效果

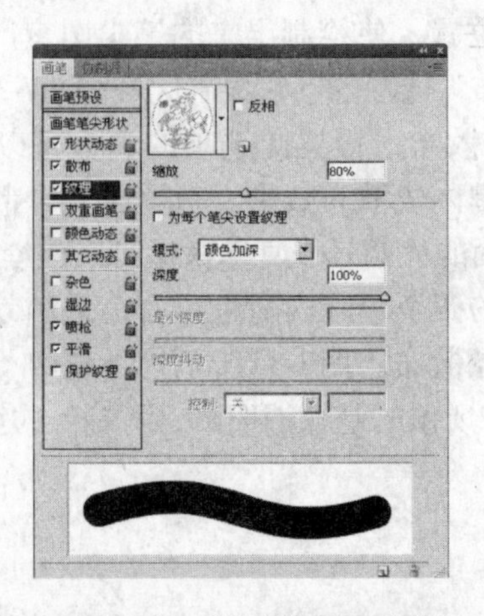

图7-36　“纹理”设置参数

1．图案

单击“画笔”面板中的图案下拉列表，在其中选择一个图案作为画笔的纹理，也可以自定义图案作为画笔纹理。

2．反相

“反相”选项是基于图案中的色调反转纹理中的亮点和暗点。在不选择该选项时，图案中的亮部显示出最亮的前景色，黑色部分不显示前景色，勾选“反相”复选框时，图案中的暗部区域则显示最亮的前景色，白色不显示。图7-37所示是为纹理设置“反相”前后的效果对比。

图7-37 设置“反相”效果

3．缩放

该选项用于指定图案纹理的缩放比例。设置值为1%~1000%之间，值越小，画布上可以呈现的图案数目就越多，图7-38所示的是设置不同缩放比例的效果。

图7-38 设置不同缩放比例的效果

4．为每个笔尖设置显示效果

勾选该复选框可以指定在绘图中是否分别渲染每个笔尖。从而实现每个画笔显示的纹理深度都不相同，如果取消此复选框，则无法使用“深度”以下的选项。

5．深度

“深度”选项用于制定前景色渗入纹理中的深度，如果设置的数值是0%，则纹理图案中的亮部和暗部都显示出同样的前景色，此时绘制的图案不会显示出纹理，如果设置的数值是100%，则纹理图案中的暗部只显示少量的前景色。如图7-39所示的是深度为40%与深度为100%的效果对比，由图中可以看出“深度”低的图片显示出了更多的前景色。

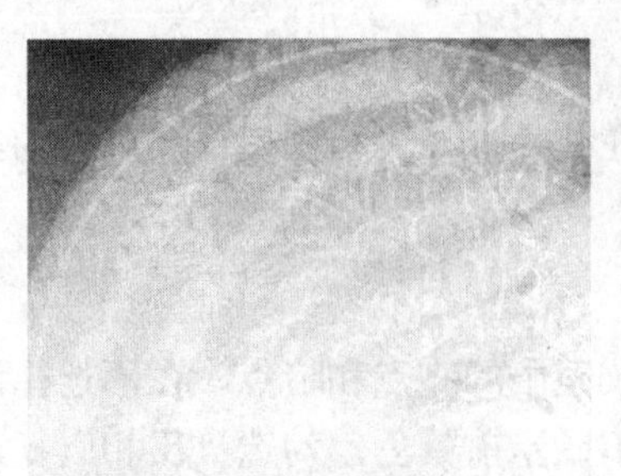
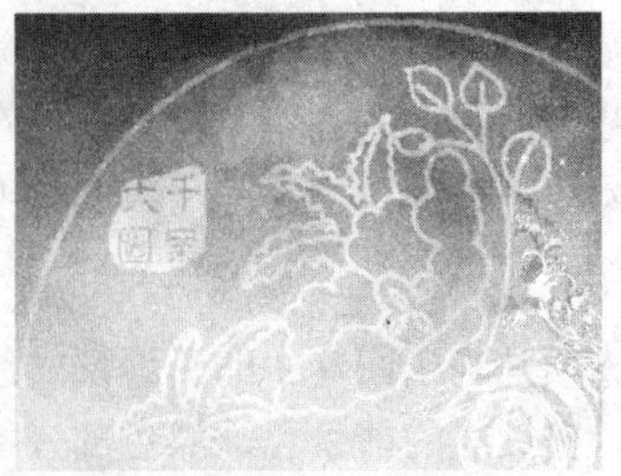

图7-39　深度为40%与100%的对比

6．最小深度

同前面所讲的“最小直径”及“最小圆度”一样，用于设置每个画笔笔尖图案前景色可深入的最小深度，当该值与上面的深度值同为100%时，则画笔笔尖不可见，画笔绘制过的地方只显示纹理，如图7-40所示。

图7-40　深度为100%的效果

7．深度抖动

在勾选“为每个笔尖设置纹理”复选框时，“深度抖动”及其下面的“控制”下拉列表可以控制每个图案的纹理深度随机变化。

7.2.5　绘制双重笔尖线条

“双重画笔”是使用两个画笔笔尖同时绘画，首先在画笔笔尖形状中选择一种形状，然后在“双重画笔”选项中选择另一种笔尖形状，即可绘制双重的笔尖图案，图7-41所示的是“双重画笔”绘制的图案效果。在“画笔”面板左侧选中“双重画笔”选项，在其右侧会出现该选项对应的参数设置区域，如图7-42所示。

图7-41　“双重画笔”效果

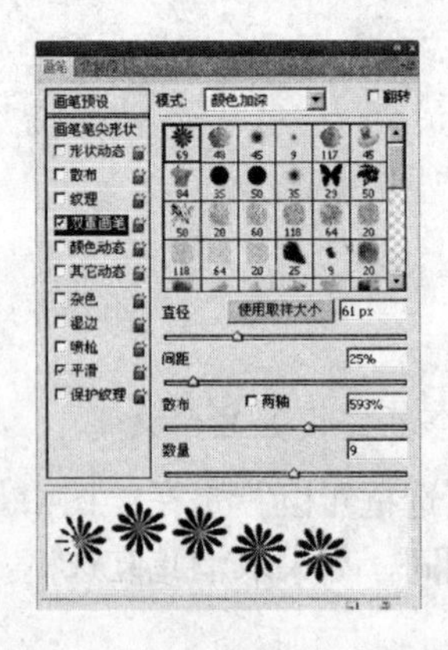

图7-42　“双重画笔”参数设置

1．直径

“直径”选项设置的是第二种画笔的直径大小。如果单击“使用取样大小”按钮则是使用画笔笔尖的原始直径。

2. 间距

此选项用来设置选择的第二种画笔的间隔距离。

3. 散布

设置第二种画笔的散布情况。

4. 数量

此选项用来设置选择的第二种画笔间隔处的画笔数目。

7.2.6 绘制动态线条

1. 动态颜色线条

"颜色动态"选项用于对画笔的颜色或图案进行设置，可以调节画笔笔尖颜色的色调、饱和度等选项。

在"画笔"面板左侧选中"颜色动态"选项，在其右侧会出现该选项对应的参数设置区域，如图7-43所示。

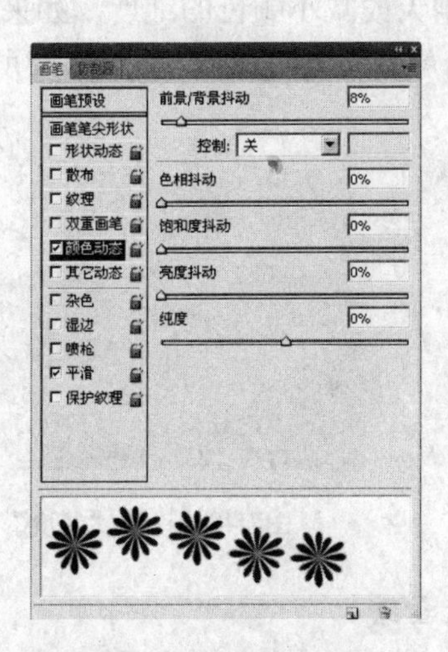

图7-43 颜色动态

（1）前景/背景抖动：设置该选项的参数值可以设定图案颜色从前景色到背景色之间的颜色随机变化，数值越大，随机性越强。图7-44所示的是画笔设置"前景/背景抖动"的效果。

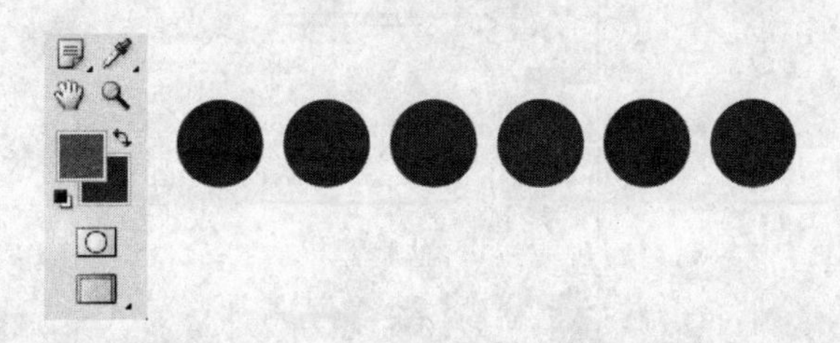

图7-44 设置"前景/背景抖动"的效果

（2）色相抖动：用于控制画笔色调的随机效果。设置的数值越大，画笔的色调发生的变换越接近于背景色色相，反之越接近前景色的色相，如图7-45所示。

（3）饱和度抖动：此选项用于控制画笔饱和度的随机效果，与“色相抖动”一样，数值越大越靠近背景色饱和度，数值越小越靠近前景色饱和度。图7-46所示的是在图7-45的“色相抖动”基础上设置“饱和度抖动”的效果。

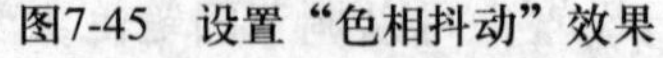

图7-45　设置“色相抖动”效果

图7-46　在“色相抖动”基础上设置“饱和度抖动”

（4）亮度抖动：同上面的饱和度与色相抖动相同，此选项用于控制画笔亮度的随机效果，如图7-47所示。

（5）纯度：此选项用来增大或减小颜色的纯度。如果设置的数值为-100，颜色将完全去色，如果设置数值为100，颜色将完全饱和，如图7-48所示。

图7-47　设置“亮度抖动”效果

图7-48　设置“纯度”为-100%与100%的对比

2．动态不透明度及动态流量线条

在“其它动态”选项中只有两个参数，用来设定颜色的不透明度及流量抖动，其参数设置区域如图7-49所示。

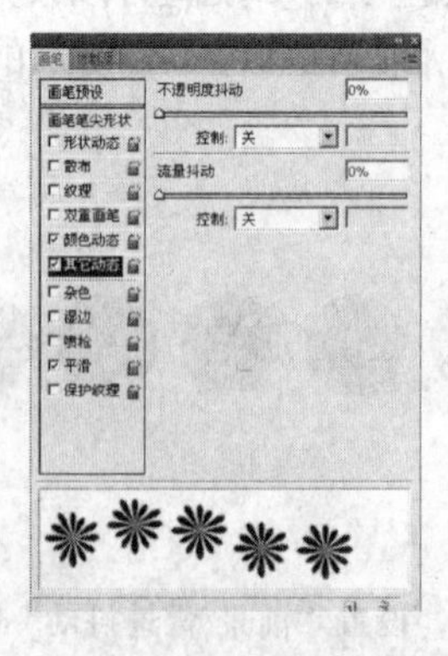

图7-49　“其它动态”参数设置

（1）不透明度抖动：用来设定画笔在绘图过程中颜色的不透明随机变化，数值越大，透明变化越明显。

（2）流量抖动：用于设定画笔描边效果中的颜色流量随机变化效果，数值越大，流量变化越明显。

7.2.7 个性线条的属性设置

在“画笔”面板左侧的选项区域中还有其他的5个选项，这5个选项都没有参数设置，只需勾选其前面的复选框，即可使用该效果。

（1）杂色：可以为画笔笔尖的边缘添加杂色效果，应用于具有柔化效果的画笔时效果明显。

（2）湿边：为画笔笔尖边缘增加前景色的流量，使其具有水彩的效果。

（3）喷枪：这里的喷枪与画笔属性栏中的喷枪功能相同。

（4）平滑：使画笔在绘图时笔尖的边缘生成平滑的边缘，但渲染时间会有所增加。

图7-50所示的是选中四种选项的效果图。

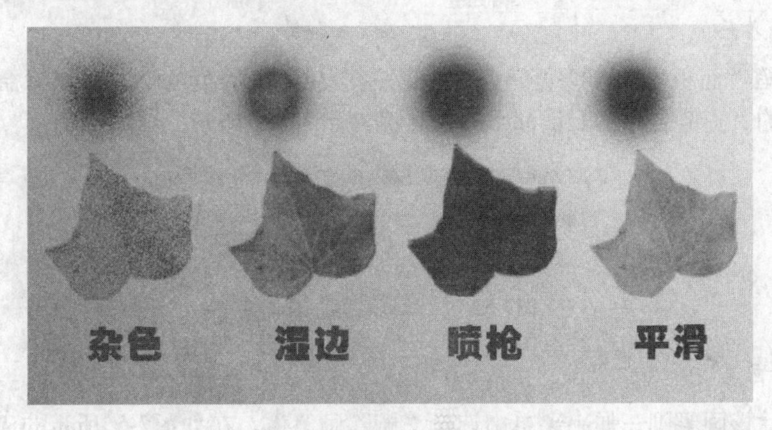

图7-50 四种选项的效果

（5）保护纹理：勾选此复选框可以使不同画笔笔尖所绘制出的不同大小的图案内部纹理一致。

7.2.8 管理画笔预设

Photoshop中存储了多种画笔预设，通过“画笔”面板右上角的画笔菜单可以管理Photoshop中已有的画笔预设。

1. 载入画笔

单击“画笔”面板右上角的按钮，在弹出菜单中可以选择需要载入的画笔种类，选择一种要添加的画笔，在弹出的“载入画笔”对话框中，单击“确定”按钮，即可替换当前画笔预设，如果单击“追加”按钮，即可将选择的画笔追加到当前画笔预设窗口中。

2. 存储和载入画笔

要将当前画笔预设存储起来，可以选择画笔菜单中的“存储画笔”命令，在弹出的如图7-51所示的“存储”对话框中选择保存位置并单击“保存”按钮即可保存当前画笔，使用时单击“画笔”面板右上角的按钮，在弹出的菜单中选择“载入画笔”命令，打开

"载入"对话框，选择要载入的画笔文件后单击载入即可。

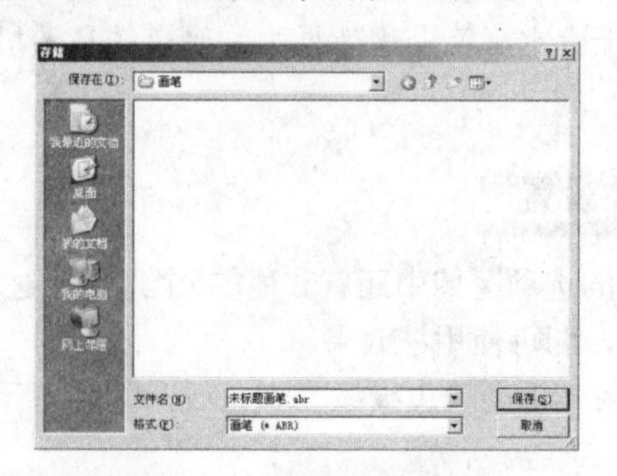

图7-51 "存储"对话框

提示：画笔的保存文件扩展名为".abr"。用户可以将此文件拷贝到其他电脑的Photoshop的同一文件夹下使用。

3. 重命名画笔

在"画笔"面板中选中需要重命名的画笔，在弹出的菜单中选择"重命名画笔"命令，在弹出的"画笔名称"对话框中输入名称，如图7-52所示，单击"确定"按钮即可。

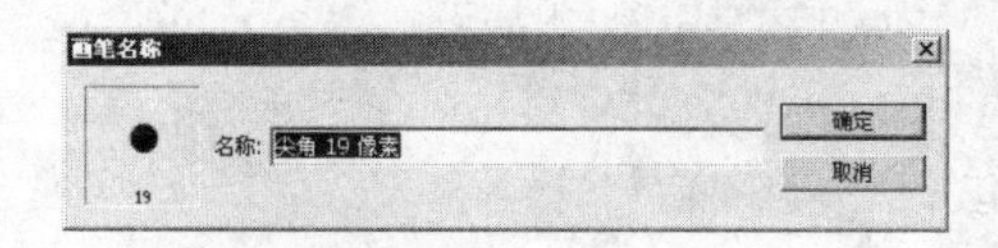

图7-52 "画笔名称"对话框

4. 删除画笔

若要删除该画笔则在弹出菜单中选择"删除画笔"，在如图7-53所示的"删除"对话框中单击"确定"按钮即可删除当前画笔。

图7-53 删除画笔对话框

5. 复位画笔

在多次载入以及删除画笔后，可以在画笔菜单中选择复位画笔，将当前预设窗口内的画笔复位至默认预设状态。

7.2.9 自定义画笔

在Photoshop中用户可以像定义图案一样自定义画笔，定义画笔的图像可以是选区内的图像也可以是整幅图像，首先选中需要定义的图像，然后执行"编辑"→"定义画笔预设"命令，在弹出的如图7-54所示的"画笔名称"对话框中输入名称，单击"确定"按钮即可定义画笔。

选择画笔工具，按F5键，在打开的“画笔”面板中可以找到定义的画笔，如图7-55所示。然后对其定义各项参数即可像普通画笔一样使用。

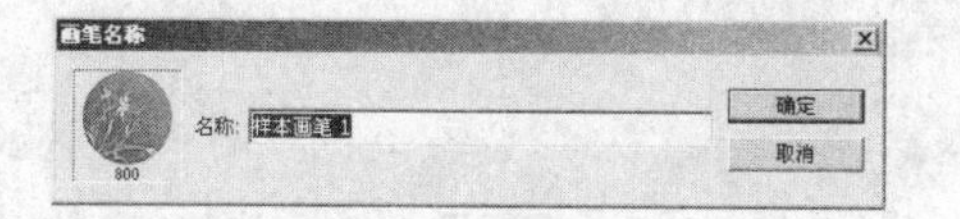

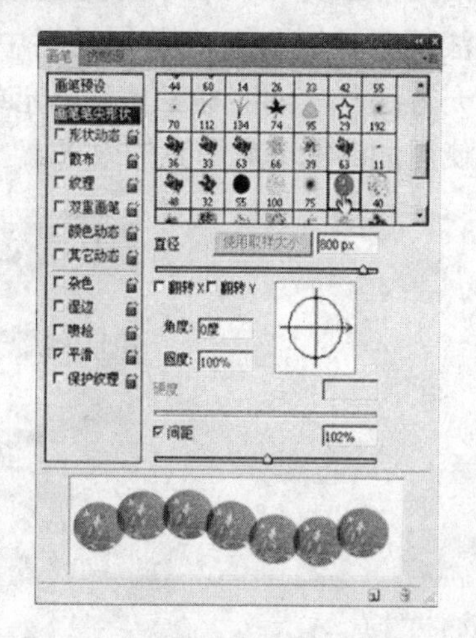

图7-54 “画笔名称”对话框　　图7-55 “画笔”面板中自定义的画笔

7.3 颜色的填充

在第2章中，我们讲解了使用“填充”对话框为选区填充颜色的方法以及描边命令。下面将深入讲解以下内容：

（1）使用“渐变工具”填充渐变色。

（2）使用“油漆桶工具”填充前景色或图案。

（3）使用“填充”命令填充颜色或图案。

7.3.1 单色和图案填充

1．单色填充

使用“油漆桶工具”可以针对图像中某一颜色相似区域进行填充，相当于把魔棒和填充选项结合了起来，其使用方法很简单，设置好要填充的前景色后，使用“油漆桶工具”在图像上需要填充颜色的区域单击，即可填充，如图7-56所示。

图7-56 “油漆桶工具”填充颜色

2．图案填充

“油漆桶工具”不仅可以填充颜色，也可以填充Photoshop中已经定义好的图案。选择“油漆桶工具”，在其属性栏中将前景更改为图案，然后在图案预设中选择一种图案，填充方法与“油漆桶工具”填充单色的方法一样，在图像上单击即可填充。图7-57所示的是使用油漆桶填充图案的效果。

图7-57　填充图案

3．工具属性栏

“油漆桶工具”的属性栏如图7-58所示，其中的各项参数含义如下所述。

图7-58　工具属性

（1）设置填充方式：在此下拉列表框中可以选择使用前景色或图案进行填充。

（2）图案预设列表：在选择使用图案进行填充后可以从中选择填充的图案。

（3）模式：设置填充的颜色或图像与原图像的混合模式。

（4）不透明度：填充的颜色或图案的不透明度。

（5）容差：设置填充像素的颜色范围，同“魔棒工具”的容差相同。

（6）消除锯齿：通过柔化边缘像素，产生与背景颜色之间的过渡，从而平滑锯齿边缘。

（7）连续的：在该复选框被勾选的情况下，将仅填充与所选颜色邻近的像素，否则将填充整个图像中相似的颜色。

（8）所有图层：勾选该复选框后填充工具将对所有图层起作用。

7.3.2　渐变填充

使用“渐变工具”可以创建多种颜色间的过渡填充效果，可以将渐变填充分为平滑渐变填充和杂色渐变填充。

1．平滑渐变填充

平滑渐变填充为“渐变工具”的默认填充类型，单击工具栏中的“渐变工具”（快捷键G），在其属性栏中设置好参数后，在图像中单击并拖动鼠标拉出一条直线后松开鼠标，如图7-59所示，松开鼠标后渐变色填充效果如图7-60所示。

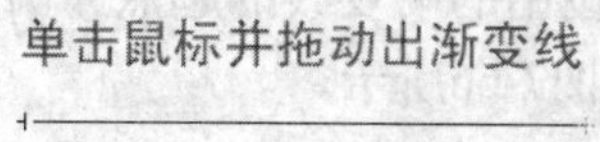

单击鼠标并拖动出渐变线

图7-59 拖动渐变线

图7-60 渐变色填充效果

2．杂色渐变填充

杂色填充需要经过设置才能获得杂色填充效果，选择“渐变工具”，单击属性栏中的“渐变预览条”按钮，打开“渐变编辑器”对话框，在渐变类型中选择杂色，如图7-61所示，然后在图像上拖拉出渐变线即可。杂色渐变填充的效果如图7-62所示。

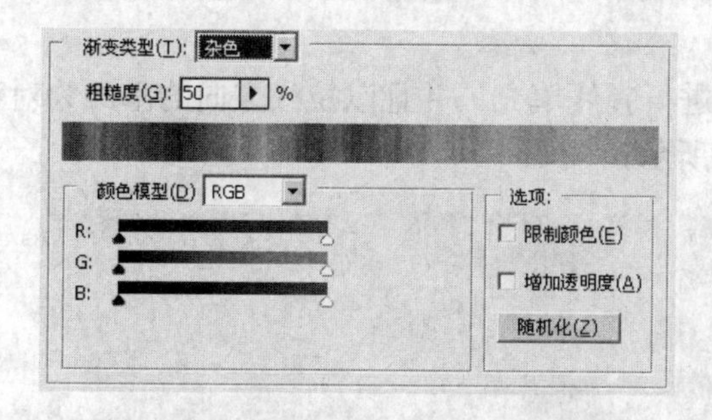

图7-61 杂色渐变编辑

图7-62 杂色渐变填充效果

3．渐变工具属性栏

“渐变工具”的属性栏如图7-63所示，其各项参数作用如下所述。

图7-63 渐变工具属性栏

（1）渐变编辑：单击该渐变预览条可以打开“渐变编辑器”对话框，关于渐变对话框的设置将在后面做详细讲解，单击渐变预览条右边的下拉三角形可以弹出如图7-64所示的渐变色预设列表，从中可以直接选择并使用预设好的渐变色。

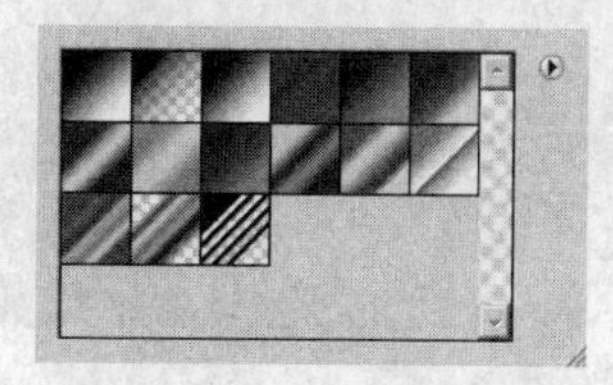

图7-64 渐变色预设列表框

（2）渐变形状：共包含5种渐变类型，依次为：线性渐变、径向渐变、角度渐变、对称渐变、菱形渐变。5种渐变的使用方法及效果如下。

① 线性渐变：按下该按钮后，在图像中单击拖动出渐变线，渐变色将从直线的起点至终点填充，以此产生直线的渐变效果，如图7-65所示。

② 径向渐变：按下该按钮后，渐变色将会以拖拉出的渐变线的起点为圆心，渐变线长度为半径进行环形填充，产生圆形的渐变效果，如图7-66所示。

图7-65　线性渐变

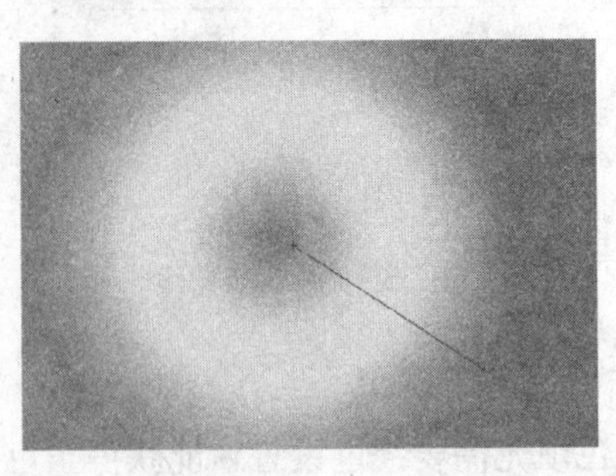

图7-66　径向渐变

③ 角度渐变：渐变色以拉线的起点为圆形顶点，以渐变线为旋转轴进行360度的旋转填充，如图7-67所示。

④ 对称渐变：以渐变线的起点到终点进行直线填充，并且以拉线方向的垂线为对称轴，产生出两边对称的渐变效果，如图7-68所示。

图7-67　角度渐变

图7-68　对称渐变

⑤菱形渐变：渐变色以拉线的起点为菱形的中心点、终点为菱形的一个角，以菱形的效果向外扩展，如图7-69所示。

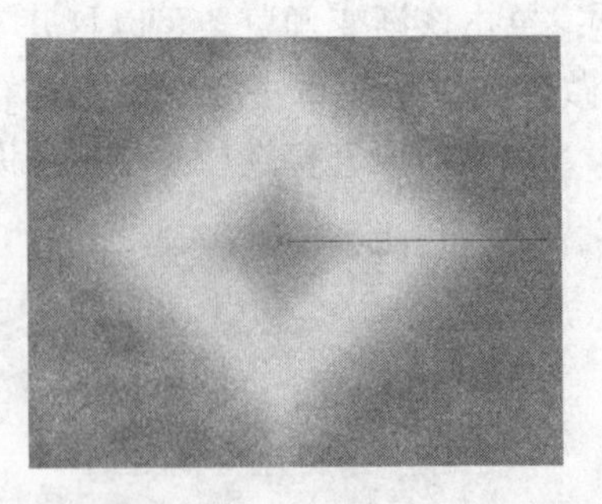

图7-69　菱形渐变

（3）模式：在此下拉列表中可以选择填充的线性渐变与背景的混合模式。

（4）不透明度：设置渐变填充色的不透明度，数值越大，渐变越清晰，反之越模糊。图7-70所示的是设置不透明度为25%与不透明度为100%的对比效果图。

图7-70　设置不透明度为25%与不透明度为100%的对比

（5）反向：勾选该复选框可以反转渐变填充中的颜色顺序，如图7-71所示。

图7-71　反转渐变色

（6）仿色：勾选该复选框可以创建平滑的混合效果，并防止出现色带效果。

（7）透明区域：只有勾选该复选框后才可以使用透明渐变填充，否则透明渐变区域将被前景色代替。

4．渐变编辑器

使用“渐变编辑器”对话框可以编辑出丰富多样的渐变颜色，“渐变编辑器”对话框如图7-72所示。

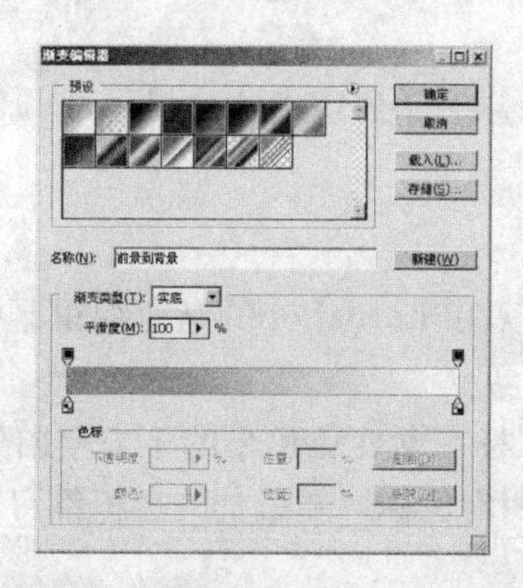

图7-72　“渐变编辑器”对话框

（1）预设：预设列表中存在已经编辑好的渐变预设，单击一种渐变预设即可在下面的参数区域进行编辑。单击预设列表框右上角的三角形按钮，在弹出的菜单中有8种渐变预设可供使用。

（2）名称：显示当前渐变的名称，可以重命名该渐变。

（3）渐变类型：有实底和杂色两项，实底的渐变是平滑过渡，杂色是锐利粗糙的渐变色，其效果如图7-73所示。

图7-73　实底渐变与杂色渐变

（4）平滑度与粗糙度："平滑度"属于上面的实色渐变类型，通过调节参数改变渐变色的光滑程度；粗糙度属于杂色渐变类型，调节其参数将改变渐变色的粗糙度。

（5）渐变色色带：使用色标控制当前的渐变色的构成，位于编辑带上面的是不透明度色标，位于下面的是颜色色标，如图7-74所示。

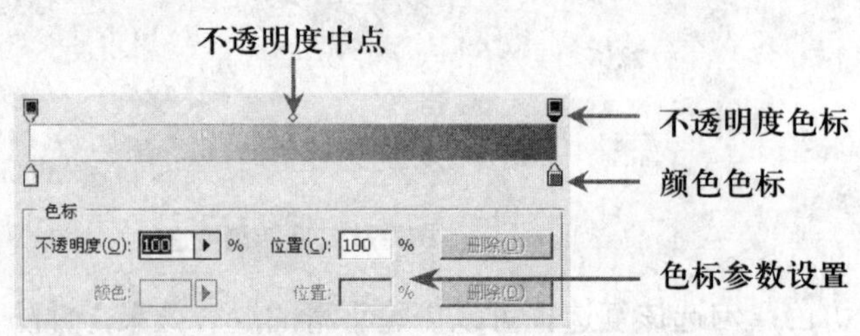

图7-74　渐变色色带

① 不透明度色标：它控制的是位于此段颜色的不透明度，单击即可在下面的色标参数区设置其不透明度和位置。

② 不透明度中点：不透明度中点控制的是两个不透明度色标之间的不透明度过渡点。

③ 色标：位于色带下面的色标控制的是该范围内的颜色，单击可以在下面的色标选项内设置颜色与位置。

④ 颜色中点：单击颜色色标后颜色中点才会显示，颜色中点用于控制各颜色色标之间的颜色过渡位置。

5．编辑渐变色

图像中的各种渐变色都可以在Photoshop的渐变编辑器中调出来，下面讲解如何编辑渐变色。

（1）添加和删除色标：鼠标在渐变色色带的下方空白处单击即可添加颜色色标，在色带的上方单击即可添加不透明度色标，新添加的色标都可以在色标参数中设置相应的参数，如图7-75所示。

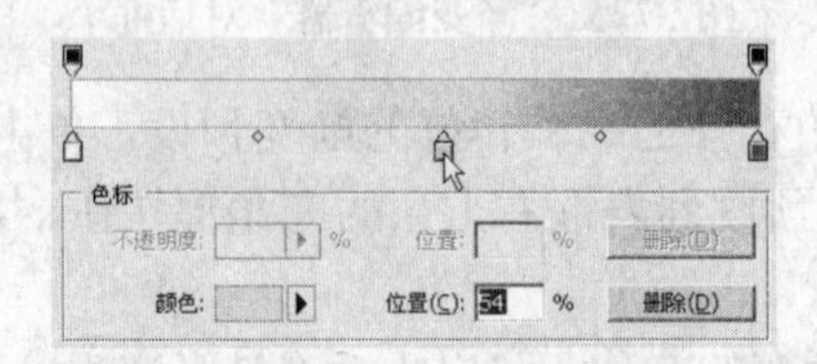

图7-75　单击添加色标

要想删除色标：只要选中该色标并将其拖曳出对话框即可，或选中该色标后单击其下方色标设置参数中的“删除”按钮。

（2）调整色标位置及颜色：选中不透明度色标后，其下方的不透明度与位置参数即可变亮，从中可以设置不透明度色标的不透明度和位置，同设置不透明度色标一样的方法也可以设置颜色色标的颜色与位置。

（3）存储渐变：对于已经编辑好的渐变色，可以单击对话框右边的“存储”按钮，该功能可以把出现在预设框内的所有渐变存储为“渐变库”，文件扩展名为“.grd”，以便日后使用，选择存储渐变，会弹出如图7-76所示的“存储”对话框，选择保存位置并单击“保存”按钮完成渐变的保存。重启Photoshop后，可以看到存储的库名称出现在弹出菜单里，如图7-77所示。

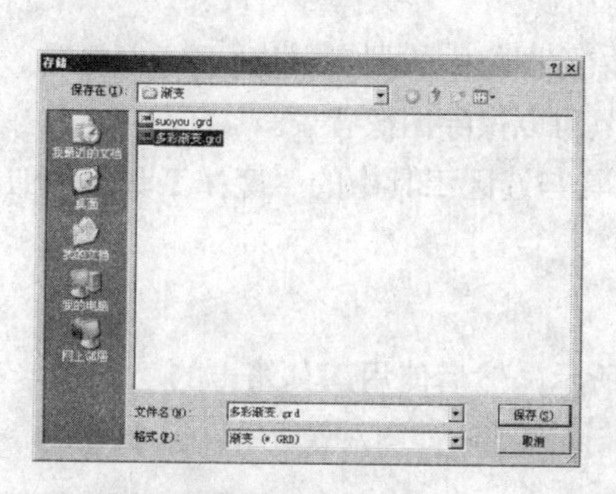

图7-76 存储渐变

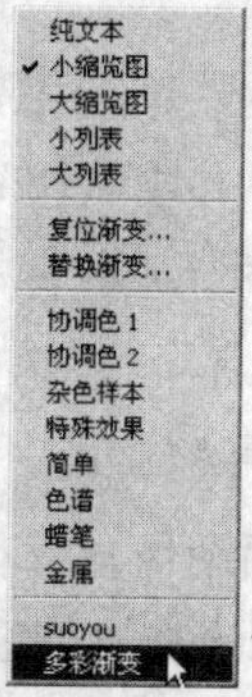

图7-77 菜单中的库名称

（4）载入渐变：保存的渐变库在复制到另一台电脑上使用时需要载入该渐变，单击对话框右边的“载入”按钮，在弹出的如图7-78所示的“载入”对话框中选择需要载入的渐变库，然后单击“载入”按钮即可。或在预设弹出菜单中选择“替换渐变”命令，使用另一个库替换当前的预设列表。

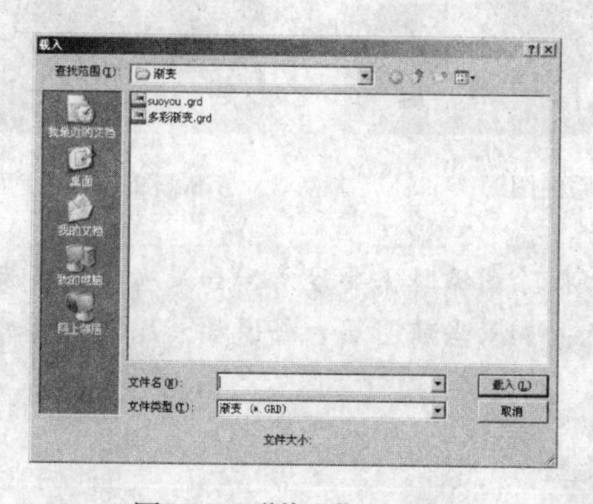

图7-78 “载入”对话框

7.4 颜色的擦除与替换

擦除图像颜色也是Photoshop中常用的一项功能，主要由“橡皮擦工具”和“背景橡皮擦工具”来完成。替换颜色使用的则是颜色替换工具，本节将讲解如何擦除和替换填充和绘制的颜色。

7.4.1 擦除颜色

橡皮擦工具主要用来擦除图像中的画痕、污点和图像背景等，尤其在效果图后期处理中，这类工具应用频率很高。橡皮擦工具组主要包括三个工具，如图7-79所示。

橡皮擦工具 E
背景橡皮擦工具 E
魔术橡皮擦工具 E

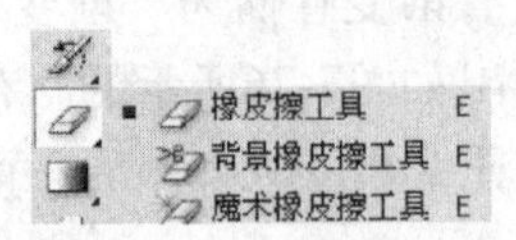

图7-79 三种橡皮擦工具

“橡皮擦工具”：主要用于擦除图像中的划痕或其他多余的图像。

“背景橡皮擦工具”：该工具可以擦除图像背景。

“魔术橡皮擦工具”：该工具与选区工具中的“魔棒工具”相似。可以擦除图像中相邻或相似的图像。

1．橡皮擦工具的使用

首先打开一幅图像，如图7-80所示，然后使用工具箱中的“橡皮擦工具”在图像上涂抹，可以看到涂抹过的图像都被擦除了，如图7-81所示。

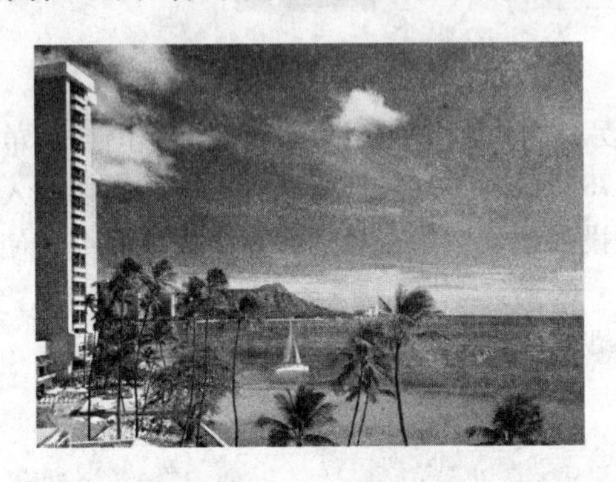

图7-80 原像图

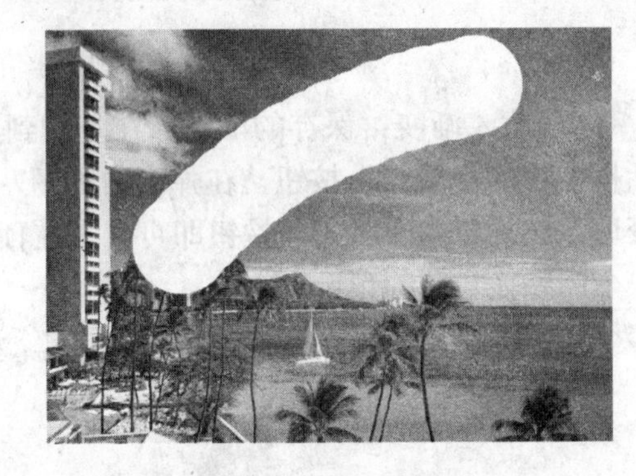

图7-81 使用橡皮擦涂抹

> 提示：在使用橡皮擦擦除图像时需要注意，如果当前图层为背景层，那么橡皮擦涂抹过的地方将变成背景色；如果当前图层为普通层，那么橡皮擦涂抹过的地方将变成透明像素。

2．橡皮擦工具属性设置

“橡皮擦工具”的属性栏如图7-82所示，通过设置其属性，可以获得不同的擦除效果。

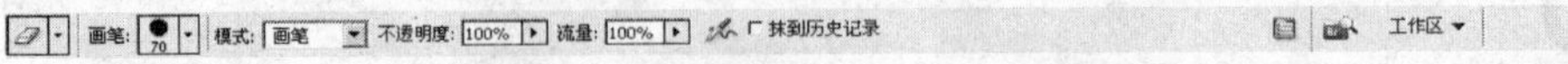

画笔:
70
模式:
画笔
不透明度:
100%
流量:
100%
抹到历史记录
工作区

图7-82 “橡皮擦工具”属性栏

（1）画笔预设：这里的预设画笔与画笔工具的使用方法相同。通过选择不同的画笔笔尖可以获得不同的擦除效果。

> 提示：在“画笔”面板中设置的直径、硬度、角度等设置不仅影响“画笔工具”，而且影响其他的一些工具，如铅笔、仿制图章、图案图章、历史记录画笔、历史记录艺术画笔、魔术橡皮擦、模糊、涂抹、减淡、加深和海绵等工具。

（2）模式：设置“橡皮擦工具”的擦除模式，共包括画笔、铅笔、块三种模式，其中“画笔”与“铅笔”的区别是“铅笔”模式不可以设置硬度，只能擦出锐利的边缘，“块”模式工具只能擦除方块区域图像，如图7-83所示的是三种模式的效果。

（3）不透明度：设置擦除笔刷的不透明度。如果设置数值低于100%，则不会完全擦除所选区域的图像，如图7-84所示。

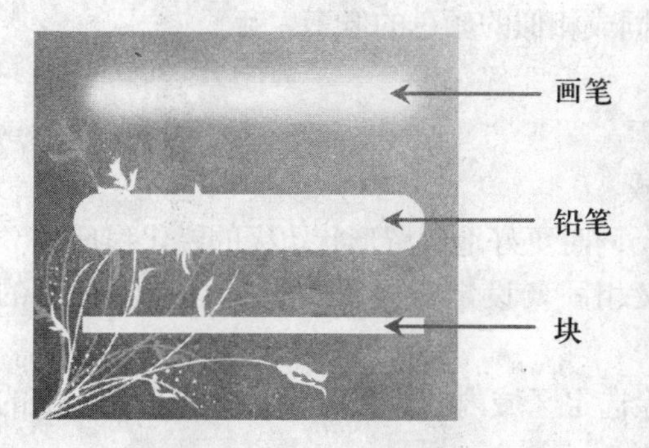

图7-83 三种橡皮擦模式擦除的效果

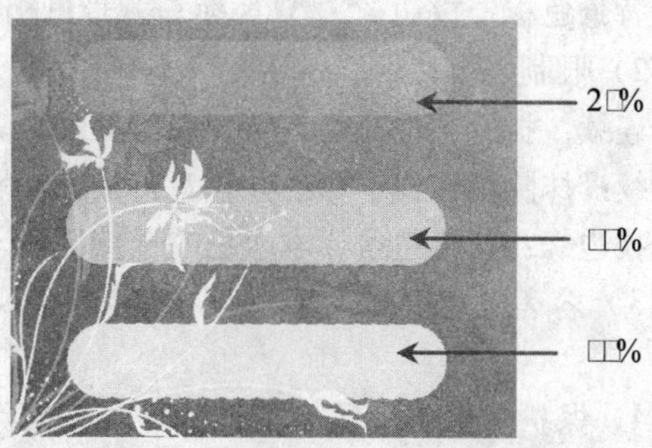

图7-84 设置不透明度的效果

（4）“喷枪工具”：喷枪工具与用画笔绘制图案时的喷枪工具相同，在同一位置停留时间越长，擦除区域越多。

（5）涂抹到历史：勾选此复选框后，系统不再以背景色或透明区域替换被擦除的区域，而是以历史记录调板中选择的图像状态覆盖当前被擦除的区域。

> 技巧：按住Alt键可以使“涂抹工具”临时切换为涂抹到历史记录。

7.4.2 擦除颜色为背景

1．背景橡皮擦的使用

使用“背景橡皮擦工具”可以擦除图层中与取样色相似的图像，图7-85所示的是使用背景橡皮擦工具擦除图像前景的效果（示例可参见光盘\素材\第七章\背景橡皮擦.psd）。

图7-85 使用背景橡皮擦擦除图像的效果

2．背景橡皮擦属性设置

背景橡皮擦工具的属性如图7-86所示。

图7-86 “背景橡皮擦工具”属性栏

（1）取样：取样选项、限制以及容差等属性都与颜色替换工具属性的对应项含义相同。

“连续”按钮：在拖动涂抹过程中不断对图像取样，选中此选项可以使拖动过的像素都被删除。

“一次”按钮：在取样要删除的像素时，只包含第一次单击颜色的像素。

“背景色板”按钮：只替换与背景色相同或相似的颜色的像素。

（2）限制

不连续：抹除出现在画笔下任何位置的像素。

连续：抹除包含样本颜色并相互链接的区域。

查找边缘：抹除包含样本颜色的连接区域，同时更好地保留形状边缘的锐化程度。

（3）容差：与“魔棒工具”的容差含义相同，设定背景橡皮擦工具擦除色彩的容差。

（4）保护前景色：保护前景色可以在擦除选定区域内的颜色时保护与前景色匹配的区域不被擦除。

3．魔术橡皮擦工具的使用

使用“魔术橡皮擦工具”可以擦除图像中颜色相似或相近的区域，如果在图像背景中或是在带有锁定透明像素的图像中涂抹，像素会更改为背景色，否则像素会被涂抹成透明的。

“魔术橡皮擦工具”的使用也非常简单，类似于“魔棒工具”，在图像中单击需要删除的图像，即可删除图像中与此像素颜色相近的图像，如图7-87所示。

图7-87 使用魔术橡皮擦擦除白色部分。

4．魔术橡皮擦工具属性设置

“魔术橡皮擦工具”的属性栏如图7-88所示。

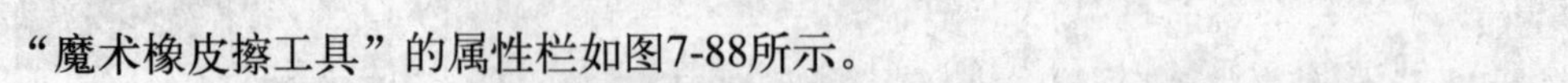

图7-88 “魔术橡皮擦工具”属性栏

（1）容差：此选项用于设置抹除颜色的容差范围，与“魔棒工具”属性中的容差效果一样，如图7-89所示的是设置容差为32与容差为80的效果对比。

图7-89 容差为32及容差为80的效果

（2）消除锯齿：勾选此复选框后，可以使涂抹区域边缘平滑。

（3）连续：选中后只擦除与鼠标选中颜色相邻的同一颜色像素。

（4）对所有图层取样：选中后在擦除图像时可以对所有图层起作用。

（5）不透明度：此选项用来设置被擦除区域的不透明度，设置100%的不透明度将完全擦除图像。

7.4.3 替换颜色

使用“颜色替换工具”能够将图像中特定的颜色替换为当前前景色，可以使用替换的颜色在目标颜色上涂抹。由于“颜色替换工具”的原理和方便直观的操作方式，因此经常被用来修正一些细小地方的颜色，比如修正照片中由于闪光灯所引起的红眼。

> 注意：该工具不能用于位图、索引色或多通道颜色模式的图像。

使用方法：单击“颜色替换工具”后，设置好属性参数后在图像上涂抹即可。“颜色替换工具”的属性栏如图7-90所示。

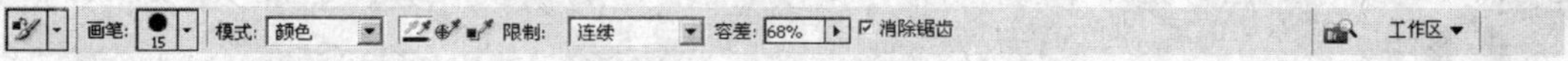

画笔：15 模式：颜色 限制：连续 容差：68% 消除锯齿 工作区

图7-90 “颜色替换工具”属性栏

（1）“模式”下拉列表：设置“颜色替换工具”替换的颜色与原图像的混合模式，在下拉列表中包含色相、饱和度、颜色和亮度4项。它们与图层混合模式中相应的4项功能相同，通常在该下拉列表中选择“颜色”选项。

（2）“连续”按钮：在拖动过程中连续取样需要替换颜色的像素，选择此选项，即可被画笔拖动过的区域均被替换颜色，如图7-91所示。

（3）“一次”按钮：在取样要替换的像素时，只包含第一次单击颜色的像素。如图7-92所示的是在选中一次按钮后，使用“颜色替换工具”从左上角色块开始在四个色块上拖动的效果，可以看到只有第一次单击的左上角色块被替换。

（4）“背景色板”按钮：只替换与背景色相同或相似的颜色的像素。如图7-93所示的是选中背景色为红色在四个色块拖动“颜色替换工具”的效果，可以看到除红色外其他色块均无变化。

（5）“限制”下拉列表：在该下拉列表中包含“不连续”、“连续”、“查找边缘”三项，选择“不连续”选项则替换出现在指针下的任何位置的样本颜色；选择“连续”选项则替换与指针下颜色相似的颜色；选择“查找边缘”选项，则替换包含样本颜色的连接区域。

图7-91　选中连续的按钮图

图7-92　选中第一次按钮图

图7-93　设置为红色背景色板的效果

（6）容差：与“魔棒工具”的容差含义相同，设定“颜色替换工具”替换色彩的容差，图7-94所示的是容差为30%与容差80%时的效果对比。

图7-94　容差分别为30和80时的区别

（7）“消除锯齿”复选框：勾选此复选框可以为替换颜色的周围消除明显的锯齿，使颜色边缘平滑。

7.5　课堂实例——制作梅花印象

本案例主要使用画笔绘制梅花，学习如何添加个性画笔，使用“背景像皮擦工具”抠图等来掌握本章节的重点。实例效果如图7-95所示。

图7-95　梅花印象效果图

（1）新建文件。新建一个19cm×25cm的文档，颜色模式为RGB，分辨率设置为72像素/英寸（打印分辨率设置为150像素/英寸以上），如图7-96所示。

（2）绘制梅花底图。新建一个图层，将前景色设置为黑色，选择“画笔工具”，按F5键，弹出“画笔”面板，选择较细的尖角画笔，勾勒出大概底图，效果如图7-97所示。

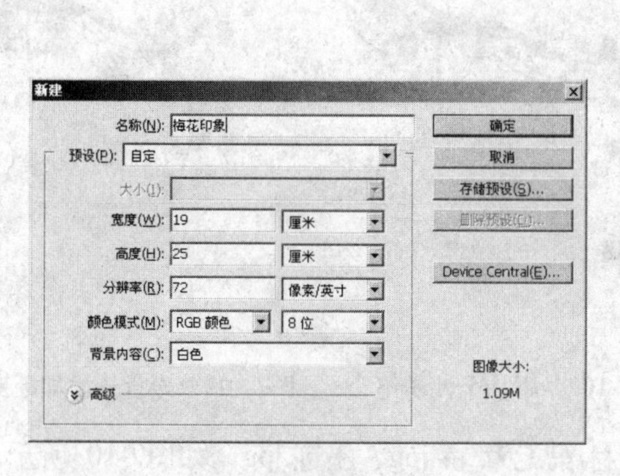

图7-96 新建文档

图7-97 梅花底图

（3）绘制梅花主干。在“画笔”面板中勾选“双重画笔”复选框，然后选择一个双重画笔，如图7-98所示。用双重画笔来绘制梅花主干，效果如图7-99所示。

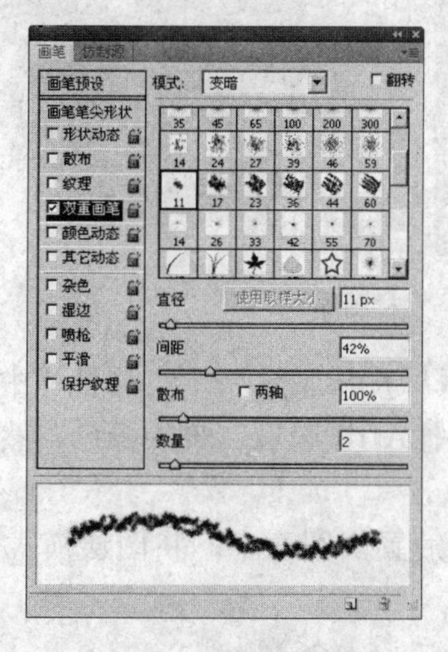

图7-98 “画笔”面板

图7-99 绘制梅花主干

（4）绘制梅花。将前景色设置为红色（R168，G30，B35），选择“柔角画笔”100像素，根据需要按[、]键调节画笔大小，在花朵颜色图层上描绘出花朵颜色，可以使用“加深工具”和“减淡工具”，对梅花进行深浅处理，效果如图7-100所示。

（5）添加个性画笔。选择“编辑”→“预设管理器”命令，单击“载入”按钮，选择光盘\素材\第七章\画笔01.abr、画笔02.abr，单击“完成”按钮。对齐梅花图像进行完善，效果如图7-101所示。

（6）为背景填充渐变色。选中背景图层，选择“渐变工具”，单击属性栏中的“渐变预览条”按钮，打开“渐变编辑器”对话框，将颜色设为从淡黄色（R255,G243,B200）到白色的渐变，单击“确定”按钮。按住Shift键的同时，在背景层上由上至下拖曳，效果如图7-102所示。

图7-100 绘制梅花　　图7-101 添加个性画笔　　图7-102 为背景添加渐变色

（7）导入素材图片。打开光盘\素材\第七章\桥.jpg、墨迹.jpg，如图7-103所示。

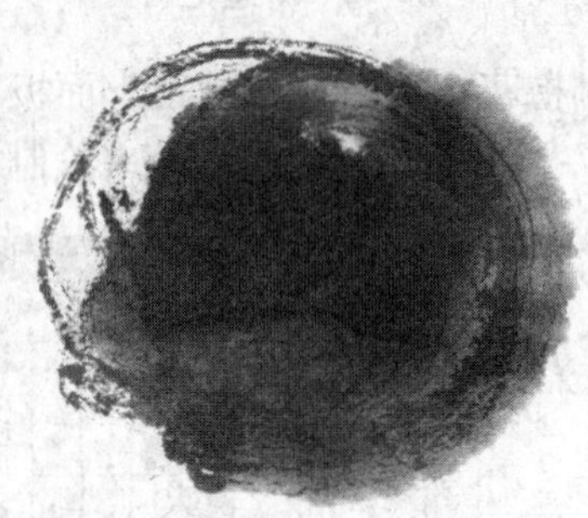

图7-103 素材图片

（8）利用背景橡皮擦抠图。选择“背景橡皮擦工具”，属性栏中的“容差”设置为较小值，勾选“保护前景色”复选框，按住Alt键吸取背景的颜色，然后进行涂抹，最终效果如图7-104所示。

（9）添加墨迹图片。将“墨迹”图片放置到图像中，将图层模式设置为“正片叠底”，效果如图7-105所示。

图7-104 利用橡皮擦抠图　　图7-105 添加墨迹图片

（10）对“桥”进行蒙版处理。将抠好的“桥”调整大小，放置图像中，单击“图层”面板下方的“添加图层蒙版”按钮，为“桥”添加图层蒙版，如图7-106所示。

（11）为图片添加边框。新建图层，将前景色设置为（R87,G68,B36），然后选择“矩形选框工具”，绘制一个与图像等大的矩形，再执行“编辑”→“描边”命令，打开“描边”对话框，轮廓宽度设置为20，“位置”选“内部”，再单击“确定”按钮即可为图像添加一个边框，效果如图7-107所示。

图7-106 对“桥”进行蒙版处理

图7-107 添加边框

（12）输入文字。选择“文字工具”，在图像上输入所需文字，可根据需要设置字体和字号大小，效果如图7-108所示。

（13）导入装饰图片。打开光盘\素材\第七章\装饰.psd，放置在图像的顶部，将其进行对齐装饰处理，这样梅花印象就绘制完成了，最终效果如图7-109所示。

图7-108 输入文字

图7-109 梅花印象效果图

7.6 课堂练习

1. 单项选择题

（1）在绘制直线路径的过程中按住（　　）键可以强制方向绘制出直线路径。

A. Shift　　B. Alt　　C. Ctrl　　D. Ctrl+Shfit

（2）打开“画笔”面板的快捷键是（　　）。

A. F5　　B. F6　　C. Alt+F5　　D. F4

（3）在使用画笔绘制线条的时候，按住键盘上（　　）快捷键可以放大和缩小笔尖（　　）。

A. “[”和“]”　　B. “<”和“>”　　C. “－”和“＋”　　D. “；”和“‘”

（4）下面图像中使用画笔绘制的线条是在“画笔”面板中设置了（　　）。

A. 散布　　B. 形状动态　　C. 双重画笔　　D. 颜色动态

（5）向图像中填充渐变色时按住（　　）键，可以拖动出笔直的渐变线。

A. Ctrl　　B. Alt　　C. Delete　　D. Shift

（6）下列（　　）可以一次性将图像中的所有同一种颜色擦除。

A. 橡皮擦工具　　B. 魔术橡皮擦工具

C. 背景橡皮擦工具　　D. 颜色替换工具

2. 问答题

（1）简述如何使用画笔绘制直线条和折线条。

（2）如何自定义画笔？

（3）使用什么工具擦除颜色？

（4）怎样向图案中填充杂色渐变？

Photoshop 第8章 图像颜色调整篇

学习目标

了解图像的色彩模式，掌握图像明暗对比、色调等的调整方法。

学习重点

图像的颜色模式特点
色阶命令与曲线命令
中性灰色彩理论

图像色彩的调整是Photoshop中的难点，它首先需要用户对色彩有较强的感知度和审视能力，其次是各种色彩调整命令的运用和技巧。本章将详细讲解色彩的基础知识以提高读者对色彩信息的感知和判断，进而通过各种命令调整图像色彩。

8.1 颜色模式

在Photoshop中颜色模式决定了用来显示和打印的Photoshop文档的色彩模型，是图像颜色调整和输出的基础。常见的颜色模式有HSB、RGB、CMYK及Lab。除此之外，还有一些特殊的模式，如索引色和双色调。不同的颜色所定义的颜色范围不同，其通道数和文件大小也不相同。下面介绍各种颜色模式的特点，了解各种颜色模式，从而合理有效地使用各种颜色模式。

8.1.1 RGB颜色模式

RGB模式是Photoshop中最常用的一种颜色模式。RGB模式下处理图像更加方便，而且其图像文件比CMYK图像文件小的多，并且在RGB模式下可以使用Photoshop中的所有命令和滤镜。RGB颜色模式共有三个通道，分别是红、绿、蓝。RGB的颜色滑块如图8-1所示。

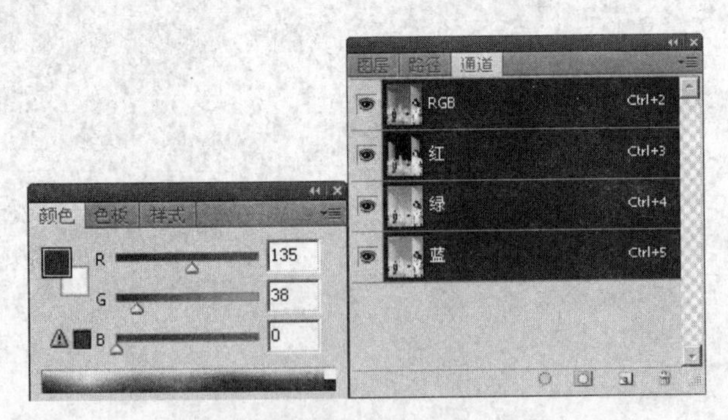

图8-1 RGB颜色

RGB模式利用红绿蓝三种基本颜色进行颜色加法运算，混合产生肉眼能够看到的绝大多数颜色。我们每天面对的显示器便是根据这种特性显示的颜色，显示器是通过发射三种不同强度的光束，使屏幕内侧上覆盖的红、绿、蓝磷光材料发光，从而产生颜色，这种由电子束激发的点状色彩被称做“像素”（Pixel）。屏幕的像素能显示256灰阶色调，在Photoshop中就是通过调整各颜色的0～255的值产生不同的颜色，也就是我们所说的上百万种真彩色（256×256×256=16.7M）。

8.1.2　CMYK颜色模式

CMYK颜色模式是一种印刷模式，其包含的四种颜色分别是是青（Cyan）、洋红（Magenta）、黄（Yellow）和黑（Black）。这种颜色模式不是增加光线，而是减去光线，所以青、洋红和黄称为“减色法三原色”。CMYK颜色模式共有4个通道，分别是青、洋红、黄、黑，每个通道的颜色信息由0%~100%的亮度值来表示，因此它所显示的颜色比RGB模式要少，在此模式下Photoshop中的许多滤镜都不能使用。图8-2所示的是CMYK颜色滑块以及CMYK颜色模式的通道。

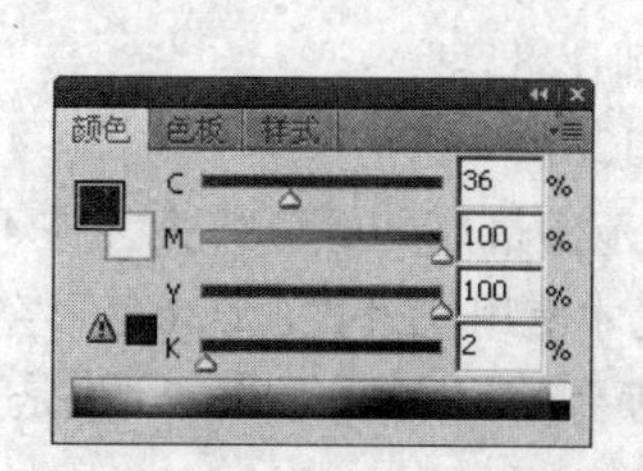

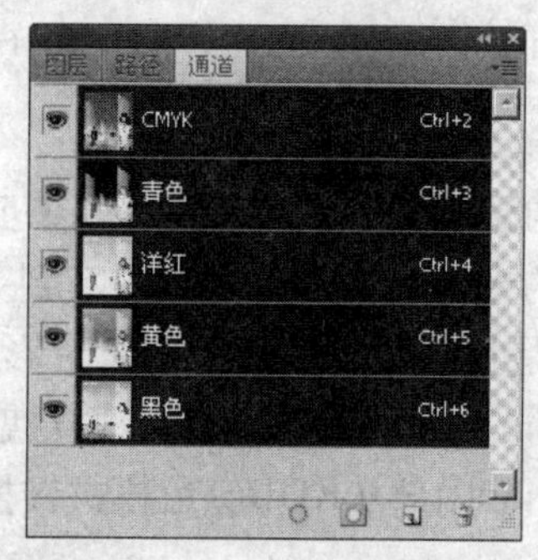

图8-2　CMYK颜色及CMYK通道

显示器是发射光线叠加而产生的不同颜色，而印刷的纸张自然无法发射光线，它只吸收和反射光线，所以需要用到CMYK颜色模式，也就是用红、绿、蓝的补色来产生颜色。这样反射的光就是我们需要的颜色。

既然是三色，为什么还要加入黑色呢？

这是因为青、洋红和黄三色相加不会产生黑色，产生的只是一种深咖啡色。所以这种模式中需要再加上黑色的油墨。

8.1.3　HSB颜色模式

HSB颜色模式更合适人们对颜色的认知习惯，它不是将色彩数字化成不同的数值，而是基于人眼对颜色的感觉，以色泽（Hue）、饱和度（Saturation）和明亮度（Brightness）构成，它的颜色滑块如图8-3所示。

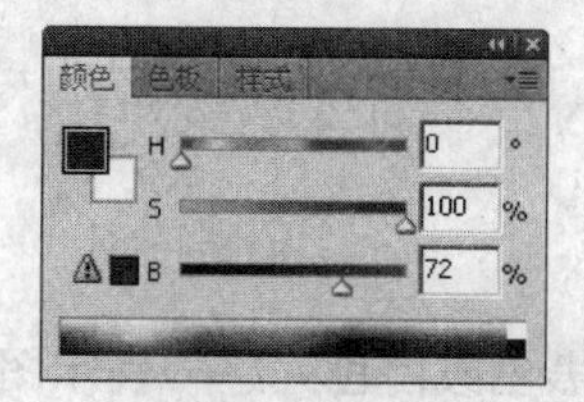

图8-3　HSB颜色

H（色泽）：基于从某个物体反射回的光波，或者是透射过某个物体的光波。

S（饱和度）：是某种颜色中所含灰色的数量多少，含灰色越多，饱和度越小。

B（明亮度）：对一个颜色中光的强度的衡量，明亮度越大，则色彩越鲜艳。

8.1.4 Lab颜色模式

Lab颜色模式是CIE（国际照明委员会）指定的标示颜色的标准之一。它与普通用户没有太多的关系，而是广泛应用于彩色印刷和复制方面。Lab颜色面板如图8-4所示。

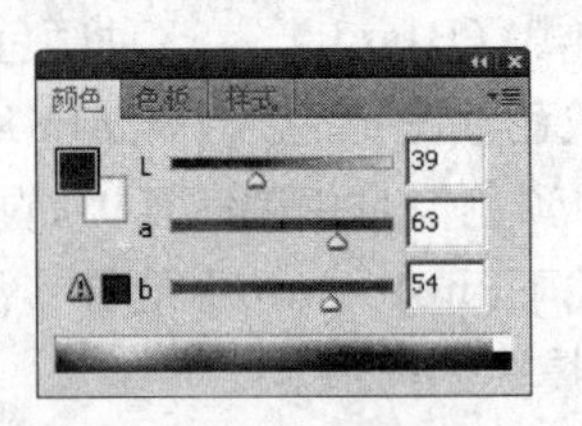

图8-4 Lab颜色

L：指的是亮度，其范围为0~100。

a：由绿至红的光谱变化，其范围为+127到-128。

b：由蓝至黄的光谱变化，范围为+127到-128。

Lab颜色模式是目前所有模式中包含色彩范围最广的颜色模式，在不同平台和系统之间交换图像文件时，为了保持图像色彩真实度才使用此模式。Lab色彩空间涵盖了RGB和CMYK。而Photoshop内部从RGB颜色模式转换到CMYK颜色模式，也是通过转换为Lab来完成的。

8.1.5 灰度模式

灰度模式图像由黑色、白色和它们之间的过渡色灰色构成，灰度模式在图像中使用不同的灰度级。在8位图像中，最多有256级灰度。灰度图像中的每个像素都有一个0（黑色）到255（白色）之间的亮度值。在16位和32位图像中，图像中的级数比8位图像要大得多。图8-5所示的是灰度颜色滑块，它的值范围是0%~100%，0%表示白色，100%表示黑色。

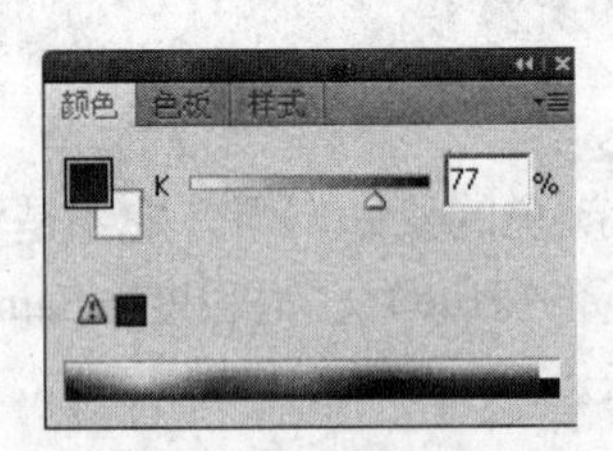

图8-5 灰度滑块

8.1.6 位图模式

位图模式使用两种颜色值（黑色或白色）之一表示图像中的像素。位图模式下的图像被称为位映射1位图像，因为其位深度为1。要想将图像转化为位图必须首先转化为灰度图像，使用位图模式可以制作黑白的线图或特殊的双色调高反差图像，并且按这种方式形成的图像处理速度快，图像文件容量小。

8.1.7　双色调模式

双色调模式通过一至四种自定油墨创建单色调、双色调（两种颜色）、三色调（三种颜色）和四色调（四种颜色）的灰度图像。

8.1.8　索引颜色模式

索引颜色模式是一种专业的网格图像颜色模式，索引颜色模式可生成最多256种颜色的8位图像文件。当转换为索引颜色时，Photoshop将构建一个颜色查找表CLUT，用以存放并索引图像中的颜色。如果原图像中的某种颜色没有出现在该表中，则程序将选取最接近的一种，或使用仿色，以现有颜色来模拟该颜色，因此图像会出现失真的现象。

8.1.9　多通道模式

多通道模式图像在每个通道中包含256个灰阶，对于特殊打印很有用。若要输出多通道图像，则必须以Photoshop DCS2.0格式存储图像。图8-6所示的是多通道图像的通道。

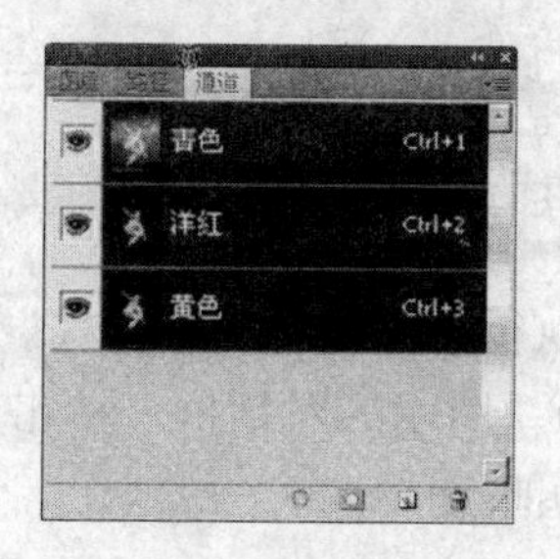

图8-6　多通道模式的通道

8.1.10　8位/16位/32位图像

8位通道中包含256个色阶，如果增到16位通道，每个通道的色阶数量则为65536个，以此可以看出将图像向更高的位数转化可以获得丰富的色彩细节，但在16位或32位通道的图像中大多数的滤镜都不能使用，并且16位和32位的图像将不能被印刷。

8.2　各颜色模式之间的转换

图像的颜色模式之间可以相互转换，以满足不同应用及输出的需求。但是不同模式之间的色域不同，转换的时候很可能会产生一些色域的损失。颜色模式之间的转换可以通过图像菜单下的模式选项进行，下面介绍几个常用的颜色模式之间的转换方法及要点。

8.2.1　RGB与CMYK模式的转换

RGB与CMYK之间的转换是Photoshop中最常用的转换操作，RGB模式的图像想要输出，就必须转换为CMYK模式。RGB转换为CMYK可以执行“图像”→“模式”→“CMYK颜色”命令，CMYK模式转换为RGB模式则选择“RGB颜色”即可。这里需要注意的是，RGB颜色模式比CMYK颜色模式的色域要广，所以转换为CMYK后色域会受到限制，所以最好在设计作品的时候就不要用到“溢色”，可以选择“视图”菜单下的“校样颜色”菜单项或“校样设置”中的子菜单进行分色预览，如图8-7所示。

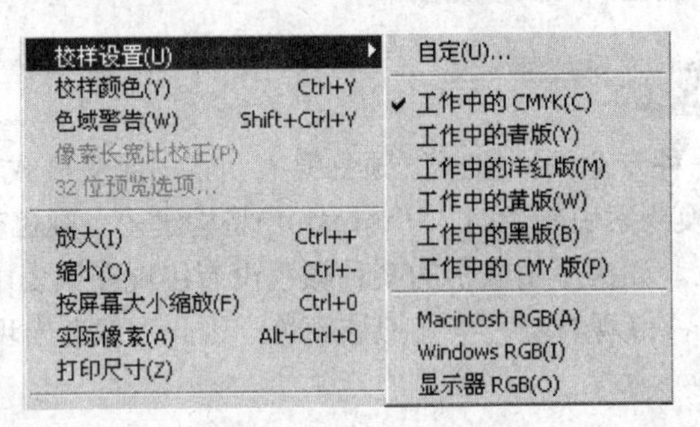

图8-7　色彩校样菜单项

> 注意：从RGB转换为CMYK的图像会因为色域问题，更改或丢失图像数据，即使将CMYK再次转换为RGB模式，也无法恢复

8.2.2　RGB模式与灰度模式的转换

从RGB转换为灰度模式只要执行“图像”→“模式”→“灰度”命令即可，当RGB模式转换为灰度模式后会弹出如图8-8所示的对话框，单击“扔掉”按钮确定会扔掉图像中所有的颜色信息，只保留像素的明暗度。

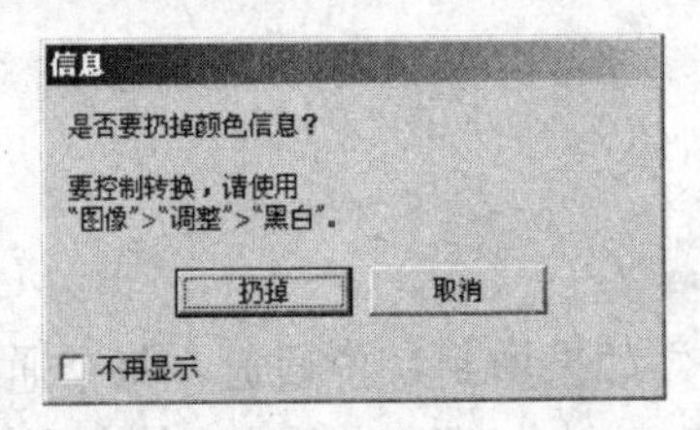

图8-8　提示信息对话框

8.2.3　灰度模式转换为位图

在Photoshop中彩色模式的图像必须先转换成灰度模式后，才可以转换为位图模式。这将删除图像中的色相和饱和度信息，只保留亮度值，在Photoshop中的大多数命令都不支持位图，所以最好在灰度模式下编辑好图像，再转换为位图。下面介绍灰度图像转换为位图后的几种格式。

首先打开光盘\素材\第八章\灰度模式.jpg，如图8-9所示。执行“图像”→“模式”→“位图”命令，打开“位图”对话框，如图8-10所示，在设置好参数后单击确定即可将灰度图像转为位图。

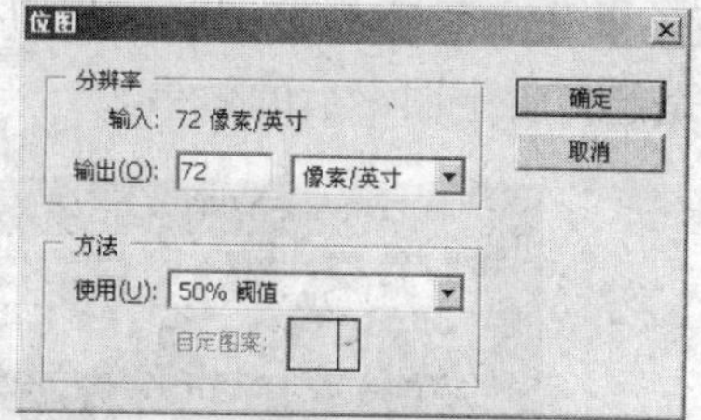

图8-9　素材图像　　　　图8-10　“位图”对话框

在“分辨率”选项组中可以设置转换为位图后的图像分辨率，当设置的图像分辨率比原先的分辨率大时，（比如将72像素/英寸的分辨率设置为300像素/英寸），图像将会缩小，反之会增大图像。

在“方法”选项组在转换方法中可以选择一种转换方式，该下拉列表中共有5种转换方式，分别是“50%阈值”、“图案仿色”、“扩散仿色”、“半调网屏”和“自定图案”。

（1）50%阈值：将灰度级高于128的像素变成白色，将灰度级低于128的像素变成黑色，得到的图像只有黑白两种颜色的高对比图像，如图8-11所示。

（2）图案仿色：将图像的灰度级转换成白色与黑色网点图案的几何构成，如图8-12所示。

图8-11　50%阈值位图　　　　图8-12　图案仿色

（3）扩散仿色：将初始灰度图像与黑白像素之间的误差扩散来转换图像，当图像中的像素值高于中间灰阶（128）的像素时变成白色，低于该灰度阶的像素时变成黑色，转换后的位图会成颗粒状纹理显示，如图8-13所示。

（4）半调网屏：利用棱形十字线等纹理模拟图像灰度，生成一种网版打印的效果，如图8-14所示。

图8-13　扩散仿色　　　　图8-14　半调网屏

（5）自定图案：模拟转换后的图像自定半调网屏的外观，可以通过下面的自定图案选择一种图案。其作用原理与半调网屏相似，随选择图案的不同而产生不同的效果，如图8-15所示的是选择自定图案后的效果。

图8-15　自定图案

8.2.4　灰度模式转换为双色调模式

双色调模式是一种增强型的灰度模式，使用双色调模式可以用其他颜色的油墨替代灰度模式中的黑色油墨，实现特殊的印刷效果。这一印刷模式使用相当广泛，只有灰度模式可以转换为双色调模式。在选择双色调模式后会弹出如图8-16所示的“双色调选项”对话框。

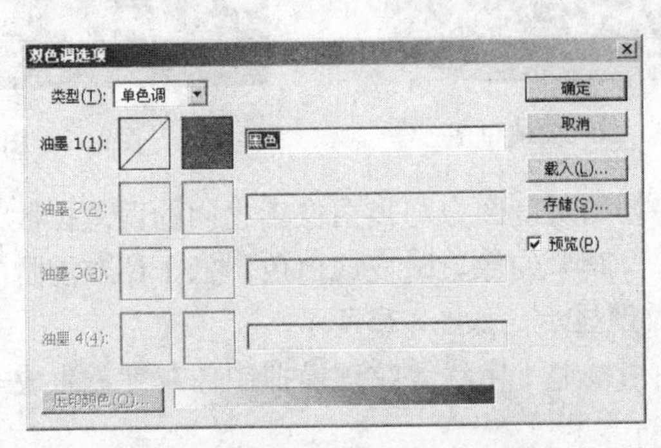

图8-16　“双色调选项”对话框

（1）类型：从中可以选择单色调、双色调、三色调或四色调四种色调类型，即增添一种、两种、三种或四种的灰度图像。随着选择的色调数量，其下方的油墨1、油墨2等也会被激活。

（2）油墨：单击油墨旁边的曲线图标，打开如图8-17所示的“双色调曲线”对话框。在这里可以对每种油墨的曲线进行调整，调整完毕后单击“确定”按钮，即可将灰度模式转换为双色调模式，效果如图8-18所示。

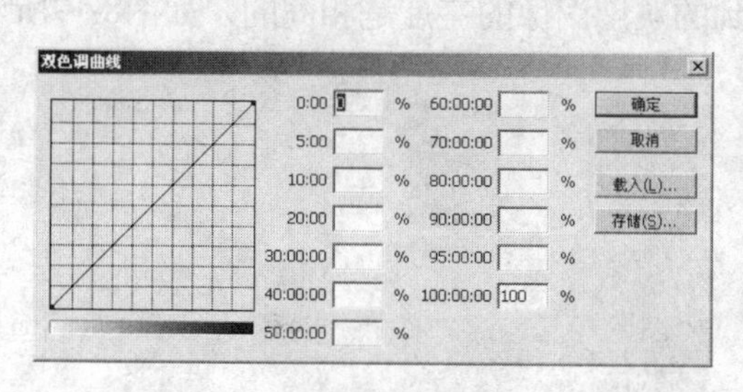

图8-17　“双色调曲线”对话框

图8-18　双色调

8.2.5　灰度模式和RGB模式转换为索引模式

在图像输出到多媒体或Internet之前通常会将其转换为索引色，将其他彩色模式转换为索引模式后，会丢失图像中的很多颜色，而仅保留索引模式支持的256种颜色或更少，索引颜色的优点是：能够在保持多媒体演示文稿、Web页等所需的视觉品质的同时，减小文件大小。但是在这种模式下只能进行有限的编辑，要进一步进行编辑，应临时转换为RGB模式。可以转换为索引模式的只有灰度与RGB模式两种，其他的模式必须先转换为这两种模式才能转换为索引模式。索引模式不支持多图层，必须在弹出的对话框中选择“是”将多图层合并。这里要注意的是，RGB图像转换为灰度模式后，其图像尺寸会明显变小，并且视觉品质也会受损。

8.2.6　其他模式转换为多通道模式

多通道模式除了可以通过转换颜色模式实现外，还可以直接在通道中删除图像的一个通道使其自动转换为多通道模式。颜色模式转换后，原始图像中的颜色通道在转换后的图像中变为专色通道。彩色模式转换为多通道模式后的通道如下所述：

将CMYK图像转换为多通道模式，可以创建青色、洋红、黄色和黑色专色通道。

将RGB图像转换为多通道模式，可以创建青色、洋红和黄色专色通道。

将双色调模式转换为多通道模式，将会创建一个黑色通道和用户设置的其他油墨专色通道。

从RGB、CMYK或Lab图像中删除一个通道，可以自动将图像转换为多通道模式。

8.3　图像亮度对比度调整

图像亮度对比度调整主要是对图像的高光、暗调和中间调的调节，所以又可以称为图像色调调节，调整一幅图像首先要调整图像的色调，只有在图像色调的明暗度校正完成后，才可以准确测定图像中色彩的偏差和饱和度等，才可以进行接下来的色彩调节。

8.3.1　理解像素的亮度和对比度

每个像素都有相应的亮度，同样的亮度既可以是红色也可以是绿色，这个亮度和色相是没有关系的，不能说绿色比红色亮，这是错误的说法。如果将明度相同、色相不同的颜色执行“调整”→“去色”命令，所得到的灰度图像的亮度是相同的，如图8-19所示。

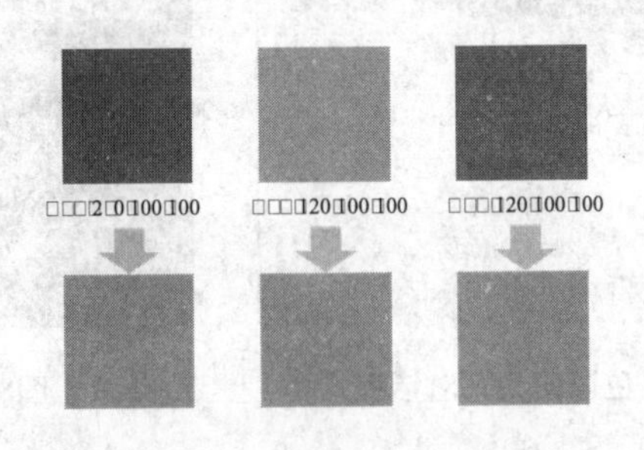

图8-19　不同的颜色转换为灰度图像

8.3.2　查看图像的色调信息

在调整图像之前首先要分析图像的色调分布，以确定图像需要调整哪部分，此时可以使用直方图调板进行查看。

执行“窗口”→“直方图”命令，打开“直方图”面板，如图8-20所示，直方图以亮度色阶的256条垂线来显示图像的色调范围，每一条线表示1阶的亮度，从左至右依次从0到255黑排列，例如，从左开始数的第128条垂线，也就是亮度色阶的128阶，它被称为绝对中间调，第0条为纯白色，第255条为纯黑色。

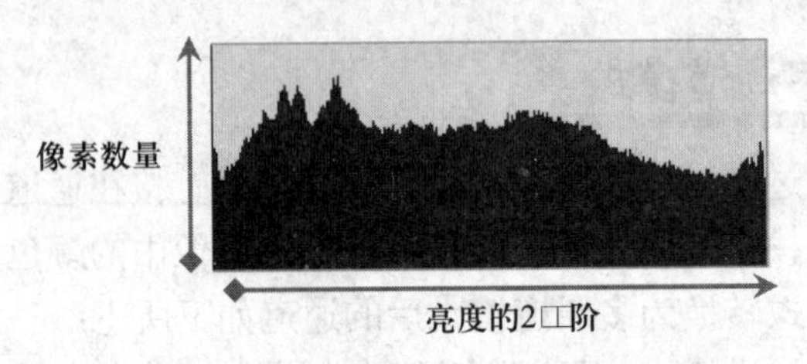

图8-20　直方图

当打开一幅图像时，直方图中每一色阶上的线条高度，指示了整幅图像中这个亮度级的像素数量，通过观察直方图，可以了解到图像的像素在亮度色阶上的分布情况，从而可以识别图像的色调偏向。可参见光盘\素材\第八章\查看图像色调信息.jpg，如图8-21所示。

图8-21　较暗图像及其直方图显示

通过直方图的菜单项可以实现多种视图查看当前图像信息。

1．紧凑视图

选择紧凑视图后，直方图的显示不带任何控件和统计数据，如图8-22所示。

2．扩展视图

单击面板右上角的按钮，在弹出的菜单中选择“扩展视图”命令，扩展直方图面板如图8-23所示，在扩展直方图中多了几个控件和按钮。

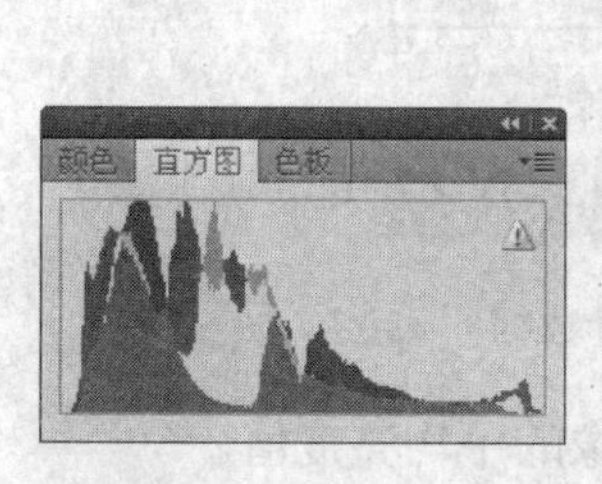

图8-22 紧凑视图

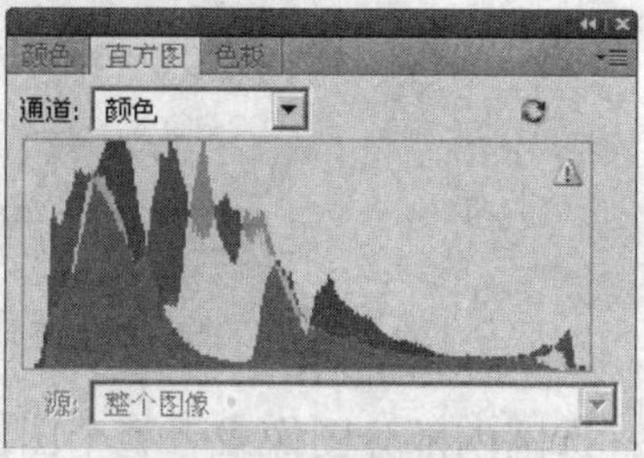

图8-23 扩展视图

（1）通道：直方图默认查看当前整个图像所有通道的色调，可以从通道中选择查看单个通道的直方图颜色的色调分布等。

（2）“不使用高速缓存的刷新”按钮：该按钮可以刷新直方图，只在处理较大图像时该按钮才会激活，它激活的原因是图像过大，Photoshop为了提高效率，采用了粗略的计算直方图的方式，从而使处理速度提高，单击该刷新按钮后会重新正确地计算直方图。

（3）源：选择直方图的显示范围。

3．全通道视图

选择全通道视图选项后，可以同时显示图像各个通道的直方图，但不包括Alpha通道、专色通道和蒙版通道，全通道视图如图8-24所示。

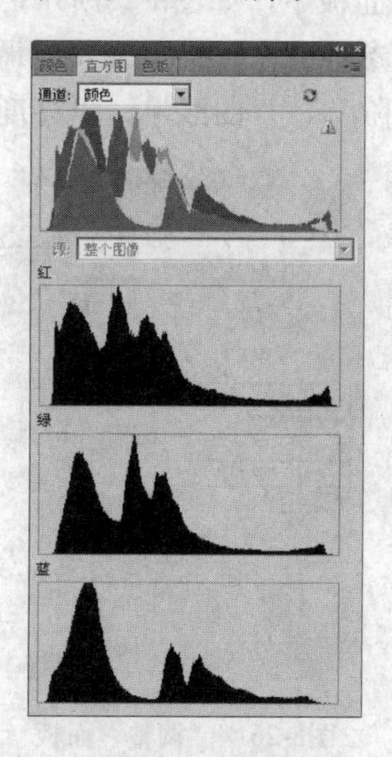

图8-24 全通道视图

4．显示统计数据

在面板菜单中选中“显示统计数据”后，直方图的下方会出现关于图像的统计数据，通过数据可以更准确地的查看像素的分布情况，如图8-25所示。

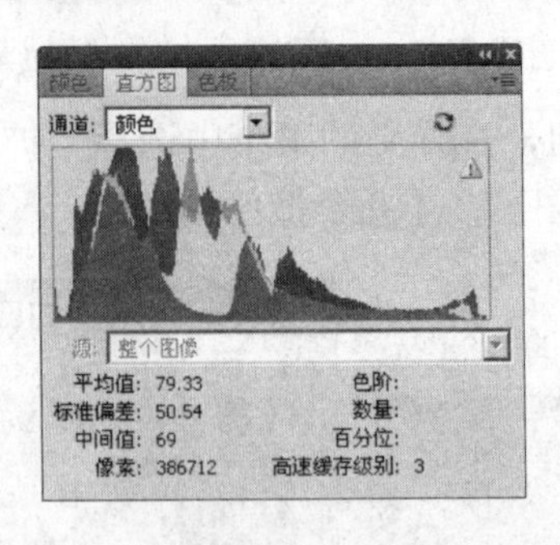

图8-25　统计数据

（1）平均值：选区内部分图像或者整个图像的平均亮度值。

（2）标准偏差：选区内或整个图像中颜色值变化的范围。

（3）中间值：显示亮度值范围内的中间值。

（4）像素：表示计算直方图的像素总数。

（5）色阶：显示鼠标指针处垂线的亮度级别。

（6）数量：显示当前鼠标指针处亮度级别的像素数量。

（7）百分比：将256条垂线用百分比表示鼠标处的水平位置，从左至右为0%~100%。

（8）高速缓存级别：图像数据的高速缓存级别的数量。用于提高屏幕重绘和直方图速度。选择的高速缓存级别越高则速度越快，选择的高速缓存级别越低则品质越高。

8.3.3　调整图像色调的方法

在Photoshop CS4中调整图像色调的命令和方法有很多，主要集中在“图像”→“调整”菜单下和新增加的“调整”面板中，如图8-26所示，由于新增加的“调整”面板中的调整参数没有调整命令下的调整参数齐全，接下来将以调整命令为基础讲解调整参数。调整图像色调的命令主要有：“色阶”、“曲线”、“亮度对比度”以及“曝光度”等。

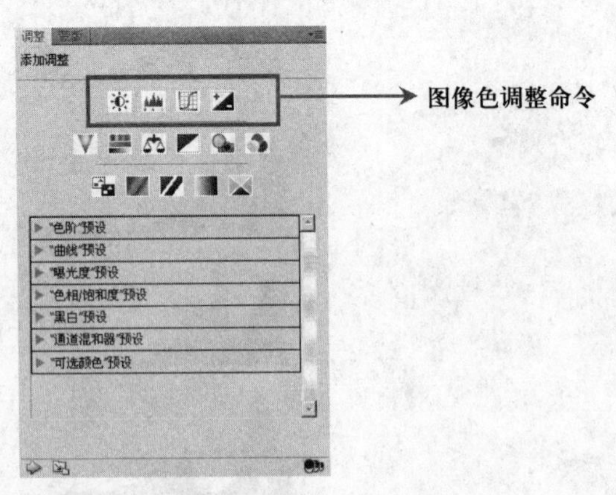

图8-26　“调整”面板

1．色阶命令

“色阶”命令通过调整图像的暗调、中间调和高光的强度级别，从而校正图像的色调范围和颜色平衡。调整过程中，色阶命令中的直方图可以作为图像色调调整的直观参考。

执行“图像”→“调整”→“色阶”命令（快捷键Ctrl+L），打开“色阶调整”对话框，如图8-27所示。

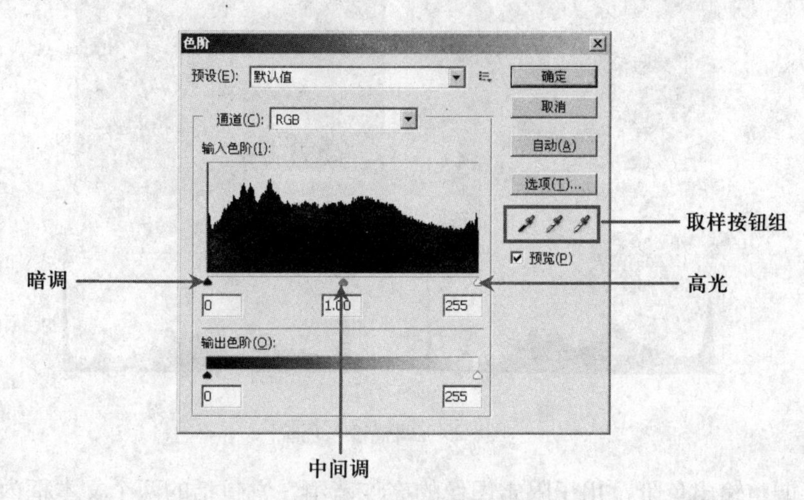

图8-27　“色阶”对话框

（1）选择调整通道：通过通道下拉列表可以选择要进行色调调整的通道。通道列表中的选项随颜色模式变化，例如，RGB模式，可以选择RGB、红、绿和蓝。也可以同时选择多个单色通道进行调整，方法是：在打开色阶通道之前，首先在“通道”面板中按住Shift键选中多个通道，然后执行色阶命令，选择多个单色通道时，通道列表框会显示出所选通道的缩写，例如，RGB、RG、GB或CMYK、CM、CK等。

（2）调整输入色阶：在输入色阶中有暗调、中间调和高光三个滑块，这三项的滑块下方都对应着相应的文本框可供输入数值，暗调的取值范围是0~255，中间调取值范围是0~9.99，高光取值范围是0~255。拖动暗调滑块向右侧移动将会把移动到的数值内的像素亮度全部映射为“0”，例如，将暗调滑块移到右边的色阶10处，则Photoshop会把位于或低于色阶10的所有像素都映射到色阶0，如图8-28所示。同样，如果将高光滑块移到左边的色阶240处，则Photoshop会将位于或高于色阶240的所有像素都映射到色阶255。这种映射将影响每个通道中最暗和最亮的像素。其他通道中的相应像素按比例调整以避免改变色彩平衡。

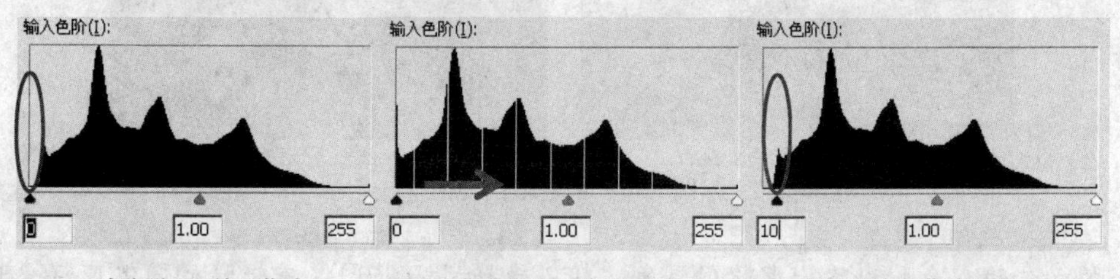

在色阶0处并无像素　　将暗调滑块向右移动10　　将10以内的像素映射至0处

图8-28　移动暗调滑块

调整中间调滑块，可以更改图像中间调的亮度，向左移动中间的灰色滑块可使整个图像变亮，此滑块将较低（较暗）的色阶向上映射到另一侧的高光色阶中，将中间的灰色滑块向右移动会产生相反的效果，图像变暗，如图8-29所示。

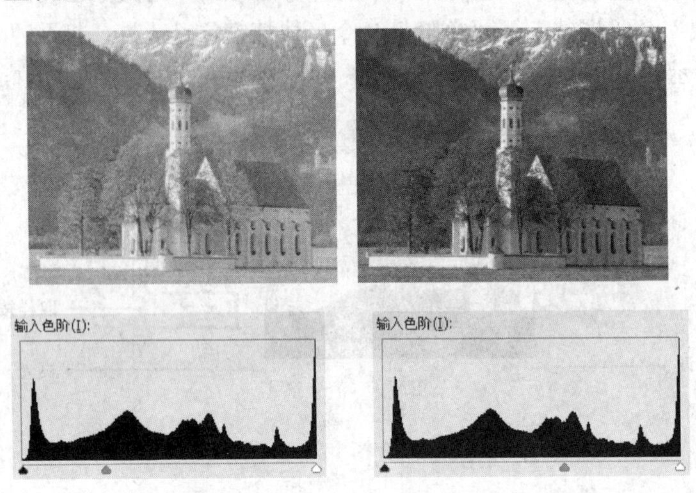

图8-29 调整输入色阶

（3）调整输出色阶：用于限定图像的亮度范围，它包括的两个文本框内的数值有效范围都是0~255，向右移动输出色阶的黑色滑块，可以映射图像暗调像素至高阶像素中，提高暗调像素亮度，例如，将黑色滑块移动到74处，表示图像中最暗的像素亮度为74，而位于74以内的像素则被向上映射到74～255色阶中，向左移动输出色阶的高光滑块，则相反，将亮调的像素映射到低阶像素中，可以降低亮调图像亮度，如图8-30所示。

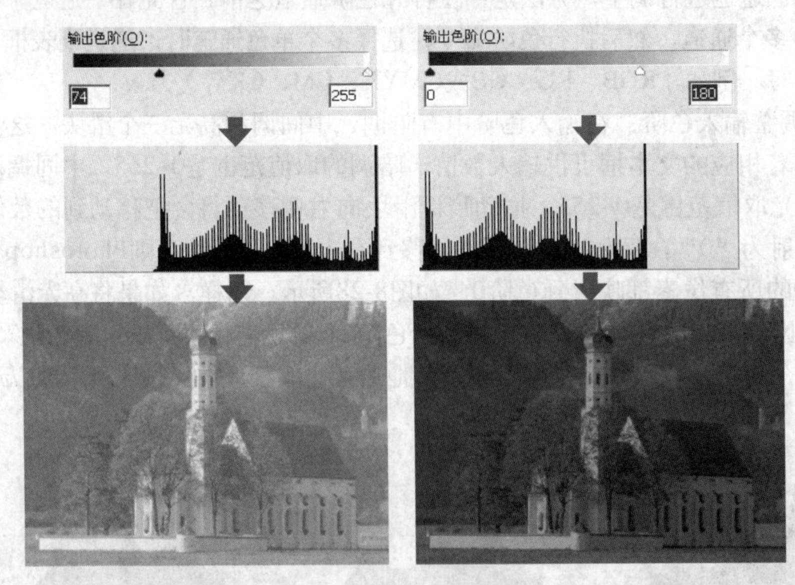

图8-30 调整输出色阶

提示：输入色阶和输出色阶的区别，输入色阶可以将图像中较暗的图像变得更暗，较亮的图像变得更亮，从而增加图像对比度，而输出色阶是把图像中较暗的像素变亮，较亮的像素变得较暗，从而使图像对比度降低。

（4）自动：单击该按钮可以自动地调整图像的对比度及明暗度。

（5）选项：单击该按钮可以打开“自动颜色校正选项”对话框，如图8-31所示，从中可以自动校正色阶的参数。

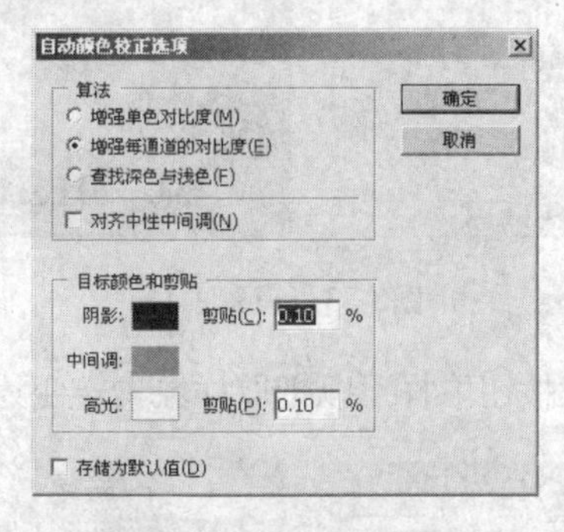

图8-31　自动颜色校正选项

① 增强单色对比度：等同于调整命令中的自动对比度，是以RGB综合通道作为依据来扩展色阶的，因此增加色彩对比度的同时不会产生偏色现象。但在大多数情况下，增加颜色对比度比增加自动色调效果更显著。

② 增强每个通道的对比度：等同于调整命令中的自动色调。将红、绿、蓝3个通道的色阶分布扩展至全色阶范围。这种操作能增加色彩对比度，但可能会引起图像偏色。

③ 查找深色与浅色单选按钮：查找图像中平均最亮和最暗的像素，并且用它们作为阴影和高光颜色，选中此选项，如果再勾选下面的“对齐中性中间调”复选框，就等同于自动颜色校正命令。

④ 对齐中性中间调：查找图像中128阶亮度的像素，并将它们变成灰度级为128级的灰色。

⑤目标颜色和剪切：其中的黑白色块用于设定合并到高光和暗调的范围，也就是要将哪一个范围的像素合并到黑色和白色中去，取值范围为0.5%~1%。

⑥ 储存为默认值：勾选此复选框，将当前的设置存储为默认值。

⑦ 使用取样按钮组：取样按钮组包含设置黑场按钮、设置灰场按钮和设置白场按钮。

a）设置黑场按钮，使用该按钮在图像中单击取样，被取样像素将会被设置为最暗像素，如图8-32所示。

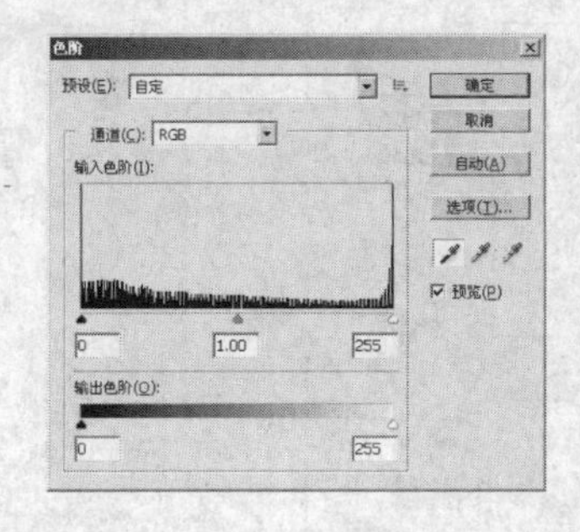

图8-32　设置黑场

b）设置白场按钮，使用该按钮取样可以把取样颜色转变为最亮像素，如图8-33所示。

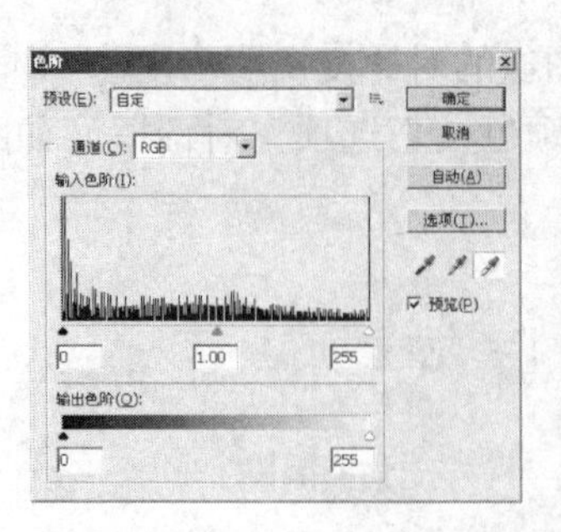

图8-33　设置白场

c）设置灰场按钮，使用改按钮取样可以把取样像素转变为中性灰像素，如图8-34所示。

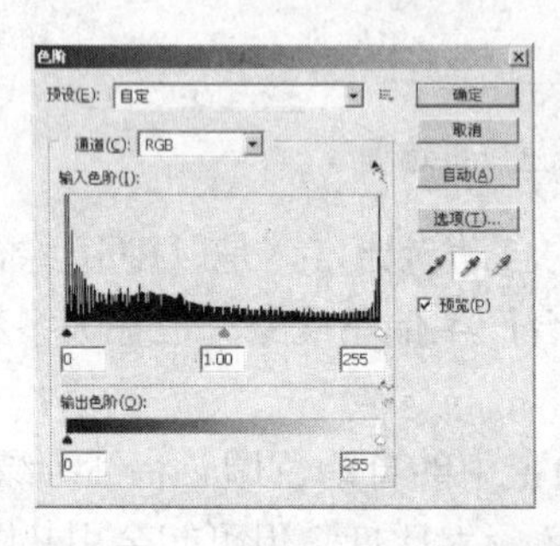

图8-34　设置灰场

双击该按钮组中的任意一个会打开拾色器，从中选择颜色与在图像中吸取一种颜色的作用相同。

2. 曲线命令

在Photoshop中最基础也最为常用的是“曲线”命令。其他的一些比如“亮度/对比度”等，都是由此派生而来。理解了曲线就能理解很多其他色彩调整命令。“曲线”与“色阶”相同的地方是都可以调整图像整个的色调范围，但“曲线”命令可以在从暗调到高光过程中，同时调整14个不同亮度级的色调，使得“曲线”命令可以满足更多的调节要求。执行“图像”→“调整”→“曲线”命令或按快捷键Ctrl+M，打开如图8-35所示的“曲线”对话框。

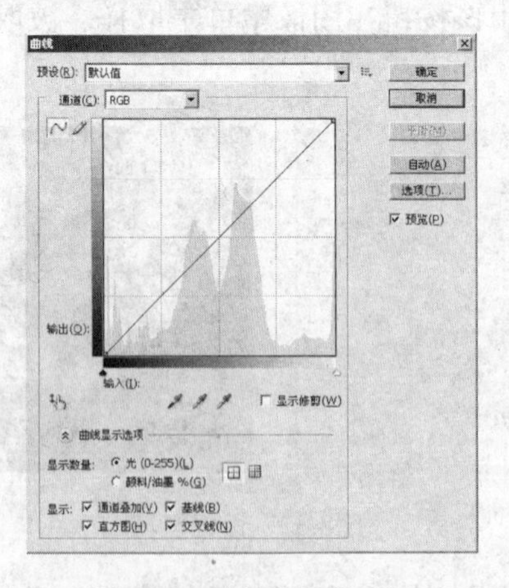

图8-35　“曲线”对话框

“曲线”对话框的各部分参数作用如下所述。

（1）使用预设：在预设中可以选择Photoshop自带的调整预设，使用这些预设可以快速地调整图像明暗及颜色等，适用于初级用户做简单的图像调整。

（2）选择调整通道：在通道列表中可以选择图像颜色模式的单个通道进行调整。

（3）通过绘图自定义曲线：按对话框中的“通过绘图改变曲线”按钮，可以在曲线表格中自由绘制曲线，所绘制的曲线像铅笔工具绘制路径一样，最终产生曲线的形状。

（4）更改曲线以调整图像明暗：Photoshop将图像的暗调、中间调和高光通过调整框中的这条线段来表达。

如图8-36所示，线段左下角的端点代表暗调，右上角的端点代表高光，中间的过渡代表中间调。下边灰度渐变色带表示0~255级的亮度范围，所有的像素都分布在这个范围中，左边的渐变色带表示变化的方向，对于线段上的某一个点来说，向上移动就是加亮，往下移动就是减暗。加亮的极限是255，减暗的极限是0，背景的山峰状起伏色阶对应的是色阶直方图中的信息。

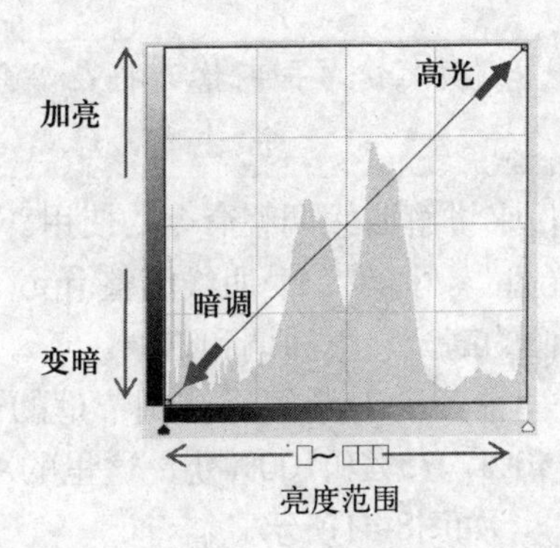

图8-36　曲线调整框

（5）显示数量：显示数量中有两个单选项：光和颜料/油墨，它的作用就是翻转曲线的高光和暗调方向。

（6）显示：显示中共包含4个复选框，它们的作用分别是如下。

① 通道叠加：如果当前图像为RGB模式，则选中该选项后曲线调整框内将分别显示RGB三个通道的曲线状态。

② 基线：显示基线曲线的对角线。

③ 直方图：显示曲线框中的直方图信息。

④ 交叉线：显示用于精确点位置的交叉线。

这四项的显示内容如图8-37所示。

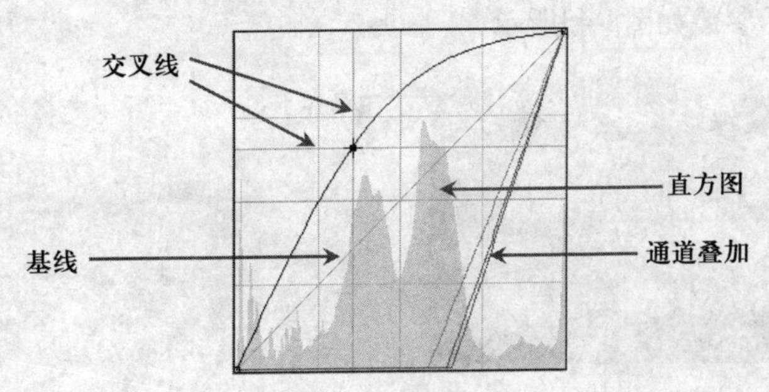

图8-37　显示选项

（7）设置黑白灰场：与“色阶”对话框中的按钮组作用相同，这里就不再重复介绍。

（8）修改网格的显示，按对话框中的“四分之一色调增量显示简单网格”按钮田后，网格将分为四等份，如图8-38所示。按“以10%色调增量显示详细网格”按钮▦后，网格显示为十等份，如图8-39所示。

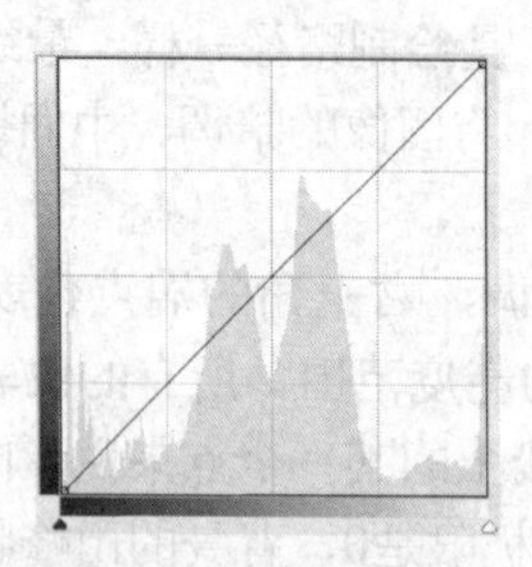

图8-38　四分之一色调增量　　图8-39　百分之十色调增量

> 技巧：在调节曲线过程中，按住Alt键单击网格，将在四分之一色调与百分之十色调切换。

介绍完参数，接下来使用实例来讲解曲线调整命令的使用。

（1）打开一幅素材图像（光盘\素材\第八章\曲线调整.jpg），如图8-40所示。从该图像中我们可以很容易地分辨出图像的高光、中间调和暗调。

（2）按快捷键Ctrl+M打开“曲线”对话框，在调节框的曲线上依次单击添加三个点，分别位于输出亮度的25%，50%，75%和100%处，这里的A点位于暗调部分，B点位于中间调部分，C点位于高光部分，如图8-41所示。

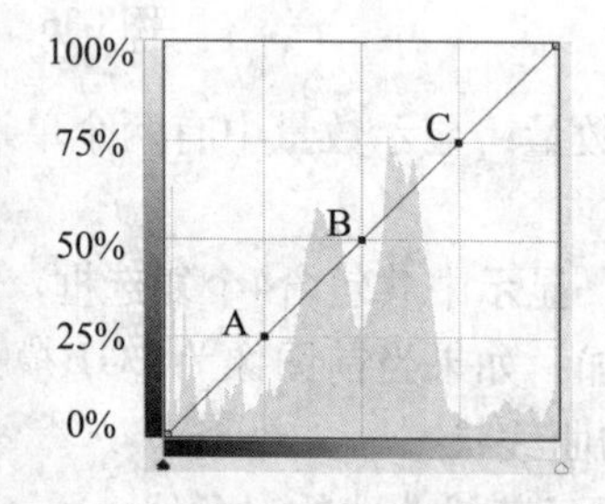

图8-40　素材图像　　图8-41　添加曲线点

（3）使用“颜色取样器工具”在图像的中间调、高光和暗调部分分别添加三个取样点，如图8-42所示。并在“信息”面板中单击按钮将显示模式更改为HSB模式。此时的“信息”面板显示参数如图8-43所示。

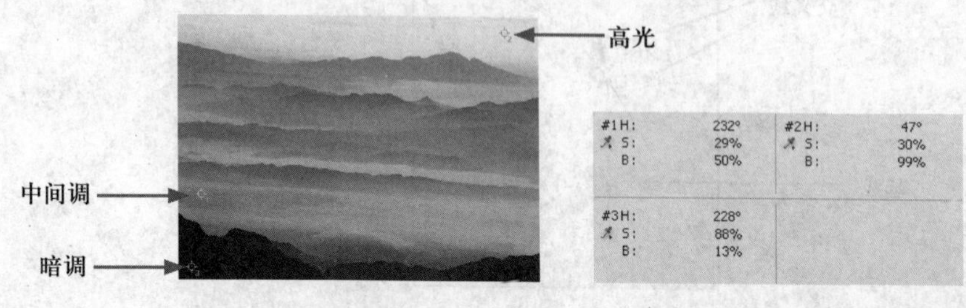

图8-42　添加取样点　　图8-43　“信息”面板显示参数

（4）拖动曲线中的B点也就是中间调点，向上至75%亮度处，如图8-44所示，然后观察图像及“信息”面板参数，如图8-45所示。

> 技巧：按住Shift键可选择多个调节点，如要删除某一点，可将该点拖移出曲线坐标区外，或是按住Ctrl键单击这个点即可。

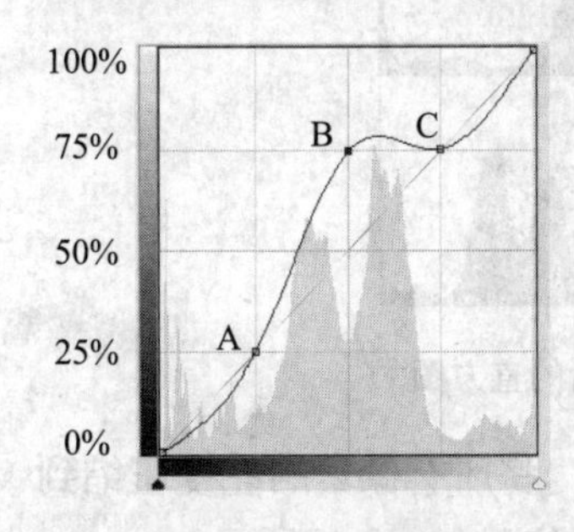

图8-44　调整中间调

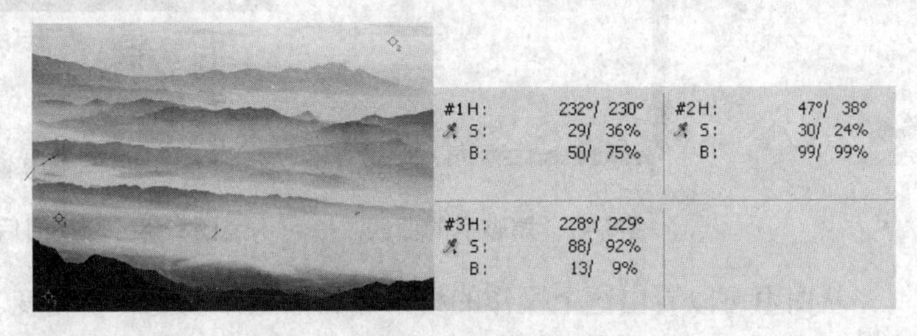

图8-45　调整后的图像及面板参数

从调节前后的图像中可以看出，图像中的中间调部分变化最大，亮度提高最明显。这一点也可以从“信息”面板中的参数中看出，我们将曲线的中间调B点上调了25%，而“信息”面板中取样点第1点的B（明度）值调整前后也增加了25%，如果转换为色阶值的话则为256×25%=64，也就是说我们将原本128色阶段的像素亮度上调到了191，所以图像的中间调亮度增大，而暗调和高光部分变化较小或没有变化。暗调和高光部分的调节原理与中间调相同，大家可以自己练习调整。

由调整前后的图像和参数我们可以得出结论，曲线中的高光、暗调及中间调，是与图像中的高光、暗调及中间调相对应的，所以调整一幅图像首先要区分图像色调，分析出亮度欠缺的部分和亮度过高的部分，然后使用曲线命令相对应地进行调整。

由前面的结论又产生了一个问题，如何准确的知道图像中的某一个像素点对应的曲线中的点呢？通过前面可以了解到在曲线调整中，可以将鼠标移动到图像中查看“信息”面板参数，如果此时在图像中按下鼠标，则曲线设置框内就会出现一个空心圆点，这个圆点的位置就是鼠标所在位置像素的亮度，如图8-46所示。

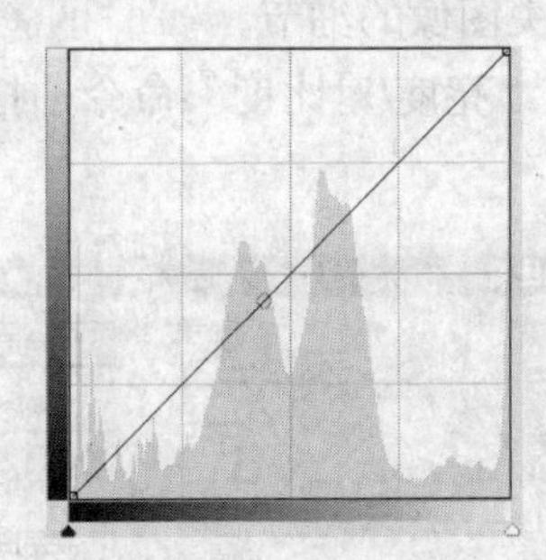

图8-46　在曲线上查看像素亮度

> 技巧：如果按住Ctrl键单击，就可以在曲线上产生一个控制点。如果不按住Ctrl键单击则会将颜色选为前景色。

对曲线的调节除了可以调节在曲线上添加的点外，还可以移动曲线的端点，例如，我们将曲线的暗调端点移动至输出色阶的中间部位，如图8-47所示，调整前后的图像直方图如图8-48所示。

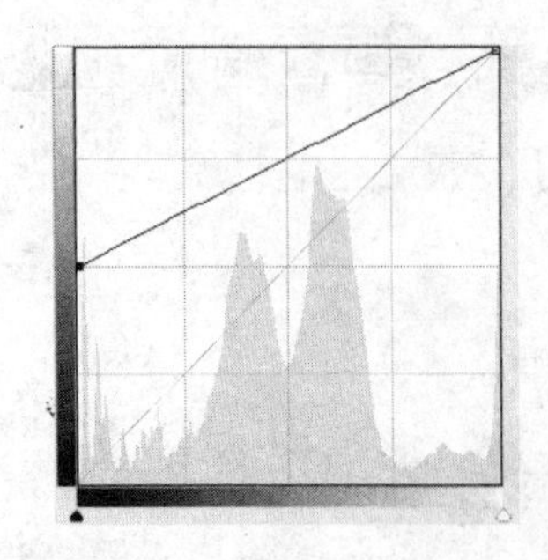

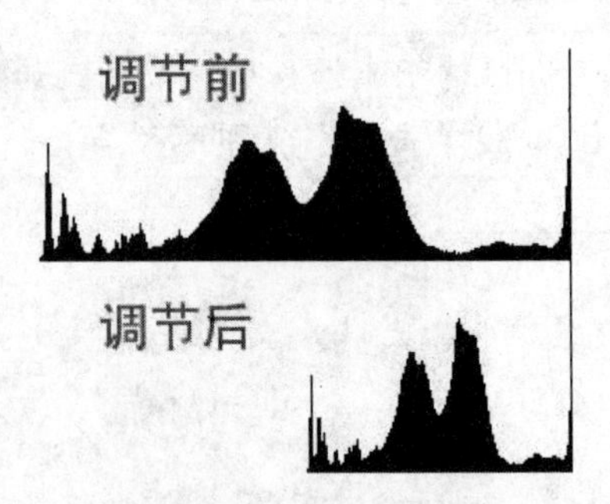

图8-47 调整后的曲线　　图8-48 调整前后的直方图

从图中可以看出这个操作的结果是图像整体被提高了亮度。将所有像素的亮度压缩到了128~255之间，而同样将高光点向下拖动的结果使图像整体变暗，如图8-49所示。

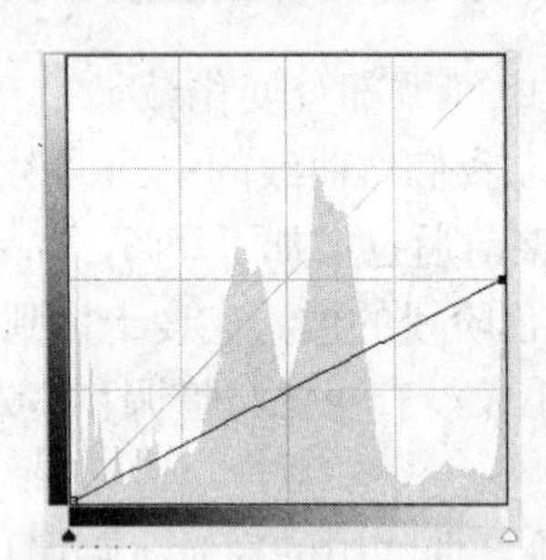

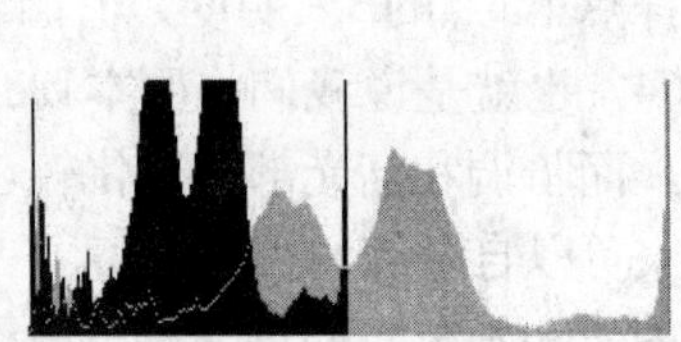

图8-49 调整高光点后的直方图

3．亮度/对比度命令

使用"亮度/对比度"命令可以对图像的色调范围进行简单的调整，该命令与"曲线"和"色阶"命令不同的是它仅能对所有的像素进行相同的调整，例如，整体变亮或整体变暗，不能只针对图像中的亮调、暗调等进行不同比例的调整。所以在调整高质量输出的图像时不建议使用，因为会损失图像的细节。

执行"图像"→"调整"→"亮度/对比度"命令，打开"亮度/对比度"对话框，如图8-50所示。

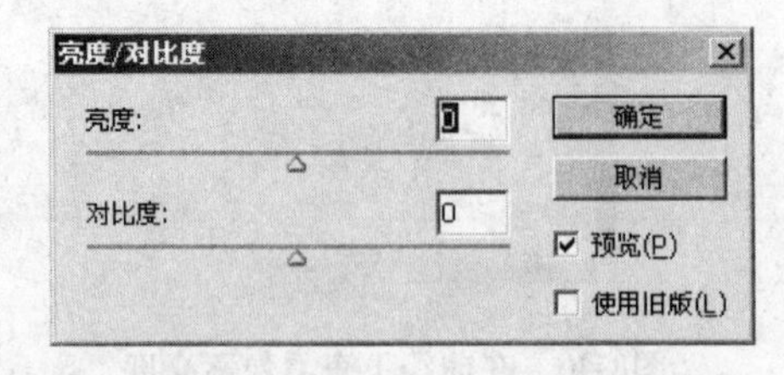

图8-50 "亮度/对比度"对话框

拖动"亮度"滑块可以增加或减少所有像素的亮度。它的效果同图8-51所示的曲线命令中的移动曲线端点相同，向左移动滑块表示将曲线的高光端点向下移动，向右移动滑块表示将曲线的暗调端点向上移动。

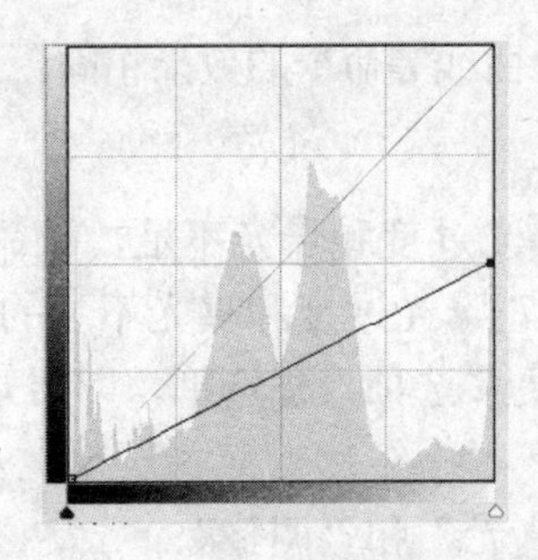
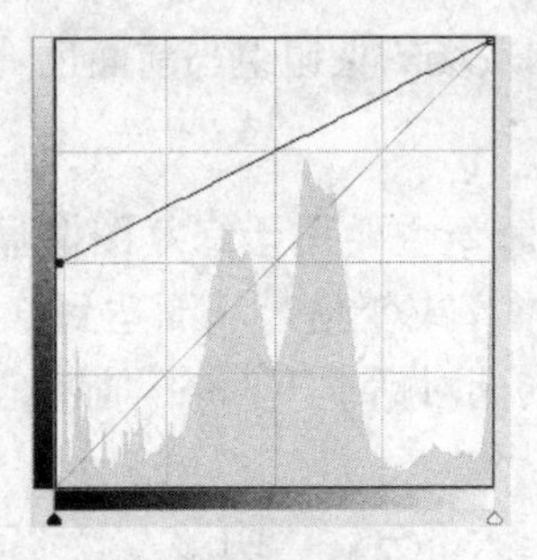

图8-51　与亮度滑块效果相同的曲线调节

拖动“对比度”滑块可以增加或减少图像的对比度。

4．曝光度命令

曝光度命令是调节图像色调的另一个命令，它是由曲线命令演化而来，执行“图像”→“调整”→“曝光度”命令，打开如图8-52所示的“曝光度”对话框。

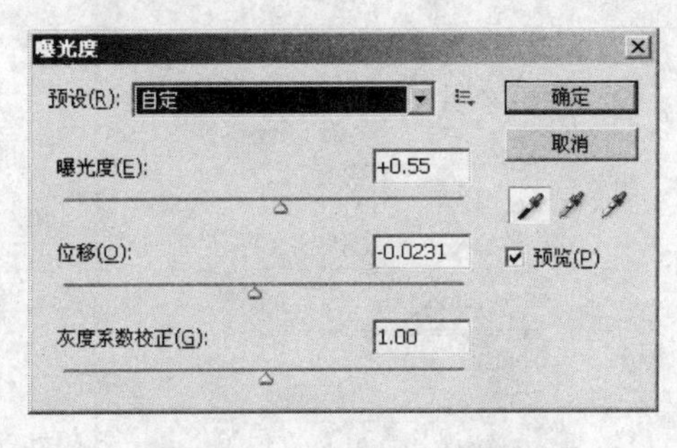

图8-52　“曝光度”对话框

该对话框的各项参数作用如下。

（1）曝光度：拖动“曝光度”选项的滑块可以增加或降低图像的曝光度。该参数用来调整图像色调范围的高光部分，对暗调部分的影响很小。它的效果类似于曲线调整中的向左移动高光端点。

如图8-53所示的是针对一张图片做降低曝光度的效果，可参见光盘\素材\第八章\曝光度调整.jpg。

图8-53　降低图像曝光度

（2）位移：该参数可以使暗调和中间调变暗，对高光部分的影响很小。

（3）灰度系数校正：调整图像中的灰度分布密度，值越大，曝光效果就越不明显，这里的设置黑白灰场的按钮组与前面色阶曲线等命令的效果相同。

5．阴影/高光命令

“阴影/高光”命令主要用于修复图像曝光过度和曝光不足，该命令是将图像中阴影和高光局部的像素增亮或变暗，从而达到修正曝光过度和曝光不足的问题。打开“阴影/高光”对话框后，勾选对话框下面的“显示更多选项”复选框，即展开整个的对话框，如图8-54所示。

对话框共分为三大部分，“阴影”、“高光”和“调整”。

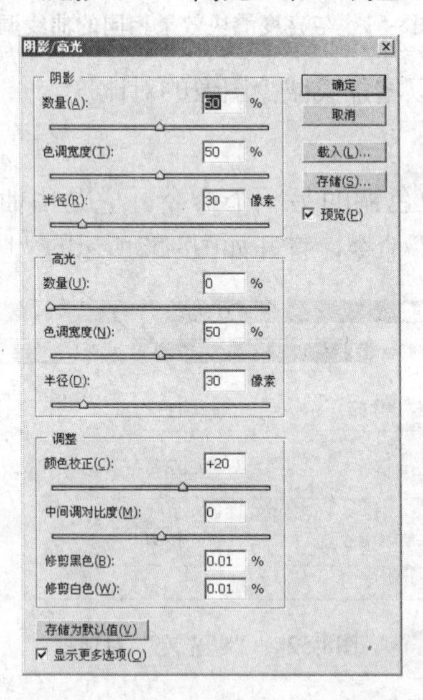

图8-54 “阴影/高光”对话框

（1）“阴影”选项组：调整阴影部分的作用是加亮图像中的暗调部分，从而修补图像曝光不足的问题，数量的数值越大，图像中阴影的增亮程度越大，如图8-55所示的是阴影数量值为0%、50%、100%时的图像效果。

图8-55 数量值为0%、50%、100%时的图像效果

“色调宽度”滑块的作用是控制阴影的范围，也可以理解为容差值，数值越大，调整数量滑块影响图像的范围就越大，较大的值将会影响到图像中的中间调部分，图8-56所示的是分别将色调值设为50%和100%的效果。

图8-56　色调宽度为50%及100%时的效果

半径与色调宽度类似，只是它只控制阴影部分相邻像素的范围，相当于容差工具选中相邻的效果。在实际调整过程中这个值是非常不好控制的，一般将其调整至与图像阴影部分的大小相同。

（2）“高光”选项组：图像高光部分的调整与阴影的调整参数是相同的，但高光调整的作用是抑制高光，在高光调整中，数量参数可以被理解为抑制高光值，设置的值越大，则高光部分越暗，值为零则高光部分没有影响。如图8-57所示的是原图像与调整图像高光部分数量为50%，色调宽度为50%，半径为30像素的效果对比(光盘\素材\第八章\阴影高光调整.jpg)。

图8-57　原图像与调整高光参数后的对比

（3）“调整”选项组：拖动“颜色校正”滑块可以更改图像中已更改区域的颜色，如果阴影和高光部分的数量值都为零，则颜色校正不起作用。中间调对比度则是控制图像中间调偏向暗调还是偏向于高光。图8-58所示的是中间调值为-100和100时的图像效果对比。

图8-58　中间调为-100与100的对比效果

“修剪黑色”和“修剪白色”参数的作用是指定图像中映射到高光和暗调区域的颜色

范围。值越大，生成的图像对比度越大，但会降低图像细节。

6．自动色阶命令

应用“自动色阶”命令将自动调整图像中的黑场和白场。可以将每个通道中的色阶扩展到全范围，并将每个颜色通道中最亮和最暗的像素映射到纯白（色阶为255）和纯黑（色阶为0）的色阶中去，中间调像素值按比例重新分布。因此增加了图像的色阶宽度，所以图像对比度会增加。由于“自动色阶”是单独调整每个通道，并将每个通道中的色阶扩展到全范围，所以该命令如果使用不当会造成色偏，图8-59所示的是使用“自动色阶”命令调整的图像效果，图8-60所示的是调整前后的图像直方图效果对比。

图8-59　自动色调调整前后效果

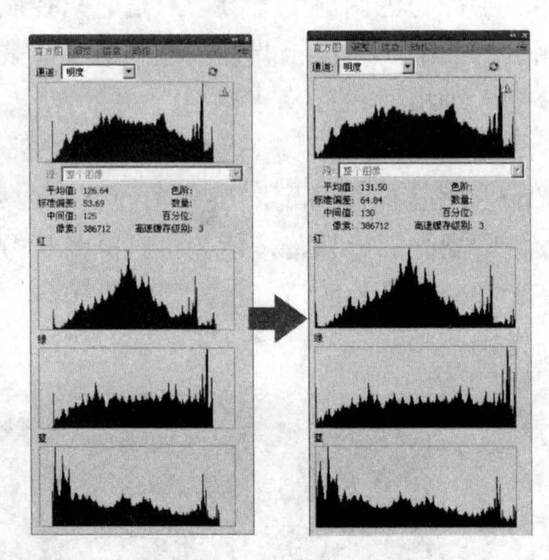

图8-60　自动色调调整前后直方图效果对比

默认情况下“自动颜色”命令将剪切白色和黑色像素的0.1%，在如图8-61所示的“自动颜色校正选项”对话框中可以更改“自动色阶”的默认设置。

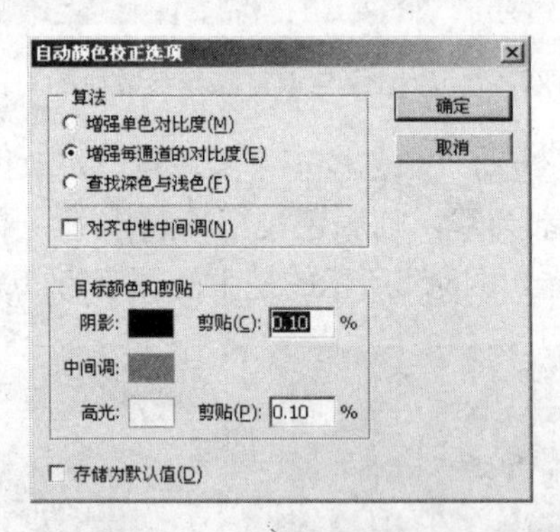

图8-61　自动颜色校正选项

7．自动对比度命令

“自动对比度”是以RGB综合通道作为依据来扩展色阶的，因此增加色彩对比度的同时不会产生偏色现象。“自动对比度”命令会剪切图像中的阴影和高光值，将剩余部分的最亮和最暗部分像素映射到纯白和纯黑色阶中去，使高光的部分变得更亮，阴影则更暗。默认情况下“自动对比度”命令将会剪切黑色和白色像素的0.5%。要修改默认设置可以在色阶或曲线的对话框中的自动颜色校正选项中更改。

8.3.4 图像色调的调整技巧

调亮图像的方法和命令有很多，几乎所有的命令都是由曲线和色阶演化而来的，所以在这里只针对“曲线”命令和“色阶”命令讲解如何调整图像。

1．调整色调过暗的图片

查看图像（光盘\素材\第八章\过暗照片.jpg）如图8-62所示，这幅图像由于在较暗的夜间拍摄，所以产生了明显的曝光不足，这一点也可以由明度直方图中观察到，所有像素都堆积于暗调和中间调部分，照成图像的过暗和对比度不高。

图8-62 偏暗的图像与其直方图

针对在直方图中的显示信息，在调整时应当将图像的色阶拉宽使其扩展到整个色阶范围。图8-63所示的是使用曲线调整的对话框。我们将曲线的中间调向上提高，则位于该色调范围的像素集体涌向高光部分，使图像的像素扩展到了整个色阶范围中，如图8-64的直方图所示。

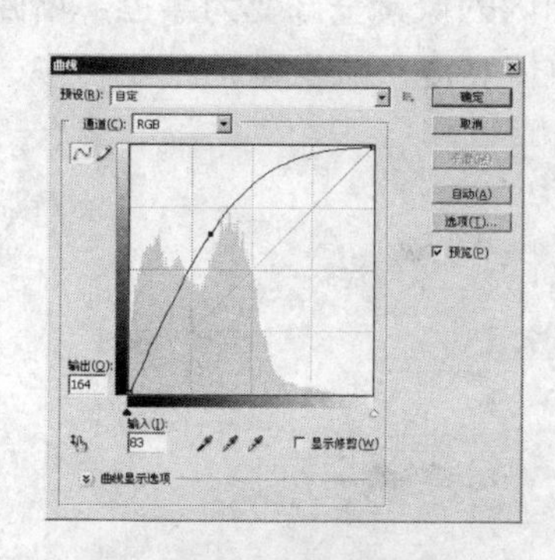

图8-63 调整曲线

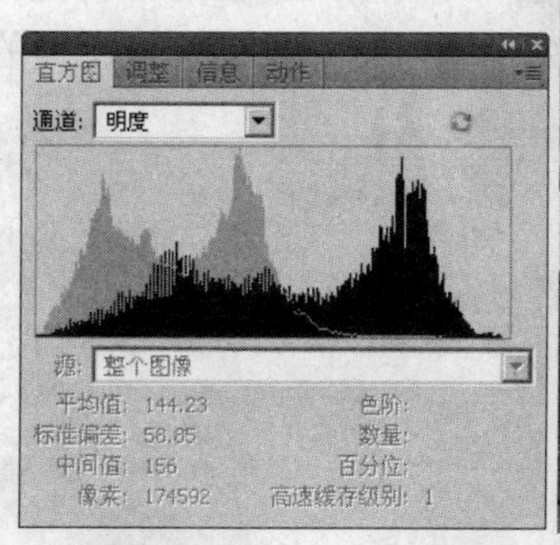

图8-64 调整曲线后的直方图与图像

使用“色阶”对话框调整的参数如图8-65所示，将高光滑块向左移动，把中间调部分的像素映射到高光区域，将中间调滑块向左移动使暗调的像素映射到中间调部分。调整后的图像直方图与图像效果如图8-66所示。

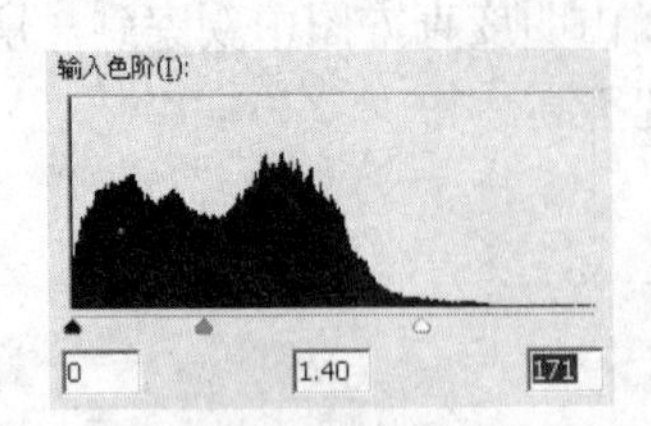

图8-65 “色阶调整”对话框参数

图8-66 调整后的直方图与图像

2．调整曝光过度的照片

图像8-67所示是一幅有些曝光过度的图片（光盘\素材\第八章\曝光过度.jpg），整张图片看起来很平淡没有深度感，通过查看直方图可以看到几乎所有像素都集中在高光区域，使图像失去了明暗对比。

图8-67 曝光过度的图像与其直方图

打开“曲线”对话框，调整曲线形状，如图8-68所示，可以看到图像明显有了深度，如图8-69所示。这里将曲线暗调的端点向右移动，将此范围内的像素全部变为黑色，增强了图像对比，然后将高光部分稍微向下拉动，降低图像的整体亮度，减少曝光。

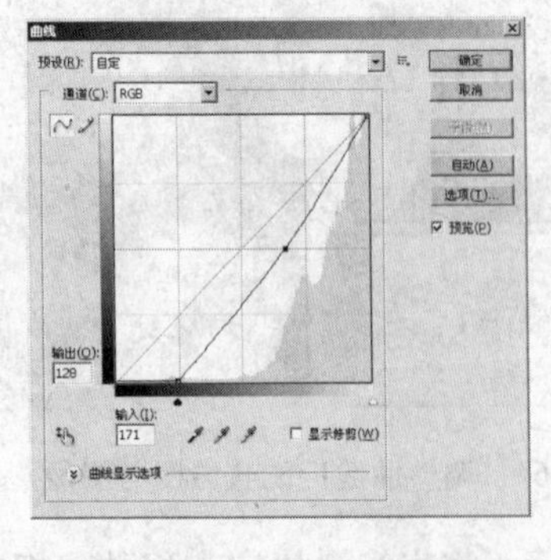

图8-68 调整曲线形状图

图8-69 调整后的图像

使用“色阶”调整的参数及效果如图8-70所示。可以看到“色阶”与“曲线”调整相似，同样是增强黑色，将亮度值为85以内的像素映射为0。

图8-70　使用“色阶”调整

3．调整灰暗发闷的图像

图8-71所示的是一幅傍晚雾天拍摄的图片（光盘\素材\第八章\灰暗发闷.jpg），由于傍晚的光线不足和雾气的干扰使得这张图片偏闷，仿佛蒙了一层灰尘。再从直方图来看，图像中的像素亮度基本都集中于中间调部分，想要改观这种现象就要增加图像中的高光和暗调，使图像的对比加强，颜色通透。

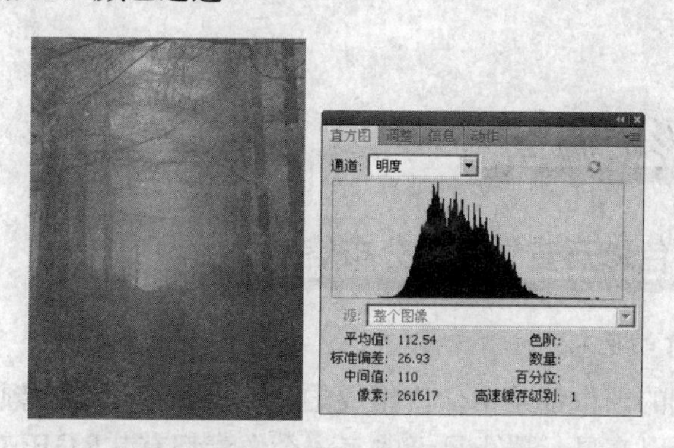

图8-71　傍晚雾天拍摄的图片

根据上面分析的情况，我们将曲线调整至如图8-72所示的形状，调整后的图像如图8-73所示。曲线的高光点向左移动至四分之一处，表示将此亮度范围内的像素亮度提升至255。曲线的暗调点向右移动表示将图像位于此亮度范围内的像素降低为黑色。在为图像增加了高光和阴影后，再将中间调部分的像素整体调亮一些，增加图像的通透性。

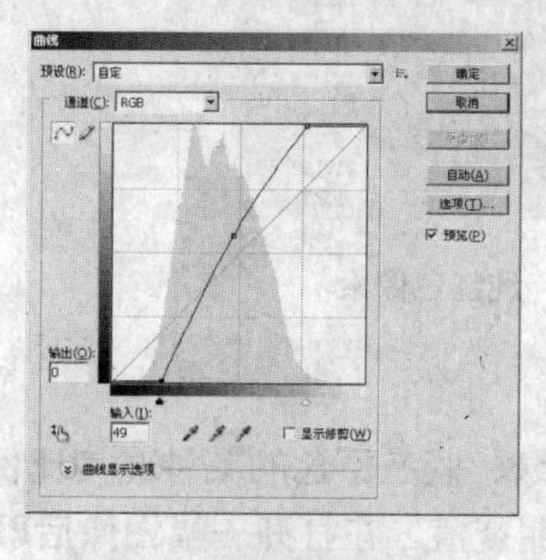

图8-72　调整的曲线形状

图8-73　调整后的图像

色阶调整与曲线调整类似，将高光滑块调整到200，表示将亮度值200以上的像素亮度映射为255。暗调的调整则是把亮度值位于38以内的图像像素映射到0，也就是黑色。色阶调整的参数和调整后的图像如图8-74所示。

图8-74　色阶调整

8.4 图像色彩的调整

8.4.1 理解像素的色彩及查看颜色分布信息

1．理解图像像素的色彩

每一幅色彩斑斓的图像都是由像素组成的，而每一个像素的颜色却是由红绿蓝三种颜色混合而生成，所以在显示器上显示的每一个像素都有其RGB值，红绿蓝三种原色以0~255阶的不同亮度进行混合来生成其他的图像颜色，因此调整图像的色彩也就是调整红绿蓝三原色的颜色亮度比例。

例如，一个纯红色的像素是由红光最亮为255蓝光和绿光亮度为0的亮度比例混合而成的，如图8-75所示。

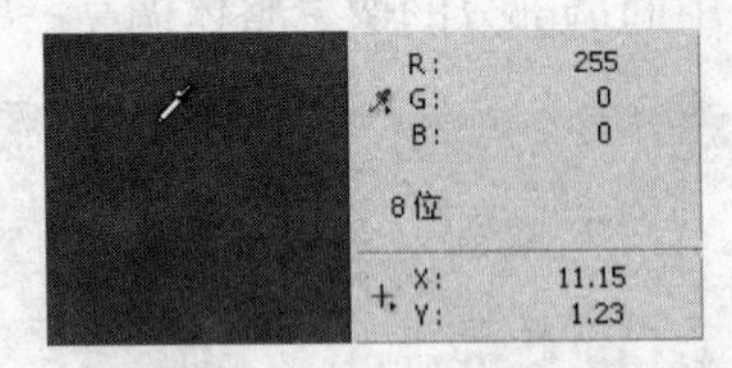

图8-75　纯红色像素

2．使用直方图查看图像的颜色信息

图像中每一个像素的颜色都是由红、绿、蓝三原色的某种亮度比例混合而成的，在8位色深下的每一种色彩都有一个0～255的明度值。在打开一幅图像后Photoshop会自动扫描图像内所有RGB色彩，统计0～255每个明度等级的像素总共有多少，然后就产生了颜色柱状图也就是直方图。

颜色直方图如图8-76所示。从直方图中可以查看到当前图像中红绿蓝三原色的亮度分布情况，并且该直方图也会随调整命令的调整而产生变化。

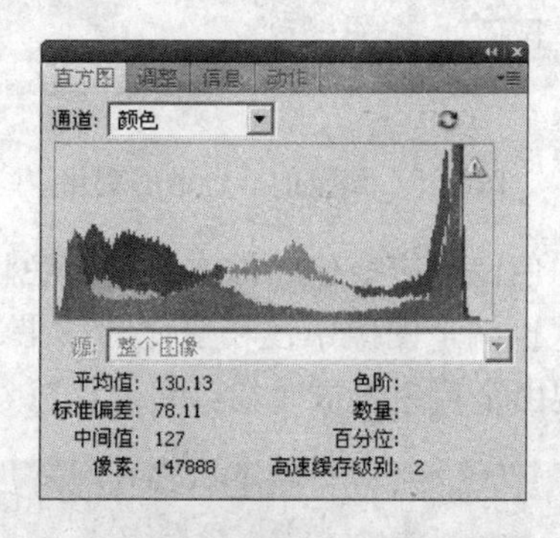

图8-76　颜色直方图

颜色直方图的使用率并不高，对于一幅图像是否偏色并不能由直方图直接查看出来，颜色直方图只能用来查看图像中三原色的亮度信息，对于图像是否偏色还是需要从图像上去判断和分析。

8.4.2　调整图像颜色方法

1．色相/饱和度命令

使用“色相/饱和度”命令可以调整整个图像所有的像素或个别颜色分量的色相、饱和度和亮度值。但其最主要的应用还是改变图像的色相，例如，将红色变成绿色，将绿色变成黄色等。“色相/饱和度”对话框如图8-77所示。

接下来通过实例首先来讲述一下色相的使用。

（1）打开光盘\素材\第八章\色相饱和度调整.jpg，如图8-78所示。

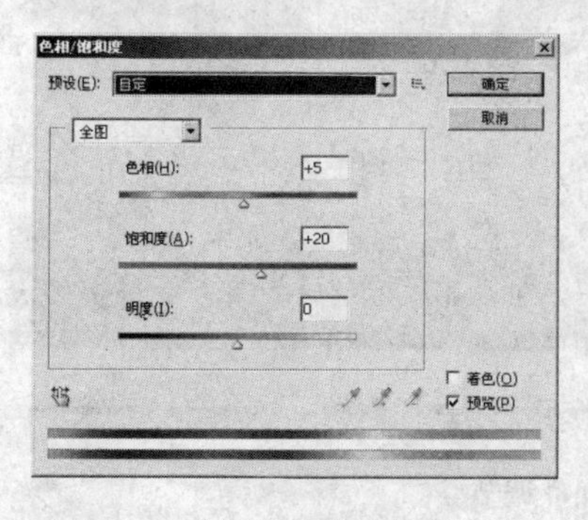

图8-77　“色相/饱和度”对话框

图8-78　素材图像

（2）执行“图像”→“调整”→“色相/饱和度”命令或按快捷键Ctrl+U，打开“色相/饱和度”对话框，将该对话框中的色相滑块左右移动可以看到图像色相的变化，接下来观察对话框下面的两个色谱，可以发现上面的色谱是不动的，而下面的色谱却是随滑块的移动而改变，这两个色谱变化的对应关系如图8-79所示，对应关系表现了色相改变的结果。

图8-79　调整前后色谱的变化

观察两个箭头处所指示的色谱对应变化，原本的粉红色现在对应的是蓝色，而深黄色在调整后对应的是粉红色，这也就是图像中色相变化的结果，如图8-80所示，图像中伞布由粉红色变成了蓝色，而伞架由金黄色变成了粉红色。

图8-80　调整色相后的图像

饱和度控制图像色彩的浓淡程度，类似电视机中的色彩调节一样。改变的同时，下方的色谱也会跟着改变，调至最低的时候图像就变为灰度图像了，饱和度过高也会出现糊色的现象。图8-81所示的是图像饱和度由低向高的变化。

图8-81　饱和度调节

勾选对话框右下角的“着色”复选框，它的作用是将图像转化为单色调图像，它类似前面讲过的灰度图像转换为双色调图像的效果。使用一种颜色替代彩色，保留图像的明暗度，此时下方变化的色谱变成了单色并随着色相滑块的移动而改变，这个单色也就是图像的色相，图8-82所示的是选中“着色”后的单色调图像。

图8-82　选中“着色”后的单色图像

前面所讲的色相或饱和度改变都是针对整幅图像变化的，如果只想改变图像的一种颜色，可以从颜色下拉列表从中选择一种要编辑的颜色，此时再次调节色相滑块，改变的将只是选中的颜色，图像中的其他颜色则不受影响。

接下来我们用实例进行演示。

（1）打开光盘\素材\第八章\调整色相.jpg，如图8-83所示。我们要改变瓜瓤的颜色，观察瓜瓤，颜色最接近于黄色。那么在编辑颜色列表中就选取黄色，选择后可以看到下面的色谱黄色对应处多出了两个滑块，如图8-84所示。

图8-83　素材图像

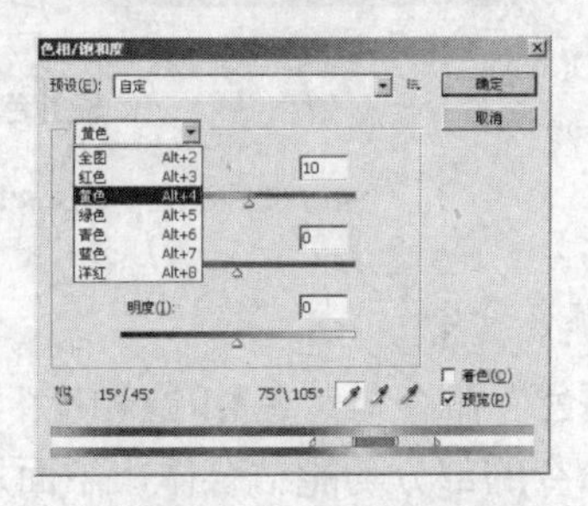

图8-84　选择修改颜色

（2）拖动色相滑块。可以观察到下方色谱的变化，只有位于黄色部位的滑块内的颜色有变化，并且变化的结果就是图像的黄色部分的变化，如图8-85所示。可以观察到瓜瓤的变化与色谱变化并不相符，这是因为它是偏红的黄色，并不是纯黄色，可颜色列表中并没有这种颜色，怎么办呢？解决这问题的方法有两种，一种是手动调节色谱部分的滑块修改编辑的颜色范围，一种是使用“取样颜色”按钮从图像中直接吸取样色。下面讲解这两种解决办法。

图8-85　修改单色色相

（3）解决方法一：单击“取样颜色”按钮，鼠标变成“吸管工具”，然后在图像中选择要改变的颜色，也可以使用“添加到取样”按钮加选颜色范围，然后再次调节色相滑块，调节后如图8-86所示。

图8-86　重新取样后调整后的颜色

（4）解决方法二：拖动下面色谱处的滑块，修改编辑的颜色范围，需要注意的是滑块中间的中心色域和辐射区域在调节色相时的变化是不同的，色相的变化由中心色域向两边的辐射色域逐渐减弱，如图8-87所示。

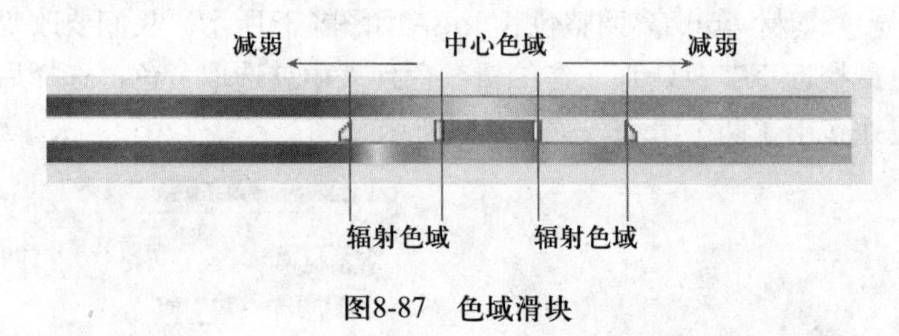

图8-87　色域滑块

2．替换颜色命令

“替换颜色”命令与“色相/饱和度”命令相似，可以说是“颜色范围”命令与“色相/饱和度”命令的部分功能结合体，下面用实例来演示“替换颜色”命令的作用。

（1）打开光盘\素材\第八章\替换颜色.jpg，如图8-88所示。打开“替换颜色”对话框，使用“吸管工具”在图像中吸取要修改的颜色，在对话框的预览区中显示为白色的部分表示选择区域，黑色部分表示未选择区域，如图8-89所示，这与选区中的色彩范围选取相同。也可以用“添加到取样”按钮和“从取样中减去”按钮修改选择的颜色范围，或调整容差值扩大、缩小选择区域，这些都与“色彩范围”命令相同。

图8-88　素材图像　　图8-89　“替换颜色”对话框

（2）替换颜色。在下方的“替换”选项组内调节所选颜色的色相和饱和度等参数，改变后的颜色结果在右边的“结果”颜色框内显示，分别选择图像的三种颜色并全部将其替换，效果如图8-90所示。

图8-90　替换颜色后的图像

“替换颜色”命令在处理景色照片时有着意想不到的效果，可以将春天瞬间变成秋天，如图8-91所示（光盘\素材\第八章\更改季节.jpg）。

图8-91　使用“替换颜色”命令改变季节

8.4.3　修整图像色温及色偏

1．色彩平衡命令

“色彩平衡”命令用于更改图像的总体颜色，主要用于纠正图像的色偏问题，它的功能较少但操作方便，如图8-92所示的是“色彩平衡”对话框，在“色彩平衡”命令中将图像归纳为阴影、高光和中间调三种色调，每一种色调都可以通过上面的三组色彩滑块单独调整，三组色彩滑块遵循色彩中的互补色原理，分别为红对青、绿对洋红、蓝对黄。

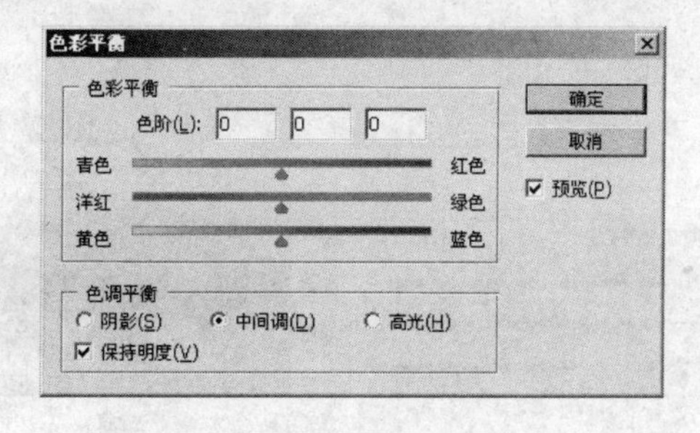

图8-92　“色彩平衡”对话框

下面使用实例来演示色彩平衡命令的作用。

（1）打开光盘\素材\第八章\色彩平衡.jpg，如图8-93所示，可以观察到这幅图像有明显的偏紫现象。

（2）调整阴影。执行“图像”→“调整”→“色彩平衡”命令，打开“色彩平衡”对话框，因为图像的高光、阴影和中间调都有偏色现象，所以从阴影开始调节，阴影部分增加青色和黄色，可以看到图像中下半部分处于阴影部分的湖水和山体的偏紫色有明显减弱，如图8-94所示。

图8-93 素材图像

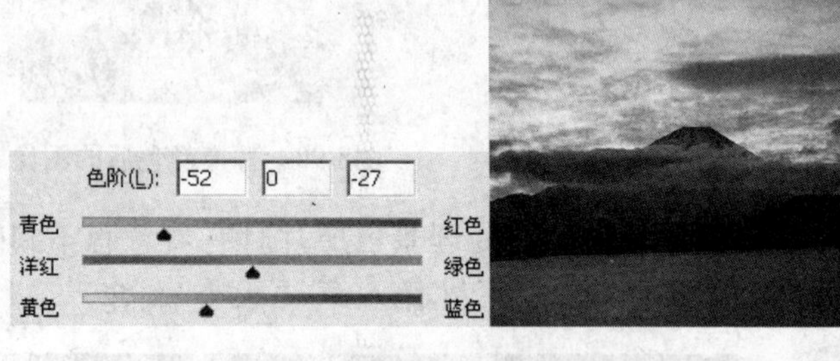

图8-94 阴影调整参数和结果

（3）调整中间调，中间调通常是影响图像颜色效果最大的部分，增加任意一种颜色都可能对其他部分造成色偏或损失图像细节，所以在调整这一部分的时候要细心。我们仅增加中间色调的黄色，这一步的操作图像改变并不是很明显，如图8-95所示。

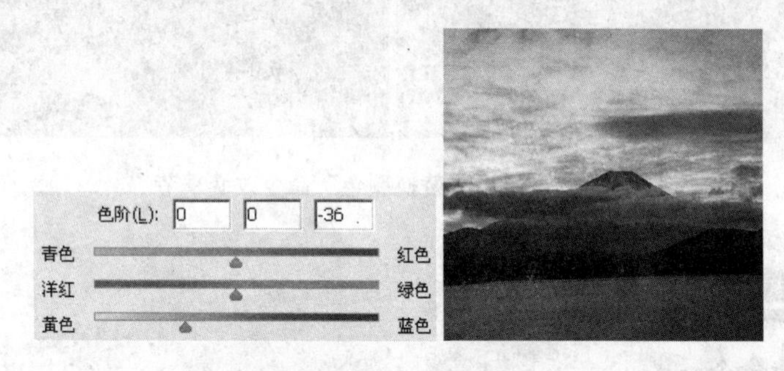

图8-95 中间调调整结果

（4）调整高光，图像中高光部分几乎占图像的一半，而且偏紫色最重的也是高光部分，所以调整高光部分的效果也是最明显的，在这部分中我们增加黄色和青色。最终调整完的图像效果如图8-96所示。

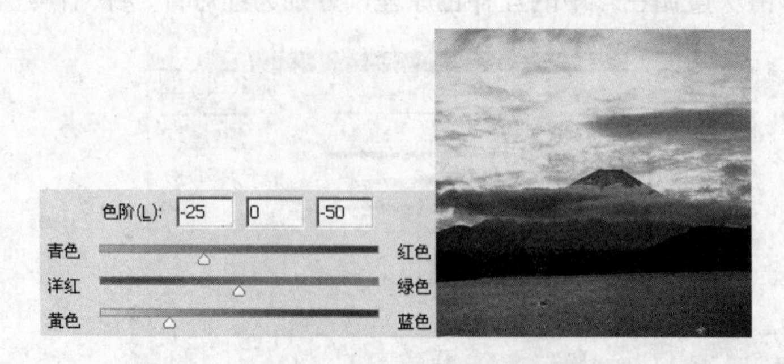

图8-96 调整高光的效果

2．匹配颜色命令

使用“匹配颜色”命令可以将一幅图像中的色调与另一幅图像匹配，或将两个图层中的选区进行匹配。匹配图像时会中和两幅图像的色调和整体亮度。从而使原图像的色彩参照另一幅图像的色彩进行变化。

“匹配颜色”对话框如图8-97所示。在顶部的“目标”处显示当前要修改的文件名，如果当前图像中存在选区，可以选择是否忽略选区。在其下方的“图像选项”选项组中可以调节匹配颜色的深度、亮度、饱和度和匹配强度等，最下方的“源”中可以选择用于匹配当前目标图像的源图像文件。如果目标文件中存在多个图层，在其下方的“图层”中选择使用哪一个图层进行匹配。如果要针对选区进行颜色匹配则可以勾选“使用目标选区计算调整”复选框。如果要使用源选区内的图像进行匹配当前目标图像中的颜色，可以勾选“使用源选区计算颜色”复选框。

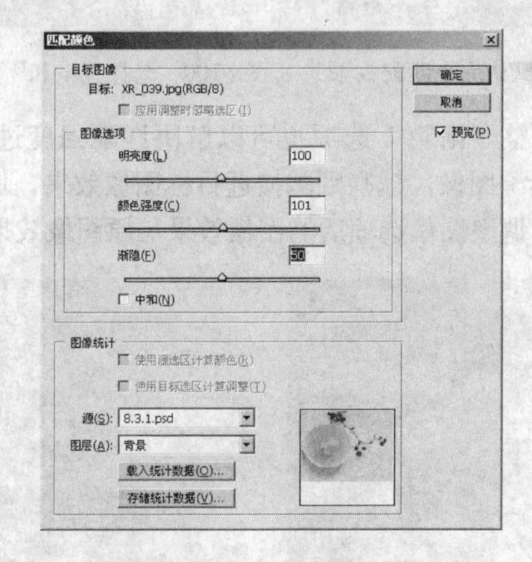

图8-97 “匹配颜色”对话框

下面通过两幅图像来演示“匹配颜色”命令的作用。

（1）打开光盘\素材\第八章\匹配颜色1.jpg、匹配颜色2.jpg，如图8-98所示。在这里将左侧所示的图像作为目标图像，可以看出目标图像色调比较冷，所以使用一幅暖色调的图像进行匹配颜色。

图8-98 素材图像

（2）执行匹配。打开“匹配颜色”对话框，选择图8-98右侧所示的图像做为源图像，可以看到此时的目标图像颜色转暖，但匹配的强度过高，如图8-99所示，此时选择“中和”选项，“中和”选项的作用将使颜色匹配的效果减半，并去除目标图像中的色痕，使最终效果中只保留一部分源图像的色调，如图8-100所示。

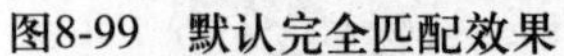

图8-99　默认完全匹配效果　　　图8-100　选择“中和”后的效果

（3）调整选项。调整“渐隐”选项也可以解决匹配强度过高的问题，渐隐数值越低，所得到的效果越接近源图像，越高则越接近目标图像效果。调整颜色强度可以加深颜色匹配后的图像饱和度，调整图像选项后的图像效果与原图像效果如图8-101所示。

图8-101　原图像与匹配颜色后的图像对比

3．可选颜色

使用“可选颜色”命令可以有效地选择修改任何主要颜色中的印刷色成份而不会影响其他的主要颜色，一般在针对印刷品的调整中比较常见。“可选颜色”对话框如图8-102所示。

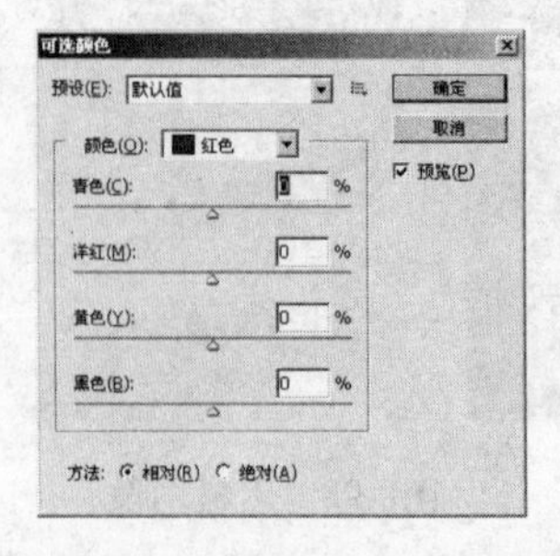

图8-102　“可选颜色”对话框

（1）颜色。在“颜色”下拉列表中可以选择一种要修改的颜色。

（2）颜色调节滑块，在“颜色”列表中选择一种颜色后可以使用其下面的滑块组，调节相应的色彩增减，例如我们选择红色，然后调整下面的洋红滑块至-100%，可以看到红色在去除其中的洋红色后变成了黄色，而如果把黄色调为-100%，则变成了洋红色，如图8-103所示。

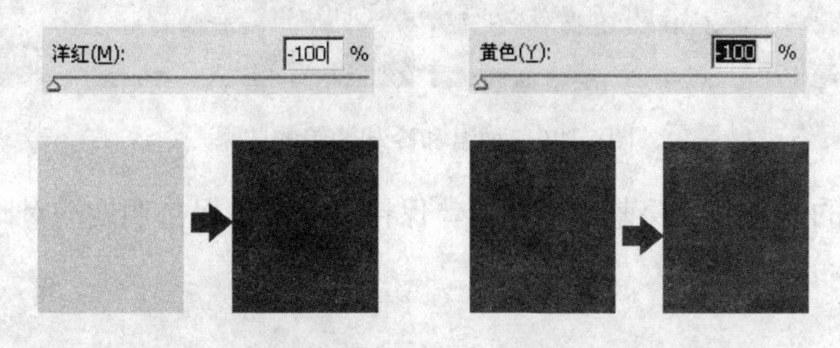

图8-103　使用可选颜色调节像素颜色

（3）相对与绝对选项，选中“相对”会按照当前像素颜色总量的百分比来更改各颜色的量，而“绝对”则是按照调节滑块增减的数量来更改颜色的量，例如从60%的青色像素中增加10%，如果选中“相对”按钮，则最终增加的颜色量为60%+60%×10% = 66%如果选中的是“绝对”则增加的颜色量为60%+10% = 70%。

4．照片滤镜命令

“照片滤镜”命令是通过模拟传统光学滤镜特效来调整图像的色调，类似相机中使用的黄色镜头、绿色镜头的效果。使用照片滤镜可以改变图像的整体色调，其主要应用于转变图像色调的冷暖和修正图像的偏色，图8-104所示是“照片滤镜”对话框。

“照片滤镜”的使用很简单，在滤镜下拉列表中存储了许多的Photoshop预设滤镜，使用这些滤镜已经可以满足大多数用户的需要，如图8-105所示。

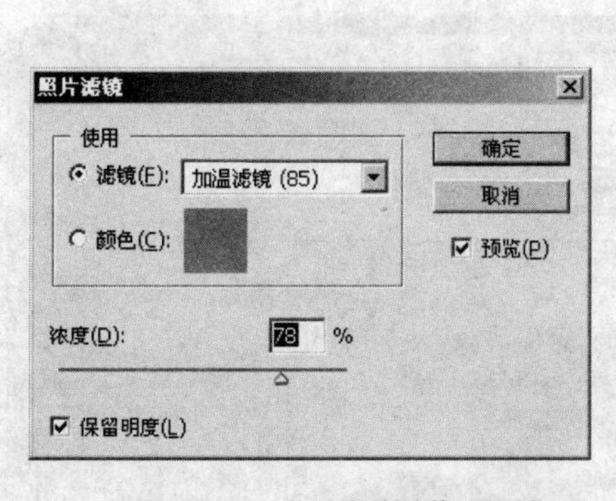

图8-104　“照片滤镜”对话框

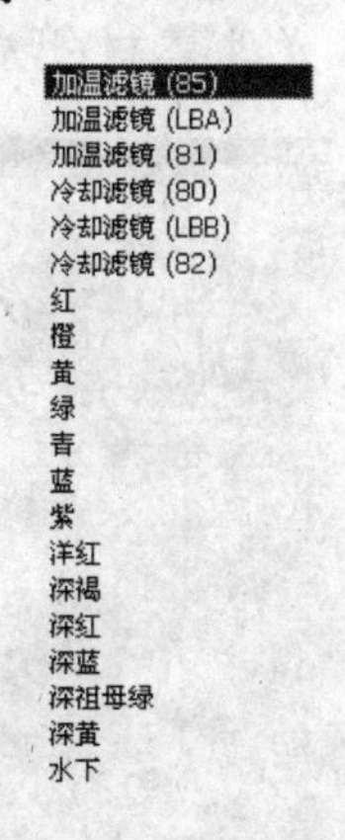

图8-105　预设滤镜

用户也可以通过其下方的颜色框和浓度滑块来自定调整颜色的色相和浓度，选择“保留明度”复选框可以在更改图像的颜色过程中保留原图像的像素明度。图8-106所示的是使用加温滤镜和冷却滤镜更改图像冷暖的效果。

图8-106　加温和冷却滤镜的效果

图8-107所示的是使用“深蓝色”滤镜，保持明度和不保持明度的对比效果。

图8-107　保持明度与不保持明度的区别

5．变化命令

“变化”命令是一种较为直观的改变图像色彩的工具，它通过显示多种图像更改的缩览图可以更为直观地改变图像。使用“变化”命令可以更改图像色彩平衡、对比度和饱和度。在实际应用上变化命令更多地用于查看哪一种色调更适合图像。“变化”对话框如图8-108所示（光盘\素材\第八章\变化.jpg）。

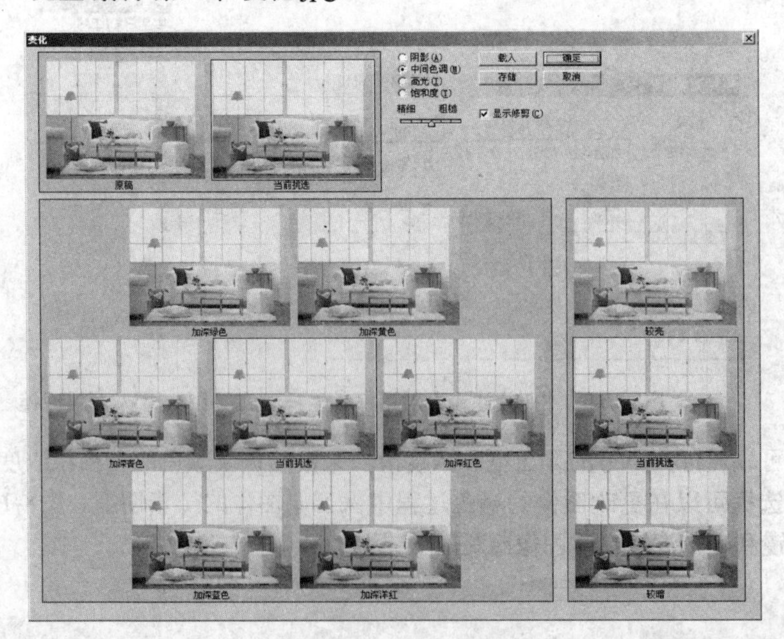

图8-108　“变化”对话框

“变化”对话框顶部的两幅图像用于显示图像改变前和改变后的效果，而下面左边的7幅缩略图显示的是图像色相的6种变化和色相改变后的“当前图像”，6种变化分别是：加深绿色、加深黄色、加深青色、加深红色、加深蓝色和加深洋红，这与“色彩平衡”命令中的6种颜色变化相对应，不同的是在“变化”命令中，可以更直观地显示各种变化结果。对话框的右边位置显示的是图像的明暗变化和明度改变后的“当前图像”。

（1）调整颜色变化，如果想要加深一种颜色，可以在该颜色缩览图上单击，想要减少该颜色则单击其互补色。单击“原稿”缩略图可以还原图像变化。

（2）调整图像亮度，增加或降低图像的亮度与增加颜色相同，都是单击其相应缩览图。

（3）调整图像其他部分的变化，在打开“变化”对话框后其默认的是变化中间调部分的像素，可以在对话框右上角选择“阴影”、“高光”或“饱和度”选项。

（4）设定每次单击变化值，通过拖动“精细/粗糙”滑块可以改变每一次单击的调整值，每向右拖动一格则调整量增加一倍。

8.4.4　通过中性灰辨别和调整图像偏色

1．什么是中性灰

在现实世界中不论是光的三原色——红、绿、蓝，还是印刷时三原色——青、洋红和黄色，如果三种颜色不饱和，只要三种颜色的分量保持相等，它们一定会生成灰色，如图8-109。如果有一种颜色的分量大于其他两种颜色，那么就不会生成灰色。在灰色梯度中除了纯黑、纯白以外，只要R、G、B数值相等就是标准的灰色，就属于中性灰的范畴。R（G、B）=128被称为“绝对中性灰”。

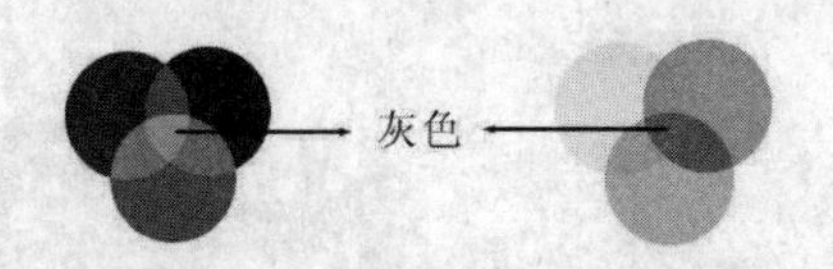

图8-109　数值相等的三原色相加得到灰色

2．为什么使用中性灰辨别色偏

人眼对于颜色经常会产生错觉，如图8-110（见彩插），两幅图像中间的红色是一样的，但看上去左图的红色明显较纯，而右边的红色有些偏黄的感觉，这是因为左边的红色有白色衬托的缘故，这种现象被称为同时对比。

图8-110　人眼错觉的图例

此外，当人眼长时间看着一种颜色比如红色，然后再看着白墙，白墙上会出现红色的补色，这也是人眼的缺陷。介于人眼有很多的缺点，所以并不能确定颜色的真实性，而中性灰是最“公正”的。在正常光线照射下它的RGB值应该是R=G=B，所以当一幅图像中应该是灰色的物体出现了RGB值不相等的情况时，就可以认为该图像是存在偏色的，如图8-111所示（光盘\素材\第八章\中性灰1.jpg）。

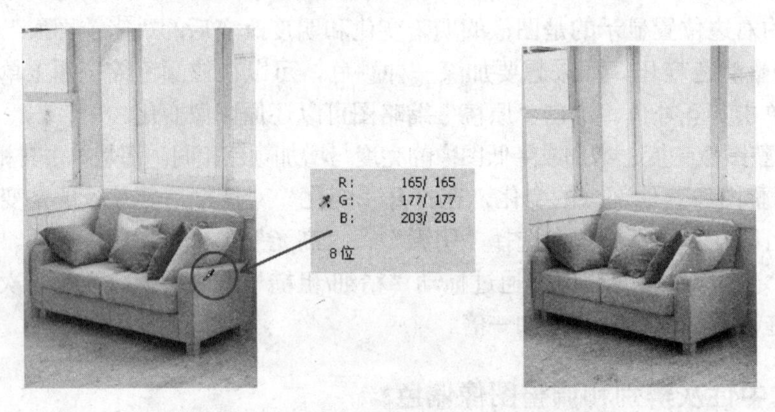

图8-111　通过中性灰查看图像偏色

在色彩理论学中，孟塞尔认为：构成画面的各种色彩相混合，只有产生中性灰时才能取得色彩和谐，他认为严格意义上的色彩调和，是画片中的所有的颜色按比例进行混合，能够得到中性灰。既然色彩调和遵循中性灰理论，那么图片偏色调整更应该以中性灰为依据。

3．准确找出图像中的中性灰

使用中性灰调整图像的偏色首先要找准图像中的中性色，自然界中黑白灰色的物体RGB的值都是相等的，至少是相近的。如图8-112中所标示的就是中性灰（光盘\素材\第八章\中性灰2.jpg）。

图8-112　图像中的中性灰

可以根据现实生活中的经验在图像中寻找应该是灰色的物体，例如头发上的高光渐进色；白色墙壁的阴影或白色衣服的阴影处；柏油马路、水泥墙面等，总之在自然景物中应该是灰色的物体。另外在选取中性灰点的时候，应该注意寻找那些不受环境光影响的地方，如图8-113所示。

图8-113　选择不受光影影响的地方

4．依据中性灰调整图像色偏。

在找准图像中的中性灰后，接下来的调整色偏就非常容易了，执行“曲线”命令或“色阶”令单击其中的设置“灰场”按钮，在图像的中性灰部分单击即可调整图像的偏色，如图8-114所示（光盘\素材\第八章\中性灰3.jpg）。

图8-114　使用设置灰场按钮调整图像偏色（见彩插）

8.5 图像的特殊调整

8.5.1 去色命令

应用“去色”命令可以将彩色图像转换为灰度图像，它为图像中每个像素指定相同的红色、绿色和蓝色值，并且保持当前图像像素的亮度值。“去色”命令所得到的灰度图像颜色模式保持不变。“去色”命令与“色相/饱和度”命令中的将饱和度设置为-100效果相同。图8-115和图8-116所示的是将图像执行“去色”命令后的效果和执行“图像”→“模式”→“灰度”命令后的效果对比及直方图对比。

图8-115 执行“去色”和“灰度”命令后的图像对比

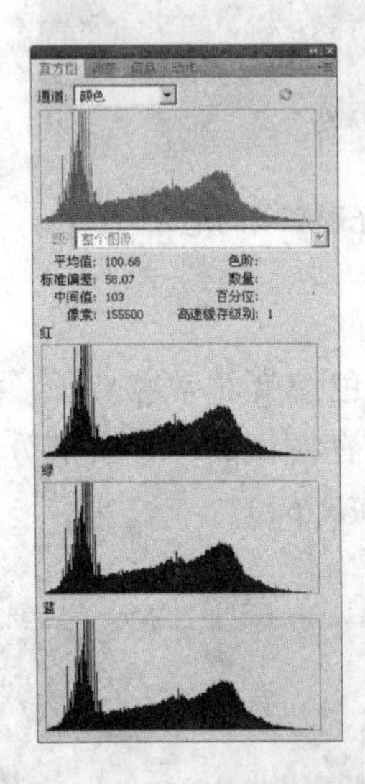

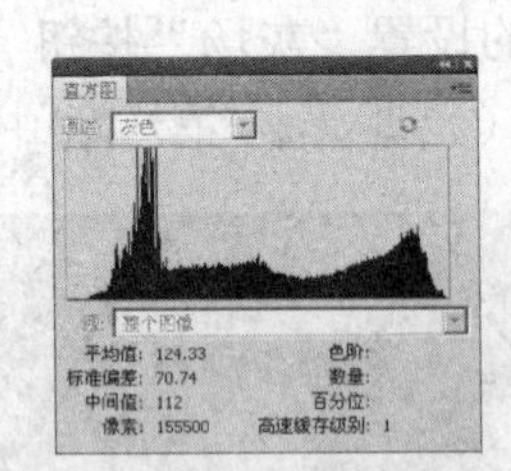

图8-116 执行“去色”和“灰度”命令后的通道直方图对比

8.5.2 反相命令

“反相”命令可以反转图像的颜色，在黑白图像中可将黑色转变为白色，白色转为黑色。应用至彩色图像则将图像中的各颜色转换为互补色，如红色转换为青色，黄色转换为蓝色。效果类似于彩色照片底片效果。执行“图像”→“调整”→“反相”命令或按快捷键Ctrl+I即可将图像反相。

对图像执行“反相”后，将会把每个通道中的的亮度值翻转，反相效果及其全通道视如图8-117所示。

图8-117　翻转图像效果及其通道

8.5.3　色调均化

“色调均化”命令是处理数码照片常用的命令。使用“色调均化”命令可以重新分布图像中像素亮度值，将图像中最亮的像素转变为白色，最暗的像素转变为黑色，并按照灰度级重新分布图像亮度。一般情况下该命令会在保留细节的情况下增加图像对比度，使图像更加鲜明。如图8-118所示（光盘\素材\第八章\色调均化.jpg）。

图8-118　使用“色调均化”命令前后对比

8.5.4　阈值命令

使用“阈值”命令可以将灰度图像或彩色图像转换为黑白图像。“阈值”对话框如图8-119所示，通过滑块调整阈值，可以看到图像的实时效果。一般情况下，将阈值设定为最多像素亮度的数值可以保留最多的细节，单击“确定”按钮即可完成图像的调节。在转换的过程中系统将会使所有的比该阈值暗的像素都转换为黑色。对图像执行“阈值”命令的效果如图8-120所示。

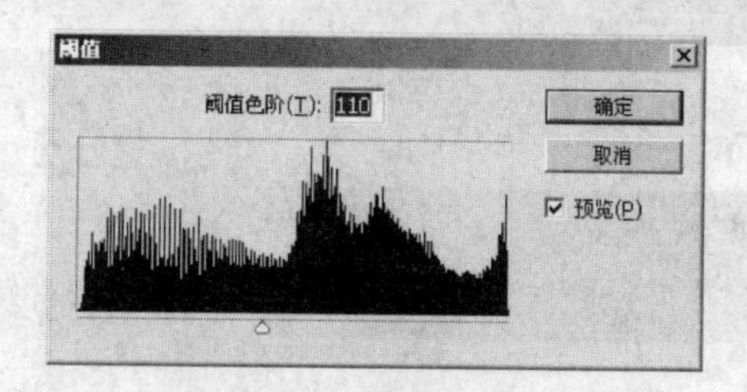

图8-119　“阈值”对话框

图8-120　使用“阈值”命令将图像转换为黑白图像

8.5.5　色调分离命令

使用“色调分离”命令可以在保持图像轮廓的前提下有效减少图像的颜色数量，它的原理是为每个通道指定色阶的数目，例如当为RGB通道设置色阶值为2时，则图像中只存在两种红色两种绿色和两种蓝色，图像效果如图8-121所示。当设置数值为255时，则图像没有任何变化。

图8-121　色阶值为2的效果

8.5.6　渐变映射命令

“渐变映射”命令可以将图像中的像素按照色阶值重新定义颜色，将0～255的色阶范围映射到指定的渐变色中，例如将色阶值为0的像素映射到红黄渐变的红色中去，那么另一端的255的色阶值则映射到黄色中去，如图8-122所示。

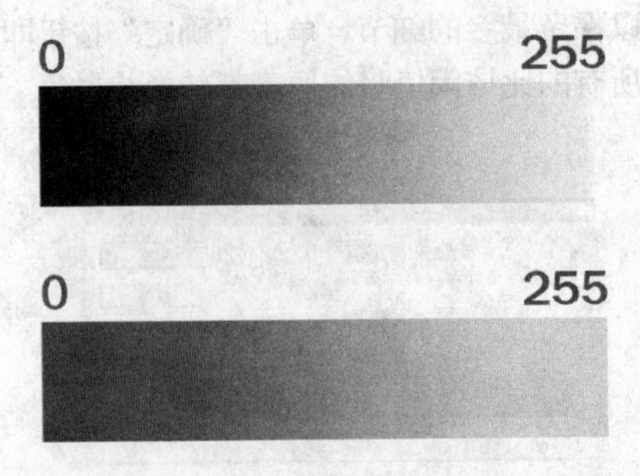

图8-122　渐变映射

“渐变映射”命令的对话框如图8-123所示。单击中间的渐变色带，可以编辑渐变的颜色。选中对话框中的“仿色”选项可以平滑渐变填充的外观，减少带宽效果。“反相”选项可以使渐变色反向。渐变映射的图像效果如图8-124所示。

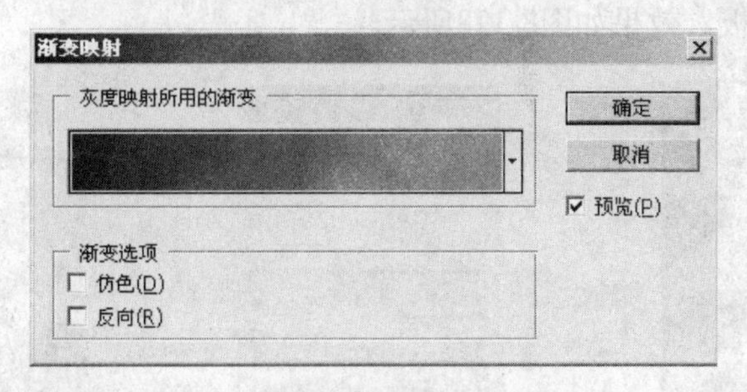

图8-123　“渐变映射”对话框

图8-124　渐变映射效果

8.6 课堂实例——调出浪漫的秋天色调

本实例将学习通过添加调整图层来实现图像颜色的调整，将图片调出浪漫的秋天色调，效果如图8-125所示。

图8-125　浪漫的秋天色调效果

（1）导入素材。打开光盘\素材\第八章\色彩调整.jpg，如图8-126所示。

（2）使用“通道混合器”调整。单击“图层”面板下面的“创建新的填充或调整图层”按钮，在弹出菜单中选择“通道混合器”选项，设置参数如图8-127所示，设置完成后回到“图层”面板，效果如图8-128所示。

图8-126　素材图像

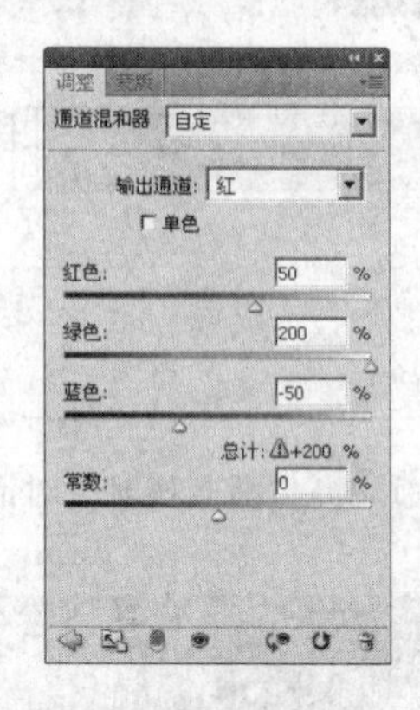

图8-127　通道混合器

图8-128　调整效果

（3）通过“可选颜色”调整。同样单击“创建新的填充或调整图层”按钮，在弹出菜单中选择“可选颜色”选项，打开“可选颜色”面板，从颜色中分别选择“红色”、“黄色”、“中性色”、“白色”和“黑色”进行调整，详细设置参数如图8-129所示。设置完回到“图层”面板，效果如图8-130所示。

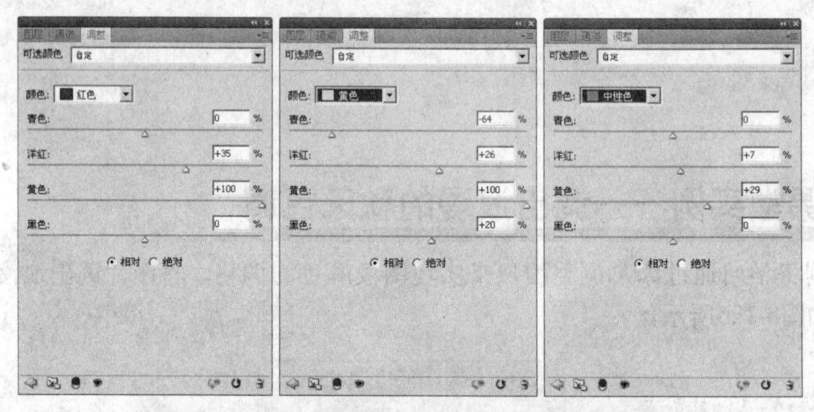

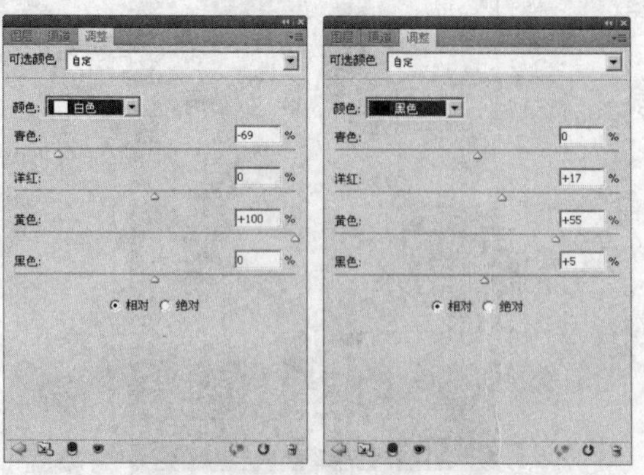

图8-129　分别设置颜色参数

图8-130　调整可选颜色效果

（4）调整亮度和对比度。再次单击“创建新的填充或调整图层”按钮，在弹出菜单中表中选择“亮度/对比度”选项，设置如图8-131所示的参数，设置完成后回到“图层”面板，效果如图8-132所示。

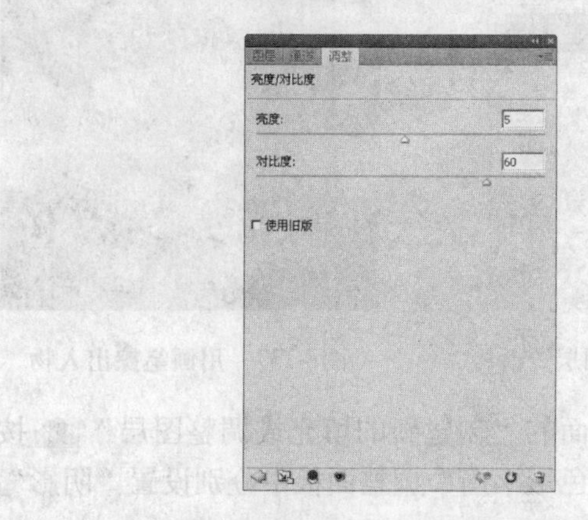

图8-131　“亮度/对比度”对话框　　图8-132　调整亮度和对比度后的效果

（5）调整图片颜色的饱和度。单击“创建新的填充或调整图层”按钮的下拉列表中选择“色相/饱和度”选项，设置如图8-133所示的参数，调整后的效果如图8-134所示。

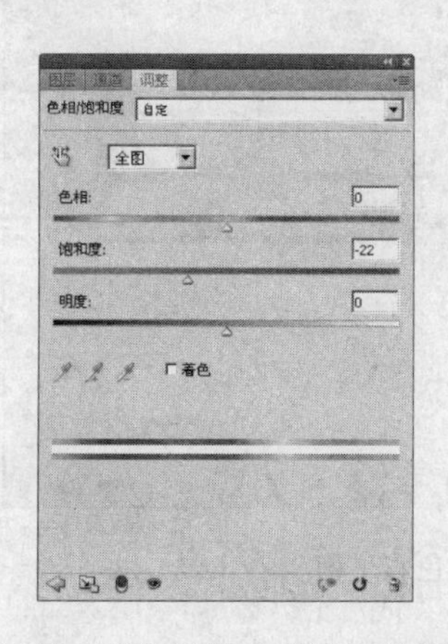

图8-133　“色相/饱和度”对话框　　图8-134　调整饱和度的效果

（6）执行高斯模糊命令。选择“色相/饱和度1”图层，然后按下快捷键Ctrl+Shift+Alt+E进行盖印图层命令，得到“图层1”。执行“滤镜”→“模糊”→“高斯模糊”命令，打开“高斯模糊”对话框中设置半径为5.0像素，设置完成后效果如图8-135所示。

（7）添加蒙版并调整。选择“图层1”后单击“图层”面板上的“添加图层蒙版”按钮为“图层1”添加蒙版。在“图层”面板上隐藏除“图层1”、“背景”、“背景副本”图层以外的图层，然后选择“画笔工具”并选择合适的画笔大小，前景色设置为黑色，画笔的不透明度设置为50%，在蒙版上将人物除了头发以外的部分擦出来。这时“图层”面板如图8-136所示，擦出来的效果如图8-137所示。

图8-135　执行高斯模糊后的效果

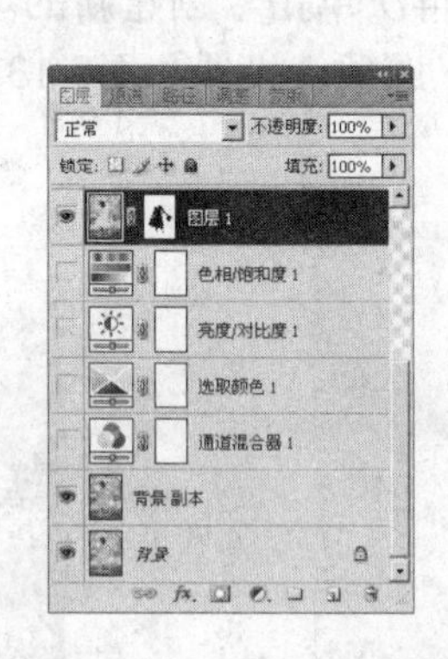

图8-136　“图层”面板

图8-137　用画笔擦出人物

（8）调整色彩平衡。单击“图层”面板下面的“创建新的填充或调整图层”按钮，在下拉列表中选择“色彩平衡”选项，在“色彩平衡”调整面板中分别设置“阴影”与“高光”选项的参数，设置参数如图8-138所示。

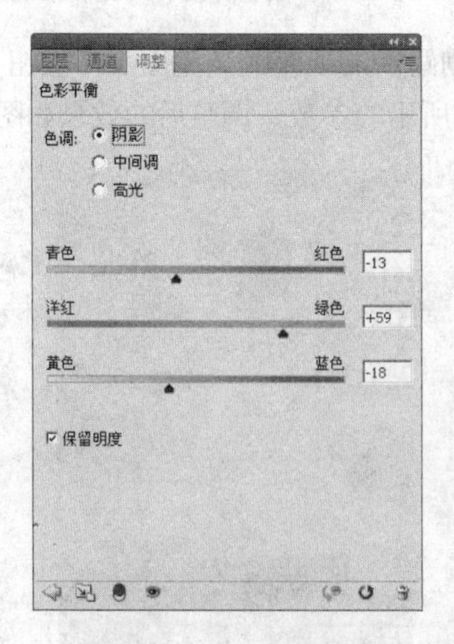

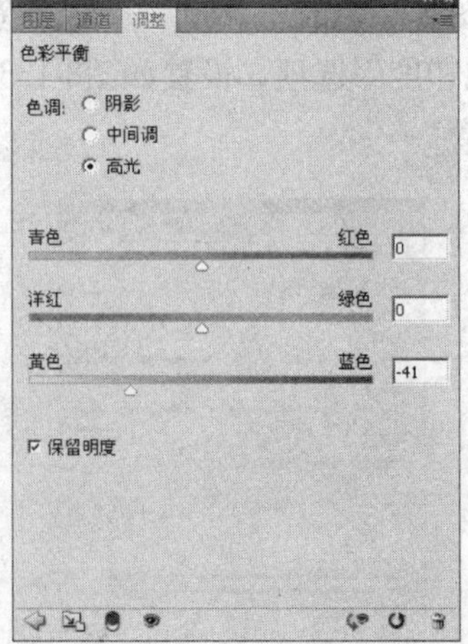

图8-138　调整色彩平衡

参数设置完成后回到“图层”面板，得到的效果如图8-139所示。

（9）调整色阶。单击“图层”面板下面的“创建新的填充或调整图层”按钮 ，在弹出菜单中选择“色阶”选项，在“调整”面板中设置参数如图8-140所示。回到“图层”面板，效果如图8-141所示。

图8-139　调整色彩平衡的效果

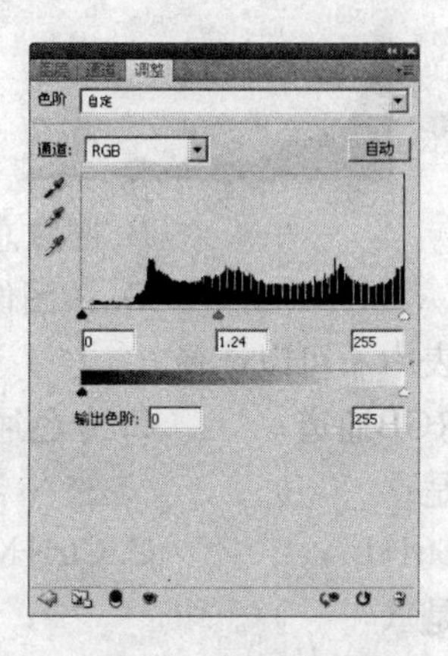

图8-140　“色阶”对话框

图8-141　调整色阶效果

（10）输入文字。将前景色设置为白色，然后选择“横排文字工具” 在图像中合适位置输入文字，将文字设置为不同的字号大小及字体。然后双击文字图层打开“图层样式”对话框为其添加图层样式，勾选“图层样式”对话框中的“阴影”选项，设置参数如图8-142所示。然后再勾选“描边”选项，设置描边宽度为1像素，描边颜色设置为（R15,G255,B7）。这样调整就完成了，效果如图8-143所示。

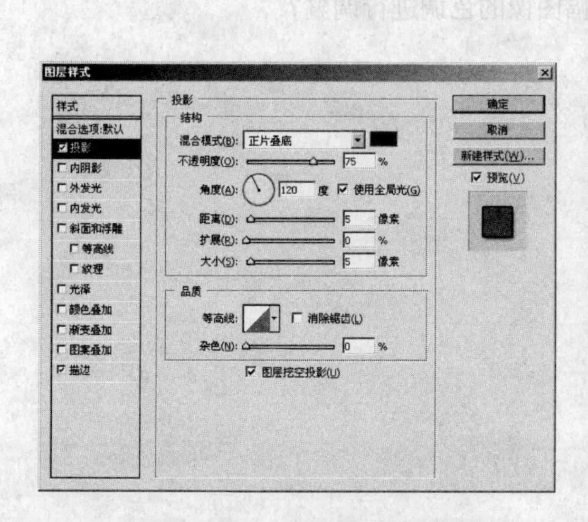

图8-142　“图层样式”对话框

图8-143　调整完成效果

8.7 课堂练习

1. 单项选择题

(1) 从下面直方图中可以看出（　　）。

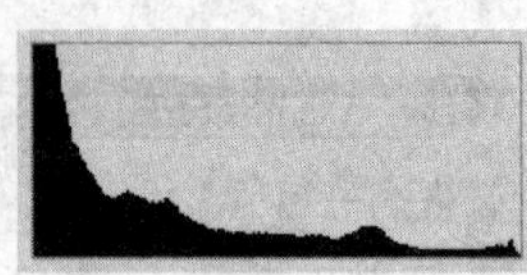

A. 图像总体色调偏亮　　B. 图像总体色调偏暗
C. 图像存在色偏　　D. 该图像是灰度图像

(2) 直方图中的通道下拉列表中不可以选择（　　）查看。

A. Alpha通道　　B. RGB通道　　C. 专色通道　　D. B通道

(3) “色阶”命令的快捷键是（　　）。

A. Ctrl+B　　B. Ctrl+L　　C. Ctrl+M　　D. Ctrl+K

(4) “曲线”命令的快捷键是（　　）。

A. Ctrl+L　　B. Ctrl+B　　C. Ctrl+M　　D. Ctrl+I

(5) 在“曲线”命令中按住（　　）键可以同时选中编辑多个调节点。

A. Ctrl　　B. Ctrl+Alt　　C. Shift　　D. Alt

(6) “去色”命令的快捷键是（　　）。

A. Ctrl+U　　B. Shift+U　　C. Ctrl+Shift+U　　D. Ctrl+I

2. 问答题

(1) 直方图中的RGB直方图与明度直方图有什么区别？

(2) “色阶”对话框中的输出色阶滑块有什么用？

(3) 如何确定一幅图像是否偏色？

(4) 如何将一幅图像参数参照另一幅图像的色调进行调整？

Photoshop 第9章 文本使用篇

学习目标

掌握常用文本属性设置方法和文字特效的制作。

学习重点

设置文本属性
基于路径排列文本

如果说在图像设计中最重要的是图像要素的整体布局和颜色的搭配，那么，第二重要的就是对文字内容的处理了，Photoshop作为功能强大的图形图像处理软件，它对文字处理也是毫不逊色，本章将讲解在Photoshop中对文字的编辑和操作方法，主要包括文字的输入、设置文字属性、添加特殊效果及沿路径排列文字等操作。

9.1 文字输入

在Photoshop中的文字都是通过文字工具输入的，在Photoshop中有一组专门用来输入文字的工具，如图9-1所示。

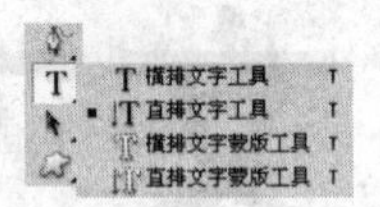

图9-1　文字工具组

“横排文字工具” T：沿水平方向输入文字。

“直排文字工具” IT：沿垂直方向输入文字。

“横排文字蒙版工具” T：沿水平方向输入文字并最终生成文字选区。

“直排文字蒙版工具” IT：沿垂直方向输入文字并最终生成文字选区。

在Photoshop中有两种格式的文字输入，分别是点文本输入和段落文本输入。

9.1.1 输入点文本

单击文字工具组中的“横排文字工具” T，在图像中任意位置单击，即可输入点文本，如图9-2所示。输入的点文本每一行都是独立的，行的长度随着文字的输入自动增加，但不会自动换行。如果要输入垂直的点文本，可以使用“直排文字工具” IT在图像中单击，即可创建垂直点文本，如图9-3所示。

图9-2　水平输入点文本

图9-3　垂直输入点文本

9.1.2　输入段落文本

输入段落文本时，文字集中于所绘制的文本框内，将会自动换行。文本框可以随时调整大小，也可以在同一图像文件中输入多个段落文本，并可以对各个文本框进行缩放、旋转和斜切等操作。输入段落文本的方法是：单击文字工具中的任意一个，在图像中拖动出文本框，如图9-4所示，然后在文本框中任意输入文字即可。段落文本的效果如图9-5所示。

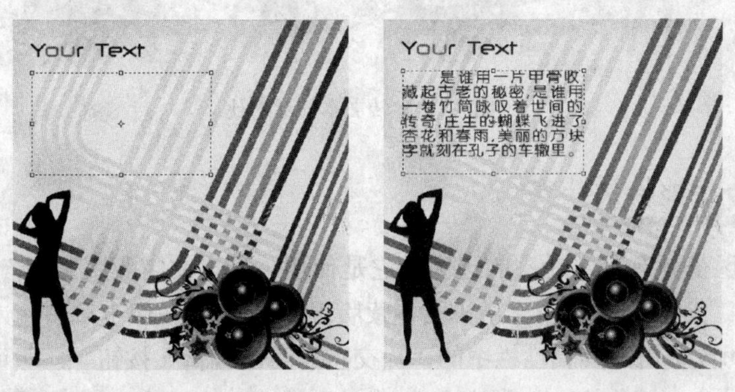

图9-4　文本框　　　　图9-5　段落文本

如果按住Alt键在图像中拖拉出文本框则会弹出如图9-6所示的“段落文字大小”对话框。这在大容量文字排版时特别有用。

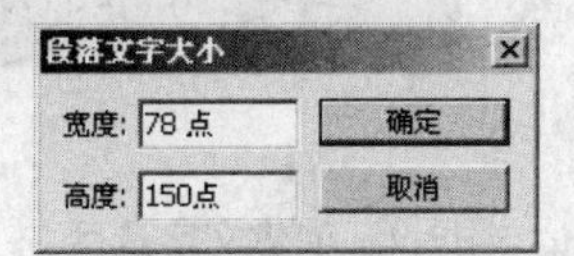

图9-6　“段落文字大小”对话框

在输入过程中，将鼠标放置于文本框的控制点上，当鼠标变成↘时可以缩放文本框，如图9-7所示，变成↶时则可以旋转文本，旋转过程中按住Shift键则以15度为增量旋转文本框，如图9-8所示。

图9-7　缩放文本前后对比

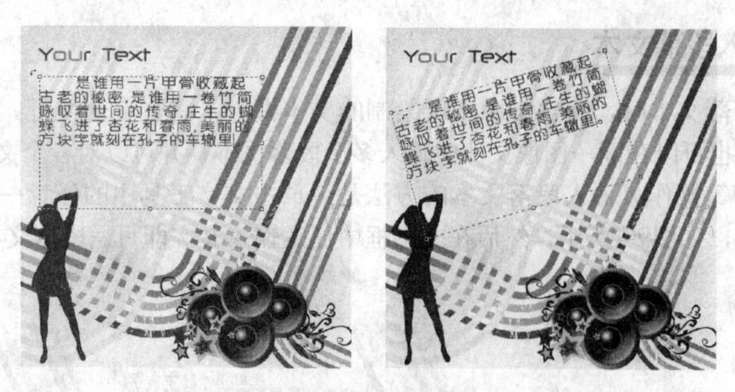

图9-8　旋转文本前后对比

9.1.3　输入文字形选区

文字型选区是具有文字轮廓的选区，它是使用“横排文字蒙版工具”和“直排文字蒙版工具”创建的，使用“横排文字蒙版工具”在图像上单击输入文字后，按快捷键Ctrl+Enter或单击工具属性栏中的“提交所有当前编辑”按钮，即可建立文字形选区，如图9-9所示。

图9-9　创建文字选区

9.1.4　沿路径输入文本

在Photoshop中可以沿着开放或封闭的路径排列文字，利用这一功能可以制作出许多的特殊文字排列效果。沿路径输入文字的方法很简单，在图像中已有路径的情况下，选择一种文字工具，将鼠标放置在当前路径上，鼠标箭头变成时单击鼠标，可以看到在路径上闪烁的光标，如图9-10所示。然后输入需要的文字，文字会自动沿路径排列，如图9-11所示。

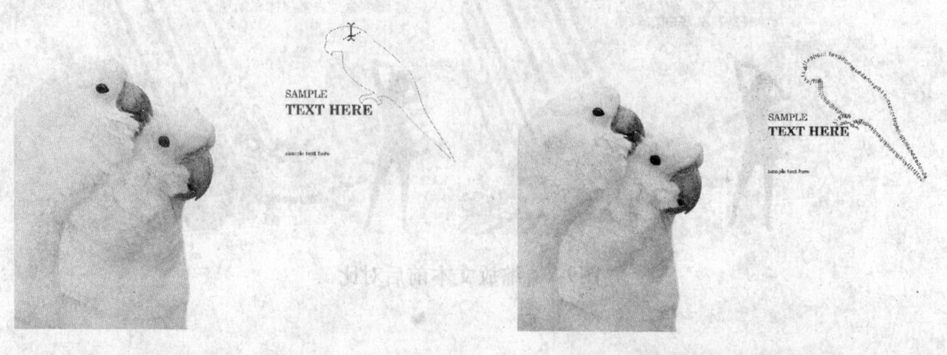

图9-10　路径上的光标　　　　图9-11　沿路径输入文字

9.1.5 文字工具属性

文字工具组中的各工具输入的文字格式虽然不同但其属性栏设置参数基本相同，如图9-12所示。

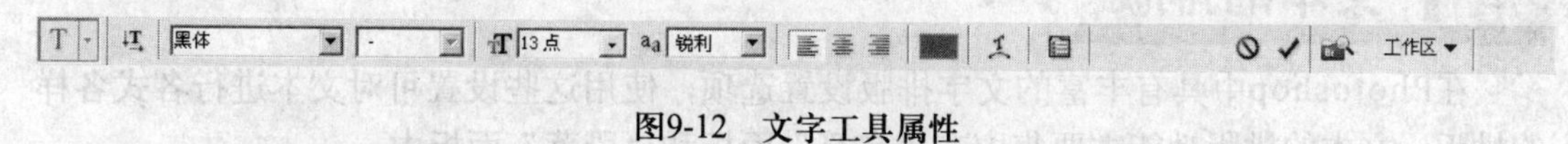

图9-12 文字工具属性

（1）“更改文本方向”按钮：可以更改当前正输入的文本排列方向，单击即可切换。

（2）设置字体系列：可以设置当前文字的字体。

（3）设置字体样式：设置文字字体的形态，主要用于英文的输入。如图9-13所示的是Arial字体的形态列表。

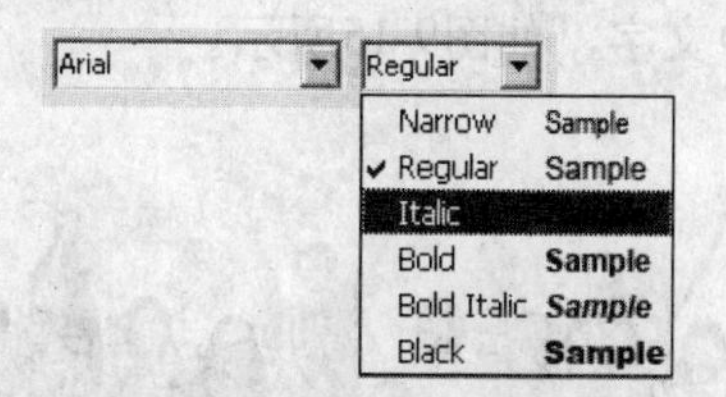

图9-13 Arial字体形态列表

（4）设置字体大小：可以直接输入字体大小，或在下拉列表中选择常用字体大小。

（5）设置消除锯齿的方法：该下拉列表中包含5个选项，分别是无、锐利、犀利、浑厚和平滑。

（6）对齐方式：设置文字的对齐方式，与各软件中的对齐功能相同，这里就不再赘述。

（7）文字颜色：单击此颜色框可以打开“拾色器”对话框，进而设置当前文字的颜色。

（8）“创建文字变形”按钮：单击该按钮会弹出如图9-14所示的“变形文字”对话框，从中可以设置变形文字。关于变形文字在本章的后面部分我们会进行详细地讲解。

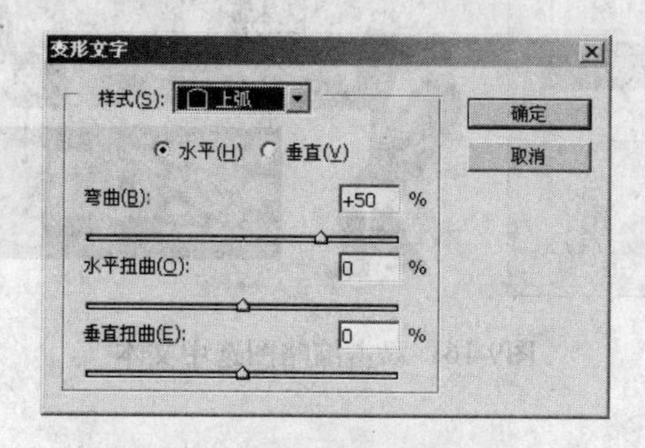

图9-14 “变形文字”对话框

（9）“提交所有当前编辑”按钮和“取消所有当前编辑”按钮：在输入文字完成后单击提交按钮或按快捷键Ctrl+Enter，即可确认并退出文字的编辑，单击“取消”

按钮或按Esc键即可取消输入。

9.2 文本的排版

在Photoshop中具有丰富的文字排版设置选项，使用这些设置可对文本进行各式各样的排版，文本的排版功能主要集中在“字符”面板和“段落”面板中。

9.2.1 选中文本

在对文本进行编辑修改之前首先应该选中这些文本，文本的选择有以下两种常用方法。

（1）使用文本输入工具中的任意一种，在图像的文字图层上单击即可进入文字编辑状态，然后鼠标拖动即可选中文字，如图9-15所示。

图9-15 单击并拖动选取文本

（2）使用鼠标在文字图层缩略图上双击即可选中该文字图层上的所有文字，或者按快捷键Ctrl+A全选，如图9-16所示。

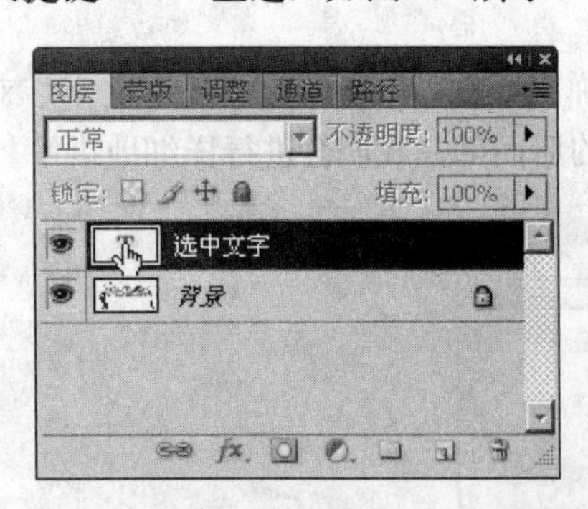

图9-16 双击缩略图选中文本

9.2.2 修改文本字符属性

通过“字符”面板用户可以精确地控制每个字符的大小、位置、间距、形态等，“字符”面板各参数及名称如图9-17所示。

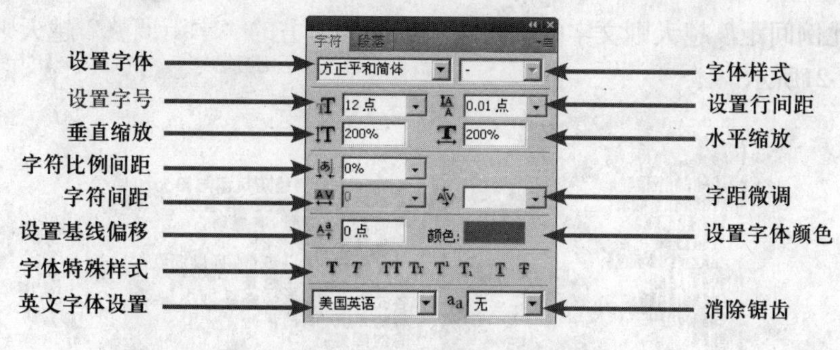

图9-17　“字符”面板

1．调整文本行间距

文本的行间距通过设置行间距控制，数值越大行间距越宽，图9-18所示的是调整行间距效果的对比。

图9-18　调整行间距效果

2．修改文字高度

通过垂直选项可以修改文字的高度，输入数值越大文字高度越高，图9-19所示的是修改文字高度后的效果。

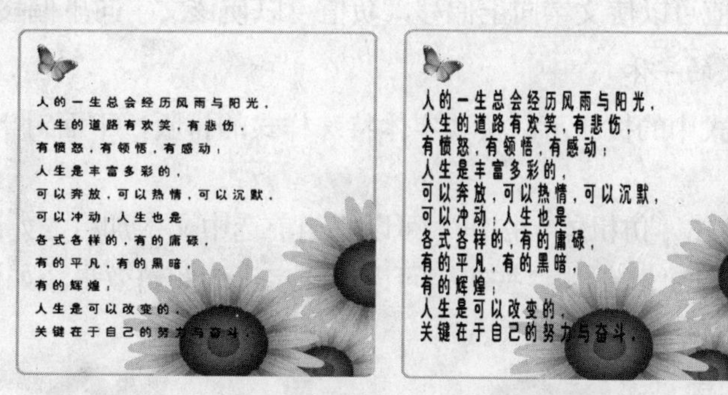

图9-19　修改文字高度的效果对比

3．修改文字宽度

通过水平缩放可以修改文字的宽度，数值越大文字越宽，图9-20所示的是修改文字宽度后的效果。

4．调整文字间距

通过调整所选字符的“比例间距”或“字距调整”，都可以调整文本的间距，设置所选字符的“比例间距”越大则文字的间距越小，而其下方的“字距调整”越大则文字间距越大，如图9-21所示。

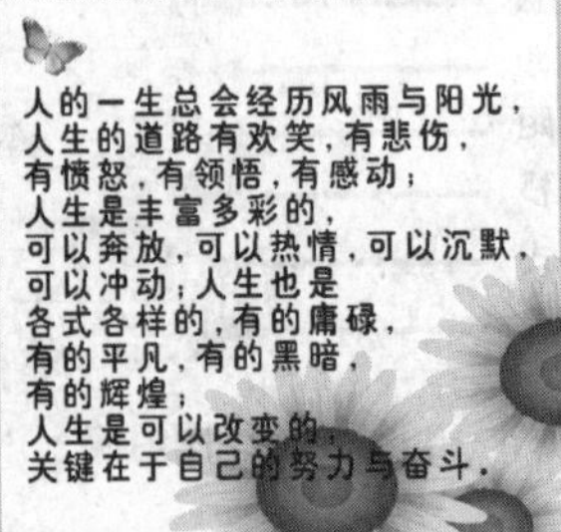

图9-20　修改文字宽度效果对比

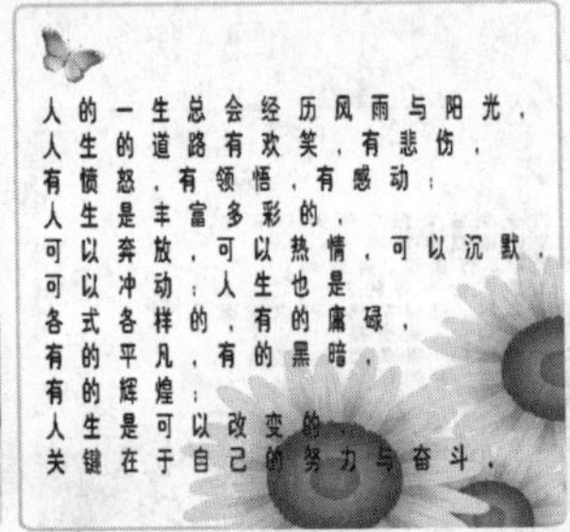

图9-21　调整字符间距对比

使用字距微调下拉列表可以细微地调整两个字符间的距离，将光标放置在要调整间距的两个字符之间然后在“字距微调”的下拉列表中选择或直接输入数值来微调字符间距。

5．文字的基线偏移

基线偏移是指文字基于行的水平线向上或向下的移动，通过设置基线偏移参数可以实现这一目的，输入正值可以使文字向上偏移，负值可以使该文字向下偏移。

6．设置特殊样式的字体

使用字体特殊样式中的按钮可以实现字体特殊样式的排版，下面对字体的特殊样式做详细介绍。

（1）仿粗体：单击“仿粗体”按钮 T 可以将当前选中文字加粗，如图9-22所示。

（2）仿斜体：单击“仿斜体”按钮 T 可以使文字产生倾斜效果，如图9-23所示。

图9-22　仿粗体

图9-23　仿斜体

（3）设置字母全部大写或小型大写：单击“全部大写”按钮TT或“小型大写字母”按钮Tr即可实现该功能。

（4）文本的上标或下标：单击“上标”按钮T'可以将当前所选字母设置为上标，单击“下标”按钮T,可以将当前字母设置为下标。图9-24所示的是文本的上标和下标效果。

（5）为文本添加下划线或删除线：单击“下划线”按钮T即可为所选文字添加下划线，单击“删除线”按钮即可为当前文本添加删除线，如图9-25所示。

图9-24　上标下标

图9-25　添加下划线和删除线

9.2.3　调整文本段落

通过“段落”面板可以实现文本段落的对齐方式、缩进、行间距等段落调整。“段落”面板如图9-26所示。

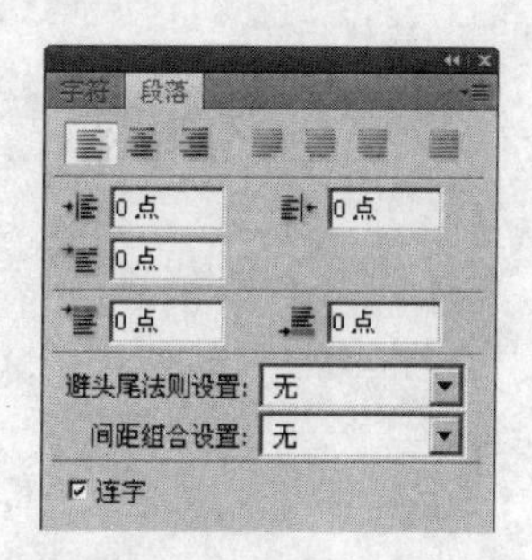

图9-26　“段落”面板

1．文本对齐方式

使用“横排文字工具”和“直排文字工具”输入的文字对齐方式与Word等排版软件相同，这里不再赘述。

2．段落左缩进与右缩进

设置段落文本从左向右缩进或从右向左缩进，输入负值则向反方向缩进。

3．首行缩进

缩进段落中第一行的文字，正值从左向右缩进，负值从右向左缩进。

4．段前添加空格或段后添加空格

使用该选项可以增加段落之间的距离。

技巧：在对文本进行排版时，如果要将格式应用于单个段落则只需要将光标定位于段落中即可；如果需要要将格式应用于多个段落，可以选中多个段落；如果想要应用于全部的段落则只需要在“图层”面板中选中该文字图层即可。

9.3 文本的特殊编辑

文本的特殊编辑包括文本的拼写检查、查找替换、变形、沿路径排列等。

9.3.1 文本的拼写检查

在Photoshop中可以对文本的拼写进行检查，对于其字典中没有的词将会进行询问，要进行拼写检查操作，首先选中需要检查的文本，然后执行“编辑”→“拼写检查”命令，即可对文本的内容进行检查。

9.3.2 查找和替换文本

在输入的大容量文本中如果想修改其中的某一个词，在不知道具体位置的情况下可以使用查找和替换功能修改文本，使用方法：选中要查找的文本，执行“编辑”→“查找和替换文本”命令，打开如图9-27所示的对话框。这里的替换操作与Word中相同，不再赘述。

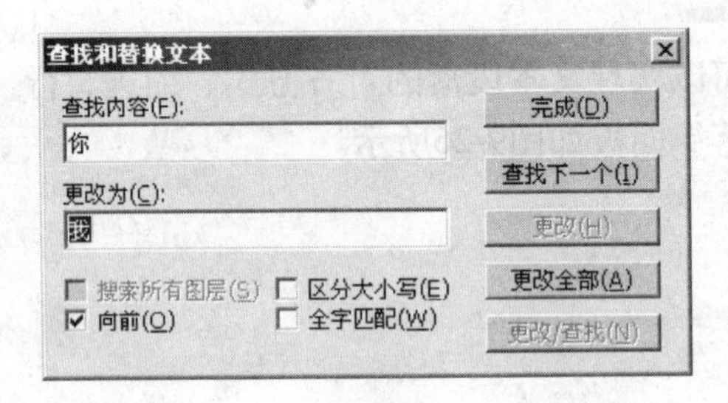

图9-27 “查找和替换文本”对话框

9.3.3 文本转换为选区

使用工具箱中的横排或直排文字工具可以直接创建文字选区。使用横排或直排文字工具创建文字，会在“图层”面板中生成一个文字图层，要将这些文字转换为选区，可以按住Ctrl键单击“图层”面板中的文字图层，图像中则会生成文字选区，如图9-28所示。

图9-28 文本转换为选区

9.3.4　基于文字创建工作路径

基于文字创建工作路径后可以将文字作为矢量路径进行处理，其方法是选中文字图层然后执行“图层”→“文字”→“创建工作路径”命令，创建路径后原文字图层没有任何变化，只是在“路径”面板中多出一个工作路径层，通过路径编辑过的文字无法以文字图层进行存储，基于文字创建的工作路径如图9-29所示。

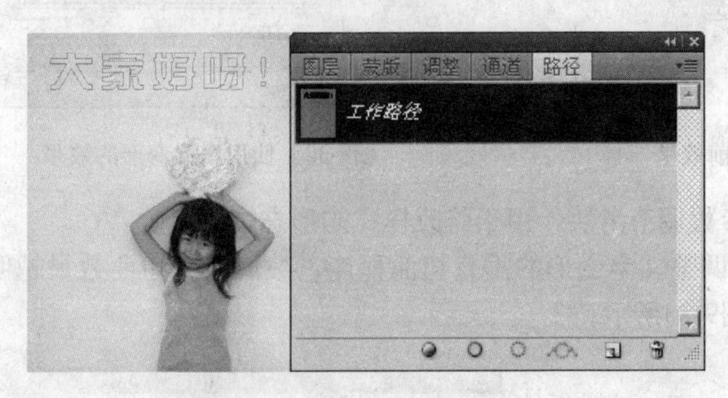

图9-29　基于文字创建的路径

9.3.5　点文本与段落文本之间的转换

点文本可以转换为段落文本，以便于大范围的调整文字的行间距及段落间距，段落文本转换为点文本后可以单独地调整每一行的文字位置。要将点文本转化为段落文本可以选中文本后执行“图层”→“文字”→“转换为段落文本”命令，要将段落文本转换为点文本则在选中文本后执行“图层”→“文字”→“转换为点文本”命令。

9.3.6　扭曲变形文字

在文字工具的属性栏后面有一个“创建文字变形”按钮，单击后弹出如图9-30所示的“变形文字”对话框，在样式中有许多变换效果，使用它可以创建出复杂多变的文字效果。

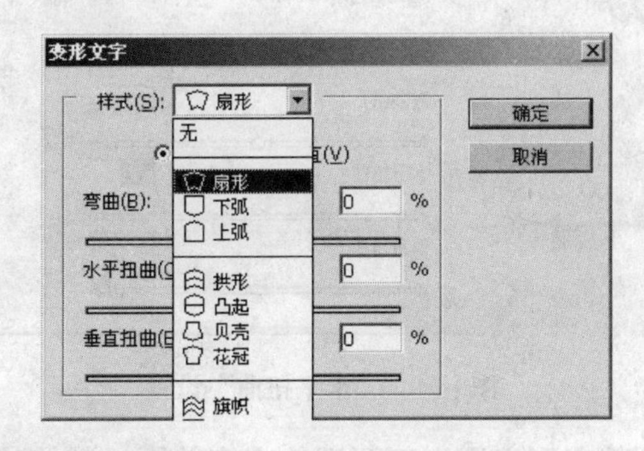

图9-30　“变形文字”对话框

选中需要变形的文字，在“变形文字”对话框中选择一种变形样式，即可看到效果，如图9-31是变换前的效果，图9-32是使用了扇形变形的效果。

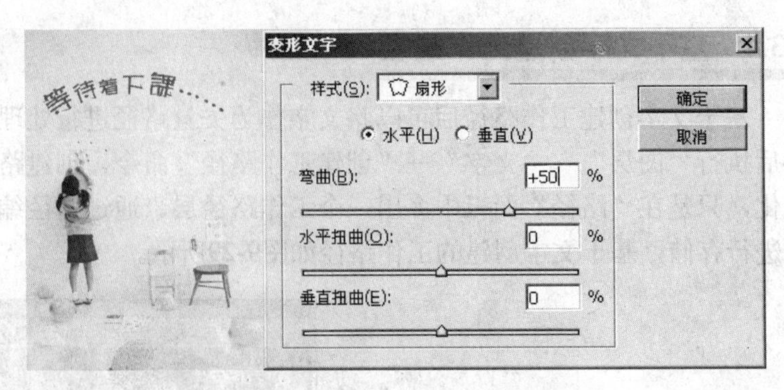

图9-31　变换前效果　　　　图9-32　使用扇形变形的效果

对话框中的参数调节滑块，用于修改样式的形态。

（1）弯曲：调整文字变形的垂直扭曲程度，数值越大扭曲效果越明显，负值时将向反方向扭曲，如图9-33所示。

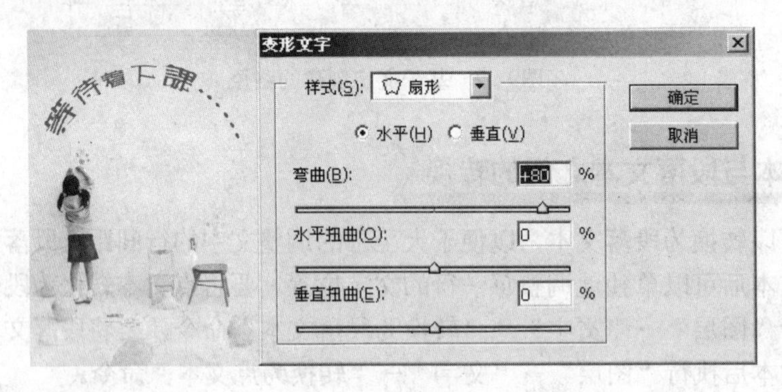

图9-33　“弯曲”设置

（2）水平扭曲：调整变形文字的左右两端的垂直高度差距，数值越大效果越明显，负值效果相反，如图9-34所示。

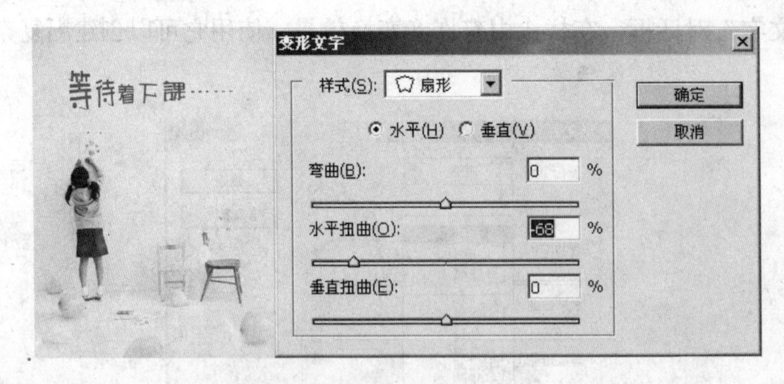

图9-34　“水平扭曲”设置

（3）垂直扭曲：调整变形文字上下两端的宽度差距，数值越大效果越明显，负值效果相反，如图9-35所示。

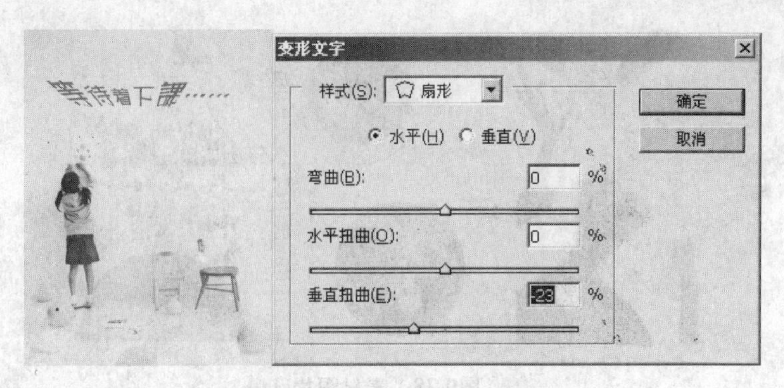

图9-35　“垂直扭曲”设置

9.4 课堂实例——制作时尚杂志内页(香水篇)

本实例的制作使用了点文本及段落文本的输入、沿路径排列文字、文字的变形、图层样式命令等，效果如图9-36所示。

（1）新建文件。新建一个宽度为24厘米、高度为32厘米的文档，颜色模式为RGB，因为杂志属于印刷品，所以分辨率设置为300像素/英寸，如图9-37所示。

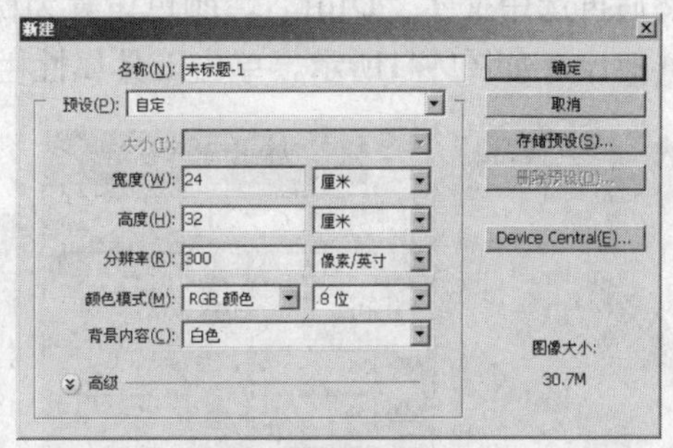

图9-36　实例效果　　　　图9-37　新建文档

（2）导入素材图像。打开光盘\素材\第九章\图01.jpg、图02.jpg、图03.jpg，如图9-38所示。

图9-38　素材图片

（3）填充背景色。将前景色设置为淡黄色（R255,G250,B194），按快捷键Alt+Delete填充背景色，如图9-39所示。

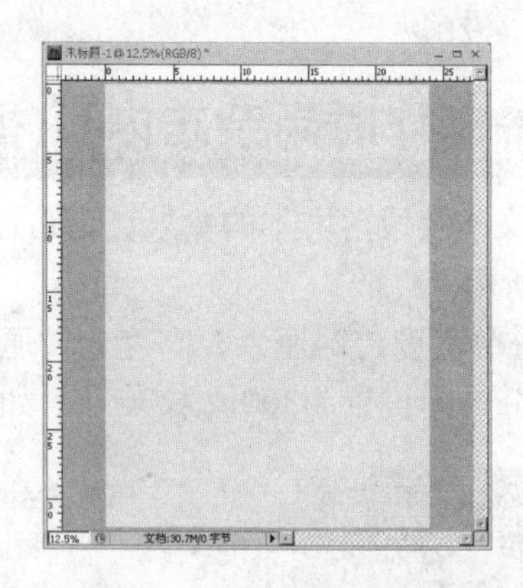

图9-39　填充背景色

（4）输入主题。选择“直排文字工具” ，在图像中输入“Love Dior”，选中“Love”，单击工具属性栏中的“切换字符与段落面板”按钮 ，在弹出的对话框中进行设置，颜色设置为橘色（R251,G133,B46），选择“文鼎妞妞体”字体，如图9-40所示。然后再选中文字“Dior”，颜色设置为粉色（R234,G0,B133），选择“Pretendo”字体，其他设置如图9-41所示。单击工具属性栏中的“提交所有当前编辑”按钮 。

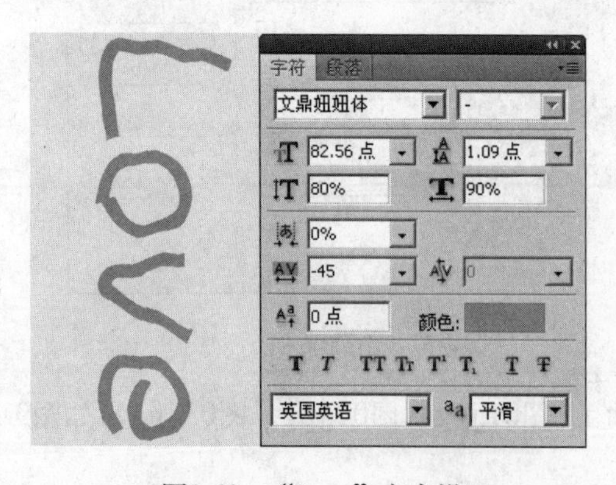

图9-40　“Love”文字设置

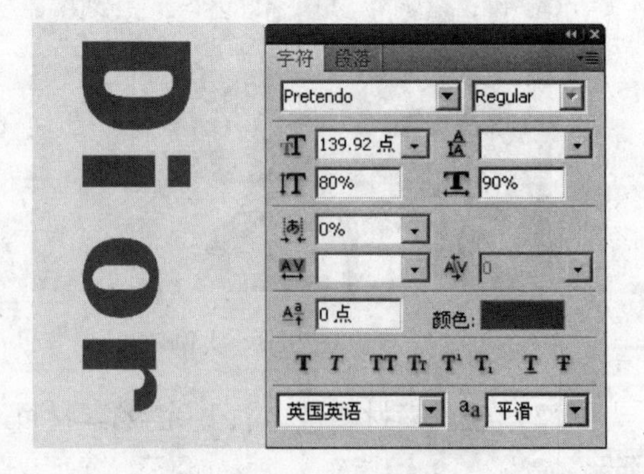

图9-41　“Dior”文字设置

（5）主题描边。单击“图层”面板下方的“添加图层样式”按钮 ，在弹出的菜单中选择“描边”命令，颜色设置为黄色（R252,G255,B0），大小设置为57像素，效果如

图9-42所示。按快捷键Ctrl+J复制文字图层，将得到“Love Dior 副本”图层，移至“Love Dior”图层下面，更改其描边设置，颜色设置为黑色大小设置为100像素，效果如图9-43所示。

图9-42　黄色描边文字　　　　图9-43　黑色描边文字

（6）绘制圆角矩形。新建图层，选择“圆角矩形工具”，在工具属性栏中选择“填充像素”按钮，将前景色设置粉色（R234,G0,B133），在图像中进行绘制，按快捷键Ctrl+T调整至合适位置，然后单击“图层”面板下方的“添加图层样式”按钮，添加白色描边，大小设置为54像素，效果如图9-44所示。同样方法再绘制一个橙色（R251,G133,B46），圆角矩形，如图9-45所示。

（7）添加素材。选择“移动工具”，将所有素材拖曳到图像中，然后选择“魔棒工具”，将图像的白色背景去掉，然后按快捷键Ctrl+T调整至合适位置及大小，效果如图9-46所示。

图9-44　绘制粉色圆角矩形　　图9-45　绘制橙色圆角矩形　　图9-46　添加素材

（8）添加矩形边框。新建图层，选择“圆角矩形工具”，在工具属性栏中选择“路径”按钮，半径为100px，在图像中拖曳出一个圆角矩形路径，如图9-47所示。按快捷键Ctrl+Enter将路径转为选区，再按快捷键Ctrl+Shift+I反选，将前景色设置绿色

（R59,G134,B3），按Alt+Delete组合键填充前景色，调整图层顺序，效果如图9-48所示。

图9-47　绘制圆角矩形路径

图9-48　添加矩形边框

（9）添加形状。新建图层，将前景色设置粉色（R234,G0,B133），选择“自定形状工具”，选中属性栏中的“填充像素”按钮，单击属性栏中的“设置待创建的形状”下拉按钮，弹出“自定形状”拾色器，从中选择需要的箭头形状，在图像中绘制形状，将图形旋转到合适的角度，效果如图9-49所示。选择“椭圆工具”，将前景色分别设置为红色（R228,G30,B96）、黄色（R252,G255,B0）、粉色（R234,G0,B133），在图像中绘制不同颜色的圆，可以自己搭配颜色，然后进行白色描边，调整图层顺序，效果如图9-50所示。

图9-49　添加箭头形状装饰

图9-50　添加圆形形状装饰

（10）沿路径输入文本。选择“钢笔工具”，选中属性栏中“路径”按钮，在图像中绘制半圆路径，如图9-51所示。选择“横排文字工具”，前景色设为黑色，在属性栏中设置字体为“方正卡通简体”，大小为12点，在半圆路径中单击鼠标，输入文字“香水……怀旧”，如图9-52所示。单击工具属性栏中的“提交所有当前编辑”按钮，确定输入。

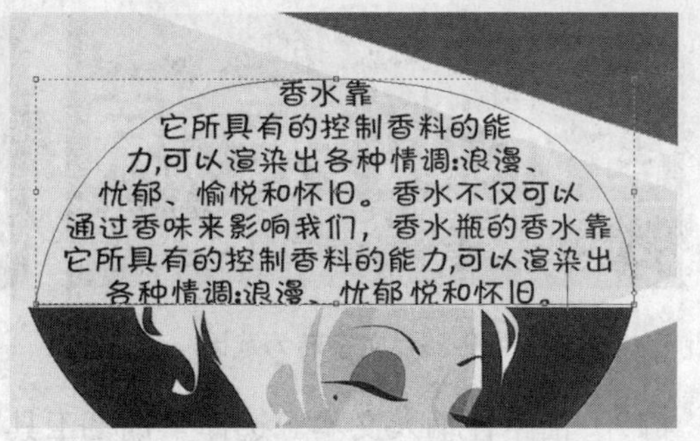

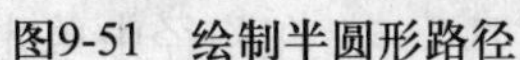
图9-51　绘制半圆形路径　　　　图9-52　沿路径输入文本

（11）输入文字。将前景色设置为白色，选择“横排文字工具”，选择“方正粗圆简体”字体，输入文字“香水的来源”，单击工具属性栏中的“切换字符与段落面板”按钮，在弹出的对话框中进行设置，如图9-53所示。单独选择“来源”两字，将字的大小调节到55点，如图9-54所示。按快捷键Ctrl+Enter确定输入。

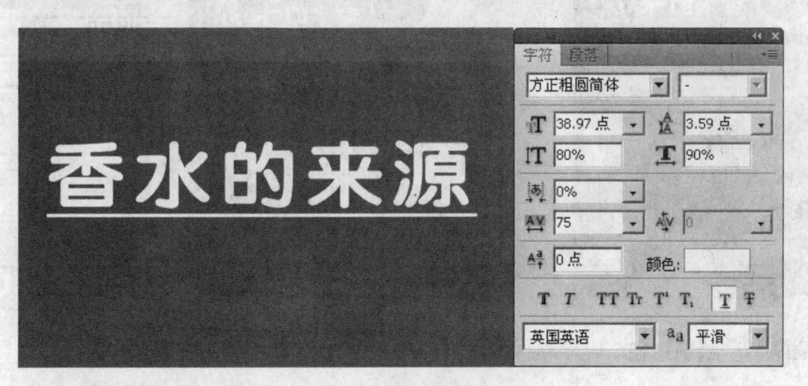

图9-53　输入文字

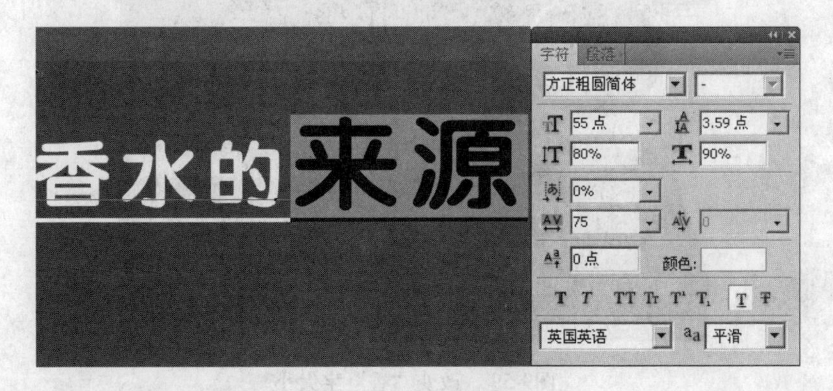

图9-54　调节文字大小

（12）填充选区。按Ctrl键的同时单击图层缩览图，将文字转换为选区，如图9-55所示。选择“多边形套索工具”，按Alt键将不需要填充的选区减去，将前景色设置为黑色，新建图层，按Alt+Delete快捷键填充前景色，按快捷键Ctrl+D取消选区，如图9-56所示。

图9-55　文字转为选区 　　　　图9-56　填充选区

（13）沿路径输入文本。选择“钢笔工具”，选中属性栏中的“路径”按钮，在图像中绘制路径，如图9-57所示。选择“横排文字工具”T，在路径中单击，输入文字“香水……部分”，然后选择属性栏中的“切换字符与段落面板”按钮，在弹出的对话框中进行设置，选择“方正粗圆简体”字体，颜色设置为白色，如图9-58所示。单独选择“香”字将字的大小设置为25点，按快捷键Ctrl+Enter确定输入，如图9-59所示。

图9-57　绘制路径

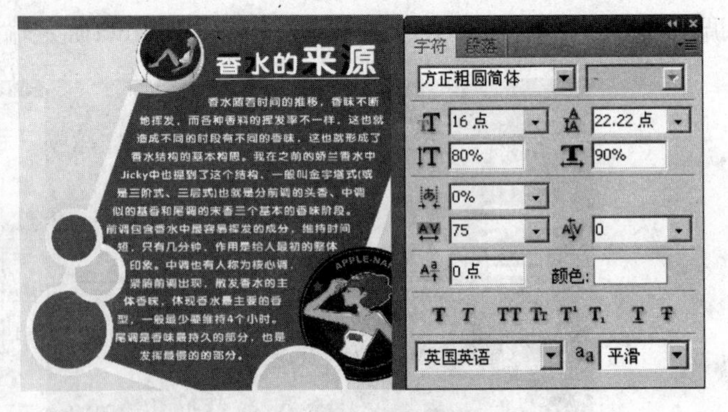

图9-58　输入文字

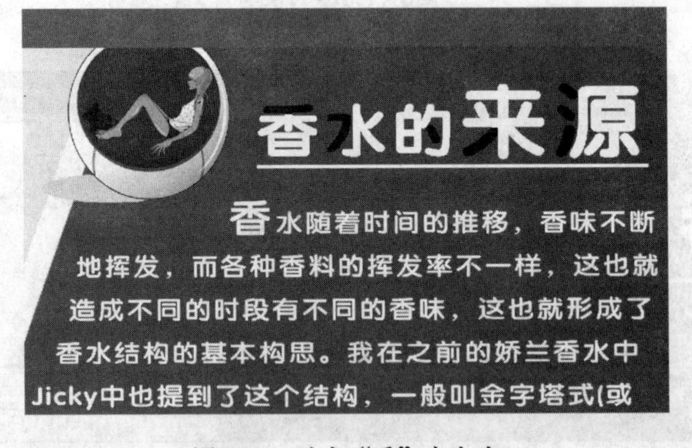

图9-59　改变“香”字大小

技巧：在对文本文字进行编辑的时候可以按快捷键Ctrl+A(全选命令)，这样就把文字全部选中，在按住Alt键的同时按键盘上的方向键来进行行间距的调整。

（14）沿路径输入文本。同上述步骤方法一样，对文字进行设置，单独选中文字“克丽丝汀·迪”调节大小，如图9-60所示。

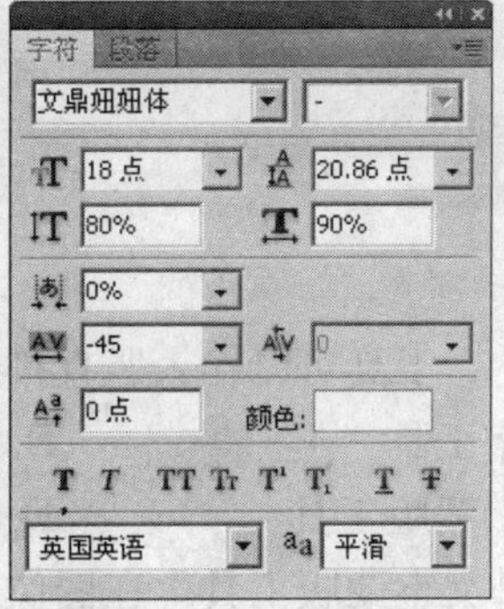

图9-60　调整文字大小

（15）创建文字变形。将前景色设置为粉色（R234,G0,B133），选择“横排文字工具”工具T，选择“方正卡通简体”字体，输入文字“类型：清新花果香型”，按Ctrl+Enter快捷键确定输入。单击“图层”面板下方的“添加图层样式”按钮fx，添加蓝色（R76,G249,B255）描边，大小8像素，如图9-61所示。然后再单击属性栏中的“创建文字变形”按钮，弹出“文字变形”对话框进行设置，如图9-62所示。

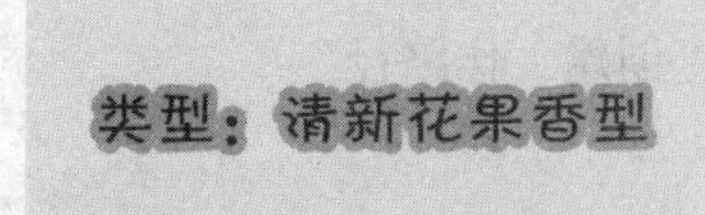

图9-61　输入文字

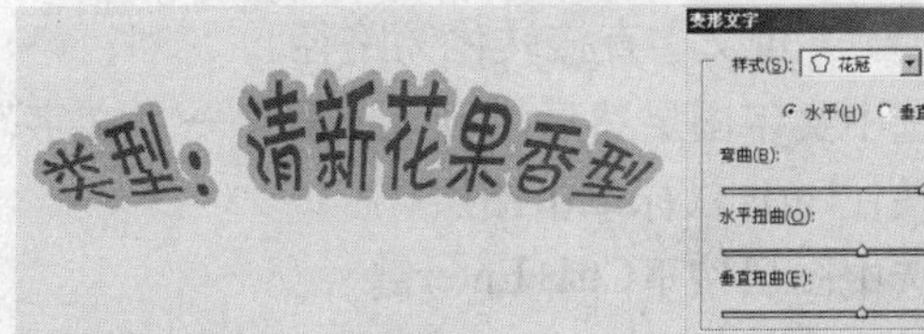

图9-62　对文字进行变形

（16）创建文字变形。同上步，输入文字，对其进行“下弧”变形处理，弯曲为50%，如图9-63所示。

（17）最终调整。可以根据自己的审美观念调整版面的设计，最终效果如图9-64所示。

图9-63　变形处理

图9-64　最终完成效果

9.5 课堂习题

1. 单项选择题

（1）使用（　　）工具可以输入竖直排列的文字选区。

A. 横排文字工具　　B. 直排文字工具

C. 直排文字蒙版工具　　D. 横排文字蒙版工具

（2）使用“横排文字蒙版工具”在图像上单击输入文字后，按下（　　）快捷键或单击“确认”按钮✓可建立文字形选区。

A. Ctrl+Esc　　B. Alt+Enter　　C. Ctrl+Enter　　D. Ctrl+Alt+Enter

（3）使用（　　）工具可以选中输入的文本。

A. 直接选择工具　　B. 路径选择工具

C. 移动工具　　D. 横排文字工具

（4）在输入段落文本时按住（　　）键可以在拖动出文本框后弹出文字大小的设置。

A. Alt　　B. Ctrl　　C. Shift　　D. Ctrl+Shift

（5）（　　）可文字直接转化为路径。

A. 选中文字图层然后执行“图层”→“文字”→“创建工作路径”

B. 按住Ctrl+鼠标单击图层

C. 选中图层按下Ctrl+Enter键

D. 选中图层按下Ctrl+T

（6）（　　）可快速选中文字图层上的所有文字。

A. 双击图层　　B. 按住Ctrl单击图层

C. 按住Alt键单击图层　　D. 选中图层后按下Ctrl+A

2. 问答题

（1）点文本与段落文本之间的转化应该注意哪些问题？

（2）更改图层中的文字属性及排列可以使用哪些工具？

（3）如何将文字图层中的文本转化成选区和路径？

Photoshop

第10章 通道篇

学 习 目 标

认识通道并掌握通道的常见操作。

学习重点

- 掌握RGB通道的原理
- 理解选区与通道的关系
- 熟练使用Alpha通道
- 掌握选区、通道、蒙版之间的转换

通道是Photoshop处理和显示图像的根本，也是最深层的难点，在屏幕上显示的各种图像色彩，都是由各通道中保存的颜色信息所呈现的。本章将讲解通道的原理、使用及其与选区和蒙版的关系。

10.1 理解通道

10.1.1 通道的重要性

在Photoshop中图层是编辑和操作图像的平台，而通道却是构成这个平台最根本的基石。通道的概念有些深奥难懂，但想要理解也并不困难，掌握了通道也就是跨过了Photoshop的最后门槛。

10.1.2 通道的概念

通道在Photoshop中是被用来存放图像颜色信息的选区，它也可以存放用户自定义的选区，如Alpha通道。通过编辑图像的通道，可以获得特殊的选区以辅助制图，还可以通过更改通道中的颜色信息来调整图像的色调。

在Photoshop中每打开一幅图像文件，便会自动按图像的颜色模式为其创建图像文件固有的通道。在Photoshop编辑和处理图像文件时一般使用RGB模式，接下来将着重讲解RGB颜色模式的通道原理。

10.1.3 RGB通道的成像原理

每一个通道都是一幅256阶亮度的灰度图像（8位图像），灰度图像中的白色表示选区，黑色表示非选区，或者说白色部分透光黑色部分不透光。

例如RGB图像通道中的红色通道存储的就是图像中的红色信息，白色选区部分显示红色，黑色部分则不显示。

红色通道只发出红光，蓝色通道则只发出蓝光，可以把通道想象成是胶片，其中黑色部分不透光白色部分透光，灰色部分按其亮度决定透光大小。接下来我们用一个实例来了解灰度值与其透光性的关系。

首先新建任意尺寸的图像，打开“通道”面板，将绿色和蓝色通道填充黑色，使其完全不发光，然后在红色通道中用黑白渐变填充，完成后的“通道”面板及红色通道图像如图10-1所示。

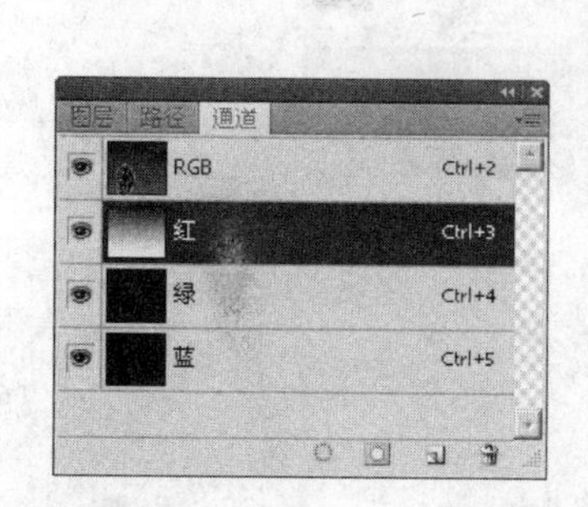

图10-1 红色通道灰度图

单击RGB通道，回到混合后的图像中去，如图10-2所示的是透过红色通道的光生成的RGB图像。此时打开“信息”面板，将鼠标放置在图像中查看颜色信息，并与红色通道的灰度值比对，可以发现RGB值与灰度值完全对应相反。当灰度值为0表示完全透明，则红色不受阻挡为最高值255，灰度值为128时则阻挡一半的红光，此时红色值为128，而灰度为255的纯黑色完全遮挡住了红光，则对应的红色值为0。

三原色互相叠加可以显示出成千上万种颜色，而屏幕上的各种颜色正是三原色叠加产生的。如图10-3所示，红与蓝产生洋红，与绿色产生黄色，当三原色饱和度最高时叠加就是白色。

图10-2 透过红色通道生成的RGB图像

图10-3 三原色叠加

了解了以上的发光原理后再来看，图10-4所示的是在Photoshop中一幅图像的成像原理。图中红、绿、蓝通道分别发出三色光，在透过通道的灰度图像后生成三种原色图像，将三种颜色的图像叠加也就是通道混合后生成了最终我们看到的RGB图像。

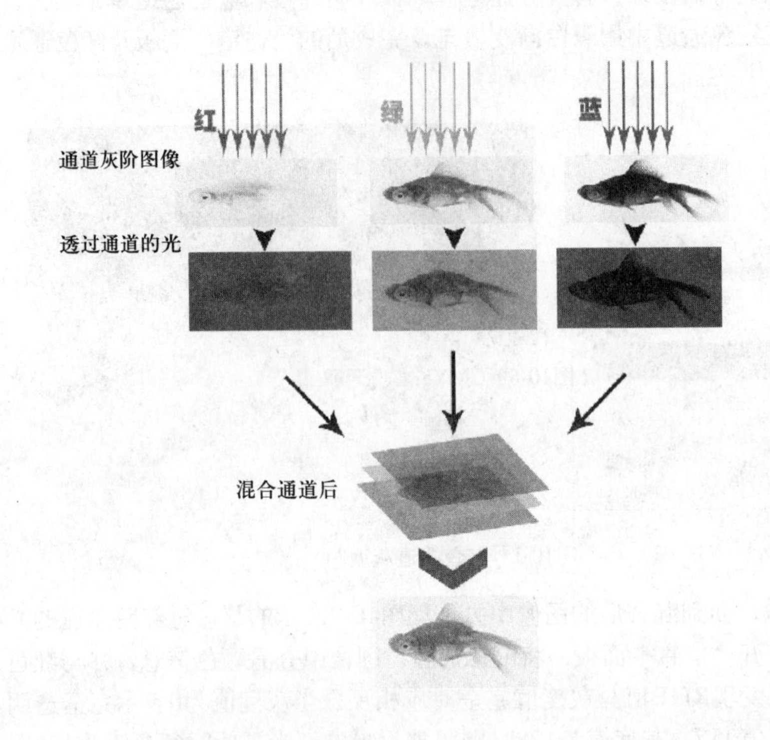

图10-4　RGB图像成像原理

10.1.4　通道与颜色模式的关系

理解了通道后，再来看通道与颜色模式的关系，颜色模式决定通道的数目，如RGB有4个而CMYK有5个，而灰度图像却只有一个灰色通道，其中包含了所有将被打印和显示的颜色信息。前面提到的RGB颜色模式通道数目为4个，三原色通道加一个混合通道，也就是说只要使用红、绿、蓝三条通道就能合成一幅色彩绚丽的RGB模式图像，如图10-5所示。

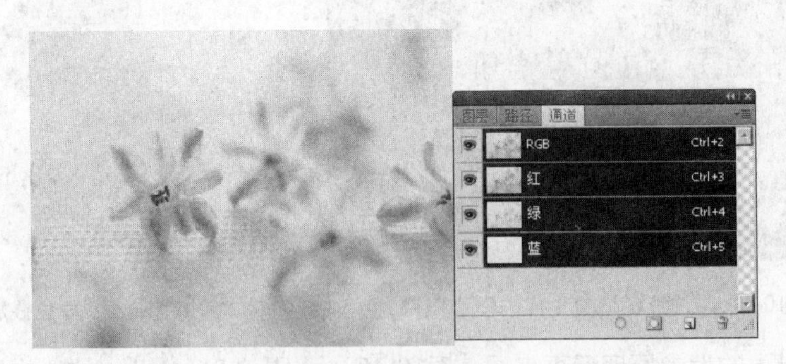

图10-5　RGB模式通道

而CMYK颜色模式通道则有5个，除了混合通道外，还有分别存储各色像素信息的青色通道、洋红色通道、黄色通道和黑色通道。最后将各个通道的颜色信息合成在一起，得到有色彩效果的图像。如果四原色通道中缺少某一通道，则合成的图像会出现偏色。如

图10-6所示的是CMYK颜色模式及其对应的通道。

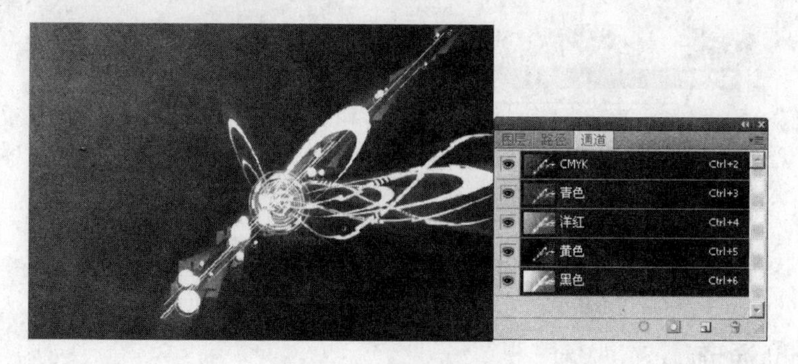

图10-6　CMYK模式通道

Lab图像也是4个通道，明度通道中存储图像亮度信息，而a和b通道则存储图像中的颜色信息。3个通道信息混合后生成色彩绚丽的图像，如图10-7所示。

图10-7　Lab颜色模式通道

10.2 通道的分类及其作用

10.2.1　颜色通道

颜色通道用于保存图像的颜色信息，是在打开图像时自动创建的，不同颜色模式图像的通道数量和功能都不相同，尝试调整单个通道，查看图像变化，有助于理解通道对于图像的意义。

10.2.2　专色通道

专色是一类预先混合好的颜色，用于替代或补充印刷色所用的四色油墨。在使用专色印刷时，每一种专色都要求有专用的印版，想要印刷带有专色的图像必须先创建存储这种颜色的专色通道。用户可以通过“通道”面板菜单来创建专色，并在如图10-8所示的对话框中设置专色颜色特性，专色通道如图10-9所示。专色并不会显示在图像中，它只在印刷时被使用。

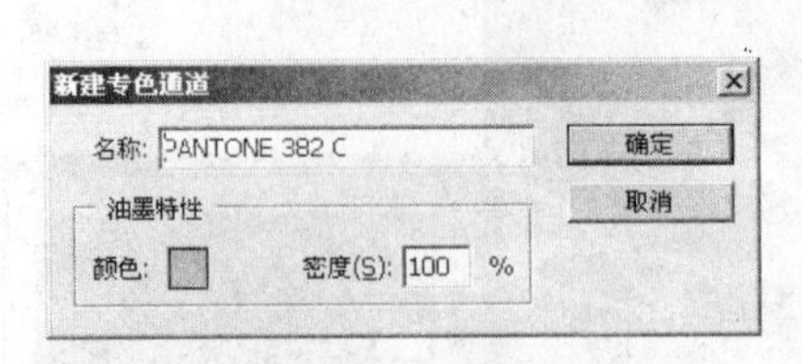

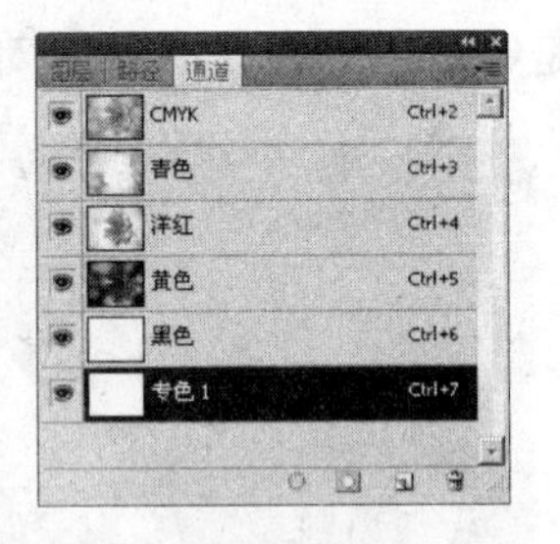

图10-8　专色设置框　　　图10-9　专色通道

10.2.3　Alpha通道

Alpha通道是实际操作通道过程中遇到的最多的一类通道，这类通道可以为用户提供一个以编辑通道获得特殊选区的方法。使用Alpha通道可以将选区存储为灰度图像保存在Alpha通道中，或者将已经存在的Alpha通道转换成选区。Alpha通道如图10-10所示。

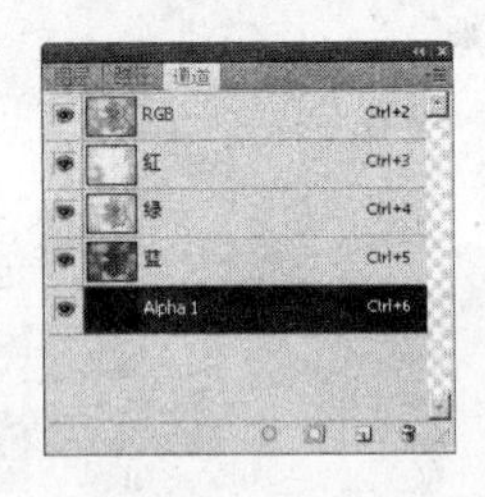

图10-10　Alpha通道

10.2.4　蒙版通道

蒙版通道是指在工作于快速蒙版或图层蒙版状态时暂时存在的通道，如图10-11所示。当脱离工作状态后，这些通道就会消失，也可以将这些临时通道保存为Alpha通道以便进行其他的编辑。

图10-11　蒙版通道

10.3　详解Alpha通道

10.3.1　Alpha通道的作用

在通道操作中，Alpha通道使用频率最高，它的主要功能是存储选区和蒙版信息。在选区被存储后，Photoshop会自动在通道中建立一个Alpha通道用来存储选区。图10-12所示的是一幅带有选区的图像，在执行“选择”→“存储选区”命令后，可以看到“通道”面板中存储选区的Alpha通道如图10-13所示。通道中的黑色表示非选区而白色表示选区，这与前边所讲的RGB通道相同。

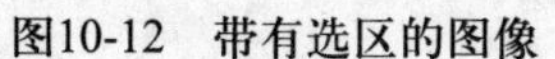

图10-12　带有选区的图像　　　　图10-13　存储选区的Alpha通道

由于Alpha通道是一幅256阶亮度的灰度图像，所以其具有很灵活的编辑性，通过编辑该通道，可以获得非常精细的选区。编辑Alpha通道可以使用任意的绘图工具，像编辑蒙版一样编辑通道。

10.3.2　创建Alpha通道

创建通道主要有4种方法。

1．创建新Alpha通道

单击“通道”面板底部的“创建新通道”按钮，可以按照默认状态新建Alpha通道，默认状态下的Alpha通道是填充黑色的。如果按住Alt键单击新建按钮则弹出如图10-14所示的“新建通道”对话框。

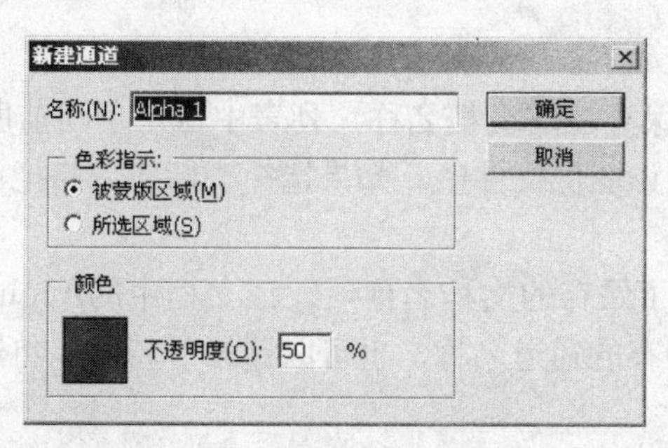

图10-14　“新建通道”对话框

各参数含义如下所述。

（1）名称：设置新建通道的名称。

（2）被蒙版区域：选中该选项后通道为默认的黑色，并使用白色表示选区。

（3）所选区域：选择此项后，新建的通道为白色，并使用黑色代表选区。

（4）颜色：设置快速蒙版的颜色及不透明度。

2．从选区创建Alpha通道

将选区转换为通道可以将当前的选区存储起来，以备再用或编辑Alpha通道获得新的选区。将选区转换为通道方法是单击“通道”面板下方的“将选区存储为通道”按钮，则会从当前选区创建新的Alpha通道，如图10-15所示。

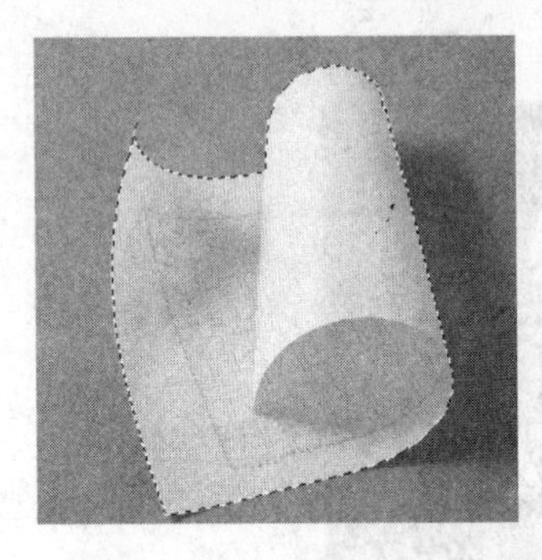
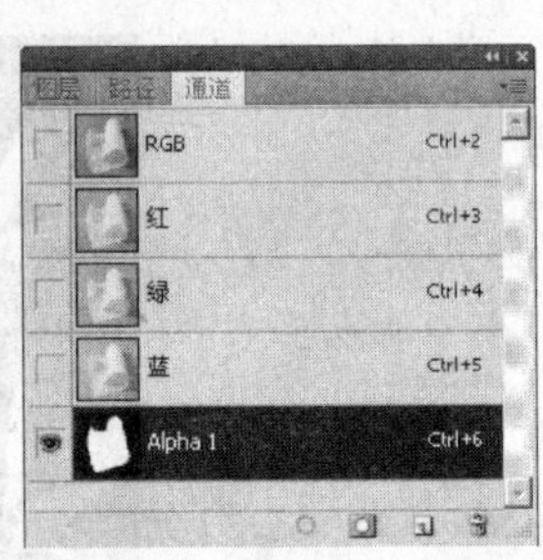

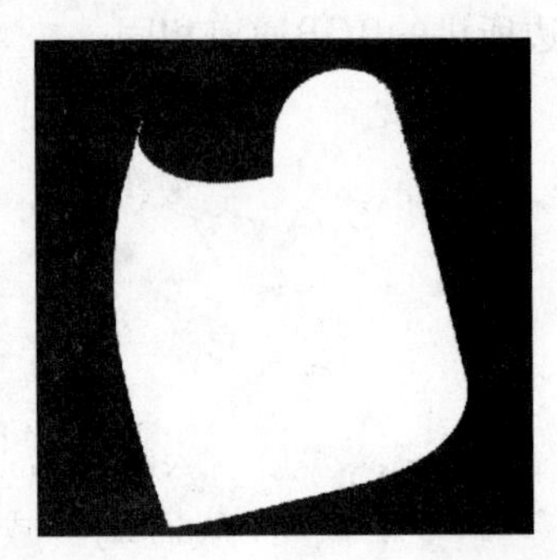

图10-15　将选区存储为通道

3．将选区保存为Alpha通道并运算通道

在当前图像中已有选区的情况下执行“选择”→“存储选区”命令，可以在弹出的如图10-16所示的对话框中设置存储的通道名称，以及选区与原通道的运算等。

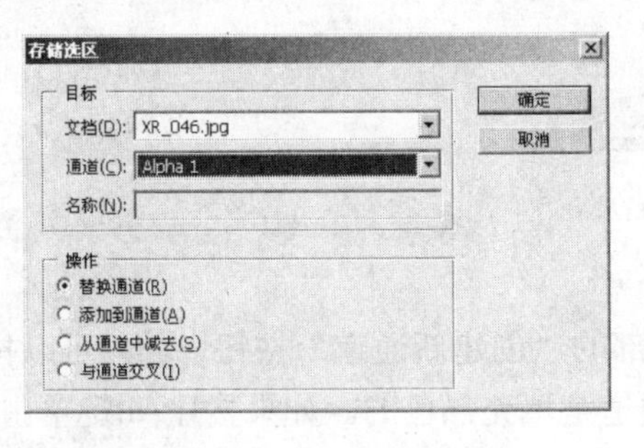

图10-16　“存储选区”对话框

对话框各项参数含义如下。

（1）文档：设置要保存在的文档名称，列表中显示了当前所有打开的文档，选择要保存的文档名即可保存在该图像文件中。如果选择“新建”将把该选区存储在一个新建的文件中。

（2）通道：在选择了保存的文档名称后，该文档中的Alpha通道将会显示在该列表中，从列表可以选择要保存的通道名称，也可以选择“新建”将选区存储在该文档的新建通道中。

（3）名称：设置保存的新通道名称。

（4）替换通道：用选区新生成的Alpha通道替换在通道列表中选择的通道。

（5）添加到新通道：在保存到已存在的通道时该项才会被点亮，选择后将把选区与原通道相加，运算方法与选区运算相同。

（6）从通道中减去：选择此项后选区将会与原通道执行相减运算，运算方法与选区相同。

（7）与通道交叉：将选区与原通道执行相交运算。

下面通过实际操作来理解通道与选区的运算。

如图10-17所示的是当前选区与已经存在的Alpha通道。

图10-17　当前选区与已经存在的Alpha通道

执行“选择”→“存储选区”命令，在对话框中的操作项中分别选择“替换通道”、“添加到通道”、“从通道中减去”、“与通道交叉”选项，得到的效果如图10-18所示。

图10-18　通道运算效果

4．从临时蒙版创建Alpha通道

当处于快速蒙版或蒙版的工作状态时，“通道”面板中将存在一个临时蒙版，想要保存该蒙版只需要将该蒙版拖动到“新建通道”按钮 上即可。如果想要设置保存位置、名称等参数，则按住Alt键拖动至“新建通道”按钮上，或在该临时通道上单击右键选择“复制通道”。复制通道的对话框如图10-19所示，在其中可以设置通道保存的名称位置等参数。

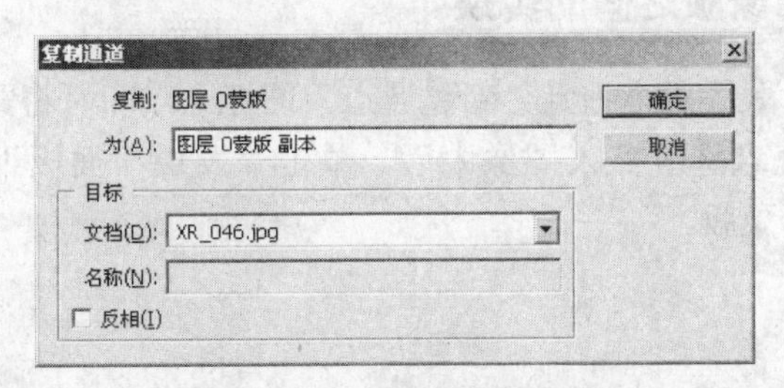

图10-19　“复制通道”对话框

10.4 选区、蒙版、Alpha通道之间的转换

选区、蒙版、通道之间可以相互转换，蒙版通道都可以转换为选区，选区也可以转换为蒙版和通道，而蒙版与通道之间通过选区也可以相互转换。

三者之间的关系示意图如图10-20所示。

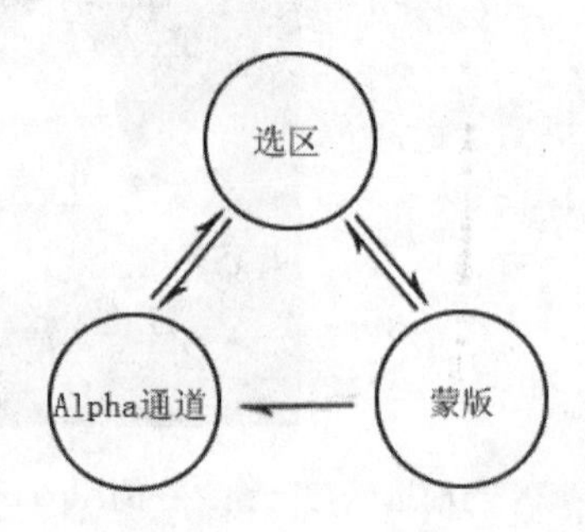

图10-20　通道、蒙版、选区关系示意图

10.4.1　选区与蒙版之间的转换

快速蒙版是创建选区的一种方法，可以通过创建快速蒙版并编辑生成相应的选区，也可以在选区的状态下生成快速蒙版，然后对其进行编辑生成更加精细的选区。而图层蒙版也可以与选区相互转换，通过按住Ctrl键单击图层蒙版缩略图即生成选区，也可以在已存在选区的情况下单击“图层”面板上的“添加图层蒙版”按钮为当前图层添加图层蒙版。

10.4.2　选区与Alpha通道之间的关系

选区与Alpha通道之间也有相互转换的关系，通过选择“选择”→“存储选区”命令或单击“通道”面板下面的“将选区存储为通道”按钮，可以将选区保存为通道。

将通道转换为选区则可以通过按住Ctrl键单击通道载入选区或单击通道下面的“将通道作为选区载入”按钮，此外还可以通过执行“选择”→“载入选区”命令，把Alpha通道中的选区载入。

10.4.3　Alpha通道与蒙版之间的转换

将蒙版生成的临时蒙版通道拖到“新建通道”图标上，即可将蒙版作为通道保存。

利用通道创建的复杂选区载入图像中后，单击“图层”面板下方的“添加蒙版”按钮，可以将选区转换为蒙版。

10.5　通道计算与应用图像

使用计算和应用图像命令可以把各图像之间的通道进行运算并组合成新的通道或图像。本节将通过实例来了解计算和应用图像命令的方法。

10.5.1　通道计算

使用通道计算命令可以混合两个以上的来自一个或多个源图像的单个通道，并将结果应用到新图像或新通道或新选区中。通道计算与图层混合有些类似，可以制作出意想不到的混合图像效果，但参与计算的图像必须具有相同的像素尺寸。

执行“图像”→“计算”命令打开如图10-21所示的“计算”对话框。

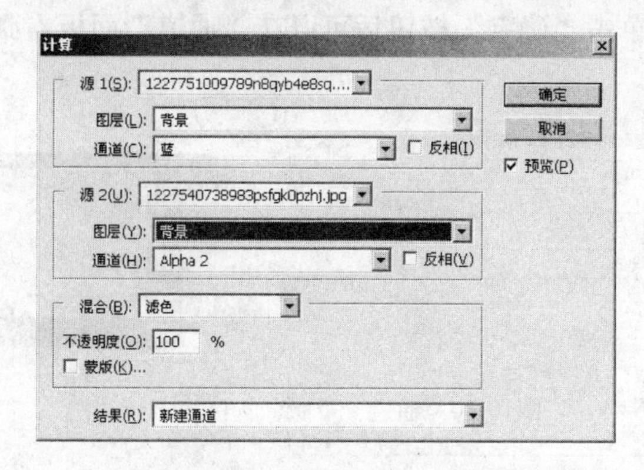

图10-21　通道计算对话框

通过“计算”对话框可以选择两幅将要执行计算的图像的通道、以及运算方式和蒙版等信息。“计算”对话框的设定可以分为以下5步。

1. 选定参加计算的图像文件

参加计算的图像可以是两幅不同的图像也可以在“源1”和“源2”中选择同一幅图像，但图像的像素尺寸必须相同，否则在“源1”和“源2”中将看不到该图像文件名。

2. 选择图像文件中参加计算的图层

在“源1”和“源2”项的“图层”下拉列表中选择要参加计算的图层。

3. 确定参加计算的图像图层的具体通道

这一步是确定真正计算的通道名称，最终参与计算的是通道，前边的设置只是最终找到该参与计算的通道而已。

4. 确定通道的计算方式

通过“混合”参数项设置通道间的计算方式，这与设置图层间的混合方式有些类似，在混合下拉列表中选择一种混合方式，计算命令将按照所选的方式进行通道之间的计算。

5. 确定计算结果

在“结果”下拉列表中可以选择计算的结果是生成新的图像文件还是新的通道或新的选区。

下面使用实例来演示计算通道命令的作用。

（1）打开光盘\素材\第十章\计算1.jpg和计算2.jpg，如图10-22所示。

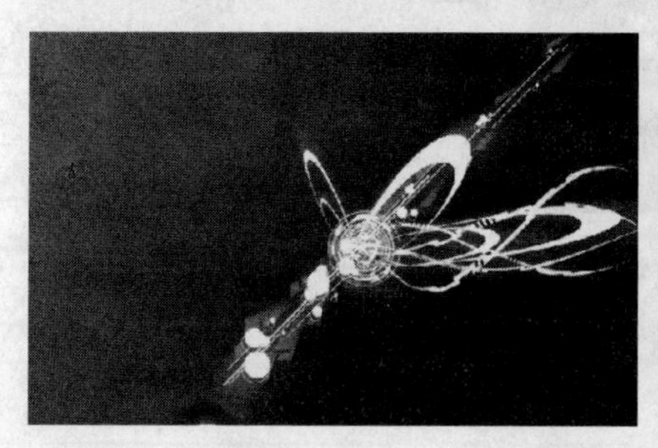

图10-22　素材图像

（2）执行计算命令。执行“图像”→“计算”命令，在打开的对话框中设置如图10-23所示的参数。单击“确定”按钮后可以在“通道”面板看到计算生成的Alpha通道，如图10-24所示。

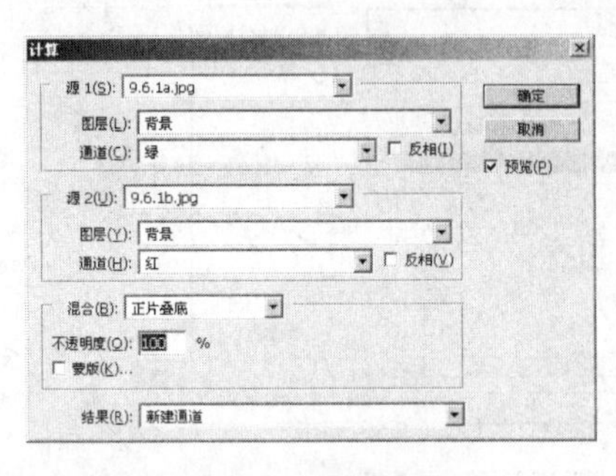

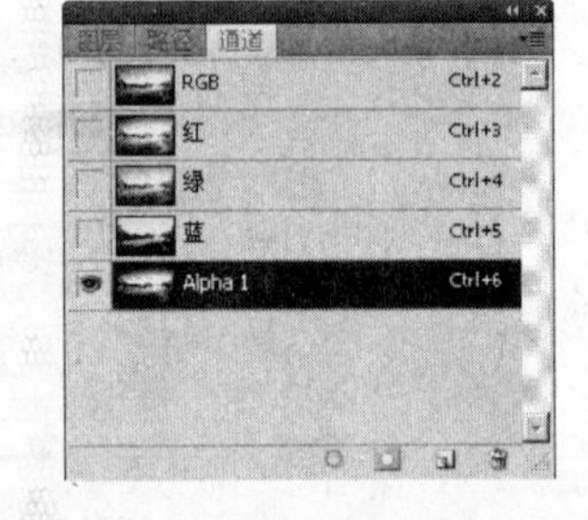

图10-23　参数设置图　　　　图10-24　计算生成的Alpha通道

（3）复制通道。选中计算得到的Alpha通道，按快捷键Ctrl+A全选，再按快捷键Ctrl+C复制，然后选中红色通道，Ctrl+V粘贴。粘贴到不同的通道会产生不同的效果，粘贴后回到混合通道，查看图像效果。图10-25所示的是分别粘贴在红色及绿色通道的效果。

图 10-25　通道

（4）将通道粘贴至图层。在复制Alpha通道后回到“图层”面板中，新建图层，然后粘贴至图层中，并设置图层混合样式，效果如图10-26所示。

图10-26　将通道粘贴至图层效果

10.5.2 应用图像

使用应用图像命令可以把一个图像的图层和通道与当前图像的图层和通道混合。制作出绚丽多彩的图像效果。应用图像与图层混合模式功能类似，不同的是应用图像可以将目标图像的通道用来进行混合模式计算。

选中当前图像后执行“图像”→“应用图像”命令打开如图10-27所示的“应用图像”对话框。

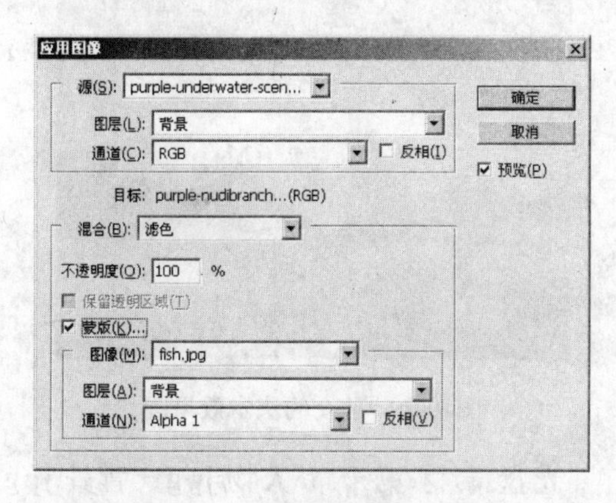

图10-27 “应用图像”对话框

对话框中各参数含义如下。

（1）源：在该对话框中可以设置参与混合的源图像文件，也可以是当前图像，即同一幅图像之间参与混合。

（2）图层：选择目标图像参与混合的图层。

（3）通道：可以选择RGB混合通道，选择该通道意味着参与混合的是图层，而不是图层单独的通道。

（4）目标：目标中显示的是要混合应用的图像，也就是当前选择的图像。

（5）混合：在混合选项中可以设置通道与图层的混合模式。

（6）不透明度：设置参与混合的源图像的图层透明度。

（7）蒙版：需要添加蒙版则单击“蒙版”复选框。在“蒙版”选项中选择用来作为蒙版的图像图层的通道，这里的蒙版等同于图层混合模式中的带蒙版的图层与下面的图层进行混合的效果。蒙版图像中的白色部分表示透明，则此部分的图像参与混合，黑色部分被遮盖不参与混合。

图10-28所示的是使用两幅图像执行“应用图像”后的效果（光盘\素材\第十章\应用1.jpg和应用2.jpg）。

  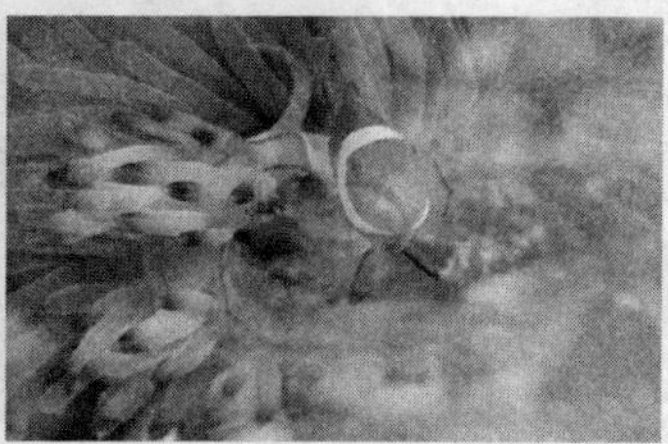

图10-28 执行应用图像的效果

10.6 课堂实例——仙女的法术

通过本实例学习选区与通道、蒙版之间的转换抠出美丽的仙子，使用路径描边制作魔幻般的星光，同时对人物进行修饰，效果如图10-29所示。

图10-29 仙女的法术效果图

（1）打开素材。打开光盘\素材\第十章\人物.jpg、背景.jpg、蝴蝶.tif，如图10-30所示。

图10-30 素材图像

（2）复制通道。选择人物图片，选择一个黑白对比强烈的通道，这里我们经过对比选择红色通道，复制红色通道，得到“红 副本”，效果如图10-31所示。按快捷键Ctrl+L调整色阶，将背景色设置为黑场（即用黑色的滴管在背景上点击），这样就保证了背景是纯黑的，这样在通道转化为选区的时候就能将背景除净，效果如图10-32所示。

图10-31 复制红色通道

图10-32 色阶调整效果

（3）抠出人物。选择“魔棒工具”，属性栏中的容差设置为8，然后单击“红 副本”通道上的黑色背景，将黑色背景变为选区，按快捷键Ctrl+Shift+I反选，如图10-33所示。选择“套索工具”，按住Alt键减去裙摆处及头发部位的选区，如图10-34所示。同时检查一下人物细部有没有没被选中的部位，若有则按Shift键使用“套索工具”将其添加选区。选择“选择”→“修改”→“收缩”命令，在弹出的对话中设置1像素，然后将选区填充白色（在通道里白色代表选择的区域），如图10-35所示。

图10-33　反选选区

图10-34　减去选区

图10-35　填充选区

（4）显示人物。按Ctrl键单击“红 副本”通道缩览图载入选区，回到“图层”面板，复制一个背景图层，并单击“图层”面板下方的“添加图层蒙版”按钮添加蒙版，隐藏“背景”图层，这时人物基本显现出来了，如图10-36所示。

图10-36　添加蒙版的效果

（5）选取头发。仅显示“背景”图层，回到“通道”面板，选择绿色通道并复制得到“绿 副本”通道，如图10-37所示。选择“套索工具”，选出头发部位，然后按快捷键Ctrl+Shift+I反选选区，在选区中填充黑色，如图10-38所示。再次按快捷键Ctrl+Shift+I反选，然后按快捷键Ctrl+I执行反相命令，如图10-39所示。

图10-37　复制绿色通道

图10-38　圈出头发并反选填充黑色

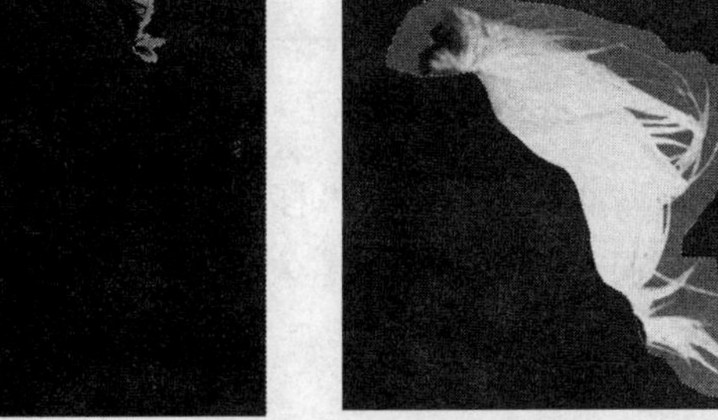

图10-39　反相效果

（6）选取细部。按快捷键Ctrl+L执行“色阶”命令，在弹出的“色阶”对话框中设置参数如图10-40所示，单击“确定”按钮，如图10-41所示，按快捷键Ctrl+D取消选区。单击工具箱中的“画笔工具”，将细部的头发使用白色绘制，头发周围用黑色绘制。在绘制的过程中可以按下快捷键Ctrl++放大显示观察细部结构。在此过程中需要耐心细致地进行绘制，将发丝与背景分开，如图10-42所示。

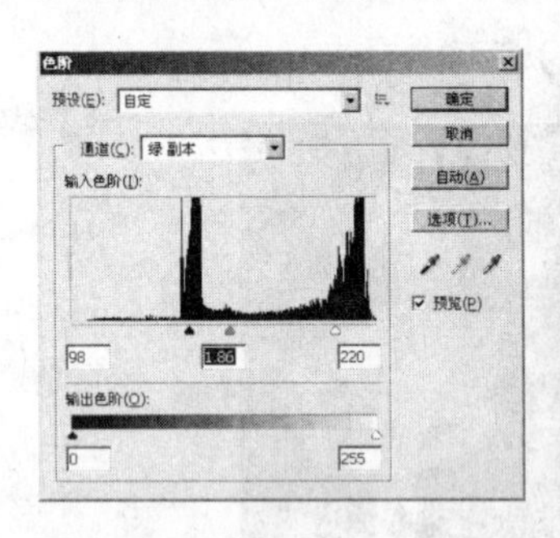

图10-40 “色阶”对话框设置

图10-41 色阶调整效果图

图10-42 白色画笔将发丝与背景分开

（7）抠出头发。按Ctrl键单击“绿 副本”通道载入选区，回到“图层”面板，再复制一个背景图层，按快捷键Ctrl+]将图层移至最上层，并单击“图层”面板下方的“添加图层蒙版”按钮添加蒙版，隐藏“背景”图层，如图10-43所示。

图10-43 返回图层添加蒙版

（8）合并图层。按快捷键Ctrl+E合并图层，这时会弹出一个是否在合并之前应用蒙版的对话框，单击“应用”按钮，如图10-44所示。

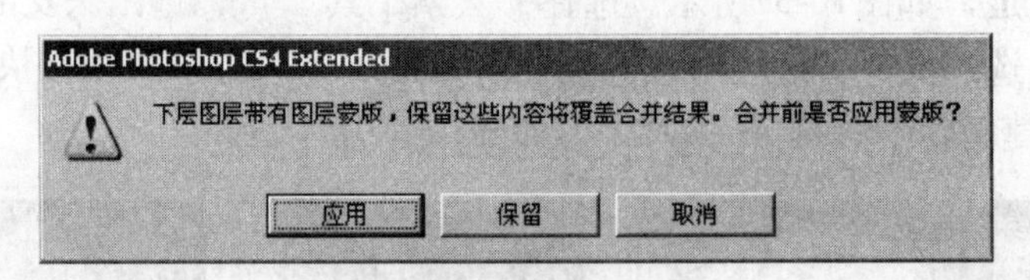

图10-44 提示对话框

（9）添加背景。选择“移动工具”，将抠出来的人物拖曳到背景图像上，按快捷键Ctrl+B打开“色彩平衡”对话框，设置如图10-45所示。单击“确定”按钮，效果如图10-46所示。

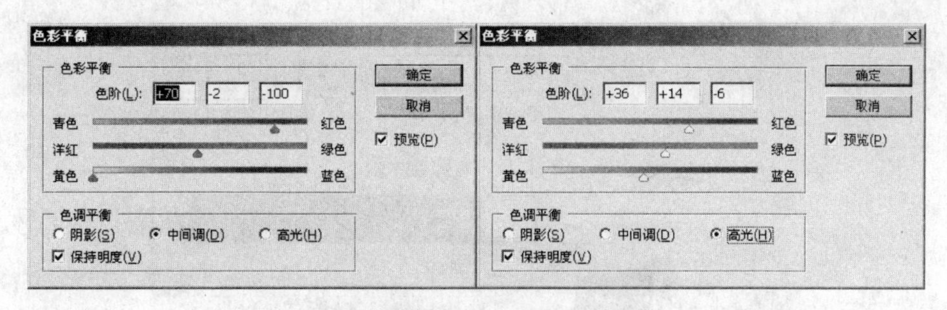

图10-45 色彩平衡参数设置

图10-46 执行色彩平衡前后对比效果图

（10）调整色调。为了与背景更协调些，再次执行“色彩平衡”命令，效果如图10-47所示。

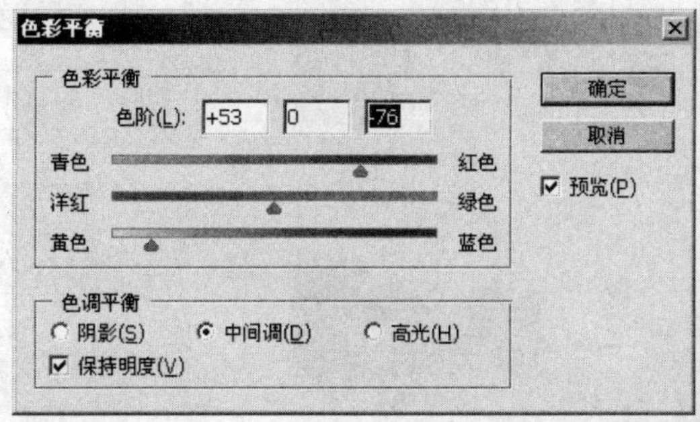

图10-47 色彩平衡调整色调

（11）添加翅膀。按Ctrl键单击“图层”面板下方的“创建新图层”按钮，在“背景副本2”图层下创建“图层1”图层，将前景色设置为白色，单击工具栏中的“画笔工具”，选择名称为“ring”的画笔（光盘\素材\第十章\画笔.abr）在“图层1”中进行绘制，如图10-48所示。单击“图层”面板下方的“添加图层样式”按钮fx，进行外发光设置，参数如图10-49所示。单击“确定”按钮，如图10-50所示。

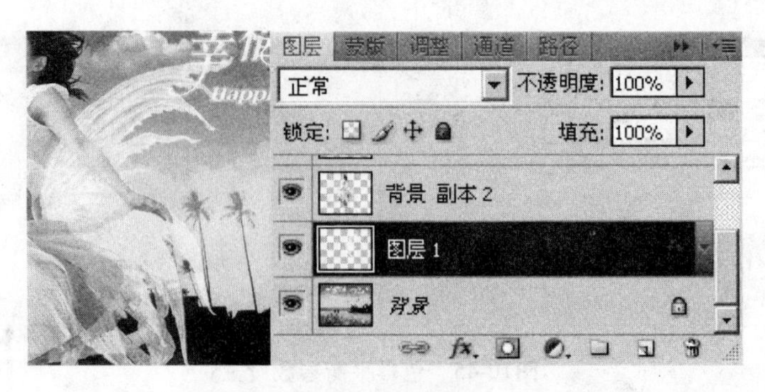

图10-48　添加翅膀

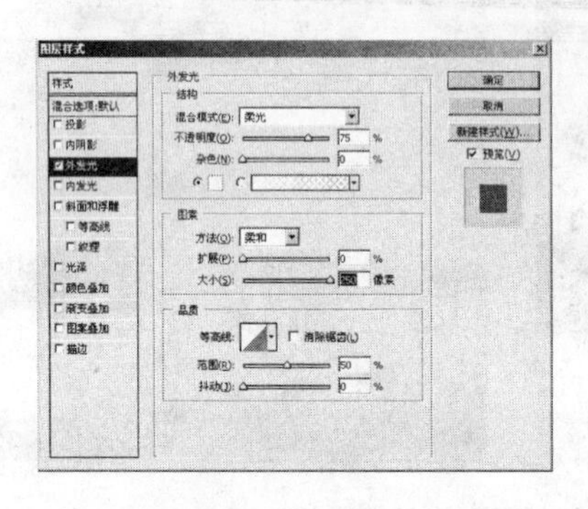

图10-49　“外发光”设置　　　　图10-50　“外发光”设置效果图

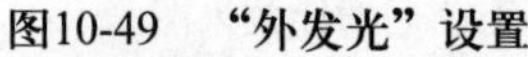

（12）复制翅膀。按快捷键Ctrl+J复制“图层1”图层，然后调整其位置及大小，将翅膀所在图层与人物图层进行合并，调整到适合位置，如图10-51所示。

图10-51　复制翅膀

（13）添加星光。新建图层，选择“自由钢笔工具”，属性栏中选择“路径”按钮，在图像中进行曲线形状绘制，如图10-52所示。选择“画笔工具”中的“线毛球画笔”，按快捷键F5设置画笔“形状动态”、“散布”、“其它动态”的属性，如图10-53所示。然后单击“路径”面板下方的“用画笔描边路径”按钮，效果如图10-54所示。

图10-52　绘制路径

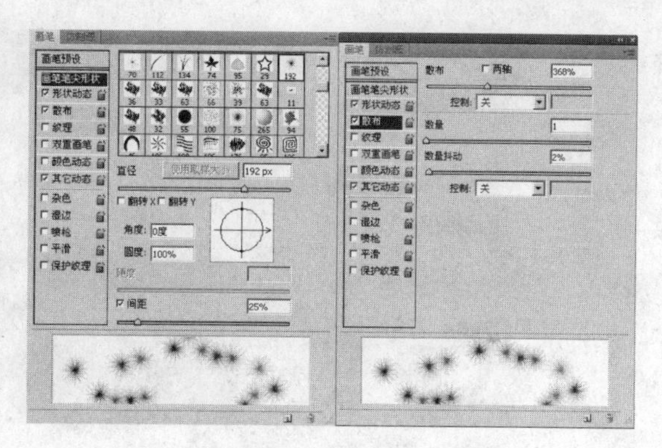

图10-53　画笔属性设置

图10-54　画笔描边效果

（14）修饰星光。在“路径”面板中将上步所绘制的路径删除，回到“图层”面板，单击“图层”面板下方的“添加蒙版”按钮，将前景色设置为黑色，选择“画笔工具”，选择柔角画笔，在图像中进行涂抹，如图10-55所示。

图10-55　添加蒙版修饰星光

（15）添加镜头光晕效果。选择“背景”图层，按Ctrl+J进行复制，执行“滤镜”→“渲染”→“镜头光晕”命令，在弹出的“镜头光晕”对话框中进行设置，效果如图10-56所示。

图10-56 添加镜头光晕效果

（16）添加装饰。选择“移动工具”，将素材蝴蝶添加到图像中，调整至合适位置及大小，最终效果如图10-57所示。

图10-57 最终效果图

10.7 课堂练习

1．选择题

（1）CMYK颜色模式共有（　　）通道。

A. 5个　　B. 3个　　C. 4个　　D. 1个

（2）以下（　　）中的信息不会显示在图像中，而是专门用于印刷。

A. 颜色通道　　B. 专色通道

C. 蒙版通道　　D. Alpha通道

（3）以下（　　）可以将通道转化成选区。

A. 按住Alt键单击通道　　B. 按住Ctrl单击通道

C. 单击将通道转化成选区按钮　　D. 双击通道

（4）Lab颜色模式共有（　　）通道。

A. 2个　　B. 1个　　C. 4个　　D. 5个

（5）下列颜色模式中（　　）只有一个通道，其中包含了所有将被打印和显示的颜色信息。

A. 多通道模式　　　　B. CMYK模式

C. 灰度模式　　　　D. Lab模式

（6）下列方法中（　　）不能创建Alpha通道。

A.“创建新通道”按钮

B. 按下快捷键Ctrl+Shift+N

C. 将当前选区存储为Alpha通道

D. 将临时蒙版拖动到“新建通道”按钮上创建Alpha通道。

2. 问答题

（1）通道与颜色模式有什么关系？

（2）Alpha通道有什么作用？

（3）简述通道与选区的关系

（4）通道、蒙版与选区三者之间有何关系？如何互相转换？

读书笔记

Photoshop 第11章 图像修复篇

学习目标

了解修图的过程，掌握图章工具和修补工具的使用。

学习重点

仿制图章工具的使用
修补工具的使用
加深和减淡工具的使用

修复图像是Photoshop中一项使用率比较高的功能，Photoshop的修图功能强大，可以更改或修复日常生活中常见的图像，例如网络上常见的“换脸”图片，以及人物美化等，本章将讲解图像修复的几种基本应用及工具。

11.1 修饰图像

在Photoshop中修饰图像的工具主要包括：加深、减淡、海绵、锐化、模糊和涂抹工具，使用它们可以实现图像局部像素的重新排列和更改局部像素色调。这些工具主要用于完善合成的图像以及制作一些特殊的效果等。这6种工具都属于绘制性工具，因为它们的使用，都依靠画笔笔刷的绘制才能实现。

11.1.1 调整图像局部明暗效果

1．将图像局部变暗

使用“加深工具”可以将图像的局部变暗，并增加像素对比度。单击工具栏中的“加深工具”，选择一种画笔，并调整其参数，在图像中需要变暗的部分涂抹即可。图11-1所示的是使用“加深工具”涂抹边缘所产生的变暗效果。

图11-1 使用“加深工具”加深图像

2．使图像局部变亮

使用“减淡工具”可以使图像的局部变亮，在局部变亮的同时提高其对比度，如图11-2所示。

图11-2　使用减淡工具变亮图像

3．调整工具作用的范围和强度

通过“加深工具”属性栏的“范围”下拉列表，可以设置“加深工具”的作用范围，可以选择只针对图像的高光、暗调或中间调起作用。

11.1.2　调整图像局部色彩饱和度

使用“海绵工具”可以加强和降低图像的局部饱和度，它的使用方法非常简单，选择“海绵工具”后，设定画笔形状，在图像上需要增强或减弱颜色的地方涂抹即可。通过属性栏可以选择加色和去色，设定流量越大效果越明显。使用“海绵工具”调整图像的效果如图11-3所示，从左到右依次为原图、降低饱和度，增加饱和度。

图11-3　使用“海绵工具”降低和增加图像饱和度

11.1.3　模糊和锐化局部图像

1．模糊图像

使用“模糊工具”可以将涂抹过的区域变模糊。模糊图像是一种重要的表现手法，可以更好地突出主体，如图11-4所示，将图像非主体部分做模糊处理，以凸现主体部分——花朵上的瓢虫。“模糊工具”与画笔中的喷枪类似，在同一个地方停留时间越长，所产生的模糊效果越明显。勾选“对其他图层取样”可以使“模糊工具”同时作用于其他图层但并不真正改变其他图层上的像素。

2. 锐化图像

"锐化工具"与"模糊工具"的作用相反，"模糊工具"主要使对象被模糊而被淡化，分不出层次，而"锐化工具"则是加深图像的边缘使图像轮廓分明，加强层次感。同"模糊工具"的使用相比，"锐化工具"不带有喷枪的特性，在同一个地方停留时间的长短不会影响锐化，但反复地涂抹则会加深锐化效果。另外"锐化工具"虽然可以锐化图像，但只是相对的，它并不能将原本模糊的图像变得清晰，过度使用的话反而使得图像出现躁点现象，如图11-5所示。

图11-4 使用"模糊工具"凸现图像主题

图11-5 "锐化工具"的躁点现象

"锐化工具"不能与"模糊工具"配合使用，已经模糊了的图像无法使用"锐化工具"还原，如果锐化反而会加倍地破坏图像。

提示：在photoshop中许多命令是互为相反的，但是却不可以作为互补工具来使用，操作一种效果过度了，只能撤销重做，切不可使用另一种工具去互补。

11.1.4 涂抹图像

"涂抹工具"的效果就像是用手指在一幅未干的油画上涂抹一样，效果如图11-6所示。如果在其属性栏选中"手指绘画"就相当于是用手指蘸染料在画布上涂抹绘画。如图11-7所示的是使用"涂抹工具"在图像上涂抹绘画的效果，涂抹的颜色与画笔工具相同，都是前景色。

图11-6 涂抹图像

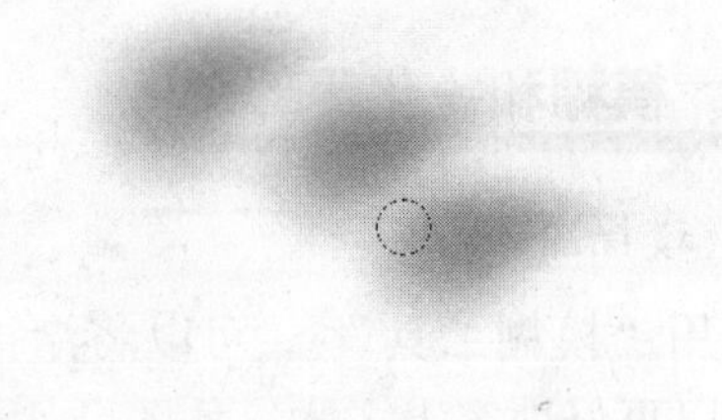

图11-7 选中"手指绘画"涂抹

11.2 修补图像

修补图像的工具主要有："仿制图章工具"、"修复画笔工具"、"修补工具"和"红眼工具"等。使用这些工具可以实现大多数图像的破损修复以及处理人物皮肤等。这些工具在作用及功能上类似，只是操作手法和步骤不同。

11.2.1 复制局部像素

"仿制图章工具"的原理是把图像中一个地方的像素复制到另一个地方，如图11-8所示的是使用"仿制图章工具"复制图像局部的效果（光盘\素材\第十一章\仿制图章.jpg）。

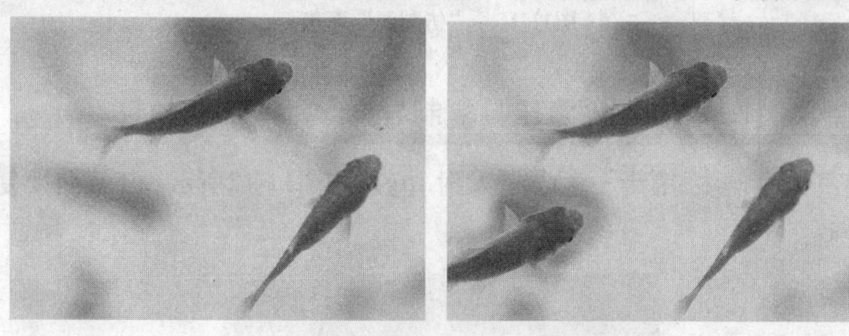

图11-8 使用"仿制图章工具"复制的鱼

> 提示："仿制图章工具"在涂抹中也应用了画笔笔触，在使用时要注意调整画笔笔触的软硬。

"仿制图章工具"的属性栏如图11-9所示。

图11-9 "仿制图章工具"属性栏

属性中的"不透明度"以及"流量"，与画笔、橡皮擦等工具功能相同，这里不再讲述。

"对齐"选项在属性栏中默认是被选中的，它的作用是取样后可以重新选择取样点保证前后绘画不重叠。如果撤销"对齐"复选框，将在每一次绘画时重新使用同一个取样点，绘画会发生重叠现象。选中"对齐"复选框与"取消"对齐复选框涂抹的效果如图11-10所示。

图11-10 选中与取消"对齐"复选框的效果

单击属性栏右边的“切换仿制源面板”按钮，会打开如图11-11所示的“仿制源”面板。该面板中第一行的5个按钮可以确定5个取样点，在其下方的位移中可以设置针对“复制像素”的缩放旋转等。

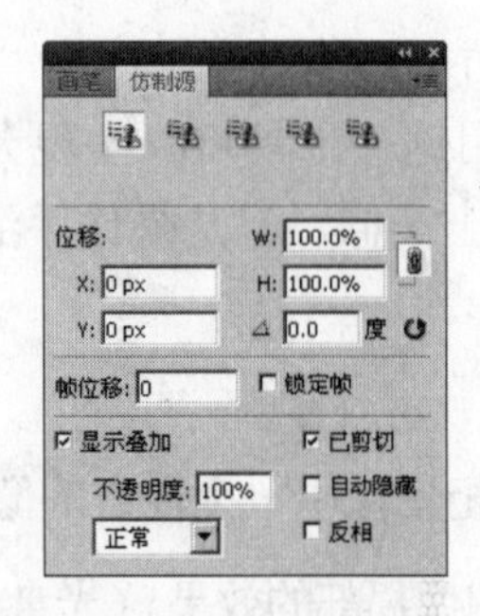

图11-11 “仿制源”面板

11.2.2 课堂实例1——仿制图章工具复制导弹

（1）打开光盘\素材\第十一章\导弹发射.jpg，如图11-12所示。下面将要复制一个导弹发射的场面。

图11-12 素材图片

（2）设置参数。单击工具箱中的“仿制图章工具”，选择一种软画笔，直径尽可能小些。按住Alt键在图11-13所示的位置单击确定取样点，取样点要尽可能地在复制对象的中心位置。单击属性栏右边的“切换仿制源面板”按钮，弹出如图11-14所示的面板，在其中“位移”选项组内设置缩放为80%，表示将图像复制过来后缩小到原来的80%。

图11-13 定义取样点

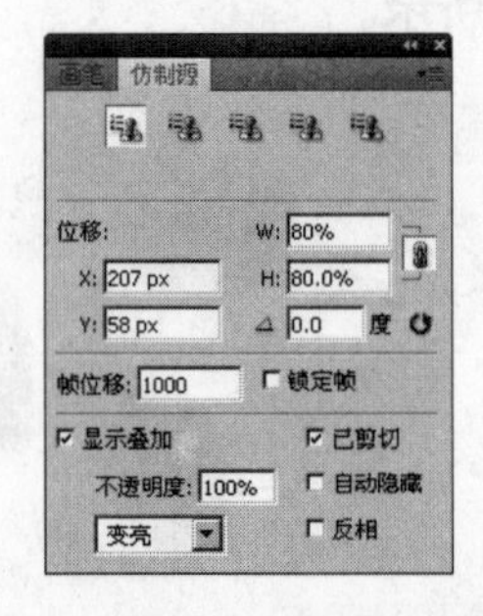

图11-14 在“仿制源”面板中设置缩放参数

（3）复制图像。新建“图层1”，并在新图层中的目标位置涂抹，可以看到涂抹的部分变成定义取样点位置的像素，并且在取样点对象上有一个十字标的参照点随涂抹一起移动，如图11-15所示。涂抹完成后如图11-16所示。

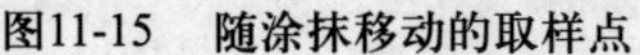

图11-15　随涂抹移动的取样点　　图11-16　涂抹完成效果

（4）擦除边缘。使用“橡皮擦工具”，设置较软的笔尖效果来擦除复制的图像边缘部分，使其更好地融入图像中。最终效果如图11-17所示。

图11-17　完成效果

11.2.3　向局部像素涂抹图案

使用“图案图章工具”不像使用“仿制图章工具”那样先在图像中取样，然后使用取样点的像素来绘制，“图案图章工具”只需要在其如图11-18所示的属性下拉列表中选择一种图案，然后在图像中涂抹即可。涂抹效果如图11-19所示。

“图案图章工具”的属性栏的参数，与“仿制图章工具”大多相同，其中的“印象派效果”选项是根据所选图案的颜色生成的随机颜色作为图案绘制到图像中，效果如图11-20所示。

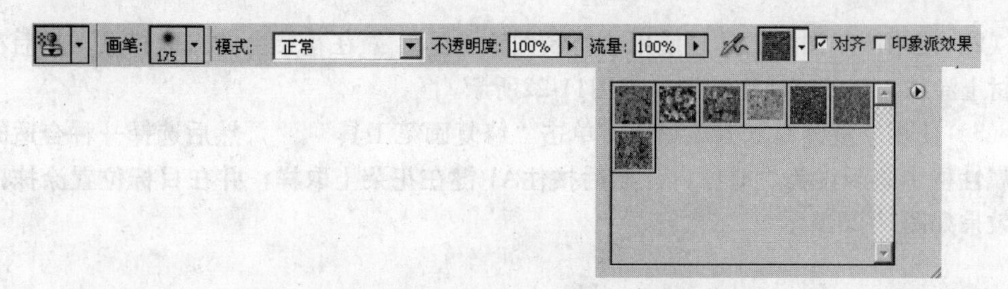

图11-18　“图案图章工具”属性栏

图11-19 使用“图案图章工具”的涂抹效果

图11-20 印象派效果

11.2.4 修补图像

专用于修补图像的工具有“修复画笔工具”、“修补工具”和“污点修复画笔工具”，它们与“仿制图章工具”的功能很相似，可以说是“仿制图章工具”在修补图像上的改进版。

1. 修复画笔工具

“修复画笔工具”的使用与“仿制图章工具”几乎一样，但效果却并不相同。接下来我们使用实例来表现两种工具的不同。

（1）打开素材。打开光盘\素材\第十一章\粉色花.jpg和背景.jpg，如图11-21所示，现在要分别使用“仿制图章工具”和“修复画笔工具”将花朵复制到背景图像上。

图11-21 素材图片

（2）使用仿制图章工具。使用“仿制图章工具”在花朵上定义取样点，然后在背景素材上涂抹，复制完成后的图像如图11-22所示。

（3）使用修复画笔复制该图像。单击“修复画笔工具”，然后选择一种合适的笔刷在属性栏中将源设为“取样”，然后按住Alt键在花朵上取样，并在目标位置涂抹，完成后效果如图11-23所示。

图11-22 使用“仿制图章工具”的效果

图11-23 使用“修复画笔工具”的效果

由图中可以看出“仿制图章工具”与“修复画笔工具”的区别，“仿制图章工具”是将取样点的图像完全照搬过来，而“修复画笔工具”则是搬图像把过来后进行了处理，使其与周边的图像更好地融合。

2. 修补工具

“修复画笔工具”和“仿制图章工具”都可以将图像中的一部分像素复制到另一区域中去，但两者都是绘制型工具，基于画笔的笔触绘制区域来确定移动的范围，这显然很不精确，接下来的“修补工具”正是弥补这一缺陷的，“修补工具”基于选区移动复制图像，并且选区的属性（运算、透明性）在这里完全通用。

接下来使用实例来讲述“修补工具”的使用。

（1）打开素材。打开光盘\素材\第十一章\雪地脚印.jpg，如图11-24所示。设法将这幅图像上的脚印清除。

（2）建立选区。选择“修补工具”，然后在图像上绘制选区，将脚印部分选中。“修补工具”建立选区的方法与选区工具中的“套索工具”相同，绘制选区结束后如图11-25所示。

图11-24 素材图像

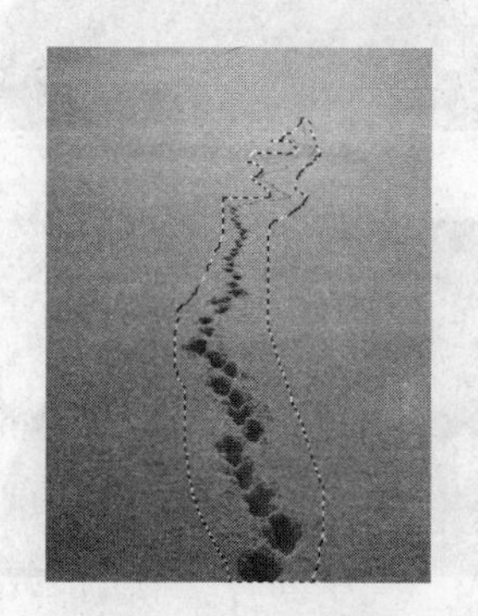

图11-25 建立选区

（3）去除脚印。使用“修补工具”在选区部分按住左键向目标地拖动，可以看到选区内图像的移动和源选区部分的变化，如图11-26所示，松开鼠标左键可以看到目标地的图像被复制到源选区并同修复画笔一样对复制过来的图像进行了处理，使其更好地与源选区部分融合，如图11-27所示。

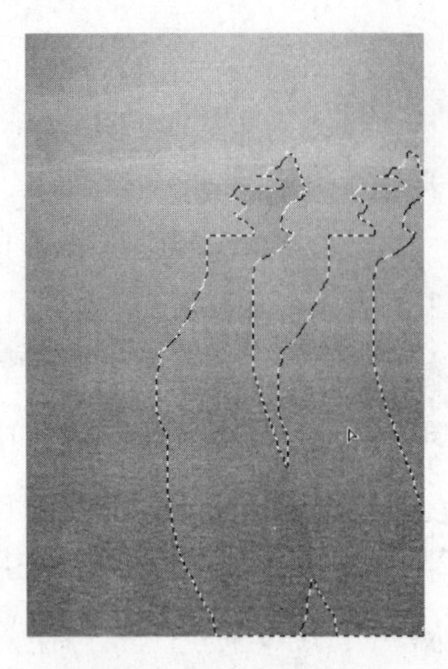

图11-26　移动选区部分

图11-27　完成效果

3. 污点修复画笔工具

“污点修复画笔工具”的使用非常简单，它不需要定义采样点只需要在图像中需要修补的地方涂抹即可，需要注意的是，污点修复画笔只适合修复图像中的小细节，不可以大面积使用，因为它的原理也是将其他地方的像素复制过来遮盖住要修补的地方。如图11-28所示（光盘\素材\第十一章\苹果.jpg）。

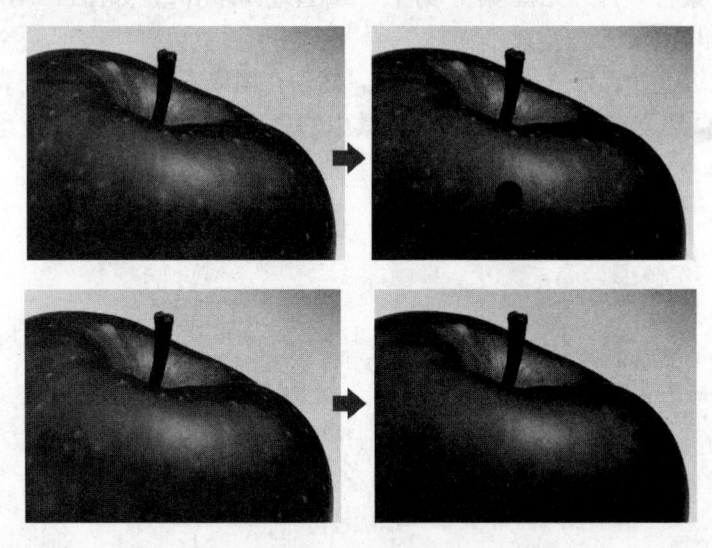

图11-28　“污点修复画笔工具”的使用

“污点修复画笔工具”属性栏有两个特殊的选项：近似匹配和创建纹理。选中“近似匹配”时Photoshop会自动寻找最接近涂抹区域的图像部分并将其复制过来遮盖涂抹区域；当选中“创建纹理”时则在涂抹区域会自动生成纹理并自动填充与图像相配的颜色。

由于“污点修复画笔工具”的易操作性和只针对较小对象的特点，使其经常被用于去除人物面部的痘点或痣，如图11-29所示。

图11-29 去除斑点

11.2.5 修复红眼

使用“红眼工具”可以移去带闪光灯拍摄的人物照片中的红眼，它的使用方法也非常简单，选择“红眼工具”在图像中的红眼处框选即可改变图像的红眼现象，如图11-30所示。

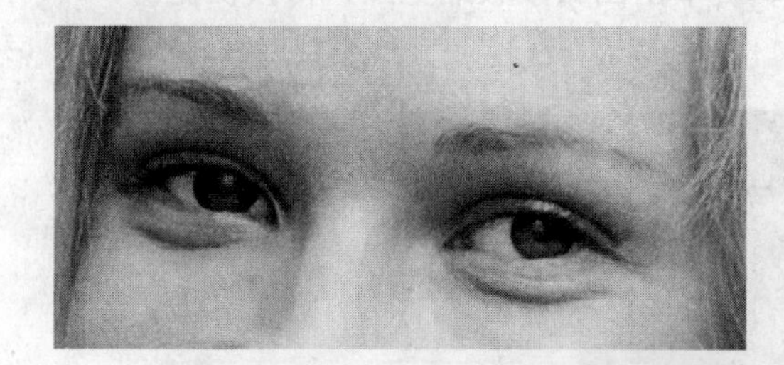
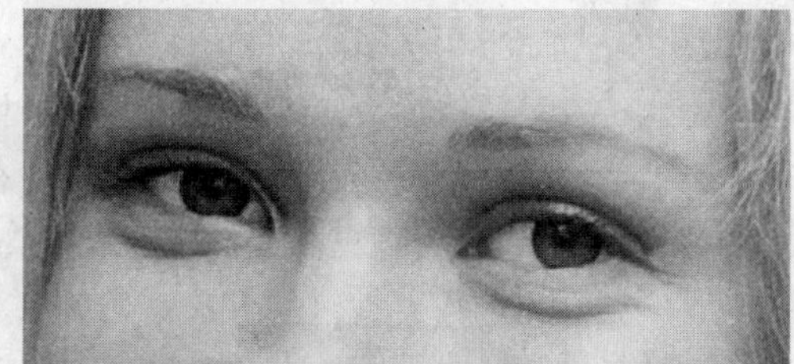

图11-30 消除红眼

11.3 课堂实例2——拼贴出来的美丽

本案例主要运用高斯模糊、反相及高反差保留命令将人物美白，运用仿制图章及加深减淡工具对人物面部及嘴唇进行细节的处理。通过本案例的学习，可以轻松快速地将自己的照片进行美化处理并且可以自定义自己喜欢的图案、将自己的照片处理为多样的拼图效果，效果如图11-31所示。

图11-31 美化人物效果图

（1）打开素材。打开光盘\素材\第十一章\女生.jpg和装饰.tif，如图11-32所示。

图11-32　素材图像

（2）复制填充图层。选中“女生”文件，连续按快捷键Ctrl+J两次，得到“图层1”及“图层1 副本”图层，将“图层1”填充白色，如图11-33所示。

（3）添加图层蒙版。选择“图层1 副本”图层，按Alt键的同时单击面板下方的“添加蒙版”按钮，再选择“背景”图层，按快捷键Ctrl+A将背景图像全选，然后再按Ctrl+C复制，回到“图层1 副本”图层，按Alt键单击图层蒙版缩览图，再按快捷键Ctrl+V粘贴，如图11-34所示。

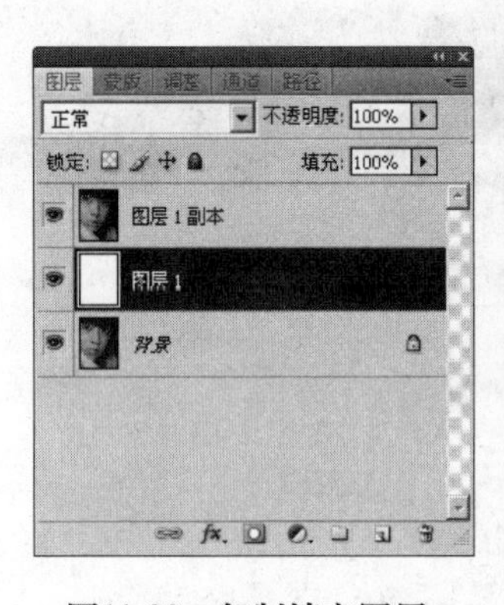

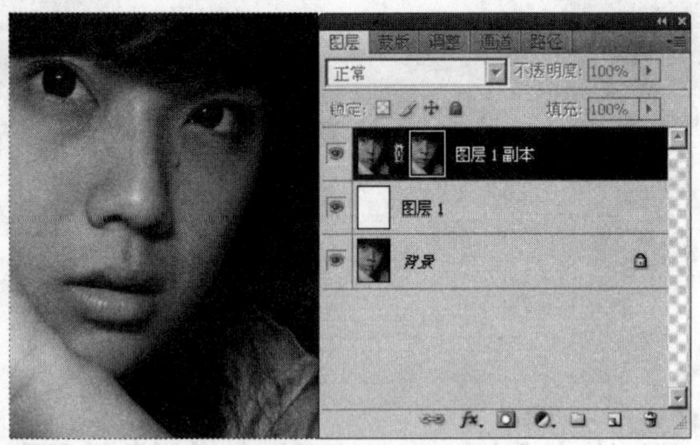

图11-33　复制填充图层　　图11-34　添加图层蒙版

（4）反相并高斯模糊。执行“图像”→“调整”→“反相”命令，如图11-35所示。再执行“滤镜”→“模糊”→“高斯模糊”命令，在弹出的“高斯模糊”对话框中半径设置为3.0像素，单击“确定”按钮，如图11-36所示。

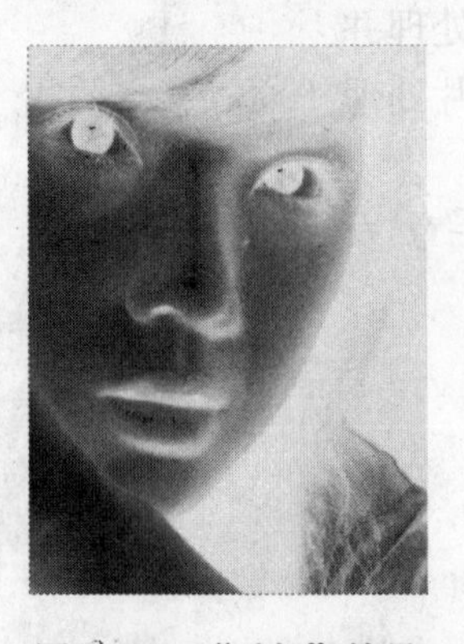

图11-35　“反相”效果　　图11-36　“高斯模糊”效果

（5）合并图层。单击“图层1副本”退出蒙版编辑，按快捷键Ctrl+E与“图层1”进行合并，按快捷键Ctrl+D取消选区，如图11-37所示。

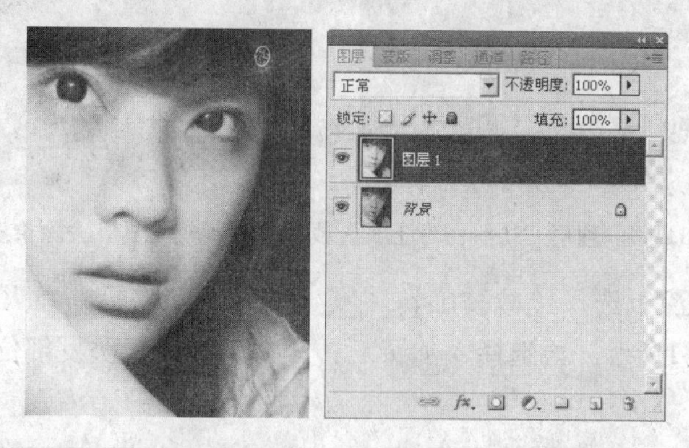

图11-37 合并图层

（6）高反差保留。复制“图层1”，执行“滤镜”→“其它”→“高反差保留”命令，在弹出的“高反差保留”对话框中设置半径为4.0像素，单击“确定”按钮，效果如图11-38所示。将图层混合模式改为“叠加”，效果如图11-39所示。

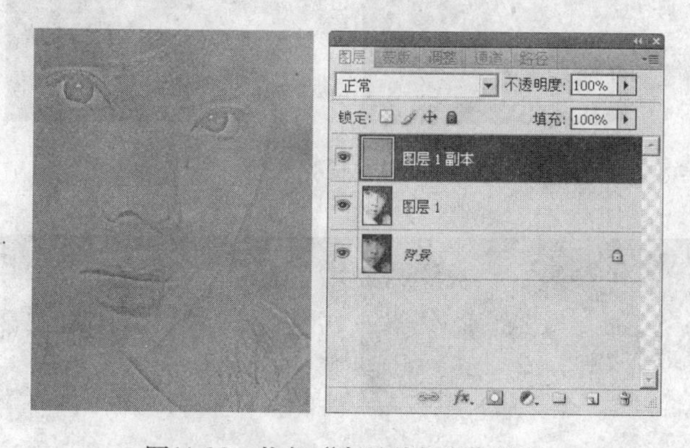

图11-38 执行“高反差保留”效果

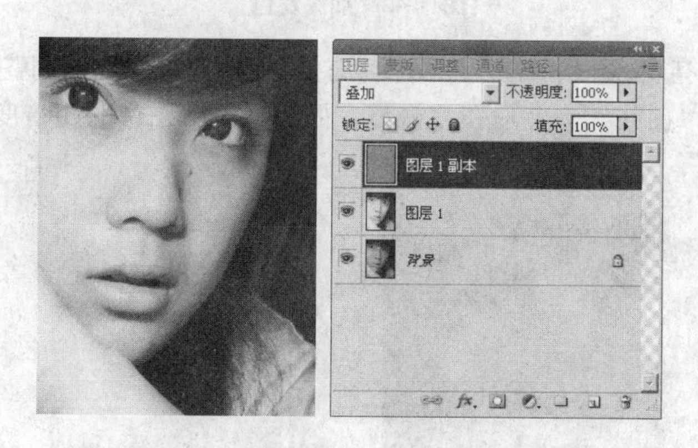

图11-39 将图层混合模式改为“叠加”

（7）去除脸上杂质。按快捷键Ctrl+E与“图层1”进行合并，选择“仿制图章工具”，按Alt键在皮肤光滑的部位取样，然后在有杂质的皮肤部位涂抹，或者单击工具箱中的“修复画笔工具”，圈出杂质到皮肤干净光滑的部位进行取样，效果如图11-40所示。

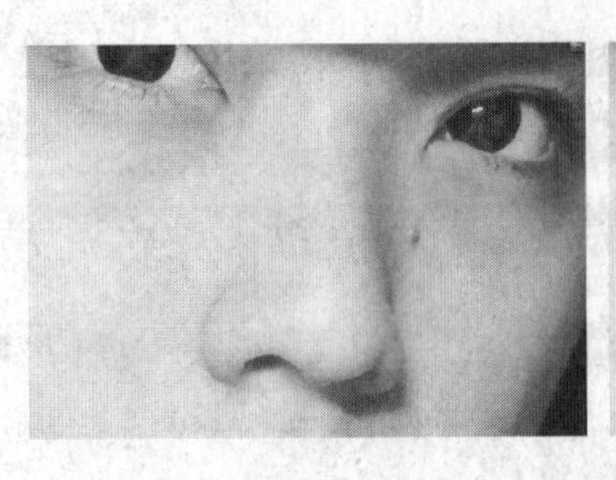
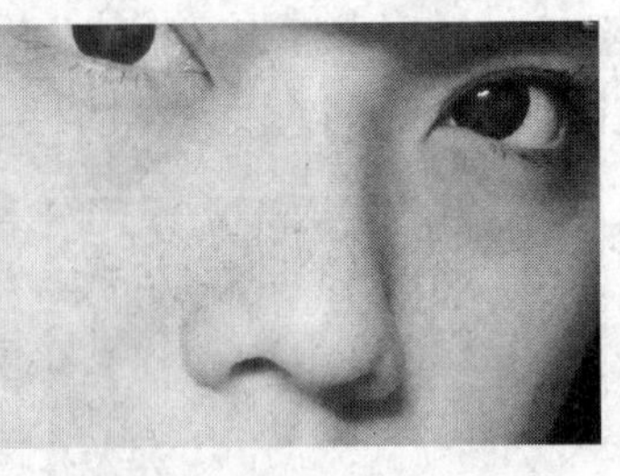

图11-40　利用“仿制图章工具”或“修复画笔工具”去除杂质

（8）减淡与加深。选择“减淡工具”，选择柔角画笔，在人物脸部较暗的部位进行涂抹，如图11-41所示。再选择“加深工具”，在人物头发部位进行涂抹，效果如图11-42所示。

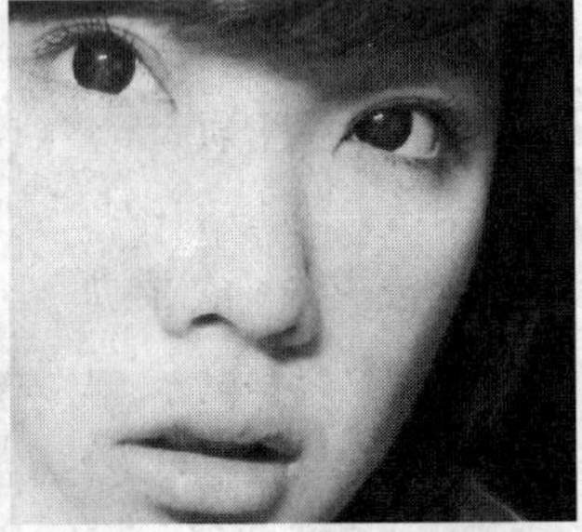

图11-41　提亮肤色

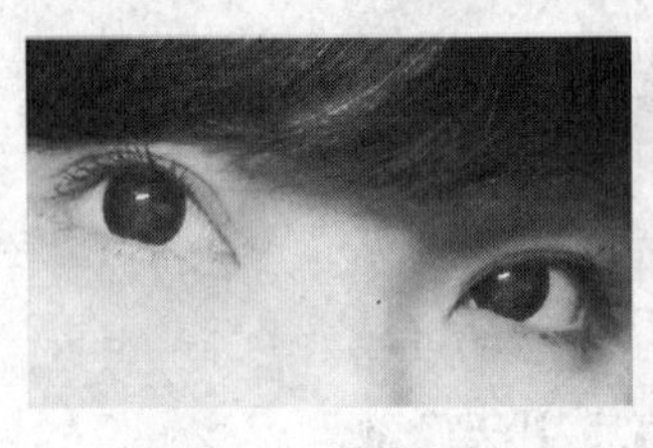
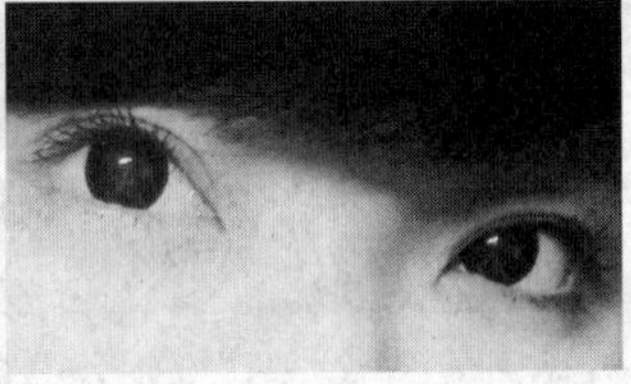

图11-42　加深发色

（9）曲线调整亮度。单击“图层”面板下方的“创建新的填充与调整图层”按钮，在弹出的菜单中选择“曲线”，然后在“调整”面板中调节图像的明暗度，效果如图11-43所示。

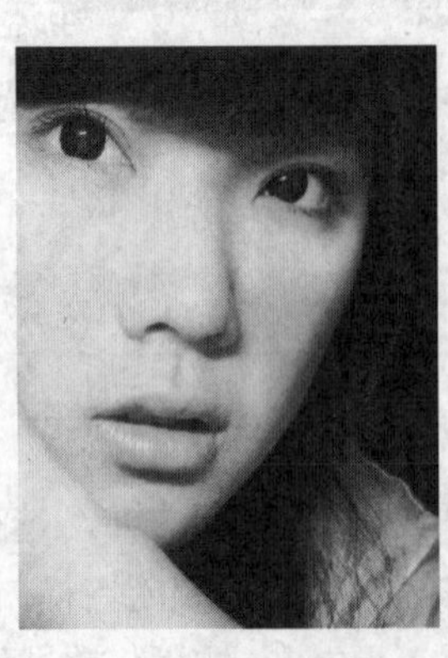
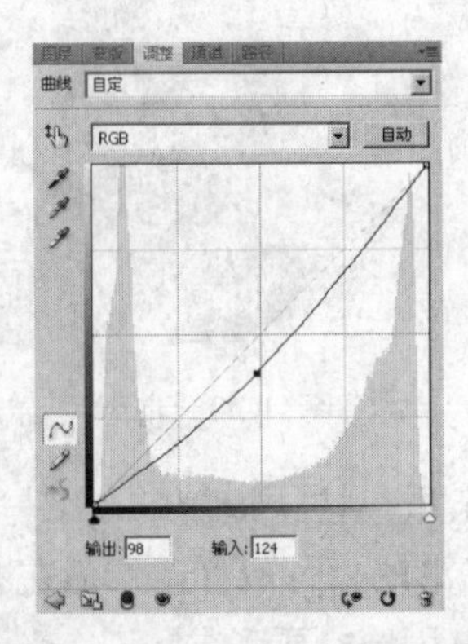

图11-43　调亮效果图

（10）填充渐变。新建图层，选择“渐变工具”，设置颜色渐变为（R219,G201,B166）到（R55,G38,B0）的线性渐变，在图像中由右上角至左下角拖曳，如图11-44所示。将新建图层的混合模式更改为“颜色”，效果如图11-45所示。

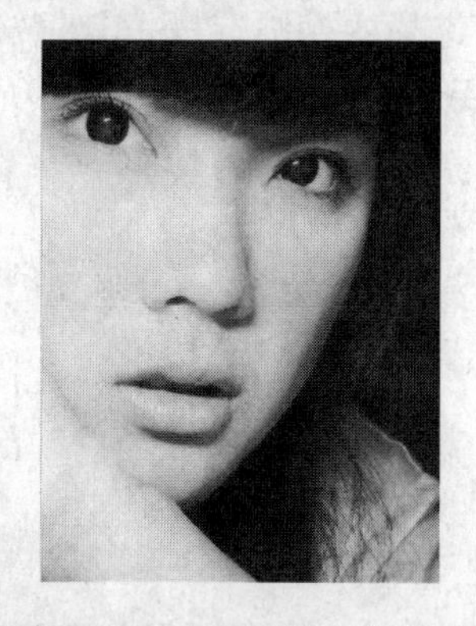

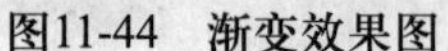

图11-44 渐变效果图　　图11-45 更改图层混合模式效果

（11）为嘴唇上色。新建图层，将前景色设置淡粉色（R244,G193,B190），选择“画笔工具”，选择柔角画笔，在女生嘴唇上进行涂抹，在涂抹的过程中注意调整画笔的大小，然后选择“加深工具”与“减淡工具”对其进行明暗度的调整，如图11-46所示。将图层的不透明度设置为70%，效果如图11-47所示。

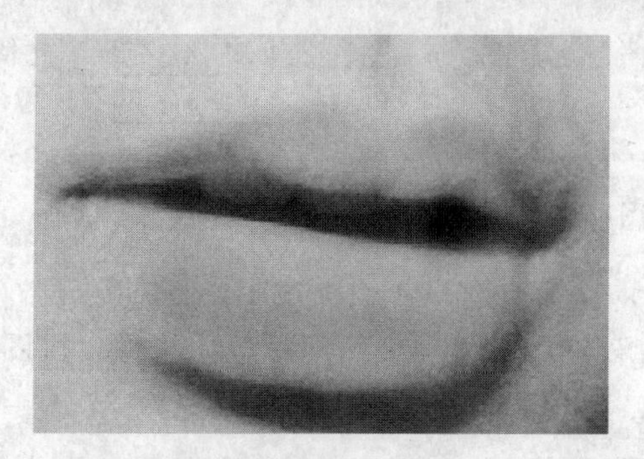

图11-46 为嘴唇上色　　图11-47 更改不透明度

（12）新建文件。新建一个5cm×5cm大小的文档，颜色模式为RGB，分辨率为100像素/英寸，注意背景内容为透明，如图11-48所示。

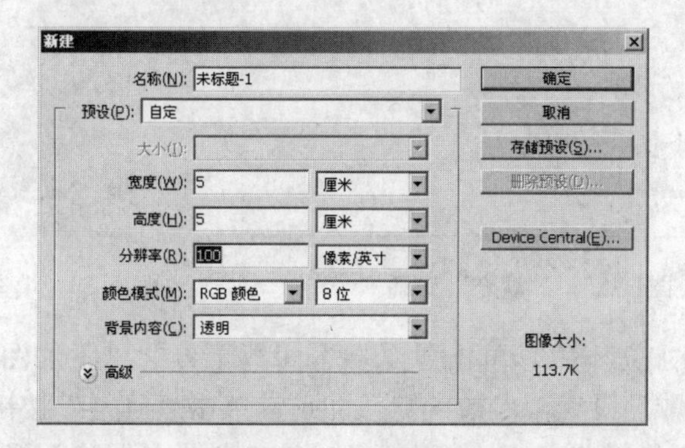

图11-48 新建文档

（13）绘制图形。按快捷键Ctrl+R显示标尺，拖曳出两条辅助线，将图像平分四份，执行“视图”→“对齐到”→“参考线”命令，选择“矩形选框工具”，在途中绘制两个矩形，并分别填充颜色为红色（R250,G101,B101）、绿色（R0,G213,B0），如图11-49所示。选择“椭圆选框工具”，在图像中按Shift键绘制正圆，然后使用移动工具将其移动到另一边，效果如图11-50所示。

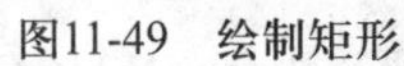

图11-49　绘制矩形

图11-50　添加减选圆形

（14）定义图案。执行“编辑”→“定义图案”命令，在弹出的“图案名称”对话框中更改名称为“拼图”，然后单击“确定”按钮，如图11-51所示。

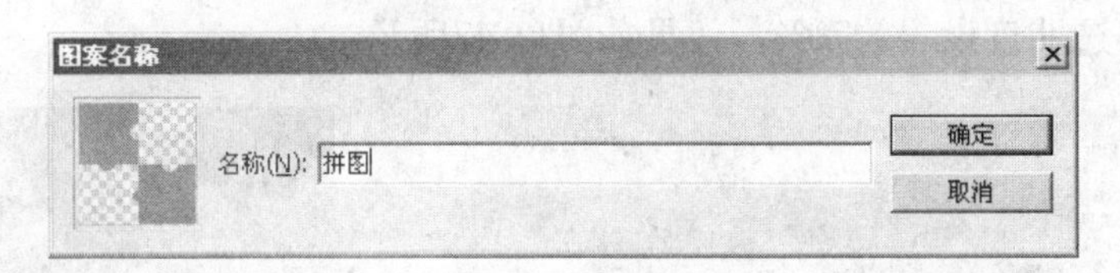

图11-51　新建文档

（15）填充图案。回到人物图层，按快捷键Ctrl+Alt+Shift+E盖印图层，然后新建图层，执行“编辑”→“填充”命令，在弹出的“填充”对话框中选择“拼图”图案，如图11-52所示。单击“确定”按钮，效果如图11-53所示。

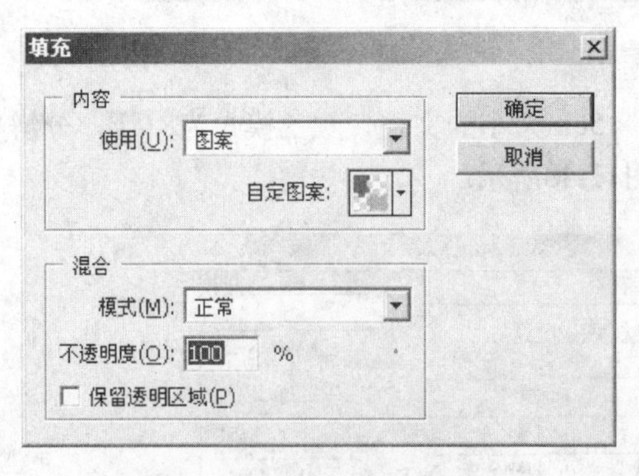

图11-52　“填充”对话框

图11-53　填充拼图图案效果

（16）为拼图添加立体感。单击“图层”面板下方的“添加图层样式”按钮，对其进行“斜面和浮雕”设置，参数为默认即可。单击“确定”按钮，效果如图11-54所示。然后执行“图像”→“调整”→“去色”命令，效果如图11-55所示。

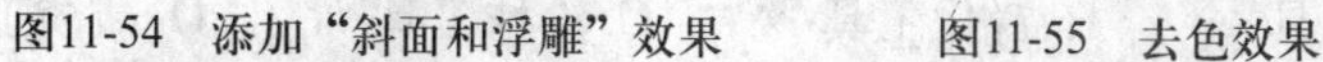

图11-54 添加“斜面和浮雕”效果　　　图11-55 去色效果

（17）让拼图显示出人物。将图层混合模式更改为“变暗”，执行“图像”→“调整”→“亮度/对比度”命令，在弹出的对话框中进行设置，如图11-56所示。单击“确定”按钮，效果如图11-57所示。

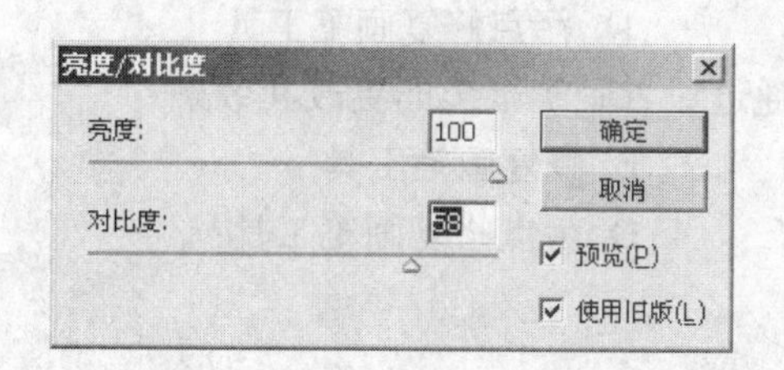

图11-56 “亮度/对比度”对话框

图11-57 调整亮度/对比度效果

（18）添加装饰。选择“移动工具”，将装饰图案拖曳到图像中调整至合适大小及位置，按快捷键Ctrl+Alt+Shift+E盖印图层，最终效果如图11-58所示。

图11-58 最终效果图

11.4 课堂练习

1. 单项选择题

（1）调整一幅图像中局部像素的局部明暗，可以使用下列（　　）工具。

A. 加深工具和减淡工具　　B. 模糊工具和锐化工具

C. 涂抹工具　　D. 亮度对比度命令

（2）下列（　　）可以产生类似于手指在未干的油画上涂抹的效果。

A. 模糊工具　　B. 锐化工具　　C. 涂抹工具　　D. 减淡工具

（3）可以快速修复图像中的小部分细节但不可大面积使用的工具是（　　）。

A. 仿制图章工具　　B. 污点修复画笔工具

C. 修补工具　　D. 修复画笔工具

（4）在使用“仿制图章工具”时应首先按住（　　）键在图像中取样。

A. CTRL　　B. Shift　　C. Alt　　D. 空格键

（5）用于去除人物脸上斑点最好的工具是（　　）。

A. 仿制图章工具　　B. 修复画笔工具

C. 修补工具　　D. 污点修复画笔工具

（6）下列工具中（　　）工具可以通过设置画笔笔尖而更改其效果。

A. 修补工具　　B. 修复画笔工具

C. 仿制图章工具　　D. 污点修复画笔工具

2. 问答题

（1）为什么“模糊工具”和“锐化工具”不能够互补？

（2）“图章工具”与“修补工具”的区别是什么？

（3）“污点修复画笔工具”的特点是什么？

Photoshop 第12章 滤镜艺术效果篇

学习目标

了解常用的滤镜以及一些常见特效的制作方法。

学习重点

"液化"滤镜的使用
"消失点"滤镜的使用
修饰图像类滤镜

在Photoshop中使用滤镜功能可以在极短的时间内创建出丰富多彩、光怪陆离的特殊效果。Photoshop中的滤镜种类很多，除了自身所带的滤镜外，也可安装第三方的外挂滤镜使用，本章将对Photoshop中的一些常用滤镜作介绍。

12.1 滤镜概述

Photoshop的滤镜功能强大、种类丰富，它主要用来实现各种特殊的效果，但并不是所有滤镜都可以针对各种图像和图层使用，它的使用也有许多的规则和技巧。

12.1.1 滤镜的类别

滤镜都集中在"滤镜"菜单下，如图12-1所示。每种滤镜的下面有许多的子命令，这些子命令可以实现多种不同效果。虽然滤镜种类繁多，但想要掌握它并不难，只要掌握每类滤镜的功能方向，在使用时便可以轻易地实现自己想要的效果。

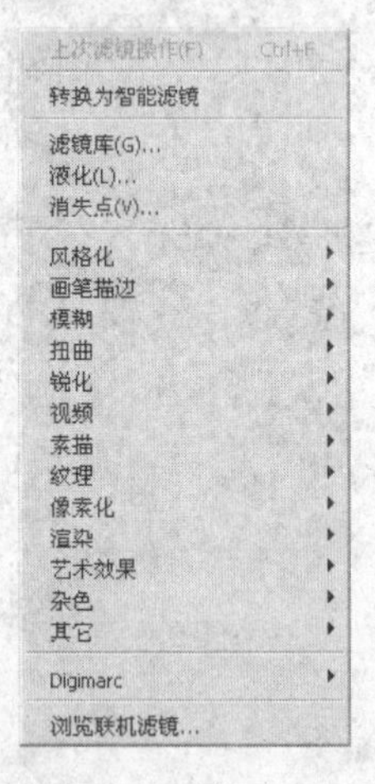

图12-1 "滤镜"菜单

滤镜按功能可以分为以下几类。

1. 特殊功能滤镜

特殊功能滤镜包括"消失点"滤镜、"液化"滤镜等，在Photoshop中主要用于图像的美化修整等。例如"液化"滤镜改变人体形态，"消失点"滤镜修补图像。

2．艺术化图像滤镜

艺术化图像滤镜可以把实景图像转换为抽象的艺术效果或为图像附加纹理，如素描、木刻、铬黄。

3．修饰图像类滤镜

修饰图像类滤镜主要是用来更改图像形态、更改可视效果以及清除杂色等，如模糊、扭曲、锐化等。

4．风格化滤镜

风格化滤镜主要为图像增加特殊的可视风格，如吹风、凸出、浮雕等效果。

12.1.2　滤镜使用规则

不是任何情况下都可以使用所有的滤镜命令，在不同情况下使用滤镜命令所产生的效果也不相同。以下规则在使用滤镜命令时需要注意。

（1）只有RGB模式的图像可以使用所有的滤镜命令，其他模式的图像或多或少地都不能使用一些滤镜命令，位图和索引色模式下的图像所有滤镜都不能使用。

（2）Photoshop默认的8位通道图像可以使用所有滤镜命令，16位和32位图像只能使用部分命令。

（3）滤镜主要用于当前选中的图层或选区，如果当前选择的是单个通道则滤镜只对所选通道起作用。图12-2所示的是只对绿色通道使用扭曲滤镜的效果。图12-3所示的是被扭曲图像的绿色通道和红色通道图像的对比。

图12-2　对通道使用滤镜的效果

图12-3　图像的红色和绿色通道

（4）不同的滤镜效果可以反复叠加在同一图层上，并且使用过滤镜的图层与其他图层属性相同，可以对其执行不透明度、混合模式等任何图层操作。

（5）羽化、透明选区等对滤镜具有限制效果。

12.1.3 滤镜的使用技巧及要点

1．滤镜使用技巧

（1）滤镜快捷键：快捷键Ctrl+F可以使用同样的参数将刚用过的滤镜再执行一次，这样会加深该滤镜的作用效果。按快捷键可Ctrl+Alt+F再次打开最近一次使用的滤镜的参数设置框，用于快速使用刚使用过的滤镜效果。

（2）还原滤镜操作：在滤镜窗口里按住Alt键，“取消”按钮会变成“复位”按钮，单击“复位”按钮可恢复调整参数前的初始状况。如果刚结束滤镜操作，按快捷键Ctrl+Shift+F可以渐隐滤镜效果。

2．滤镜使用要点

（1）不同分辨率对滤镜效果的影响：滤镜的处理效果以像素为单位，使用相同的参数处理不同分辨率的图像，效果会有所不同。

（2）滤镜不能对矢量图形做处理，文字图层一定要先栅格化后才能用滤镜。

（3）只针对图像中的单个通道执行滤镜效果可以得到许多有趣的结果，特别是Ahlpa通道。

12.2 特殊功能滤镜

12.2.1 滤镜库叠加滤镜效果

使用“滤镜库”用户可以随意地叠加和调整多个滤镜效果，还可以重新排列滤镜效果的顺序，当对效果不满意时可以按住Alt键单击“复位”按钮回到初始参数，“滤镜库”非常有利于用户查看和比对各种滤镜效果。可惜的是并不是所有的滤镜都被列在滤镜库列表中。

执行“滤镜”→“滤镜库”命令，弹出如图12-4所示的“滤镜库”对话框。在该对话框中的滤镜列表区集中了多种滤镜效果。

图12-4 滤镜库

1．添加滤镜效果

通过点击滤镜列表区的滤镜，可以为图层添加滤镜效果，在预览区的窗口内可以看到图层的实时变化效果，将鼠标放在预览窗口内变成“抓手”可以拖动预览图查看图像的其他显示部分。

2．设置滤镜参数

通过右边的参数设置区可以调整当前所使用的滤镜的参数，并且在参数区的下拉列表中也可以选择滤镜。

3．为当前图层添加多个滤镜

通过滤镜库的右下角的滤镜层可以为图层添加多个滤镜效果层，方法是单击其下方的“新建效果图层”按钮，然后选中新添加的层，在滤镜列表区单击任意一种滤镜为新效果层添加滤镜效果，通过拖动效果层上下移动可以调整效果层的顺序，单击图层前面的“眼睛”按钮可以隐藏当前效果层的效果。如果要删除效果层则单击下方“删除”按钮即可。效果层的操作与图层操作几乎相同，用户完全可以按照图层的操作来操作效果图层。

不同的效果层叠加顺序对图层的影响并不相同，如图12-5所示的是图章与照亮边缘不同效果层排列的效果。

图12-5　更改效果层排列对比

12.2.2　使用液化滤镜修改图像

“液化”滤镜可以将图像变成类似于液体的属性，然后通过使用“推拉”、“旋转”、“挤压”等工具可以像画师调染料一样地搅动图像像素。使用“液化”滤镜可以改变人物的身材轮廓和制作夸张的面部表情等，介于其调整像素时的随意性艺术家可以使用其创建抽象的艺术效果。如图12-6所示的是使用“液化”滤镜编辑的图像效果。

图12-6　使用“液化”滤镜效果

执行“滤镜”→“液化”命令打开“液化”滤镜对话框，如图12-7所示。

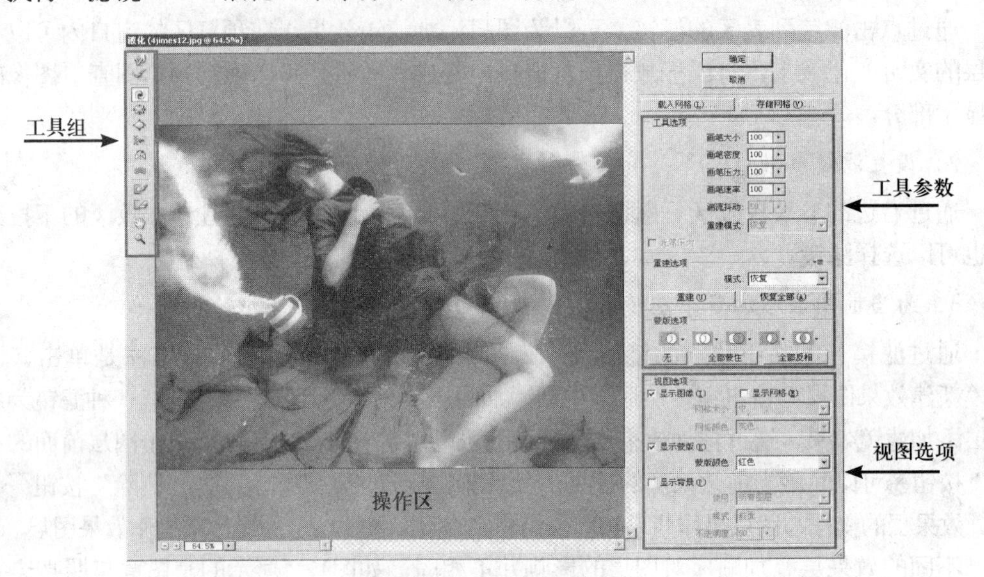

图12-7 “液化”滤镜

工具组中的各工具作用如下。

（1）“向前变形工具”：在图像上拖拽像素产生变形效果。

（2）“重建工具”：可以将涂抹过的区域恢复到更改前的图像。

（3）“顺时针旋转扭曲工具”：可以旋转范围区域内的像素。按住Alt键可以反向旋转。效果如图12-8所示。

图12-8 旋转

（4）“褶皱工具”：使区域范围内的像素向中间部位收缩，形成缩小效果。

（5）“膨胀工具”：使区域范围内图像向边缘移动形成放大鼓胀效果。

（6）“左推工具”：将区域范围内的图像向一侧移动，向上拖动鼠标时像素向左移动，向下拖动则向右移动。

（7）“镜像工具”：将画笔涂抹过的区域的一侧像素复制到涂抹区域中，向上拖动复制左边像素，向下拖动则复制右边像素。

（8）“湍流工具”：可以更改图像像素的紊乱度，适用于创建波纹、火焰的效果。

（9）“冻结蒙版区域工具”：同快速蒙版工具作用相同，使用冻结蒙版涂抹后的红色区域像素将被保护不被修改。按住Shift键可以直线涂抹。

（10）“解冻蒙版工具”：使用它可以擦除冻结区域。

（11）“抓手工具”和“缩放工具”：移动和缩放当前预览图像。

工具参数的含义如下。

画笔大小：设置画笔的大小，与画笔工具设置相同，也可以通过按“[”或“]”键来放大和缩小画笔，如果同时按住Shift键可以十倍的比率放大和缩小画笔。

画笔密度：相当于画笔工具的“硬度”选项，使画笔边缘有羽化效果。

画笔压力：控制工具改变像素位置的强度。

画笔速率：更改缩放和扭曲像素时的速率。

湍流抖动：控制“湍流工具”对紊乱像素的平滑程度，较低的值可以使像素紊乱平滑。

12.2.3 课堂实例1——使用液化滤镜为人物烫发及瘦身

（1）打开素材。打开光盘\素材\第十二章\人物头发.jpg和腰腹.jpg，如图12-9所示。

图12-9 素材图像

（2）为人物烫发。选中“人物头发.jpg”文件，执行“路径”→“液化”命令，首先单击工具箱中的“冻结蒙版工具”将不需改变的部分涂抹覆盖，如图12-10所示。然后使用“湍流工具”在人物头发外边缘向内推动，如图12-11所示。

（3）完成效果。使用同样的办法弯曲另一侧的头发，完成后单击“确定”按钮，效果如图12-12所示。

图12-10 覆盖不需要改变的区域图

图12-11 使用湍流工具弯曲头发

图12-12 完成效果

（4）瘦身。同样执行“液化”命令，然后使用“褶皱工具”调整较低的参数，在腰部单击，也可以使用“向前变形工具”从侧面向内里推动像素，完成前后效果比对如图12-13所示。

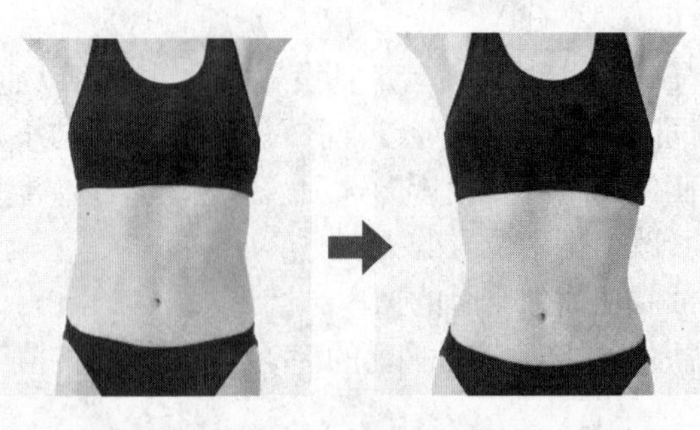

图12-13　完成前后效果对比

12.2.4　使用消失点滤镜修补图像

使用“消失点”滤镜可以编辑透视平面，例如建筑物的墙面，或任何平面图像中的矩形对象，这些对象由于相机的角度不同，使得它们在图像中以透视形态的矩形存在，而“消失点”滤镜则是以透视形态的选区将它们选中并编辑。“消失点”滤镜的窗口如图12-14所示。

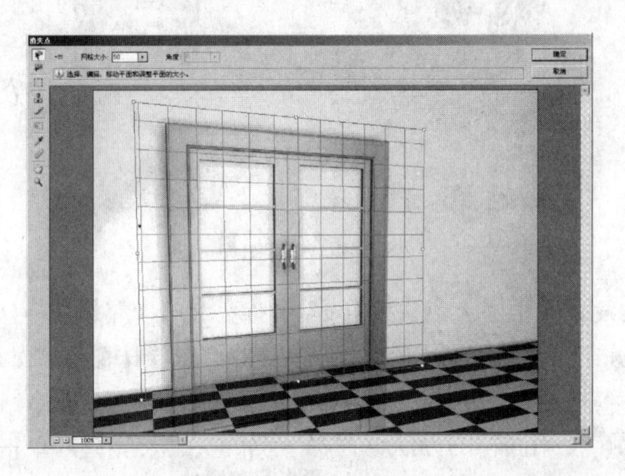

图12-14　“消失点”窗口

窗口中的各工具及设置项功能如下所述。

（1）“创建平面工具”。使用“创建平面工具”可以在图像中创建编辑面，使用它在图像上单击确定矩形的四个端点，矩形编辑面即可创建，如图12-15所示就是矩形编辑面，想要删除该平面则按下键盘上的BackSpace键。

图12-15　创建编辑平面

（2）“编辑平面工具”。该工具可以编辑创建的矩形平面。使用该工具时，将鼠标放置在创建的平面上可以移动该平面，放置在边界点上可以透视移动边界点，按住Ctrl键可以从矩形的一边拖拉出另一编辑面，如图12-16所示。按住Alt键可以斜切矩形面，如图12-17所示。

图12-16　按住Ctrl键拖出编辑面

图12-17　按住Alt键斜切平面

（3）“选框工具”、“图章工具”和“画笔工具”。使用方法与工具箱中对应工具相似。在窗口上面的修补下拉列表中可以选择修复的方法。

12.2.5　课堂实例2——使用消失点滤镜擦除图像中的物体

本实例将使用“消失点”滤镜抹除图像中指定的物体。

（1）打开素材。打开光盘\素材\第十二章\抹除杂物.jpg，如图12-18所示。接下来要无痕迹地快速清除图像中的杂物。

（2）使用“消失点”滤镜选中编辑面。使用“创建平面工具”在图像中创建如图12-19所示的编辑面。然后使用“选框工具”，在靠近球的区域创建选区，如图12-20所示。

图12-18　素材图像

图12-19　“消失点”滤镜图

图12-20　创建矩形选区

（3）复制选区内像素。按住Alt键移动选区内像素，使其覆盖下面的杂物，效果如图12-21所示。然后使用该方法依次建立选区并复制选区内容覆盖其他的地方。注意选区必须是靠近于要替换的部分，覆盖完成后效果如图12-22所示。

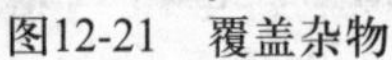

图12-21　覆盖杂物

图12-22　完成效果

12.2.6　课堂实例3——消失点滤镜制作壁画效果

（1）打开素材。打开光盘\素材\第十二章\墙壁.jpg和蓝色花朵.jpg，如图12-23所示。

图12-23　素材图

（2）创建编辑面。首先将蓝色花朵的图案全选并复制。回到白色墙壁的图像上打开“消失点”滤镜，在图像上建立如图12-24所示的矩形编辑面。

图12-24　创建编辑面

（3）建立选区。使用“选框工具”在编辑面内创建如图12-25所示的选区，并按快捷键Ctrl+V粘贴图像到选区内，可以看到粘贴到选区内的图像，随编辑面产生了透视。如果想要此时的效果直接单击“确定”按钮即可。

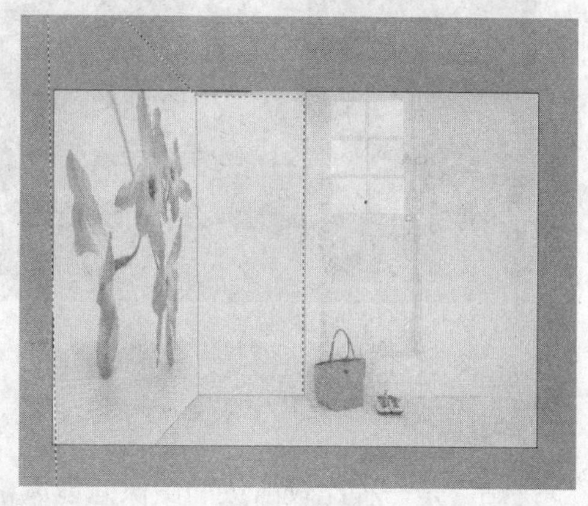

图12-25 建立选区

（4）修改选区。选中“选框工具”，在其上方的参数区设置羽化值为20，不透明度更改为50%，修复项选择“开”。然后单击“确定”按钮，完成后效果如图12-26所示。

图12-26 完成效果与原图像对比

12.3 风格化滤镜组

使用风格化滤镜组可以实现一些特殊的图像印象效果，其中共包含9种滤镜，其中比较常用的有风、拼贴、浮雕效果和凸出。

1．风

“风”是一种比较常用的滤镜效果，它可以模仿出自然界风吹过的效果，如图12-27所示。“风”的使用也比较简单，在如图12-28所示的对话框中可以设置“风”的三种形式，一般比较常用的是“风”，在下面的方向中可以选择刮风的方向，完成后单击“确定”按钮即可创建“风”的效果。

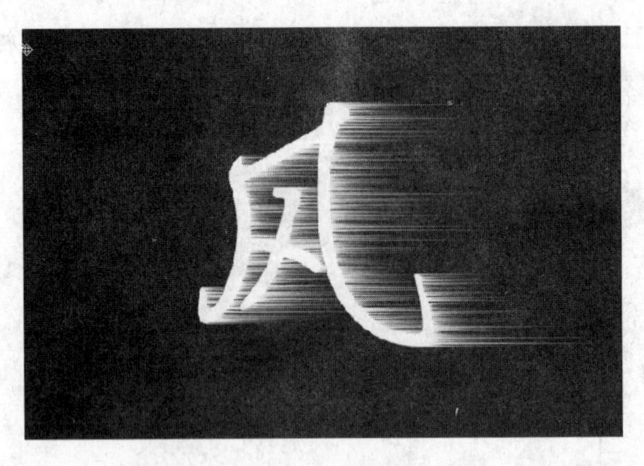

图12-27 “风”的效果

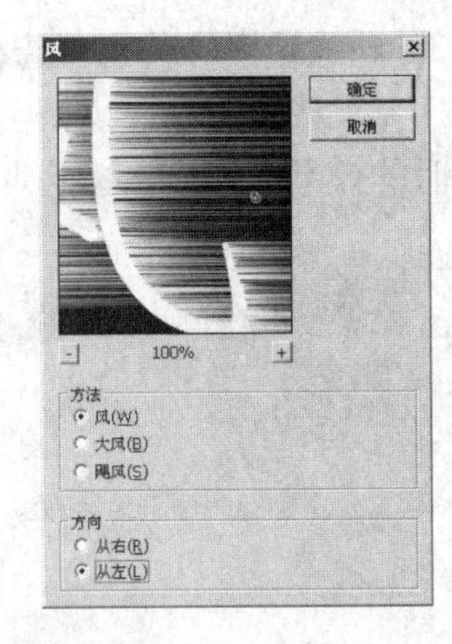

图12-28 “风”对话框

2．拼贴

“拼贴”是一种比较活泼的图像处理风格，它将图像分割成一个个的小四方块并随机间隔开来，使图像显得随意活泼，效果如图12-29所示，其参数设置如图12-30所示。

图12-29 “拼贴”效果

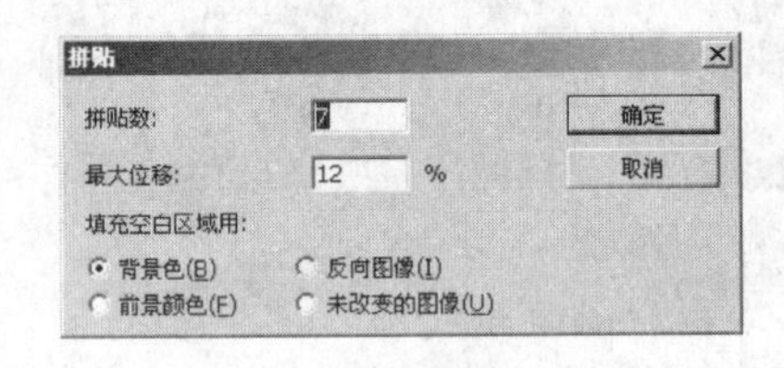

图12-30 “拼贴”对话框

通过设置“拼贴”对话框的拼贴数和位移，可以更改拼贴图块的大小和随机间隔的距离。其下方的填充空白区域设置可以选择使用哪一种颜色填充拼块间的缝隙。

3．浮雕效果

“浮雕效果”与图层样式中的浮雕效果看起来类似，但其作用原理却不相同。“浮雕效果”将图像中大部分颜色变成一个灰色平面，并将其轮廓凸出形成立体效果，这一点在增大高度参数后可以明显看出。“浮雕效果”如图12-31所示。

图12-31 浮雕效果

4．凸出

“凸出”效果可以把图像分成一个个的小方格并将这些方格立体化向外凸出，从而形成一种立体时尚的效果，其对话框如图12-32所示。在其中可以选择立体的效果是方块还是金字塔，它们的效果如图12-33所示。在“大小”参数中可以设置图像分割成的方块的大小，“深度”参数可以设置凸出的高度。

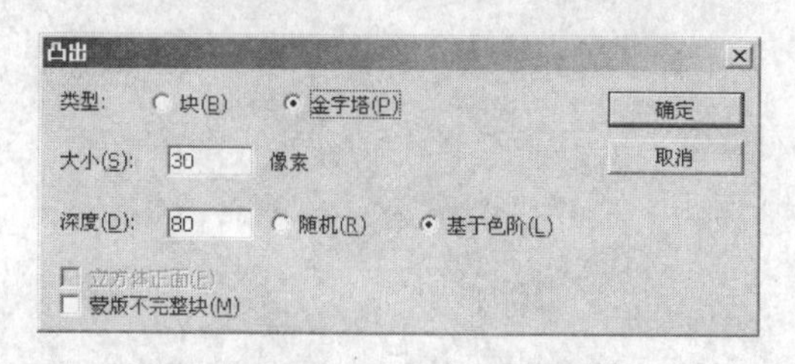

图12-32 “凸出”对话框

图12-33 “块”和“金字塔”的“凸出”效果

12.4 艺术化图像

12.4.1 艺术化效果

使用“艺术效果”菜单中的滤镜可以为美术或商业目的制作绘画效果或艺术效果，这些滤镜通过模仿自然或传统介质而快速生成所需要的艺术效果。使用艺术效果滤镜可以通过滤镜库实现。在实际操作中普通用户使用艺术效果滤镜并不多，这里只简略介绍。

1．彩色铅笔

类似于现实中的铅笔素描，在图像上创建粗糙的阴影线，并用阴影线条的多少来表现图像中的明暗。

2．木刻

增加图像的对比度，并为图像添加多层亮面和暗面，使图像看起来像是多层彩纸叠加而成的，其效果如图12-34所示。

图12-34 “木刻”效果

3．干画笔

将图像的颜色范围、对比度等降低，使图像没有明显轮廓线，形成干笔画的效果，如图12-35所示。

图12-35 “干画笔”效果

4．壁画

使用小块范围的色彩将图像原本的像素混合覆盖，形成粗糙的画笔绘制的壁画效果。

5．霓虹灯光

为图像添加各种颜色的灯光效果，可以使图像柔化并使对象的边缘线条部分发出柔和的光。

6．绘画涂抹

可以选择不同大小的画笔使图像变得模糊并呈油画效果。画笔类型有简单、未处理光照、未处理深色、宽锐化、宽模糊和火花5种。效果如图12-36所示。

图12-36 “绘画涂抹”效果

7. 塑料包装

为图像增加一层塑料薄膜的效果，并强调图像的细节，如图12-37所示。

图12-37 “塑料包装”效果

8. 海报边缘

对图像进行色调分离减少图像颜色数量，并查找图像的边缘，在边缘位置绘制线条，增加图像边缘的线条细节，使图像效果接近于海报画，如图12-38所示。

图12-38 “海报边缘”效果

9. 粗糙画笔

为图像增加纹理并使用粉笔描边，纹理只显示在暗部，亮部的几乎不可见。

10. 涂抹棒

使用“涂抹棒”滤镜可以使图像失去细节，亮部变得更亮，暗部变得柔和。

11. 海绵

模仿海绵绘画的效果，用比较粗的纹理在对比度强的颜色区域描绘图像。

12. 水彩

模仿水彩画的效果。

12.4.2 素描效果

使用素描滤镜组中的滤镜可以为图像添加纹理，素描滤镜经常用于创建美术或手绘外观，也可以使图像获得3D的效果。在滤镜使用过程中经常用到前景色和背景色，所以在使用时应当注意提前设置好前景色和背景色。

1．铬黄滤镜

“铬黄”滤镜使图像具有平滑、光亮的效果。在执行铬黄过程中，高光部分变成亮点，阴影变成暗点，该滤镜可制作水或者水银的效果。图12-39所示的是应用“铬黄”滤镜得到的水纹的效果。

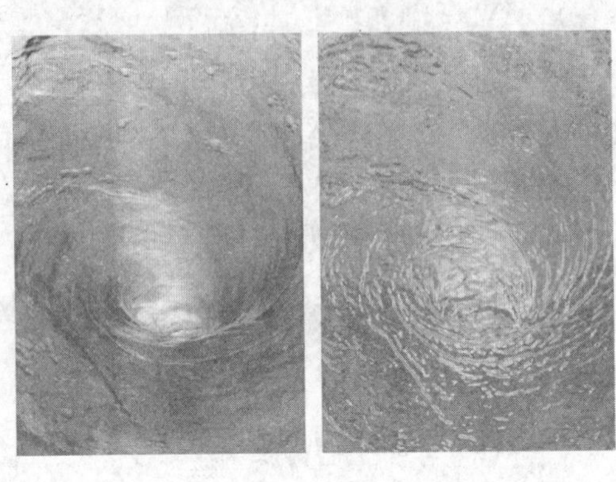

图12-39　“铬黄”效果

2．绘图笔

使用细小的线条描绘图像的明暗，该滤镜使用前景色作为油墨色，使用背景色作为纸张颜色来描绘图像，效果如图12-40所示。

图12-40　“绘图笔”效果

12.4.3　为图像添加纹理

使用纹理滤镜可以为图像添加纹理效果，使图像具有深度感或物质感。其中共有6种纹理效果，如图12-41所示。6种纹理效果依次为龟裂缝、颗粒、马赛克拼贴、拼缀图、染色玻璃、纹理化。

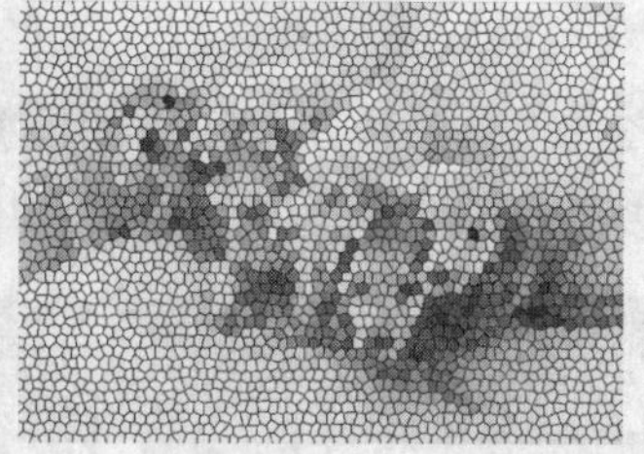

图12-41 图像纹理滤镜

12.5 修饰图像

12.5.1 模糊图像

使用模糊滤镜可以柔化选区或整个图像，这一类滤镜功能在Photoshop中使用比较多。主要用于特殊效果的创建及数码照片焦距的调整等。

1．表面模糊

“表面模糊”是在保留图像边缘的情况下模糊图像，此滤镜经常用于去除杂色和斑点，例如美化人物皮肤等，其中的“半径”参数是设置模糊取样区域的大小，“阈值”类似于容差的概念，控制色阶偏差多大时图中像素会成为模糊的一部分。

2．动感模糊

“动感模糊”可以模拟出物体快速运动或在移动过程拍照的效果，在其参数中可以设置对象运动的角度及强度，“动感模糊”的效果如图12-42所示。

图12-42 动感模糊

3．方框模糊

使物体以四方框的轨迹向四个方向做模糊效果，如图12-43所示。

图12-43 方框模糊

4．高斯模糊

“高斯模糊”可以在模糊图像的同时添加低频率的模糊细节，使对象产生一种朦胧效果，“高斯模糊”滤镜配合“历史记录画笔工具”可以美化人物皮肤，如图12-44所示。

图12-44　“高斯模糊”美化皮肤

5．镜头模糊

向图像中添加模糊以实现更窄的景深效果，使图像的一部分对象处于焦点中，其余区域变得模糊，以突出主题减少图像景深，如图12-45所示。

图12-45　“镜头模糊”效果

6．径向模糊

模仿缩放或旋转的镜头的模糊效果，创建一种柔化模糊。在其对话框内的“模糊方法”选项组中可以选择“缩放”和“旋转”两种模糊方法，可以设置模糊强度，在对话框右侧的“中心模糊”视窗内可以选择径向模糊的中心点，在“品质”选项组中可以设置模糊品质。“径向模糊”的效果如图12-46所示。

图12-46　“径向模糊”效果

7. 形状模糊

其功能包含“方框模糊”，依据在形状预设中指定的形状的轮廓做模糊运动，设置“半径”参数可以控制选中的形状大小，半径越大，模糊的范围也越大。

8. 特殊模糊

“特殊模糊”是一种精确的模糊方法，它可以指定模糊的半径、阈值和模糊品质。半径值确定以中心像素为圆心向周围搜索范围的大小，阈值相当于容差，指定颜色值差距多少会受到影响。

12.5.2 扭曲图像

扭曲滤镜组可将图像进行几何扭曲，创建3D或其他效果，这类滤镜占用内存较高，使用也比较多。下面将对几个常用的命令进行介绍。

1. 波浪

根据设置的参数将图像像素向一个方向做有规律的位移波动。可以模拟水的折射效果，如图12-47所示。

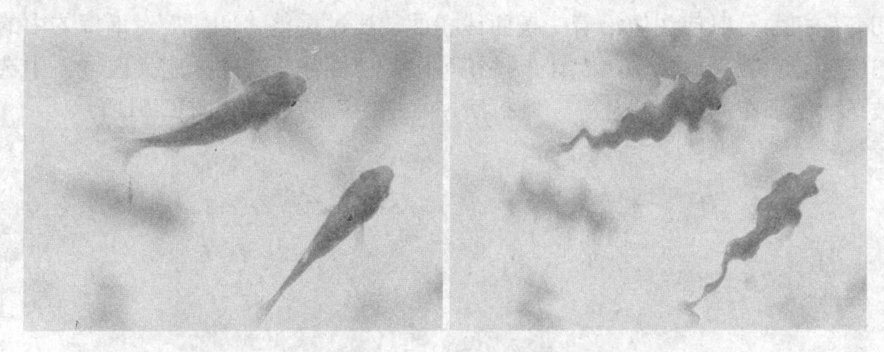

图12-47 “波浪”滤镜效果

2. 玻璃

“玻璃”滤镜通过特定的扭曲方式可以模拟不同的玻璃效果。在该滤镜的参数中可以设置扭曲度（数值越高扭曲越厉害）和平滑度，在“纹理”中可以设置玻璃纹理，也可以通过右侧的按钮载入其他纹理效果，如图12-48所示的分别是磨砂玻璃和块状玻璃滤镜的效果。

图12-48 磨砂玻璃和块状玻璃的效果

3. 极坐标

该滤镜可以将平面坐标转换到极坐标或将极坐标转换为平面坐标。该滤镜常被用来制作球状效果，如图12-49所示的是一幅正方形的图像，在对其执行“滤镜”→“极坐标”（平面坐标到极坐标）后得到如图12-50所示的效果。

图12-49　原图像

图12-50　执行“极坐标”后效果

4. 切变

“切变”扭曲可以使图像沿着一条曲线扭曲，通过调整“切变”对话框的中的曲线，来指定图像的变形效果，单击“默认”按钮可以复位曲线，在“未定义区域”中选择“折回”则被扭曲出画布的图像将从另一侧折回，“切变”的效果如图12-51所示。

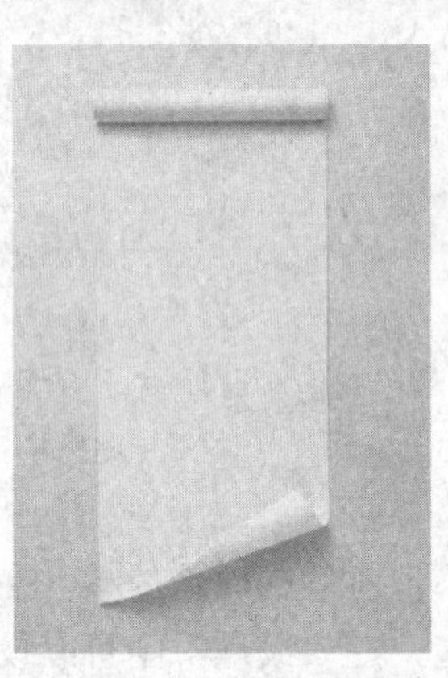

图12-51　切变

5. 球面化

“球面化”滤镜可以将选区或图像凸出成球形，使对象具有3D效果。该滤镜经常被用来修整人物体型。

6. 旋转扭曲

旋转图像或选区，类似于棍棒搅拌的效果，通过设置其参数中的角度可以指定旋转幅度的大小。“旋转扭曲”的效果如图12-52所示。

图12-52　“旋转扭曲”的效果

7. 置换

使用一幅图像来确定如何扭曲当前图像。图像中的像素排列、纹理等将影响到扭曲的效果。

12.5.3 锐化图像

锐化滤镜会增加相邻像素之间的对比度来聚焦模糊的图像。

1. 锐化和进一步锐化

聚焦选区内的图像像素并提高其清晰度。“进一步锐化”则比“锐化”应用更强的锐化效果。

2. 锐化边缘和USM锐化

“锐化边缘”只针对图像的边缘进行锐化并同时保证图像的平滑度。上面的三种滤镜都不可设置锐化参数，只适合大致的锐化调整，如果需要细致专业锐化可以使用“USM锐化”。“USM锐化”会查找图像中颜色显著变化的区域，并将其锐化，然后在对象的边缘生成较亮和较暗的线条，突出边缘产生锐化感觉。

3. 智能锐化

“智能锐化”具有比“USM锐化”更高的锐化控制功能，它可以设置锐化算法，并分别控制在阴影和高光中的锐化量。图12-53所示的是对图像执行“智能锐化”前后的效果对比。

图12-53 图像“智能锐化”前后的比较

12.5.4 清除或添加杂色

杂色滤镜会添加或去除图像中随机分布的杂点。使用它可以为选区添加特殊的纹理或去除选区内的灰尘划痕等。

1. 减少杂色

“减少杂色”在尽量保留对象边缘的同时将图像中的杂色去除，有些类似对图像局部应用“高斯模糊”的效果。在其参数中可以设置杂色的去除强度，保留细节程度以及图像锐化度。如果选中“高级”，则可以对每个通道进行不同的“减少杂色”操作。图12-54所示的是对图像应用“减少杂色”效果。

图12-54 减少杂色

2．蒙尘与划痕

通过更改相异的像素减少杂色，调整其参数中的半径和阈值使锐化图像和隐藏瑕疵之间取得平衡。

3．去斑

检测图像中对象的边缘（发生显著变化的区域）并模糊除边缘外的所有区域，该模糊操作会在保留细节的同时移去图像中的杂色。

4．中间值

寻找图像亮度的中间值，并把与中间值差异较大的像素去除掉，来减少图像中的杂色，此滤镜在消除图像中的动感效果时非常有用。

5．添加杂色

"添加杂色"滤镜会在图像上随机地增加杂色，并使图像有颗粒感。该滤镜也可以用于减少羽化选区或渐变填充中的条纹，使经过修改的区域看起来更加真实。在其参数中可以选择杂色"高斯分布"和"平均分布"两种方式。图12-55所示的是为图像中修补过的区域添加杂色的效果。

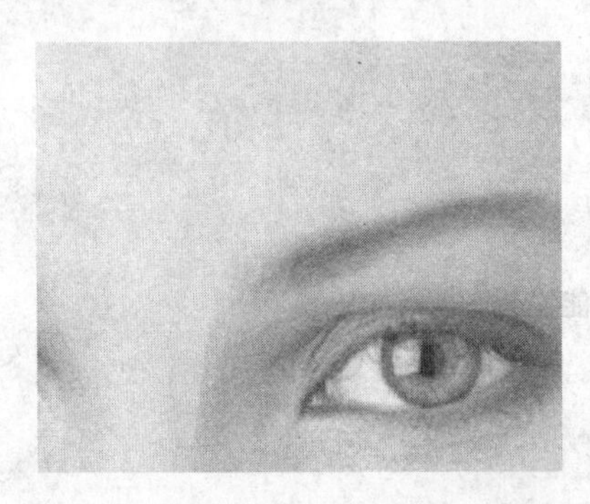
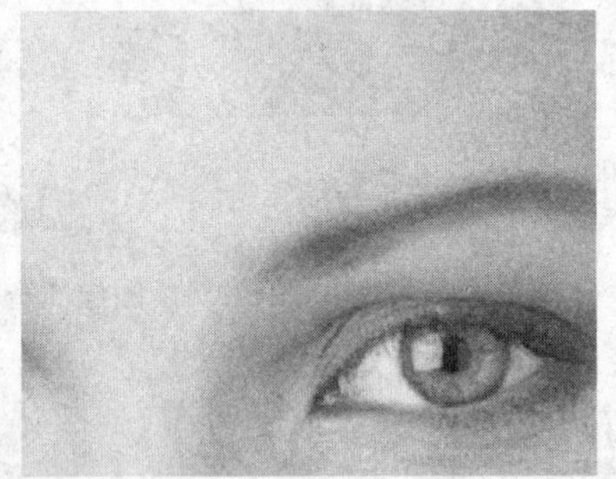

图12-55 添加杂色

12.5.5 渲染滤镜

使用渲染滤镜可以在图像中生成云彩图案、折射图案和反射光线的效果。

1．云彩与分层云彩

"云彩"滤镜可以在图像中添加云彩效果，创建的云彩颜色介于前景色和背景色之间的随机值。而"分层云彩"则将云彩数据和现有的图层进行混合，其混合方式为"差值”。“云彩”滤镜是具有叠加效果的，多次应用后会产生大理石纹理的效果。图12-56所示的是在前景色和背景色分别为蓝色和白色时添加“云彩”效果以及再添加“分层云彩”的效果。

图12-56 “云彩”与“分层云彩”

2. 纤维

使用前景色和背景色创建编制纤维的外观。在其参数中调节差异滑块可以控制纤维的颜色变换，较低的值会产生较长颜色条纹，而较高的值会产生非常短且颜色分布变化更大的纤维。单击“随机化”按钮可以更改纤维的外观。

3. 镜头光晕

“镜头光晕”可以模拟光照射到摄像机镜头产生的折射效果。通过鼠标在对话框缩览图中点击可以更改光晕的中心位置。在“亮度”滑块上可以调整光晕的亮度，通过设置选择镜头类型可以获得不同的镜头效果。为图像添加“镜头光晕”的效果如图12-57所示。

图12-57 为图像添加“镜头光晕”效果

4. 光照效果

使用“光照效果”可以在图像中模拟对象被照射的效果，在“光照效果”对话框中有许多的光照样式和光照类型可供选择。在照射灰度图像或通道时可以使图像产生纹理，类似于3D的效果，并可以存储光照的样式在其他图像中使用。“光照效果”对话框如图12-58所示。

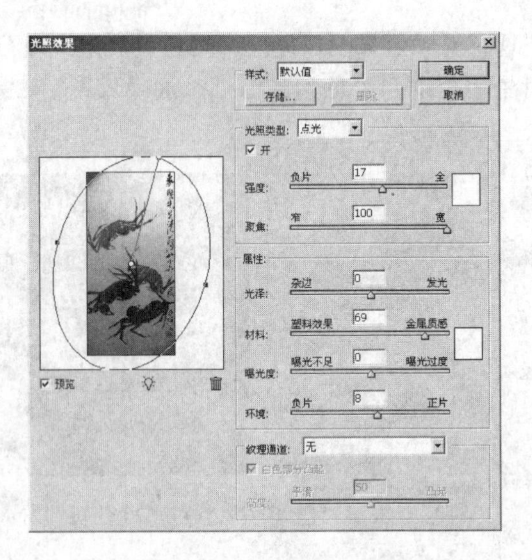

图12-58 “光照效果”对话框

（1）样式。在“样式”下拉列表中可以选择RGB光、手电筒、交叉光等17种光照的样式，图12-59所示的是“RGB光”和“五处下射光”的光照效果（光盘\素材\第十二章\光照效果.jpg）。

图12-59 几种光照样式

（2）光照类型。在光照类型中可以选择点光、全光源和平行光3种光照类型。需要改变光照的颜色可以单击右侧的颜色框，选择光照的颜色。在光照类型的设置参数中“强度”表示光照的颜色值强度，当值为正时，光的颜色为选择的光照颜色，当为负值时光照颜色变成所选颜色的补色。聚焦用于设置发光区域的宽度，正值光照范围宽，负值光照范围窄。

（3）设置光照属性。在“属性”选项组中可以设置光照的属性。拖动“光泽”滑块调整物体表面反射光的多少，滑块向左降低反射率，向右拖动可以调高反射率。“材料”滑块调整的是哪种光的反射率更高，向左为塑料，向右为金属。“曝光度”滑块可以增加光照或减少光照，零值则没有效果。“环境”滑块调整图像所处环境的漫反射光线效果，单击右边的颜色框可以更改光线颜色，正片方向增加光线，负片方向减少光线。

在“纹理通道”中可以选择只照射某个通道，在照射灰度图像时可以产生图像的凹凸立体效果，如图12-60所示。

图12-60　照射通道产生凹凸效果

12.6 其他滤镜组

使用其他滤镜组可以创建自己的滤镜和修改蒙版，可以使选区发生位移和快速调整颜色。

1. 自定

可以创建自己的滤镜，并像其他滤镜一样应用。

2. 高反差保留

只保留图像中各对象的轮廓细节，虚化或不显示图像中的其他部分。此滤镜经常用于从图像中取出艺术线条和黑白色块。

3. 最大值和最小值

经常被用来修改图层蒙版，“最大值”可以扩大白色区域缩小黑色区域，而“最小值”可以扩大黑色区域缩小白色区域。

4. 位移

将图像其他地方的像素复制到当前选区内显示，原选区图像将被清除。

12.7 课堂实例4——轻松制作水墨荷花效果

（1）打开素材。打开光盘\素材\第十二章\荷花.jpg，并将背景复制一层为“图层1”，如图12-61所示。

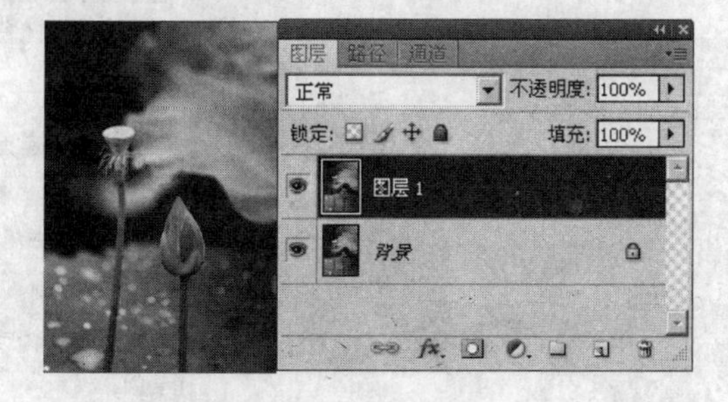

图12-61　素材图像

（2）去色并作“高斯模糊”处理。选中“图层1”按快捷键Ctrl+Shift+U去色命令将图像去色，然后按快捷键Ctrl+I对图像进行反相，效果如图12-62所示。然后执行“滤镜”→“模糊” →“高斯模糊”命令，模糊半径为2，完成后效果如图12-63所示。

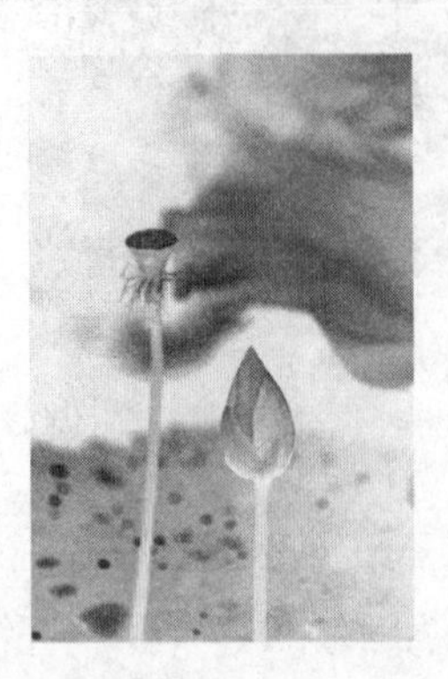

图12-62　去色并反相

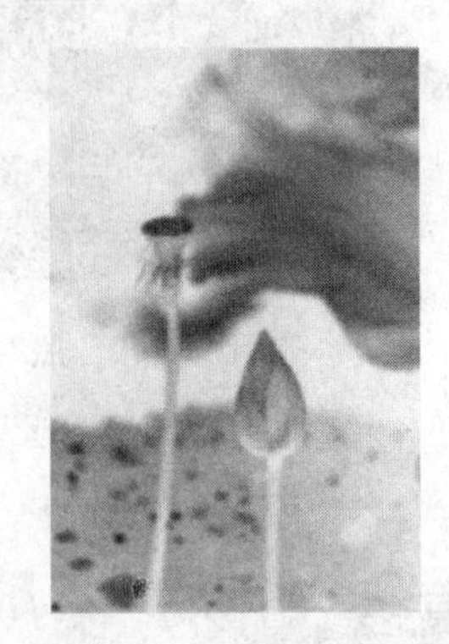

图12-63　“高斯模糊”效果

（3）调整图像色阶。按快捷键Ctrl+L打开“色阶”对话框，参数设置及完成后图像效果如图12-64所示。将调整完成后的“图层1”复制一个为“图层1副本”。

（4）添加喷溅效果。选中“图层1”（隐藏“图层1副本”），执行“滤镜”→“画笔描边”→“喷溅”命令，喷溅半径为2，平滑度为3，执行“喷溅”滤镜后的效果如图12-65所示。

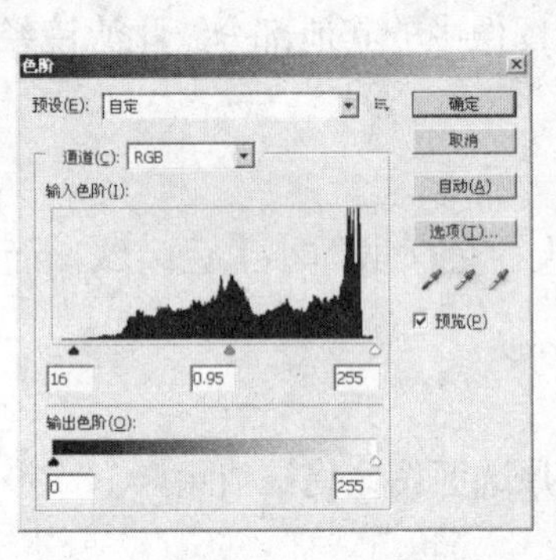

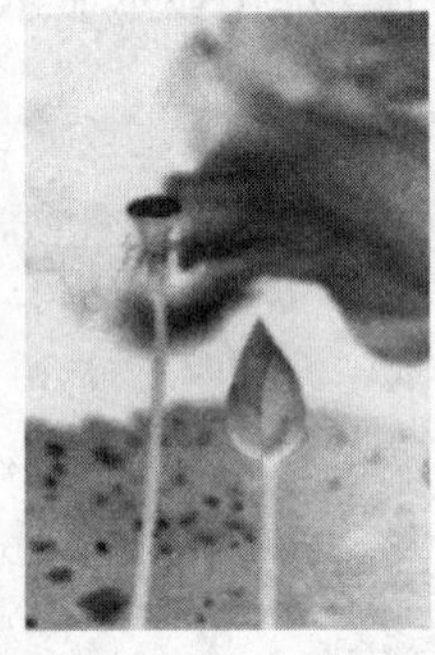

图12-64　调整色阶

图12-65　执行“喷溅”滤镜后的效果

（5）添加“木刻”滤镜效果。显示“图层1副本”，选中它，然后执行“滤镜”→“艺术效果”→“木刻”命令，参数如图12-66所示。完成后将该图层的混合模式设置为“点光”，效果如图12-67所示。

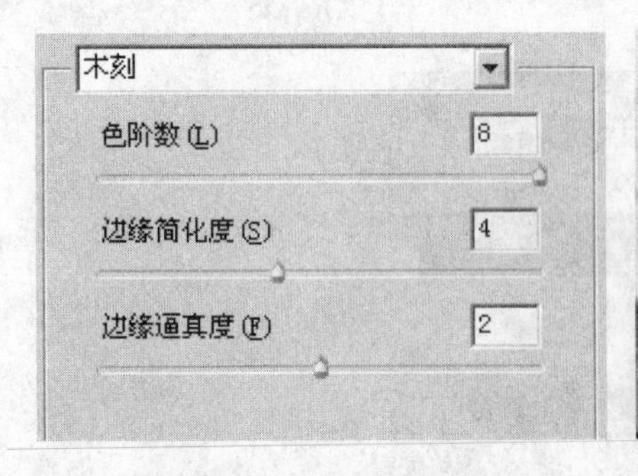

图12-66　“木刻”滤镜参数

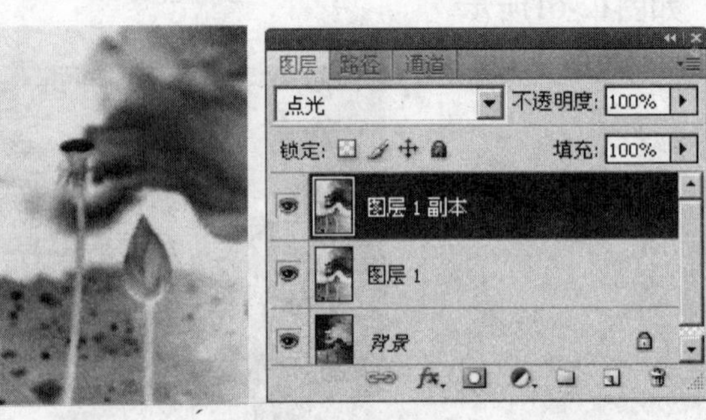

图12-67　更改混合模式后效果

（6）增强荷花对比度。按快捷键Ctrl+E，合并“图层1副本”和“图层1”。选用“磁性套索工具”，将“图层1”上的荷花抠出，并复制到新图层上，得到“图层2”，更改图层混合模式为“强光”，效果如图12-68所示。

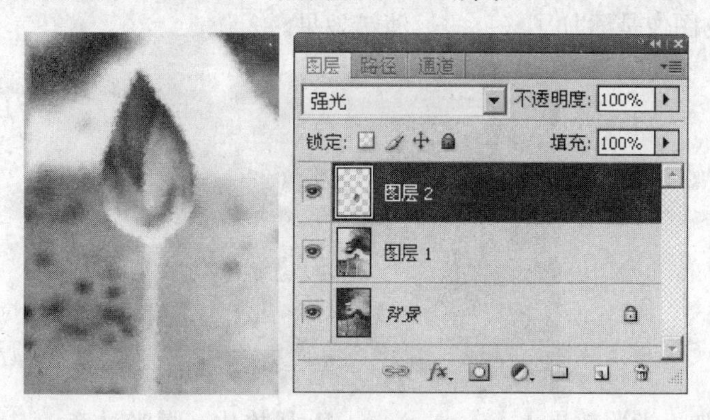

图12-68　描绘荷花

（7）添加荷花颜色。新建图层，设置混合模式为“颜色”，使用“画笔工具”，将前景色设置为（R195,G39,B108），调整画笔大小后在图像上荷花部分涂抹，效果如图12-69所示。

（8）添加文字装饰。添加适合做水墨效果的文字，完成后效果如图12-70所示。

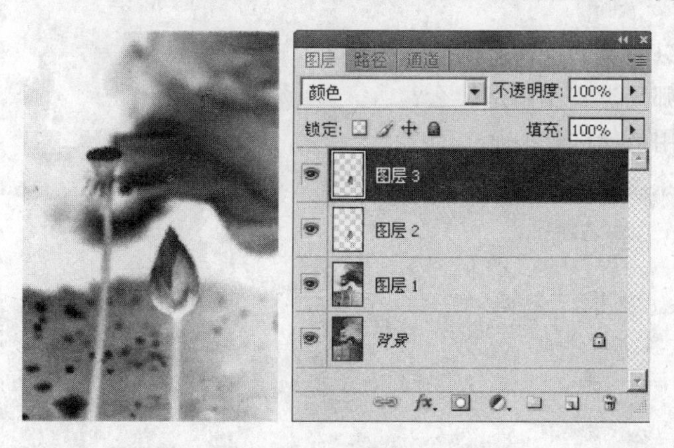

图12-69　添加荷花颜色

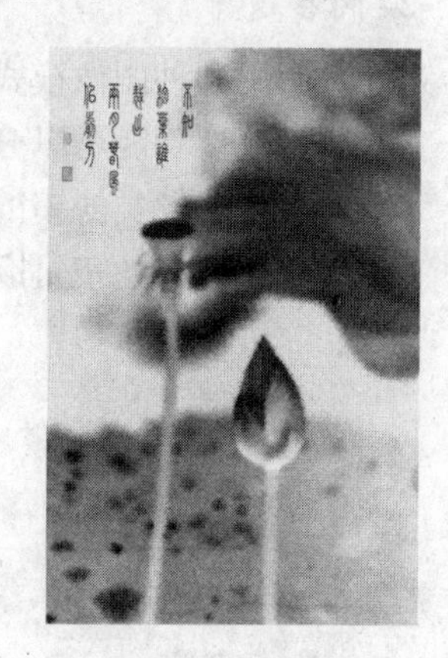

图12-70　最终效果

12.8 课堂练习

1. 多项选择题

（1）在（　　）颜色模式下所有滤镜效果均不可用。

A. 索引　　B. RGB　　C. CMYK　　D. 位图

（2）滤镜可以对下列（　　）对象起作用。

A. 位图模式图像　　B. 通道　　C. 带蒙版的图层　　D. 选区内像素

（3）重复上一次滤镜的快捷键是（　　）。

A. Ctrl+D　　B. Shift+F　　C. Ctrl+F　　D. Alt+F

（4）使用（　　）快捷键将打开上次使用过的滤镜参数设置框。

A. Ctrl+F　　B. Ctrl+G　　C. Ctrl+Alt+F　　D. Ctrl+Shift+F

（5）下面的图像是添加了（　　）滤镜效果。

A. 渲染→光照效果　　B. 风格化→曝光过度

C. 渲染→镜头光晕　　D. 消失点

（6）使用下列（　　）滤镜可以像图层一样随意叠加和排列滤镜效果。

A. 消失点　　B. 液化

C. 渲染→光照效果　　D. 滤镜库

2. 问答题

（1）使用哪种图像模式可以为其添加所有的滤镜效果？

（2）滤镜按功能可以分为哪几类？作用是什么？

（3）模糊图像类滤镜的作用是什么？

（4）使用哪类滤镜可以去除图像中的杂色和斑点？

Photoshop 第13章 综合实例篇

13.1 日历模板

一提到Photoshop大家可能就会联想到精彩的图像处理效果，但往往也会为复杂的图层而感到头疼，下面通过绘画工具及图层样式等功能来轻松打造一个可爱的照片模板，学习Photoshop不仅是要学会工具的使用，而色彩搭配与形式的美感也是很重要的。

（1）新建文件。新建一个26cm×20cm的文档，颜色模式为RGB，分辨率为300像素/英寸，如图13-1所示。

（2）填充背景色。将前景色设置为淡黄色（R255,G252,B219），按快捷键Alt+Delete将前景色填充到背景图层中，如图13-2所示。

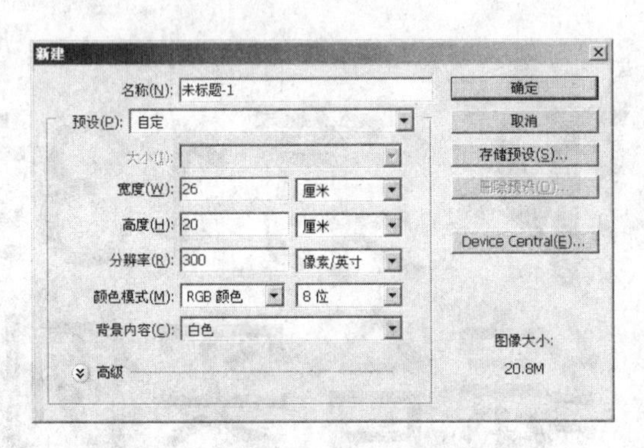

图13-1 新建文档

图13-2 填充背景色

（3）导入素材图片。打开光盘\素材\第十三章\日历模板\班级.jpg素材文件，选择“移动工具”将其拖至图像中，按快捷键Ctrl+M，打开“曲线”对话框来调整图片亮度，如图13-3所示，单击“确定”按钮，效果如图13-4所示。

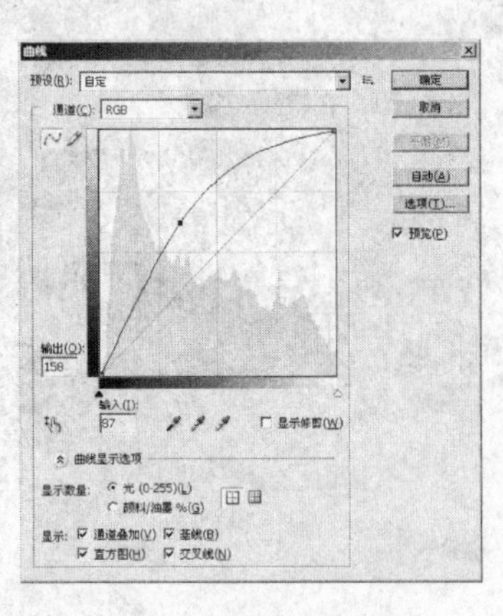

图13-3 “曲线”对话框

图13-4 添加照片

（4）抠出照片轮廓。单击工具箱中的“钢笔工具”，在属性栏中单击“路径”按钮，勾勒出人物轮廓，然后按快捷键Ctrl+Enter将路径转换为选区，按快捷键Ctrl+Shift+I反选，按Delete键删除。按快捷键Ctrl+T将照片调整一下，效果如图13-5所示。

（5）照片描边第一步。选择照片图层，按快捷键Alt+E+S或执行“编辑”→“描边”

命令，在弹出的“描边”对话框中设置宽度为10px，颜色为白色。然后单击“图层”面板下方的“添加图层样式”按钮，在弹出的快捷菜单中选择“描边”命令，将大小设置为10px，颜色设置为黑色，单击“确定”按钮，效果如图13-6所示。

图13-5　将照片抠出效果

图13-6　照片描边效果1

（6）照片描边第二步。按住Ctrl键，单击“照片”图层（激活图层），然后新建图层，填充一种颜色，按快捷键Ctrl+D取消选区，将此图层放置在“照片”图层下。然后执行“编辑”→“描边”命令，弹出“描边”对话框，将宽度设置为20px，颜色设置为淡黄色（R255,G252,B219），然后单击“图层”面板下方的“添加图层样式”按钮，在弹出的快捷菜单中选择“描边”命令，将大小设置为10px，颜色设置为黑色，单击“确定”按钮，效果如图13-7所示。

（7）绘制彩虹笔触。新建图层，将图层移置照片图层下，选择工具箱中的“画笔工具”，在属性栏中选择一个带有笔触的画笔“半湿描油彩笔”，绘制三条颜色分别为绿色（R89,G198,B0）、粉色（R241,G115,B172）、黄色（R254,G255,B120）的彩条，效果如图13-8所示。

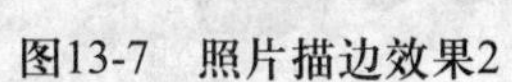

图13-7　照片描边效果2

图13-8　彩虹背景

（8）使用钢笔工具绘制图形。新建图层，选择“钢笔工具”，在工具属性栏中单击“路径”按钮，在图像中绘制图形，如图13-9所示，按Ctrl+Enter组合键将路径转换为选区，执行“编辑”→“描边”命令，在弹出的对话框中，设置宽度为5px，颜色为黑色，单击“确定”按钮，按快捷键Ctrl+D取消选区。使用相同的方法绘制其他装饰图案，效果如图13-10所示。

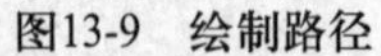

图13-9 绘制路径　　　　图13-10 添加装饰

（9）添加自定形状。新建图层，选择“自定形状工具”，在工具属性栏中单击“路径”按钮，在“自定形状”拾色器中，选择“思索2”图形，在新建的图层中拖曳，按快捷键Ctrl+Enter将路径转换为选区，执行“编辑”→“描边”命令，在弹出的对话框中设置宽度为7px，颜色为黑色，单击“确定”按钮。还是选择自定形状工具，在工具属性栏中单击“形状图形层”按钮，在“自定形状”拾色器中选择“图钉”图形，在图层中绘制图形，效果如图3-11所示。

（10）添加文字。将前景色设置为白色，选择“横排文字工具”，选择“华文新魏”字体，输入所需文字“加油！”，单击工具属性栏中的“提交所有当前编辑”按钮确定当前输入。单击“图层”面板下方的“添加图层样式”按钮，在弹出的快捷菜单中选择“描边”命令，将大小设置为15像素，颜色为黑色，单击“确定”按钮。选中文字图层并单击鼠标右键，在弹出的菜单中选择“栅格化文字”，按快捷键Ctrl+T使文字进入自由变换状态，单击右键，在弹出的菜单中选择“扭曲”命令，对文字进行变形效果处理。将前景色设置为绿色（R89,G198,B0），选择“方正卡通体”，输入文字“04高装1班”，对其进行描边设置，效果如图13-12所示。

图13-11 绘制自定形状　　　　图13-12 添加文字

（11）添加文字。将前景色设置为黑色，选择“横排文字工具”，选择“方正卡通体”，输入字母“the class1”，单击属性栏中的“创建文字变形”按钮，在弹出的“变形文字”对话框中选择“旗帜”，参数设置如图13-13所示，按快捷键Ctrl+Enter确定输入。选择“方正祥隶简体”输入“IS OUR”字母，按快捷键Ctrl+Enter确定输入。选择“方正大黑简体”，输入文字“我们的”，按快捷键Ctrl+A全选，按快捷键Alt+↑调节行间距，按快捷键Ctrl+Enter完成输入，如图13-14所示。

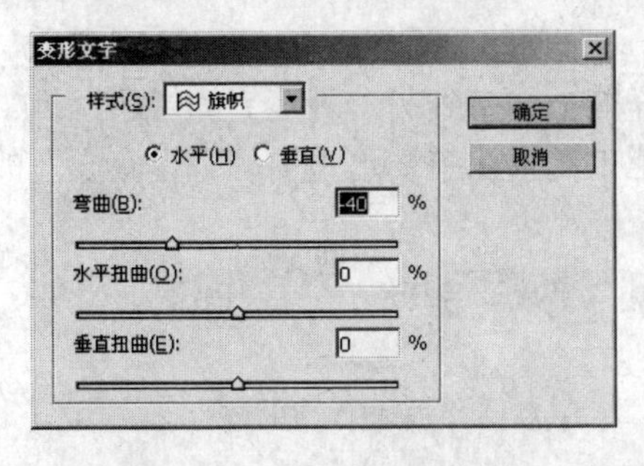

图13-13 变形文字参数设置

图13-14 添加文字

（12）添加文字。选择“方正大黑简体”，输入文字“没错我们是永远的 班”，更改文字大小，如图13-15所示。

（13）绘制圆形。新建图层，选择“椭圆选框工具”，按住Shift键绘制圆形，填充黑色，按快捷键Ctrl+D取消选区。选择“横排文字工具”T，输入数字“1”，填充白色，按快捷键Ctrl+T倾斜数字，效果如图13-16所示。

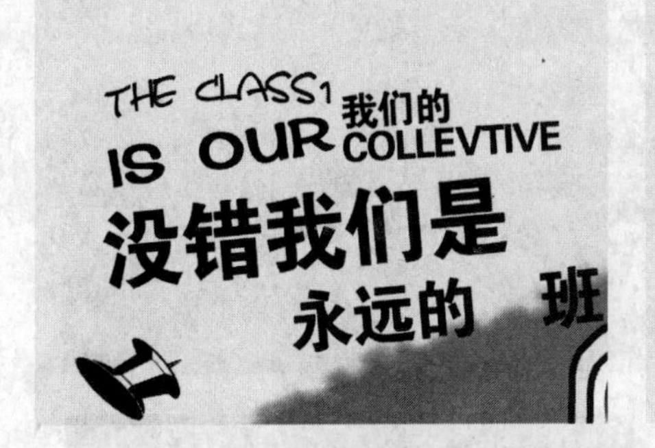

图13-15 添加文字

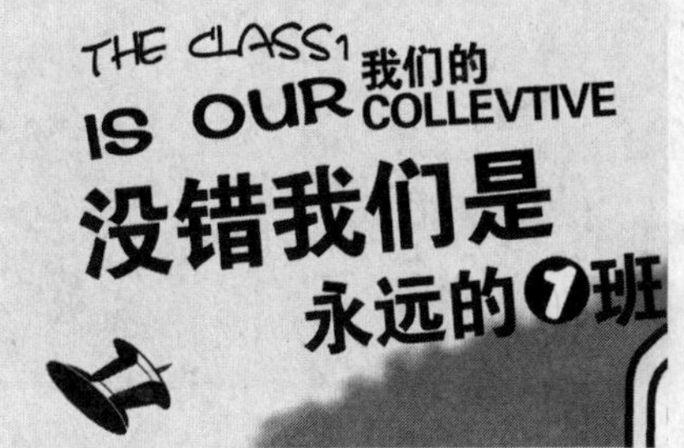

图13-16 绘制圆形

（14）添加日历。同样使用文字工具输入日期，添加图层样式进行描边，最终效果如图13-17所示。

图13-17 最终效果DIY音乐壁纸

13.2 音乐壁纸

最近，电视上总是播出一款音乐手机的广告，唯美的画面加上悠扬动听的音乐，仿佛把人带到另一种境界，今天我们来制作一个同样能把你带到另一种境界的音乐壁纸。此案例主要运用极坐标和模糊滤镜制作光线，用钢笔工具抠图等，更重要的是搜集合适的素材，通过素材的结合来打造优雅的音乐壁纸。

（1）打开素材。打开光盘\素材\第十三章\音乐壁纸\蓝天.jpg、草地.jpg、草丛.tif、女生.jpg、蒲公英.tif素材文件，如图13-18所示。

图13-18　素材图片

（2）设置背景。选择“蓝天.jpg”图片，将其作为背景，单击“图层”面板下方的“创建新的填充或调整图层”按钮，在弹出的菜单中选择“色相/饱和度”命令，在“调整”面板上设置参数，如图13-19所示，然后返回“图层”面板。

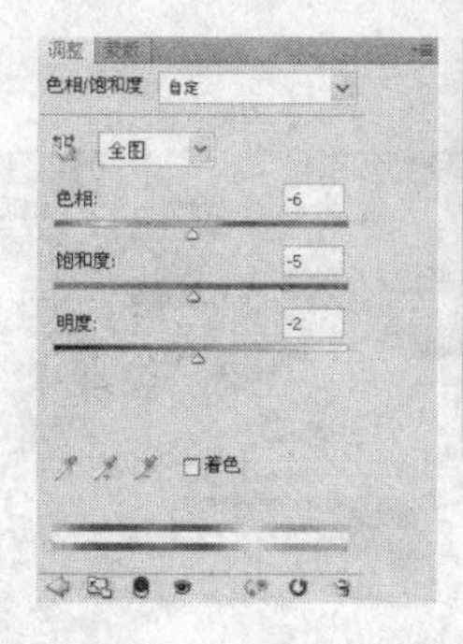

图13-19　添加色相饱和度效果

（3）抠出草地。选择“草地.jpg”素材文件，按快捷键Ctrl+J将背景层复制并隐藏背景层，然后选中复制的图层，选择“背景橡皮擦工具”，属性栏中设置容差为15%左右，勾选保护前景色复选框，按住Alt键吸取草地颜色，然后在蓝天背景上进行擦除，如图13-20所示。

（4）添加草地装饰。选择“移动工具”，将抠出的草地及事先打开的草丛图片拖曳到图像中，进行调整，如图13-21所示。

图13-20　抠出草地

图13-21　添加草地装饰

（5）绘制椭圆形。新建图层，将前景色设置为白色，选择“椭圆工具”，在属性栏中单击“填充像素”按钮，在新建的图层中绘制，效果如图13-22所示。

图13-22　绘制椭圆形

（6）极坐标设置。执行“滤镜”→“扭曲”→“极坐标”命令，在弹出的“极坐标”对话框中选择“平面坐标到极坐标”，如图13-23所示。单击“确定”按钮，效果如

图13-24所示。

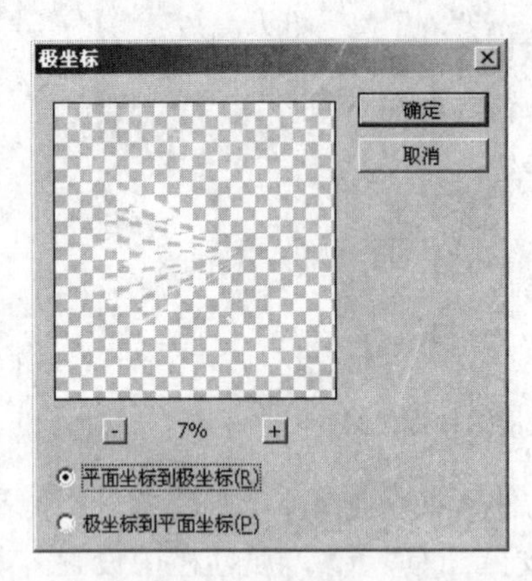

图13-23 “极坐标”对话框

图13-24 “极坐标”效果图

（7）模糊设置。执行“滤镜”→“模糊”→“高斯模糊”命令，在弹出的“高斯模糊”对话框中进行设置，如图13-25所示，单击“确定”按钮，效果如图13-26所示。执行“滤镜” →“模糊”→“径向模糊”命令，在弹出的“径向模糊”对话框中进行设置，如图13-27所示，单击“确定”按钮，效果如图13-28所示。

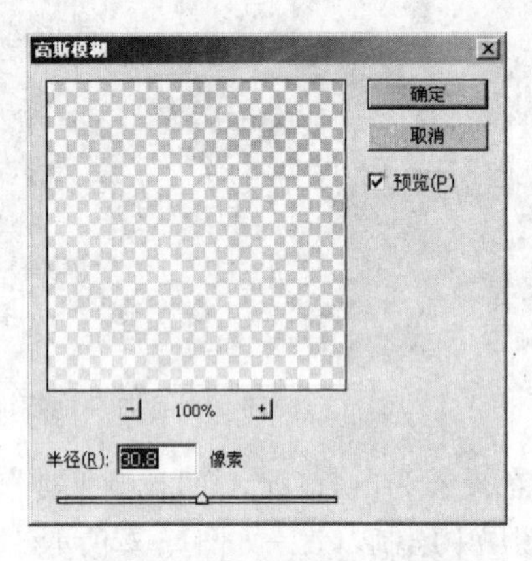

图13-25 “高斯模糊”对话框

图13-26 “高斯模糊”效果

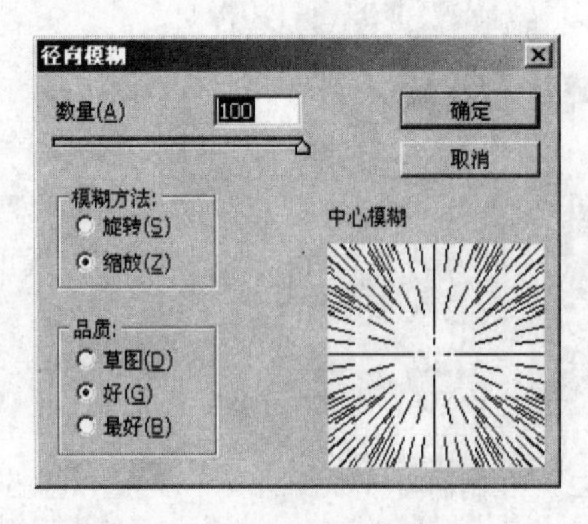

图13-27 “径向模糊”对话框

图13-28 “径向模糊”效果

（8）添加光源。将制作好的光线调整到合适位置，如图13-29所示。新建图层，选择

“椭圆选框工具”，在图像上绘制一个椭圆，填充白色，按快捷键Shift+F6羽化边缘，多按几次Delete键删除，按快捷键Ctrl+D取消选区，效果如图13-30所示。

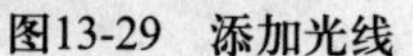

图13-29　添加光线　　　　图13-30　添加光源

（9）抠出人物。选择“移动工具”，将女生图片拖曳到图像中，然后选择“钢笔工具”，在属性栏中单击“路径”按钮，勾勒出人物的轮廓，如图13-31所示。按快捷键Ctrl+Enter将路径转换为选区，按快捷键Shift+F6羽化边缘，这里羽化值设置小一点，然后按Delete键删除，按快捷键Ctrl+D取消选区，效果如图13-32所示。

图13-31　路径勾勒出人物外轮廓　　　　图13-32　羽化效果

（10）美化人物。按快捷键Ctrl+M，在弹出的“曲线”对话框中进行设置，如图13-33所示。选择“仿制图章工具”，按住Alt键吸取皮肤光滑的部位，然后将人物皮肤上的杂质覆盖掉，如图13-34所示。

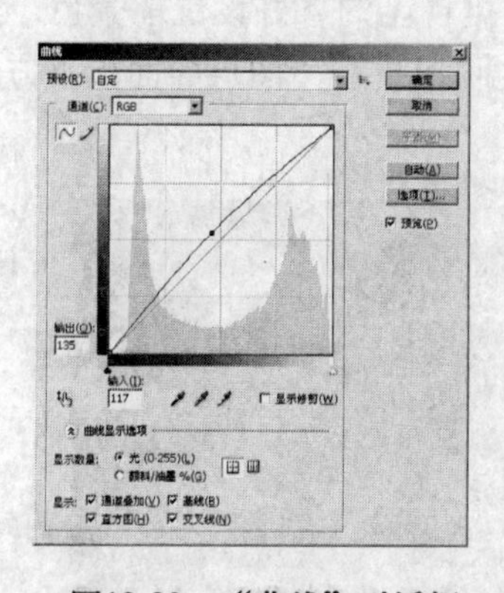

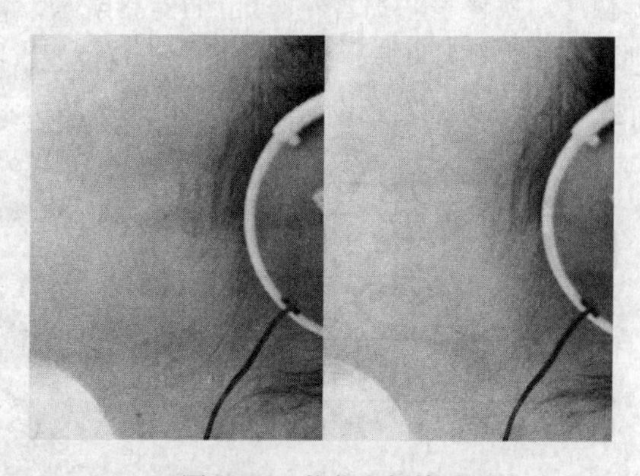

图13-33　“曲线”对话框　　　　图13-34　美化人物前后对比

（11）添加文字。选择“横排文字工具”，前景色设置为白色，选择“方正粗活意简体”字体，输入文字“聆听……”，设置大小，然后按快捷键Ctrl+Enter确定输入。

选择“Arial”字体，输入英文“welcome to……”，设置大小，然后按快捷键Ctrl+Enter确定输入。效果如图13-35所示。

图13-35　添加文字

（12）添加文字图层样式。选择文字图层，单击“图层”面板下方的“添加图层样式”![fx]，对其分别进行“投影”及“斜面和浮雕”效果设置，如图13-36所示。选中文字图层，单击鼠标右键，在弹出的菜单中选择“拷贝图层样式”，然后选中字母图层，单击鼠标右键，在弹出的菜单中选择“粘贴图层样式”。效果如图13-37所示。

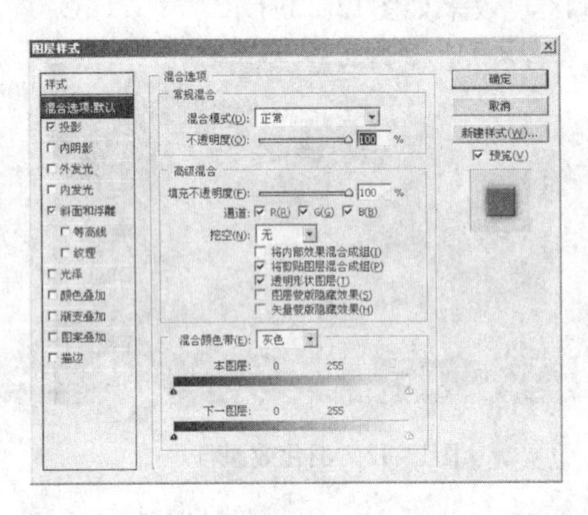

图13-36　“图层样式”对话框　　　　图13-37　添加文字图层样式效果

（13）添加音符。新建图层，选择“自定义形状工具”，在属性栏中选择“填充像素”按钮，选择形状为音符，如图13-38所示，根据自己的喜好设置前景色，然后在图像中进行绘制，复制几层，调整音符大小及位置。也可以单击“图层”面板下方的“添加图层样式”进行外发光设置。效果如图13-39所示。

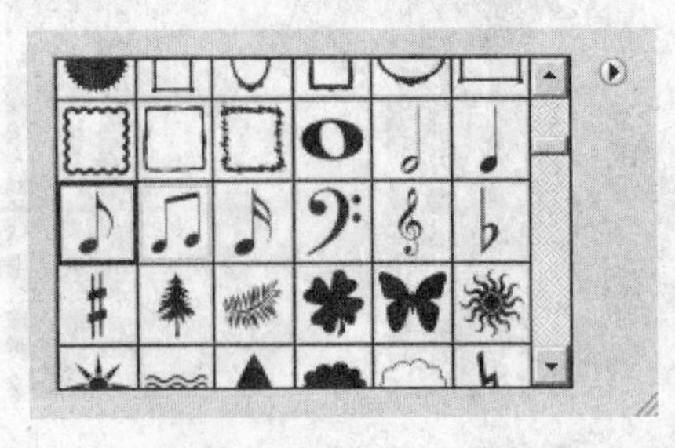

图13-38　选择形状　　　　图13-39　添加音符

（14）添加蒲公英。选择“移动工具”，将蒲公英素材拖曳到图像中，按住Alt键拖曳蒲公英进行复制，调整其至合适位置，最终效果如图13-40所示。

图13-40　最终完成效果图

13.3 婚庆DM单

本例制作浪漫温馨的DM（指邮寄、直投广告）婚庆单，本实例主要是练习填充图层、图层的复制、文字图层的链接、添加图层蒙版以及图层的对齐方法等重点知识。

（1）新建文件。新建一个16cm×7cm大小的文档，颜色模式为RGB，如图13-41所示。设置分辨率为300像素/英寸以便打印输出，平时练习制作实例可以适当降低分辨率以获得较快的处理速度。

（2）绘制背景。将前景色设置为粉色（R247,G180,B209），按快捷键Alt+Delete填充到图像背景中。新建图层，选择“矩形选框工具”，绘制矩形长条，将前景色设置白色，按快捷键Alt+Delete填充前景色，按快捷键Ctrl+D取消选区。新建图层，然后再绘制一条黄色矩形（R255,G242,B0），效果如图13-42所示。

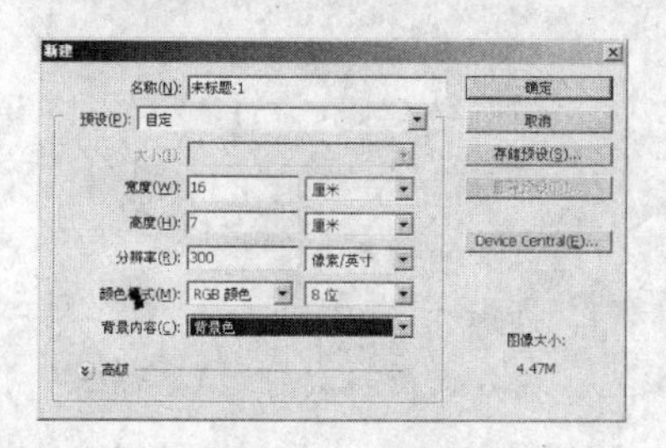

图13-41　新建文档

图13-42　绘制背景

（3）导入素材。打开光盘\素材\第十三章\婚庆DM单\卡通人物、心.jpg、心形.tif素材文件，如图13-43所示。

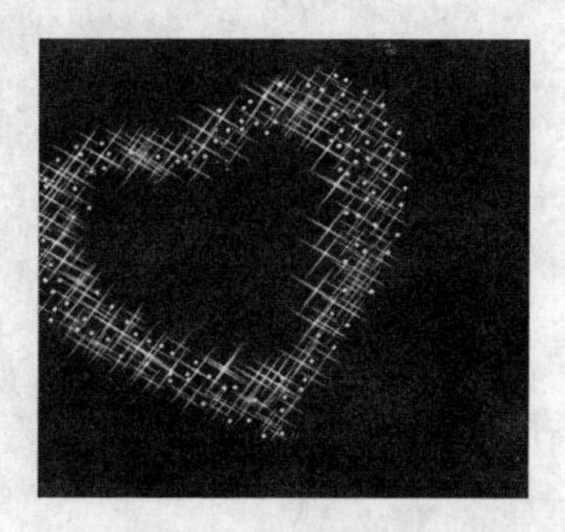

图13-43　素材图像

（4）绘制云彩。选择“钢笔工具”，在属性栏中单击“形状图层”按钮，然后在图像中绘制云彩形状，这时会发现自动生成形状图层，如图13-44所示。按Ctrl+Enter键转换为选区，然后按快捷键Shift+F6羽化，数值不要太大，选择“橡皮擦工具”，设置为柔角画笔，不透明度为80%，对其进行涂抹，选中形状图层，单击鼠标右键，在弹出的菜单中选择“栅格化图层”将其转为普通图层，效果如图13-45所示。

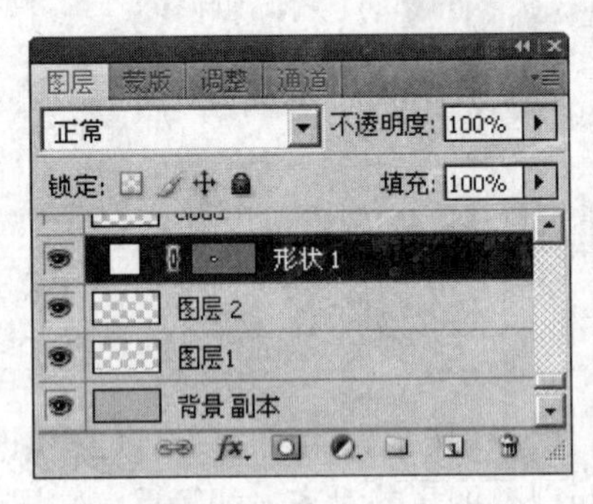

图13-44 “图层”面板

图13-45 绘制云彩

（5）继续绘制云彩。按照上一步的方法绘制一些形状不一样的云彩，然后拖曳移动图层来调整云彩的层次感，按住Ctrl键选中绘制的所有云彩图层，如图13-46所示。按快捷键Ctrl+E将所选图层合并，选择“画笔工具”，将前景色设置为黄色（R255,G242,B0），进行修饰点缀，效果如图13-47所示。

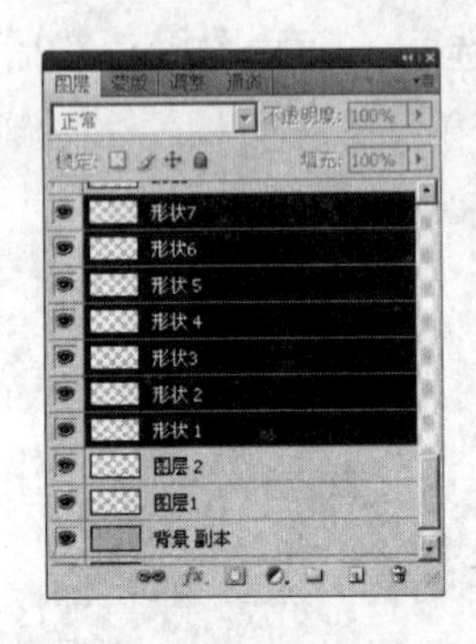

图13-46 选择图层

图13-47 云彩绘制完成

（6）复制云彩。拖曳合并后的云彩图层到“图层”面板下方的“新建图层”按钮上，将图层复制，调整至合适位置及大小，如图13-48所示。

图13-48 调整云彩大小及位置

（7）添加素材。选择“移动工具”，将打开的素材心形及卡通人物拖曳到图像中，调整至合适位置，选择卡通人物图层，单击“图层”面板下方的“添加图层蒙版”按钮，将前景色设置为黑色，在图像中进行涂抹，如图13-49所示。然后将图层移至白色矩形下方，如图13-50所示。

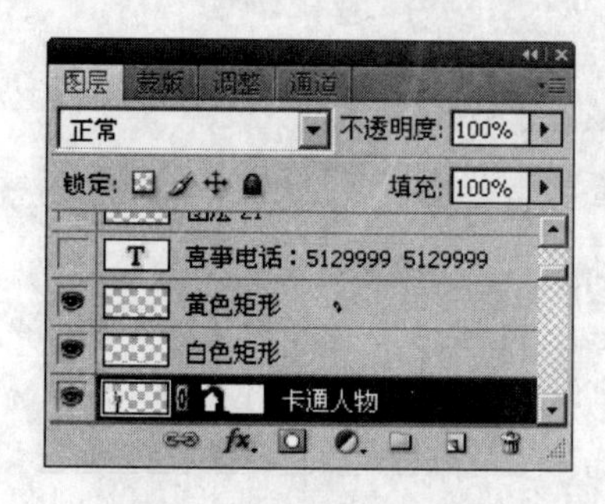

图13-49 添加图层蒙版

图13-50 添加素材最终效果

（8）输入文字。选择“横排文字工具”，选择“汉仪秀英体”字体，颜色设置为黄色（R255,G242,B0），输入文字“美满婚庆礼仪”，单击属性栏中的“创建文字变形”按钮，设置参数如图13-51所示，单击“确定”按钮，然后单击“图层”面板下方的“添加图层样式”按钮，对其添加外发光（大小63像素）及粉色（R236,G0,B140）描边（大小11像素）效果，如图13-52所示。

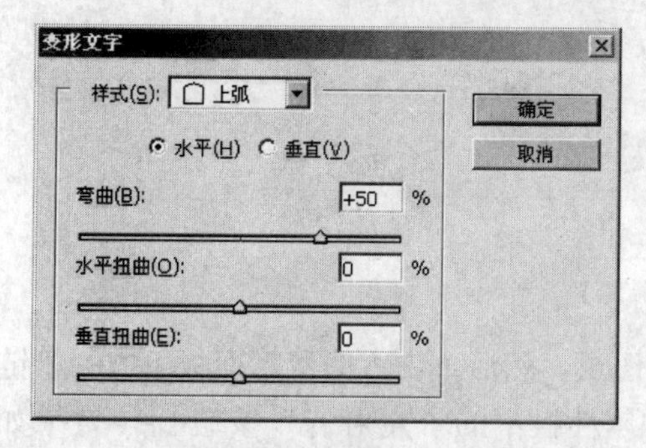

图13-51 变形文字参数设置

图13-52 添加文字

（9）添加素材。用“移动工具”将“心”素材拖曳到图像中，其混合模式设置为“正片叠底”，按快捷键Ctrl+J复制2层，调整大小至合适位置，如图13-53所示。

图13-53 添加素材“心”

（10）继续添加文字。选择“横排文字工具”，选择“方正剪纸简体”字体，颜色设置为黄色（R255,G242,B0），输入图13-54所示文字，设置适当的文字大小，按快捷键Ctrl+Enter确定输入，然后添加描边图层样式，对其进行粉色（R236,G0,B140）描边，完成后效果如图13-54所示。

图13-54 添加文字

（11）复制图层。按住Alt键拖曳文字，对其进行复制，更改文字内容如图13-55所示。

图13-55 复制文字

（12）链接对齐图层。按住Ctrl键选中文字图层，然后单击“图层”面板下方的“链接图层”按钮，如图13-56所示。单击工具属性栏中的“左对齐”按钮，效果如图13-57所示。

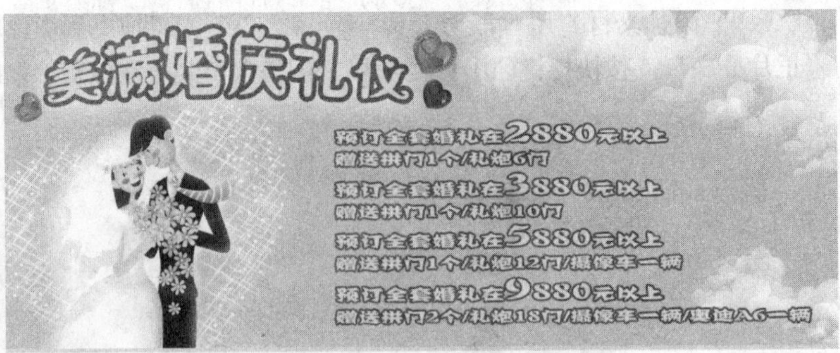

图13-56 链接图层　　　　图13-57 对齐文字效果

（13）添加“蝴蝶”形状。新建图层，前景色还是黄色，选择“自定义形状工具”，在属性栏中单击“填充像素”按钮，选择蝴蝶形状，然后绘制图形，按3次快捷键Ctrl+J复制图层，使用“移动工具”，将其放到合适位置，如图13-58所示。同上步方法一样将需对齐的图层进行链接，然后单击工具属性栏中的“水平居中对齐”按钮，效果如图13-59所示。

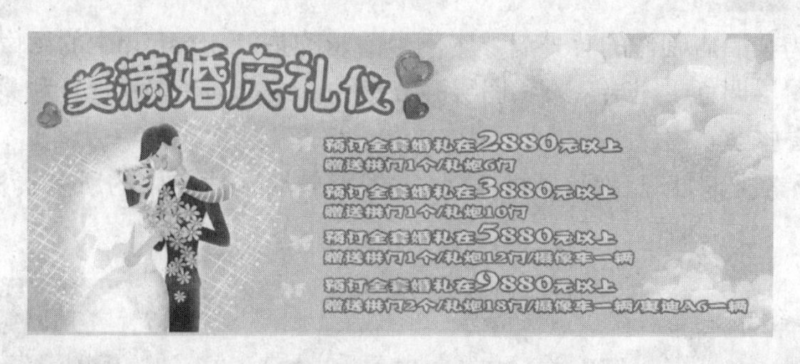

图13-58　复制蝴蝶

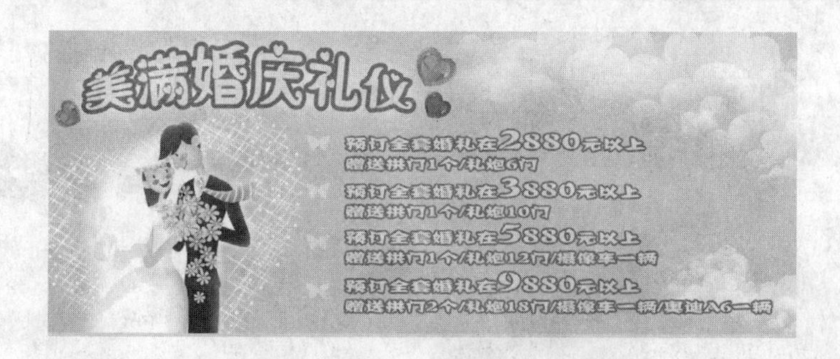

图13-59　对齐蝴蝶

（14）添加文字。将前景色设置为粉色（R236,G0,B140），选择“横排文字工具”，输入“喜事电话……”，字体设置为“文鼎中特广告体”，按快捷键Ctrl+Enter确定输入。然后将前景色设置为红色（R237,G28,B36），选择“黑体”字体，输入“诚信…”等文字。选择“直排文字工具”，输入文字“美满婚庆……”，字体设置为“汉仪秀英体”。最终效果如图13-60所示。

图13-60　最终完成效果

13.4 背景墙

本案例是为某酒店制作的背景墙。案例中演示的是Photoshop中的图像合成，所用到的主要功能是图层调色、图层蒙版和图层混合模式，该实例在素材选择和蒙版使用等方面都值得大家细心体会。

（1）打开素材。打开光盘\素材\第十三章\背景墙文件夹中的所有素材，如图13-61所示。

图13-61　素材图像

（2）新建文件。新建一个60cm×28cm的文档，颜色模式为RGB，如图13-62所示。背景墙最后输出是以写真方式，所以这里设置分辨率为72像素/英寸。

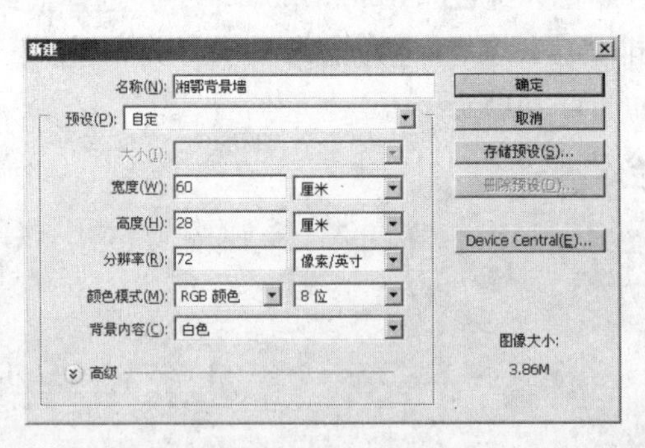

图13-62　“新建”对话框

（3）填充背景渐变。选择“渐变工具” ，单击属性栏中的“渐变预览条”按钮 ，填充墨绿（R70,G148,B116）到淡黄（R188,G205,B170）到白色（R255,G255,B255）的渐变，在背景层上由上至左斜下方拖曳，效果如图13-63所示。

图13-63　背景渐变填充效果

（4）利用蒙版添加湖面。利用“移动工具”将“湖面01.jpg”、“湖面02.jpg”图片拖曳至图像中，选择“湖面01”图层，按快捷键Ctrl+B调整图层色调，数值如图13-64所示。按住Alt键拖曳“湖面02”，将其复制一层，调整3张图片位置，连成湖面。单击“图层”面板下方的“添加图层蒙版”按钮，为3张图片分别添加蒙版。效果如图13-65所示。

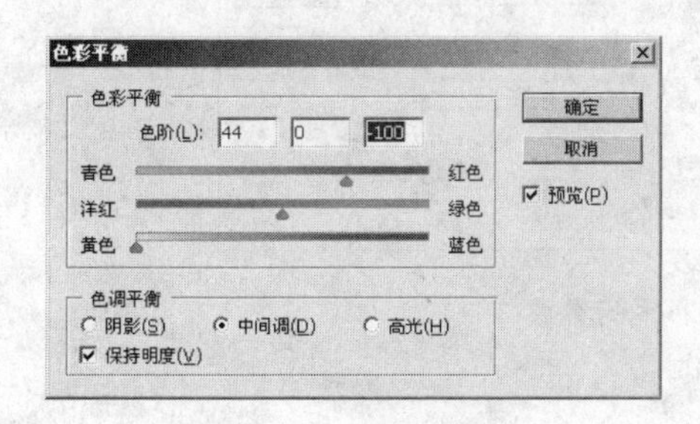

图13-64　调整图层色调

图13-65　添加蒙版连成湖面效果

（5）完善湖面。为了使湖面整体颜色与背景色调统一，用“多边形套索工具”，将“湖面01”中的湖水部分选中，如图13-66所示，复制并粘贴到新图层上。并用“移动工具”将其移至左侧湖面上，单击“图层”面板下方的“添加图层蒙版”按钮，使其边缘链接自然，图层透明度改为80%，效果如图13-67所示。

图13-66　选取要复制的湖面

图13-67　完成湖面效果

（6）添加荷花。用“移动工具”将“荷花01.jpg”、“荷花02.psd”、“荷花03.jpg”图片拖曳到图像上，单击“图层”面板下方的“添加图层蒙版”按钮，分别对其添加蒙版。效果如图13-68所示。

图13-68　添加荷花效果

（7）完善荷花。用“移动工具” 将图片“荷花04.jpg”拖曳到图像上，选择“魔棒工具” 进行抠图，然后进行色彩平衡（参数如图13-69所示）、曲线调整（参数如图13-70所示），最终效果如图13-71所示。

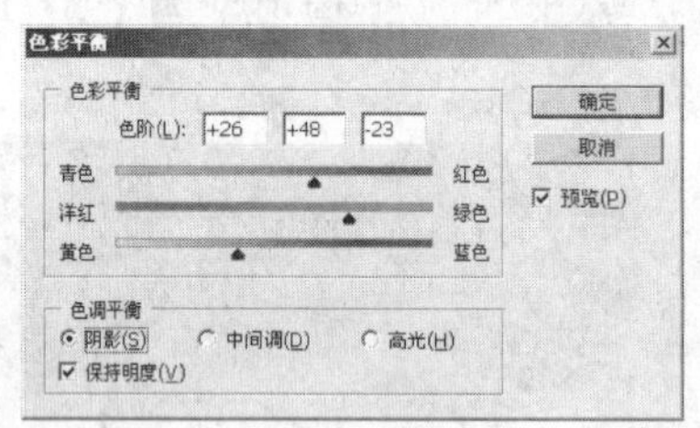

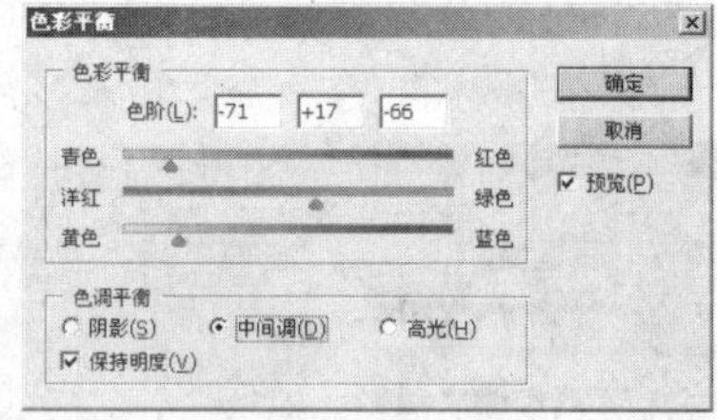

图13-69　调整荷花色彩平衡参数

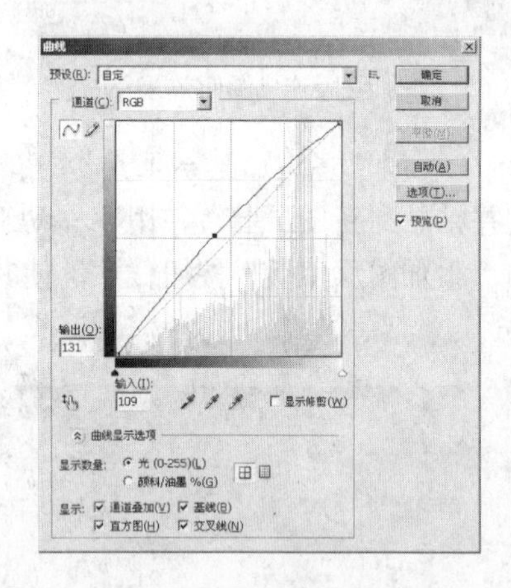

图13-70　调整荷花曲线参数

图13-71　调节荷花最终效果

（8）添加元素。用“移动工具” 将“素材.psd”里的“船”、“鱼”、“竹子01”、“竹子02”图片拖曳到图像上，按快捷键Ctrl+B，打开“色彩平衡”对话框，对“船”进行色彩平衡调整，参数设置如图13-72所示。按快捷键Ctrl+V，打开“色相/饱和度”对话框，对“竹子01”进行色相/饱和度调整，参数设置如图13-73所示。复制并调整各个元素大小，最终效果如图13-74所示。

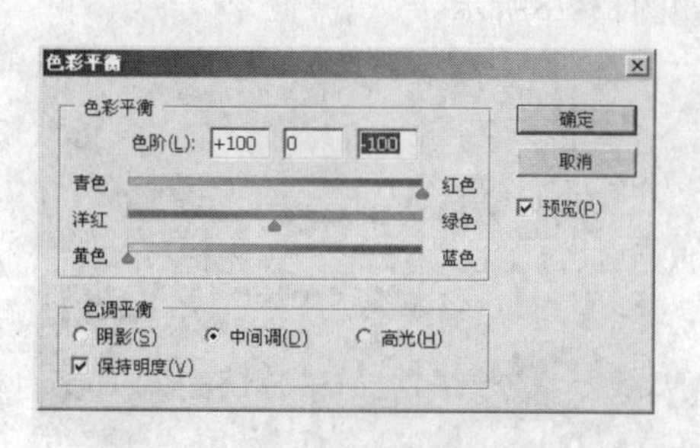

图13-72　“船”色彩平衡参数值

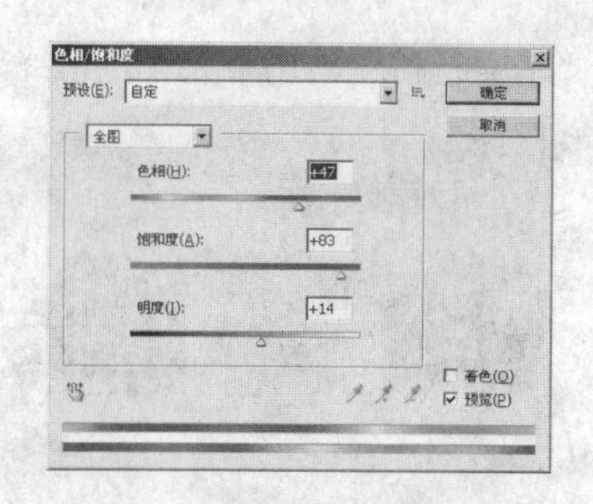

图13-73　“竹子01”色相饱和度参数值

图13-74　添加元素后效果

（9）蒙版添加亭子。用“移动工具”将“亭子.jpg”、“山.jpg”图片拖曳到图像上，“亭子”图片图层混合模式为“正片叠底”，单击“图层”面板下方的“添加图层蒙版”按钮，对其进行边缘处理。“山”的图层混合模式为“亮度”，透明度为“50%”，效果如图13-75所示。

（10）添加古楼。用“移动工具”将“古楼.jpg”拖曳到图像上，使用“橡皮擦工具”擦出所要古楼，图层混合模式为“正片叠底”，将其移至“湖02”图层下方，效果如图13-76所示。

图13-75　添加亭子效果

图13-76　添加古楼效果

（11）添加主题。选择“横排文字工具”，输入所需文字。“湘鄂”字样选用黑色“方正粗宋简体”，添加描边图层样式，设置描边颜色为（R136,G114,B53），“情怀”字样选用白色“楷体”。新建一层，选择“椭圆选框工具”，按组合键Shift+Ctrl绘制圆形，并填充暗红色（R118,G32,B35），按住Alt键复制一个圆，右移，合并两个圆图层，放置文字图层下方，效果如图13-77所示。“恭迎您”字样选用暗红色（R118,G32,B35），字体选择“方正隶二简体”。字母选用金色（R136,G114,B53），字体选择“华文行楷”，调整大小，最终效果如图13-78所示。

图13-77　输入“湘鄂情怀”

图13-78　文字添加最终效果

（12）添加墨迹效果。新建图层，将前景色设置为黑色，选择工具箱中的“画笔工具”，选择一个笔刷，进行涂抹，效果如图13-79所示。

图13-79　添加墨迹效果

（13）添加印章。用“移动工具”将“印章.psd”图片拖曳到图像上，对“湘鄂情怀”印章进行图层样式“投影”处理，最终效果如图13-80所示。

图13-80　湘鄂情怀背景墙最终效果

13.5 化妆品海报

一个好的商业广告设计既要突出产品主题又要富有创意，通过本例化妆品广告的制作，可以对商业广告有个初步了解。案例中使用“云彩”滤镜和“基底凸现”滤镜制作海浪效果，使用“动感模糊”滤镜和“曲线”命令调节制作光线效果，使用“椭圆工具”和定义画笔命令制作气泡效果等。

（1）新建文件。新建一个50cm×35cm的文档，颜色模式为RGB，设置分辨率为100像素/英寸，如图13-81所示。

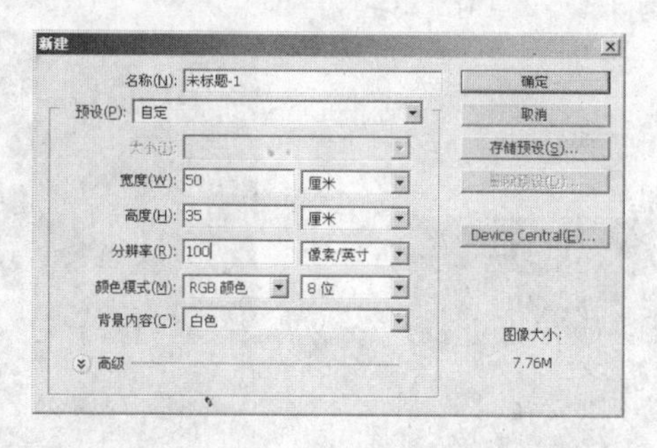

图13-81　新建文档

（2）打开素材。打开光盘\素材\第十三章\化妆品海报\女生.jpg、海底.jpg、化妆品.tif、泡泡.tif素材文件，如图13-82所示。

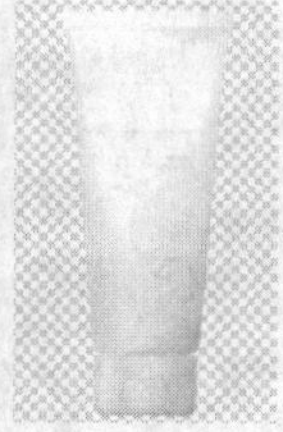

图13-82　素材图片

（3）添加背景。选择“渐变工具”，单击属性栏中的“线性渐变”按钮，然后单击“渐变预览条”按钮，弹出“渐变编辑器”对话框，将颜色设置为从蓝（R0,G135,B220）到蓝黑（R0,G18,B29）的渐变，单击“确定”按钮。按住Shift键，在背景层上由上至下拖曳，如图13-83所示。使用“移动工具”，将海底图片移动到新建图层上，调整其至合适位置，单击“图层”面板下方的“添加图层蒙版”按钮，将前景色设置为黑色，选择柔角画笔进行涂抹，效果如图13-84所示。

图13-83　填充背景渐变

图13-84　添加蒙版效果

（4）绘制矩形。新建图层，选择“矩形选框工具”，在图像窗口的上半部绘制选区，将选区填充为白色，按快捷键Ctrl+D取消选区，如图13-85所示。

（5）绘制海浪第一步。按快捷键D将前景色和背景色恢复默认设置，执行“滤镜”→“渲染”→“分层云彩”命令，按快捷键Ctrl+F重复“分层云彩”滤镜命令，如图13-86所示。

图13-85　填充矩形选区

图13-86　“分层云彩”滤镜效果

（6）绘制海浪第二步。执行“滤镜”→“素描”→“基底凸现”命令，在弹出的对话框进行设置，如图13-87所示，单击“确定”按钮，效果如图13-88所示。

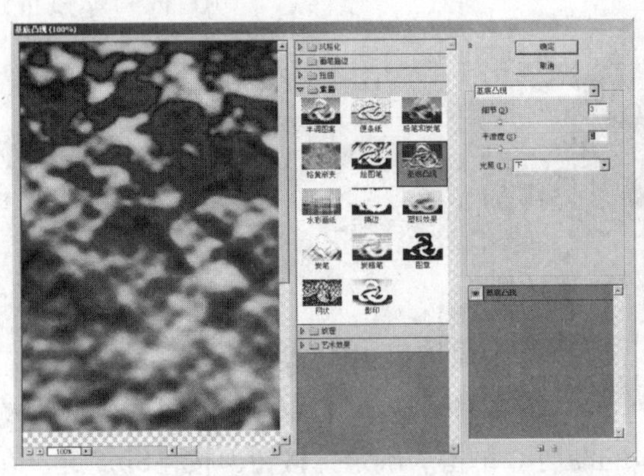

图13-87　“基底凸现”对话框参数设置

图13-88　“基底凸现”效果

（7）调节波浪。按快捷键Ctrl+T，图像进入自由变换状态，单击鼠标右键，在弹出的菜单中选择“扭曲”命令，对其进行扭曲变形，如图13-89所示，按Enter键确定，将图层混合模式设为“线性光”，不透明度为40%，填充为30%，如图13-90所示。

图13-89　扭曲变形

图13-90　混合模式为“线性光”

（8）添加蒙版。单击“图层”面板下方的“添加图层蒙版”按钮，将前景色设置为黑色，选择柔角画笔，在海浪下方进行涂抹，使其自然过渡，如图13-91所示。

图13-91 添加蒙版处理效果

（9）添加光源。新建图层，选择“椭圆选框工具”，在图像左上角绘制一个椭圆，填充白色，按快捷键Shift+F6羽化边缘，多按几次Delete键删除，如图13-92所示，将图层混合模式改为“叠加”，不透明度改为80%，单击“图层”面板下方的“添加图层蒙版”按钮，前景色设置为黑色，选择柔角画笔，对其进行边缘过渡处理，如图13-93所示。

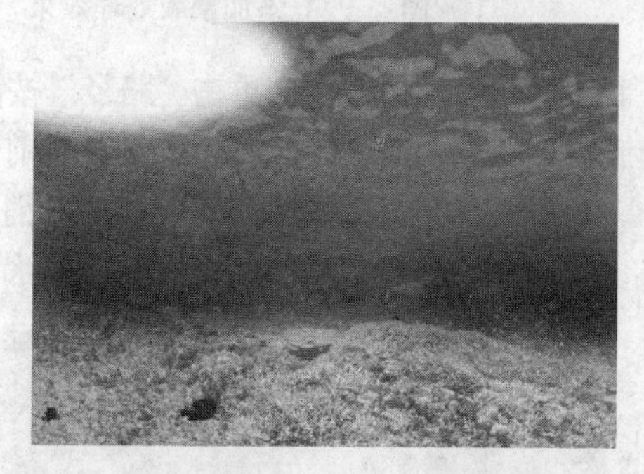

图13-92 羽化光源

图13-93 添加图层样式与蒙版处理效果

（10）绘制光线。新建图层，选择“矩形选框工具”，单击属性栏中的“添加到选区”按钮，在新建的图层上绘制粗细不等的矩形，如图13-94所示，将前景色设置为白色，按快捷键Alt+Delete进行填充，按快捷键Ctrl+D取消选区，效果如图13-95所示。

（11）高斯模糊。执行“滤镜”→“模糊”→“高斯模糊”命令，在弹出的对话框中设置半径为9像素，单击“确定”按钮，效果如图13-96所示。

图13-94 绘制矩形

图13-95 填充矩形

图13-96 高斯模糊

（12）自由变换。按快捷键Ctrl+T，图像进入自由变换状态，单击鼠标右键，在弹出的菜单中选择“扭曲”命令，对其进行变形，按Enter键确定，如图13-97所示。将图层混合模式改为“亮光”，不透明度为80%，填充为20%，效果如图13-98所示。

（13）添加蒙版。单击“图层”面板下方的“添加图层蒙版”按钮，将前景色设置为黑色，选择柔角画笔工具进行涂抹，调整到合适位置，如图13-99所示。

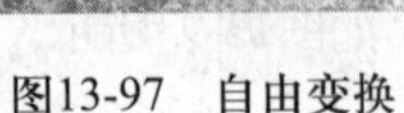

图13-97　自由变换

图13-98　混合模式效果

图13-99　添加蒙版处理效果

（14）绘制路径。新建图层，选择“钢笔工具”，在属性栏中单击“路径”按钮，在图层中绘制路径，如图13-100所示。按快捷键Ctrl+Enter将路径转换为选区，将前景色设置为深蓝色（R0,G124,B204），按快捷键Alt+Delete进行填充，按快捷键Ctrl+D取消选区。再分别绘制天蓝色（R133,G250,B255）和白色的线条，效果如图13-101所示。

图13-100　绘制路径

图13-101　绘制线条

（15）添加人物。使用“移动工具”将“女生”图片拖曳到图像中，选择“魔棒工具”，单击女生背景颜色，然后按快捷键Shift+F6羽化边缘，按Delete键删除，移至线条图层下方。执行“图像”→“调整”→“曲线”命令，将女生调亮，效果如图13-102所示。

图13-102　添加人物

（16）绘制圆形。新建图层，按住Alt键，单击新建图层左侧的“眼睛”图标，将新建图层以外的图层隐藏，选择“椭圆选框工具”，按住Shift键绘制一个圆形选区，如图13-103所示。

（17）填充渐变。选择“渐变工具”，在属性栏中单击“径向渐变”按钮，勾选“反向”复选框，将渐变色值设为红色（R255,G0,B0）到白色（R255,G255,B255）的渐变，在选区中从左上方向右下拖曳，效果如图13-104所示。

图13-103　绘制圆形选区　　图13-104　填充渐变

（18）自定义画笔。执行“编辑”→“定义画笔预设”命令，打开画笔名称对话框，单击“确定”按钮，完成自定义画笔，按快捷键Ctrl+D取消选区，按Delete键删除图层，将其他隐藏的图层显示。

（19）设置气泡。将前景色设置为白色，选择“画笔工具”，在属性栏中单击“切换画笔面板”按钮，选择上步自定义的画笔，设置“画笔笔尖形状”、“形状动态”、“散布”，如图13-105、图13-106和图13-107所示。

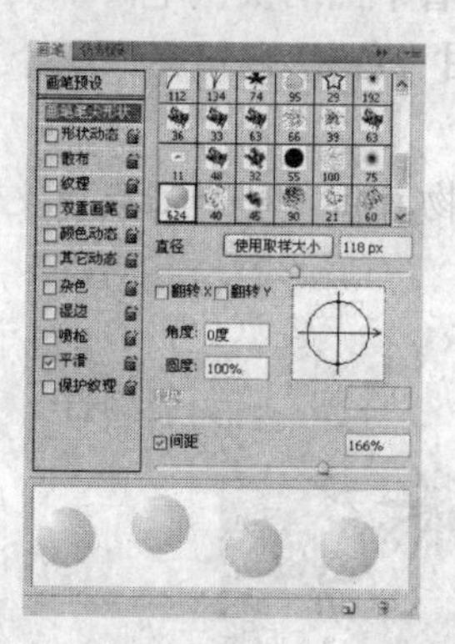
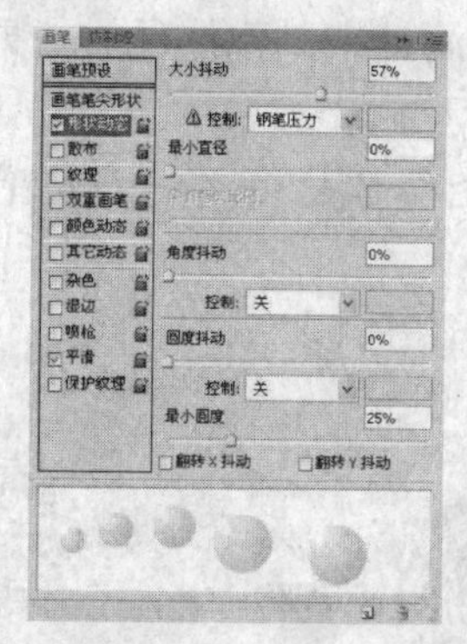
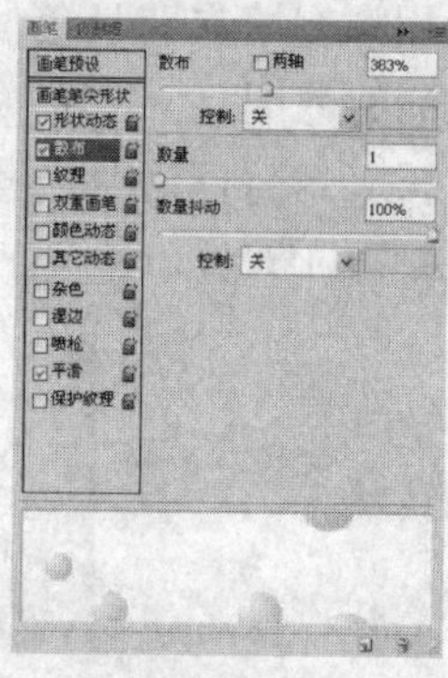

图13-105　“画笔笔尖形状”参数设置　图13-106　“形状动态”参数设置　图13-107　“散布”参数设置

（20）绘制气泡。新建图层，在图像中拖曳绘制气泡，将图层混合模式改为“柔光”，不透明度为80%，如图13-108所示。

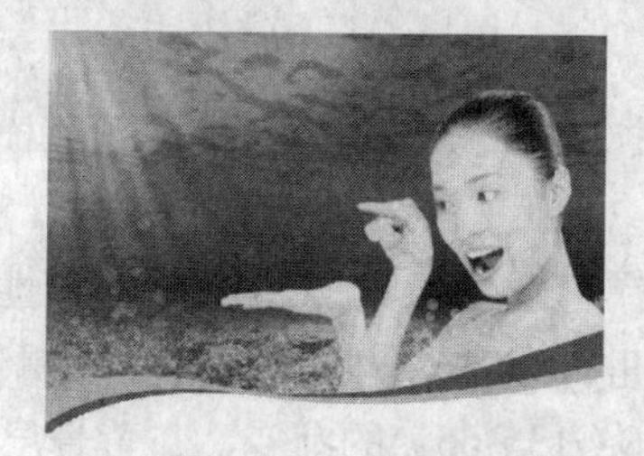

图13-108　绘制气泡

（21）添加产品。选择“移动工具”，将泡泡及化妆品拖曳到图像中，泡泡的图层混合模式为“滤色”，调整至合适位置，如图13-109所示。

（22）添加文字。将前景色设置为黑色，选择“直排文字工具”，选择字体为“方正细倩简体”，在化妆品上输入字母“Deep Sea”，然后选择“横排文字工具”，输入所需文字介绍“深海…消失”，将前景色设置为白色，输入广告语。最终效果如图13-110所示。

图13-109　添加产品

图13-110　最终完成效果

13.6 浪漫星空——夜景制作

见过流星雨吗？想知道怎样做出这个效果吗？那就来看看下面的实例吧。本实例主要运用渐变填充背景色，模糊滤镜来制作流星的效果，并使用“色相/饱和度”命令来调节画面的色调。

（1）打开素材。打开光盘\素材\第十三章\浪漫星空\人物.jpg和树叶.tif素材文件，如图13-111所示。

图13-111　素材图片

（2）新建文件。新建一个21cm×15cm的文档，颜色模式为RGB，分辨率为300像素/英寸，如图13-112所示。

（3）添加背景渐变。选择“渐变工具”，单击属性栏中的“线性渐变”按钮，然后单击“渐变预览条”按钮，打开“渐变编辑器”对话框，设置颜色为蓝色（R0,G58,B112）至深蓝色（R0,G13,B65）的渐变，在背景层上由下至上拖动，效果如图13-

113所示。

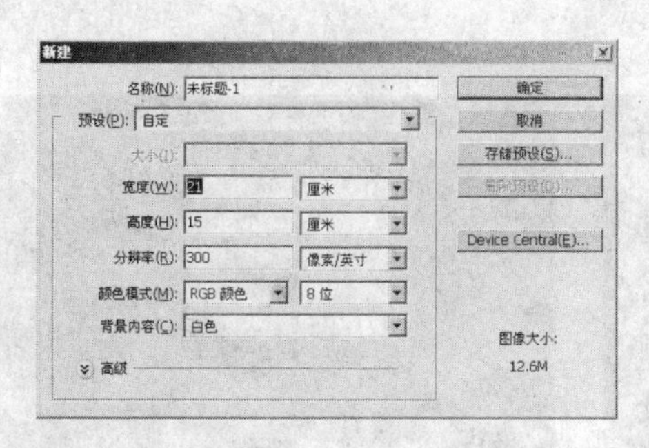

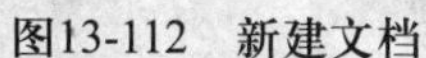
图13-112　新建文档

图13-113　绘制渐变

（4）绘制星星。新建图层，选择“椭圆选框工具”，在图像上绘制一个圆形，填充白色，按快捷键Shift+F6羽化边缘，按快捷键Ctrl+Shift+I反选，按Delete键删除，按快捷键Ctrl+D取消选区，如图13-114所示。选择“涂抹工具”，在属性栏中设置强度为50%～80%之间，对圆形进行涂抹，效果如图13-115所示。

图13-114　羽化圆形

图13-115　涂抹圆形

（5）设置发光。按住Ctrl键单击图层缩览图，激活图层，按快捷键Shift+F6羽化边缘，按快捷键Ctrl+Shift+I反选，按Delete键删除，按快捷键Ctrl+D取消选区，效果如图13-116所示。执行“滤镜”→“模糊”→“动感模糊”命令，对其添加“动感模糊”滤镜，效果如图13-117所示。

图13-116　羽化效果

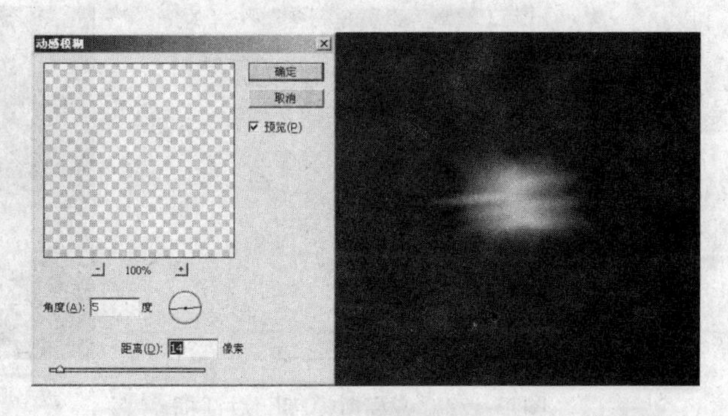

图13-117　动感模糊

（6）绘制星空。选中绘制好的星星图层，按快捷键Ctrl+J多复制几层，调整至合适位置，如图13-118所示。按住Ctrl键选择要合并的图层，执行“图层”→“合并图层”命令，然后将合并后的图层进行复制，使用“移动工具”移至合适的位置，并设置其透明度，效果如图13-119所示。

图13-118　复制星星

图13-119　星空绘制完成

（7）绘制流星。新建图层，选择“椭圆选框工具”，在新建的图层上进行绘制，如图13-120所示，填充白色。执行“滤镜”→“模糊”→“动感模糊”命令，弹出“动感模糊”对话框，参数设置如图13-121所示，然后再执行“滤镜”→“模糊”→“高斯模糊”命令，弹出“高斯模糊”对话框，参数设置如图13-122所示。不透明度设置为80%，按Ctrl+T调整至合适位置，效果如图13-123所示。

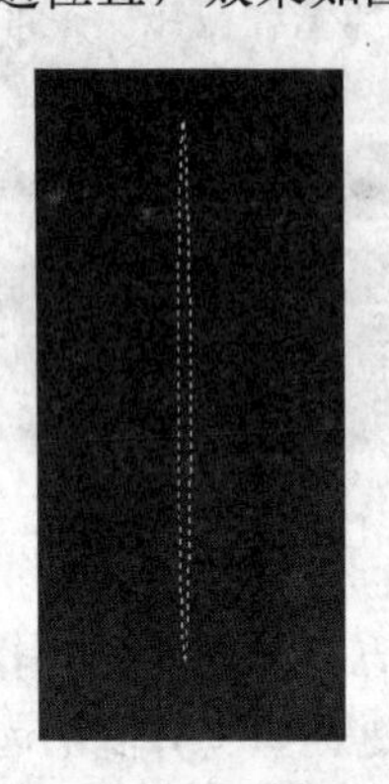

图13-120　绘制椭圆选区

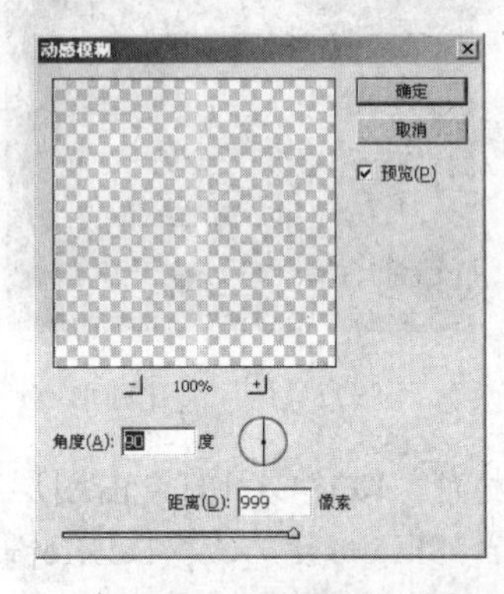

图13-121　“动感模糊”对话框

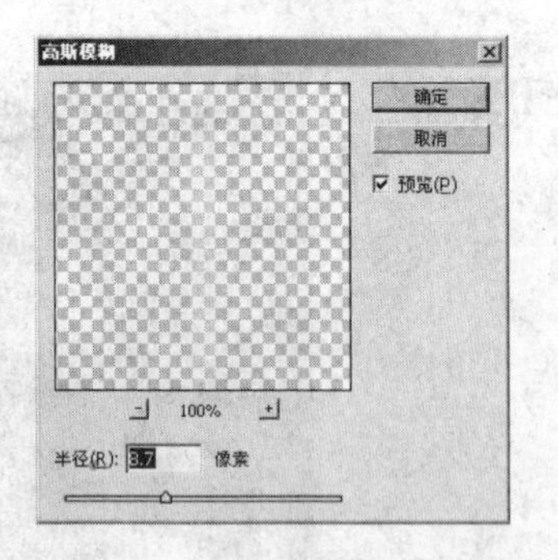

图13-122　“高斯模糊”对话框

图13-123　调整光线

（8）添加光源。新建图层，选择“椭圆选框工具”，绘制一个椭圆，填充白色，按快捷键Shift+F6羽化边缘，多按几次Delete键删除，按快捷键Ctrl+D取消选区，与上一图层进行合并，复制图层，调整至合适位置。最终效果如图13-124所示。

图13-124　流星效果

（9）调整主色调。单击“图层”面板下方的“创建新的填充或调整图层”按钮 ，在弹出的菜单中选择“色相/饱和度”命令，在“调整”面板中进行设置，如图13-125所示。

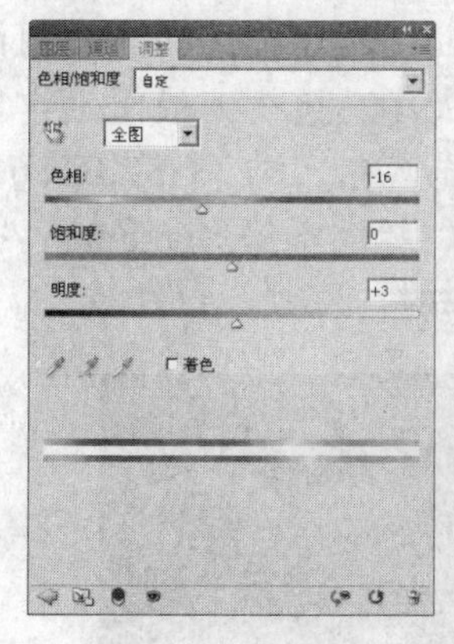

图13-125　色相/饱和度

（10）添加人物。选择“移动工具” ，将人物拖曳到图像中，用“钢笔工具” 将主体抠出，调整至合适位置及大小，执行“滤镜”→“渲染”→“光照效果”命令，参数设置如图13-126所示，单击“确定”按钮，如图13-127所示。

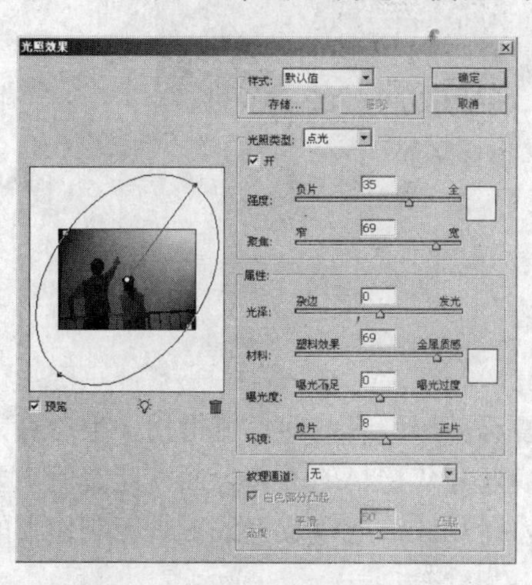

图13-126　“光照效果”对话框

图13-127　添加人物

（11）添加树叶。选择“移动工具” ，将树叶拖曳到图层中，调整到合适的位置。按快捷键Ctrl+B，打开“色彩平衡”对话框，对其进行设置，如图13-128所示。单击“确定”按钮，效果如图13-129所示。

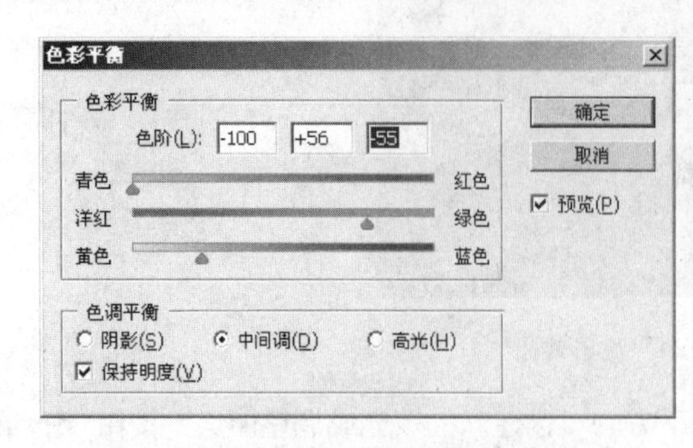

图13-128 “色彩平衡”对话框

图13-129 添加树叶

（12）添加文字。选择“横排文字工具” T，选择字体为“方正粗活意简体”，在图像中输入主题文字“浪漫星空”，调节文字大小。选中“浪漫”字样，填充紫色（R182,G0,B180），然后选中“星空”字样，填充蓝色（R17,G35,B186），按快捷键Ctrl+Enter确定输入。然后选择“华康海报体”字体，输入字母“langman…”，调节字母大小，按快捷键Ctrl+Enter确定输入，效果如图13-130所示。

图13-130 最终效果

13.7 书籍封面

“池塘边的榕树上，知了在声声地叫着夏天……”有些回忆值得用一生珍藏，儿时的记忆总是让人念念不忘。本节来制作一个能唤起童年记忆的书籍封面，此案例主要运用通道及图层混合模式将风景处理成铅笔画效果，运用波浪滤镜及直线工具等制作书的厚度感和装订线。

（1）打开素材。打开光盘\素材\第十三章\书籍封面\书皮背景.jpg、风景.jpg和儿童.tif素材文件，如图13-131所示。

图13-131　素材图像

（2）设置背景。将书皮背景图片作为书籍封面的背景，选择“移动工具”，将风景图片（双击背景层解锁）拖曳到背景图上，按快捷键Ctrl+T调整至合适位置，如图13-132所示。

（3）新建通道。按住Ctrl键单击图层缩览图将其载入选区，然后按快捷键Ctrl+C复制，打开“通道”面板，单击“通道”面板下方的“创建新通道”按钮，新建Alpha 1通道，按快捷键Ctrl+V将复制的图层粘贴到Alpha 1通道上，如图13-133所示，图像效果如图13-134所示。

图13-132　设置背景

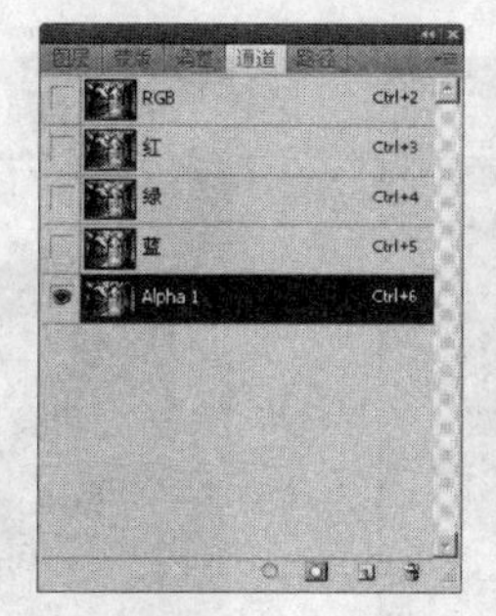

图13-133　粘贴到“通道”面板

图13-134　建立通道图像效果

（4）添加胶片颗粒。执行“滤镜”→“艺术效果”→“胶片颗粒”命令，在弹出的“胶片颗粒”对话框中进行设置，如图13-135所示。单击“确定”按钮，效果如图13-136所示。

图13-135　“胶片颗粒”对话框

图13-136　添加胶片颗粒效果

（5）载入通道选区。按住Ctrl键单击Alpha 1通道左侧的通道缩览图，将其载入选区，如图13-137所示。

图13-137　载入通道

（6）复制通道选区。按快捷键Ctrl+C复制选区，然后选择RGB通道，按快捷键Ctrl+V粘贴，如图13-138所示，图像效果如图13-139所示。

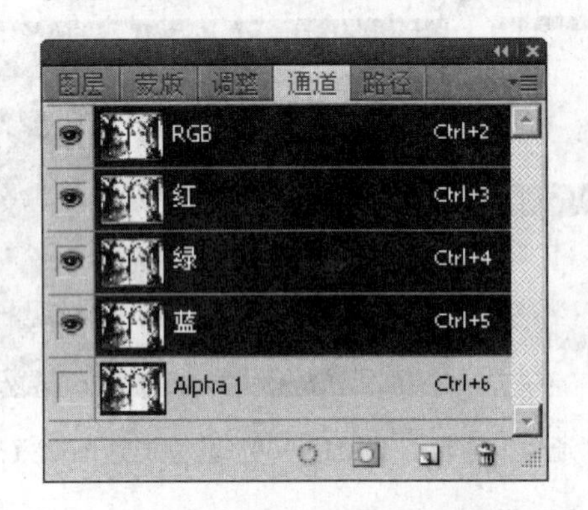

图13-138　“通道”面板

图13-139　图像效果

（7）添加斜面和浮雕效果。回到“图层”面板，单击“图层”面板下方的“添加图层样式”按钮 fx，在弹出的菜单中选择“斜面和浮雕”命令，对其进行设置，如图13-140所示。按快捷键Ctrl+E与下一层进行合并，效果如图13-141所示。

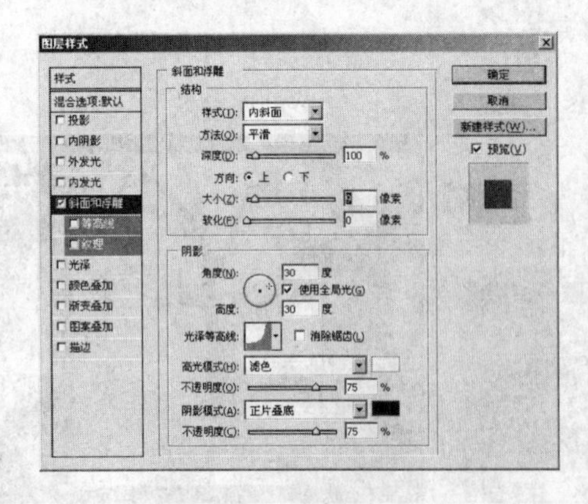

图13-140　添加图层样式

图13-141　添加“斜面和浮雕”效果

（8）更改混合模式及添加蒙版。将图层的混合模式改为“明度”，效果如图13-142所示。单击“图层”面板下方的“添加图层蒙版”按钮，按快捷键D将前景色与背景色设置为默认颜色，选择“画笔工具”，使用柔角画笔在图像中涂抹，如图13-143所示。

图13-142　添加图层混合模式“明度”效果

图13-143　添加蒙版处理效果

（9）添加人物。选择“移动工具”，将儿童素材拖曳到图像中，调整至合适位置，如图13-144所示。按快捷键Ctrl+J复制儿童图层，然后按快捷键Ctrl+T，单击鼠标右键，在弹出的菜单中选择“垂直翻转”命令，调整到合适位置，如图13-145所示。单击“图层”面板下方的“添加图层蒙版”按钮，使用柔角画笔对其进行涂抹，不透明度设置为40%，如图13-146所示，最终效果如图13-147所示。

图13-144　添加人物

图13-145　为儿童添加倒影

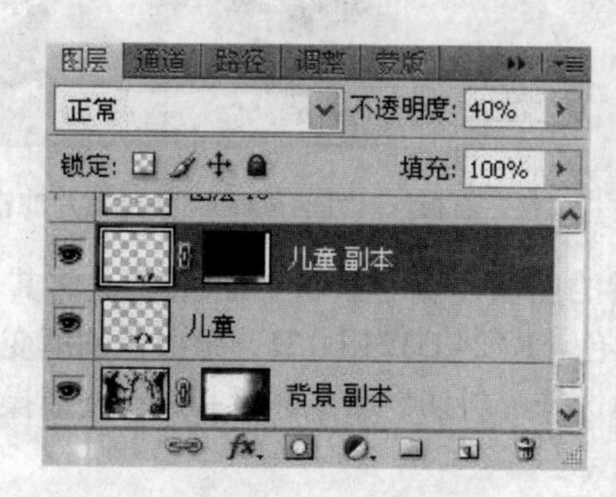

图13-146　添加蒙版

图13-147　对倒影添加蒙版效果

（10）绘制矩形。新建图层，选择“矩形选框工具”，将前景色设置为暗红色（R119,G10,B10），按快捷键Alt+Delete进行填充，按快捷键Ctrl+D取消选区。再新建一层，同样绘制矩形，填充白色，不透明度设置50%，按快捷键Ctrl+D取消选区，效果如图13-148所示。继续新建图层，绘制矩形选区，执行“编辑”→“描边”命令，在弹出的“描边”对话框中进行设置，设置颜色为暗红色（R119,G10,B10），如图13-149所示。单击“确定”按钮，效果如图13-150所示。

图13-148　绘制填充矩形

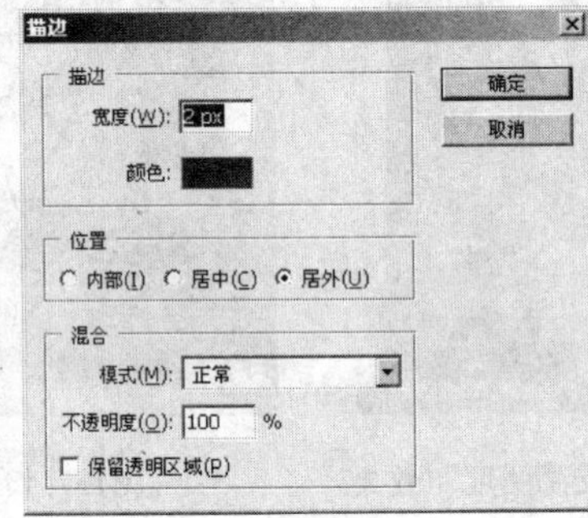

图13-149　“描边”对话框

图13-150　完成效果

（11）添加文字。选择“横排文字工具”，将前景色设置为黑色，选择“文鼎弹簧体”字体，输入“有些……”文字，设置单个文字大小，然后按快捷键Ctrl+Enter确定输入。选择“直排文字工具”，选择“超世纪粗行书”字体，输入“文化……”文字，按快捷键Ctrl+Enter确定输入，将前景色设置为白色，字体为“方正隶变简体”，输入“回忆”文字及字母，按快捷键Ctrl+Enter确定输入，效果如图13-151所示。

（12）添加照片滤镜。单击“图层”面板下方的“创建新的填充或调整图层”按钮，在弹出的菜单中，选择“照片滤镜”命令，在“调整”面板中进行设置，颜色为橙色（R236,G138,B0），如图13-152所示。返回“图层”面板，按快捷键Alt+Shift+Ctrl+E盖印图层，效果如图13-153所示。

图13-151　输入文字

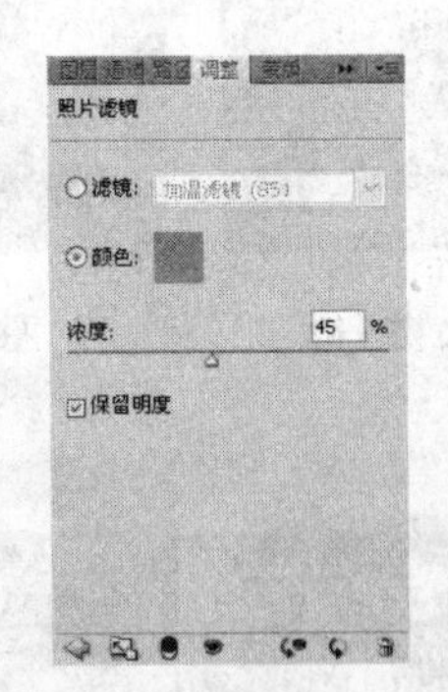

图13-152　“调整”面板

图13-153　添加照片滤镜后效果

（13）变形封面。按Alt键单击盖印后的图层左侧“眼睛”图标，将其他图层隐藏，如图13-154所示。将背景颜色填充为灰色（R124,G121,B121）至白色的渐变，按快捷键Ctrl+T，单击鼠标右键，在弹出的菜单中选择“斜切”命令，对其进行变形操作，完成后按Enter键，如图13-155所示。

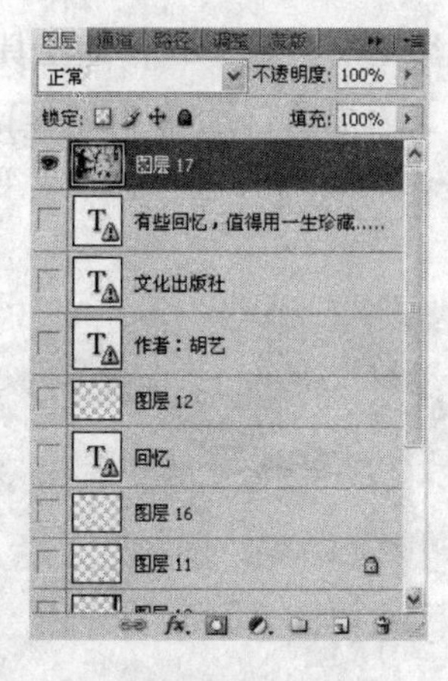

图13-154　隐藏其他图层

图13-155　将其变形处理

（14）制作书的厚度感。新建图层，选择“矩形选框工具”，绘制矩形，填充白色，将其移至书皮的下方，执行“滤镜”→“杂色”→“添加杂色”命令，如图13-156所示。单击“确定”按钮，如图13-157所示。

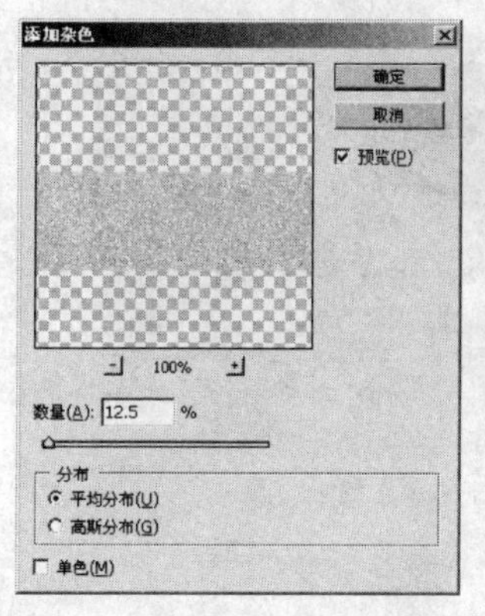

图13-156　“添加杂色”对话框

图13-157　绘制矩形并添加杂色

（15）添加书厚度纹理。新建图层，将前景色设置为灰色（R173,G169,B167），选择“直线工具”，在属性栏中单击“填充像素”按钮，设置像素为3px，然后绘制多条直线，如图13-158所示。

图13-158　绘制线条

（16）完善书的厚度。按快捷键Ctrl+J复制波浪线图层，使用“移动工具”，对其进行调整，如图13-159所示。新建图层，将前景色设置为黑色，选择“画笔工具”，选择柔角画笔，在属性栏中将不透明度与流量设置低些，然后对其进行明暗度变化的涂抹，如图13-160所示。

图13-159　复制线条

图13-160　添加明暗度

（17）复制图层。按住Ctrl键选中书的厚度所在图层，拖曳至“图层”面板下方的“新建图层”按钮上，对其进行复制，如图13-161所示，按快捷键Ctrl+E合并图层，然后调整到合适的位置，将多余的部分用矩形选框删除，如图13-162所示。

图13-161　复制图层

图13-162　复制图层调整到合适位置

（18）制作订书线。新建图层，将前景色设置为白色，选择“直线工具”，在属性栏中单击“填充像素”按钮，设置粗细为5px，然后在图像中进行绘制，如图13-163所示。执行“滤镜”→“模糊”→“高斯模糊”命令，设置为默认，效果如图13-164所示。

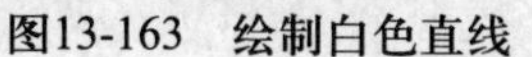

图13-163 绘制白色直线　　图13-164 高斯模糊直线

（19）为直线添加图层样式。单击“图层”面板下方的“添加图层样式”按钮，对其添加外发光图层样式，外发光颜色为暗红色（R119,G10,B10）， 并设置“斜面和浮雕”效果，如图13-165所示，单击“确定”按钮，效果如图13-166所示。

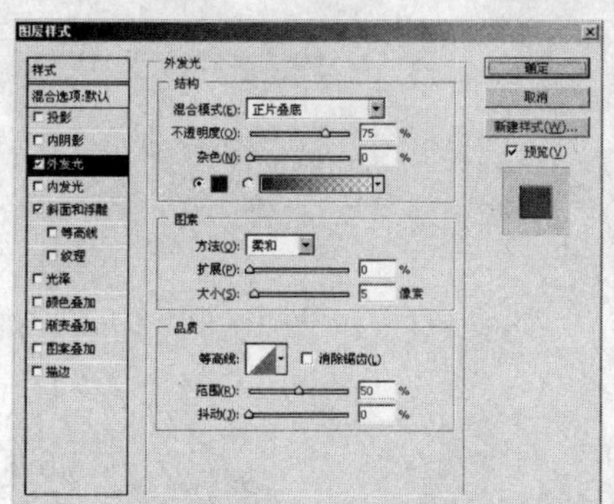

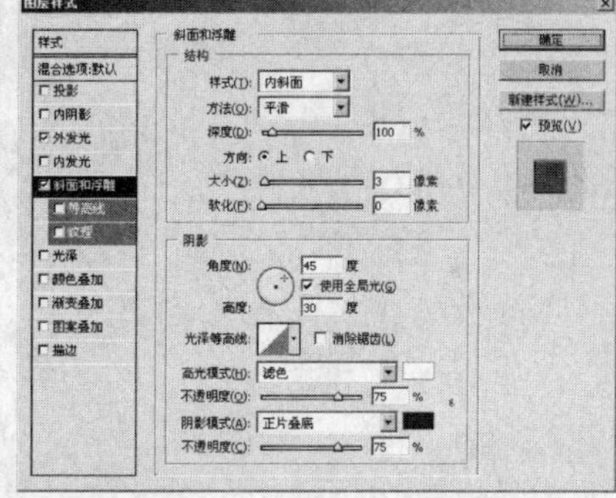

图13-165 添加图层样式

图13-166 订书线完成效果

（20）最终完成效果。按快捷键Alt+Shift+Ctrl+E盖印图层，单击“图层”面板下方的“添加图层样式”按钮 fx.，对其添加投影图层样式，效果如图13-167所示。

图13-167　最终完成效果